高等院校信息技术规划教材

网络工程

（第3版）

李联宁　编著

清华大学出版社

北京

内 容 简 介

本书详细介绍计算机网络工程的基础理论、实际应用案例和最新技术,主要内容按计算机网络发展阶段和不断扩展的应用范围依次介绍网络技术基础、局域网、城域网、广域网、互联网和物联网,同时针对网络工程应用的实际需要介绍网络中心构建和网络管理、网络安全、网络故障分析与处理及网络设备设置。

本书的特点是紧扣网络工程的实践应用需求,较少讲理论,较多地讲工程实用技术与工程施工经验,提供了大量的实际案例、工程适用技术和技术参数。本书内容新颖、图文并茂,力图反映计算机网络实际规划、设计、施工、故障分析及排除、交换机及路由器设置等实际工程技术。

除第 10 章外,各章都附有习题、工程案例,以帮助读者学习理解和实际工程应用。随书配套有开放的全书教学课件(PowerPoint 文件)、教学大纲、教学计划、多媒体动画演示、参考试题及答案,以便教师使用。

本书主要作为计算机类和电气信息类相应专业的大学本科生教材,特别适合作为应用型本科高校、独立学院、高职高专和职业培训机构的网络工程专业训练教材,对从事计算机网络工作的工程技术人员也有学习参考价值。

图书在版编目(CIP)数据

网络工程/李联宁编著. —3 版. —北京:清华大学出版社,2020.3(2023.8重印)
高等院校信息技术规划教材
ISBN 978-7-302-54578-1

Ⅰ. ①网… Ⅱ. ①李… Ⅲ. ①计算机网络－高等学校－教材 Ⅳ. ①TP393

中国版本图书馆 CIP 数据核字(2019)第 290340 号

责任编辑:白立军
封面设计:常雪影
责任校对:白 蕾
责任印制:宋 林

出版发行:清华大学出版社
    网 址:http://www.tup.com.cn,http://www.wqbook.com
    地 址:北京清华大学学研大厦 A 座   **邮 编:**100084
    社 总 机:010-83470000   **邮 购:**010-62786544
    投稿与读者服务:010-62776969,c-service@tup.tsinghua.edu.cn
    质量反馈:010-62772015,zhiliang@tup.tsinghua.edu.cn
    课件下载:http://www.tup.com.cn,010-83470236
印 装 者:三河市龙大印装有限公司
经 销:全国新华书店
开 本:185mm×260mm   **印 张:**24   **字 数:**589 千字
版 次:2011 年 8 月第 1 版 2020 年 5 月第 3 版   **印 次:**2023 年 8 月第 4 次印刷
定 价:59.00 元

产品编号:085175-01

前　言

本书主要面向应用型人才培养，为普通高等院校、独立学院、高职高专学生编写，教材力争紧跟计算机网络技术的最新发展，使用大量的实际工程案例辅助教学，使学生在学习完成后能够具备实际工程能力。

教材内容涵盖了计算机网络的基本原理和实际工程应用所需要的技术基础知识。按照网络技术基础→局域网→广域网→互联网→物联网的技术发展思路进行课程教学，把相关技术基础、网络协议、具体设备的原理/参数及选型、网络工程设计等方面的知识综合在一起，结合具体典型项目设计对学生进行应用型人才训练。

由于希望将课程内容集中于网络工程实际操作和减少篇幅，本次改版删除了第2版中的第10章和第11章两章，更换增加了第10章网络设备设置等实际工程技术的内容。

本书主要分为4部分，第1章讲述计算机网络的基本知识；第2～6章分别按网络发展的过程讲述局域网、城域网、广域网、互联网、物联网；第7章和第8章讲述网络中心构建和网络管理、网络安全；第9章和第10章讲述网络故障分析与处理、网络设备设置。课程学时数可由授课教师调节，在课程学时数较少的情况下，可以只重点学习前6章，如果希望增加实际工程经验的教育，可以在简要讲解前8章的基础上，增加第9章和第10章关于网络故障分析与处理、网络设备设置的教学实践时间。

书内各章都附有习题、工程案例，以帮助读者学习理解和实际工程应用。随书配套有开放的全书教学课件（PowerPoint 文件）、教学大纲、教学计划、多媒体动画演示、参考试题及答案，以便教师使用。

本书主要作为计算机类和电气信息类相应专业的大学本科生教材，特别适合作为应用型本科高校、独立学院、高职高专和职业培训机构的网络工程专业训练教材，对从事计算机网络工作的工程技术人员也有学习参考价值。

编　者

2019 年 11 月

目　　录

第1章 网络技术基础

教学要求：

通过本章的学习，学生应该掌握计算机网络的基本概念和知识。

掌握资源子网和通信子网的概念，网络系统的软件、硬件结构及组成。

1.1 计算机网络的基本概念

1.1.1 计算机网络概述

1. 主要概念

首先用比较通俗的说法来简单解释在计算机网络中涉及的几个主要概念。

1）计算机网络

计算机网络是现代通信技术与计算机技术相结合的产物，是把分布在不同地理区域的计算机与相关的外部设备用通信线路互连成一个规模大、功能强的整体系统，从而使众多的计算机可以方便地互相传递信息，共享硬件、软件、数据信息等资源。

计算机网络基本上由计算机、网络操作系统、传输介质（既可以是有形的，也可以是无形的，如无线网络的传输介质就是空气）以及相应的应用软件4部分组成。

较严谨地说，计算机网络是指将地理位置不同、具有独立功能的多台计算机及其外部设备，通过通信线路连接起来，在网络操作系统、网络管理软件及网络通信协议的管理和协调下，实现资源共享和信息传递的计算机系统。

2）网络的功能

通过网络，可以和连到网络上的其他用户一起共享网络资源，如磁盘上的文件、打印机、本地或外地的数据库等，也可以和他们互相交换数据信息。图1.1所示为网络的功能示意图。

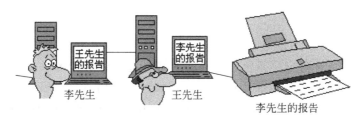

图 1.1　网络的功能示意图

3）网络的分类

按计算机联网的区域大小，可以把网络分为局域网（Local Area Network，LAN）和广域网（Wide Area Network，WAN）。局域网是指在一个较小地理范围内的各种计算机网络设备互连在一起的通信网络，可以包含一个或多个子网，通常局限在几千米的范围之内。如在一个房间、一座大楼或在一个校园内的网络就称为局域网。广域网连接的地理范围较大,常常是一个省市地区或更大的范围,其目的是让分布较远的各局域网互连。人们平常讲的Internet就是最大、最典型的广域网,如图1.2所示。

4)网络协议

网络上的计算机之间是如何交换信息的呢?就像人们说话用某种语言一样,在网络上的各台计算机也可能使用不同的语言。为了使计算机之间相互沟通,必须使用一种共同的语言,这就是网络协议。不同的计算机之间必须使用相同的网络协议才能进行通信。当然,网络协议也有很多种,具体选择哪一种协议则视情况而定。Internet上的计算机使用的是TCP/IP,如图1.3所示。

图1.2　网络的分类　　　　　　　图1.3　网络协议

5)互联网

从广义上讲,Internet是遍布全球的联络各个计算机平台的总网络,是成千上万信息资源的总称;从本质上讲,Internet是一个使世界上不同类型的计算机能交换各类数据的通信媒介。

从Internet提供的资源及对人类的作用这方面来理解,Internet是建立在高灵活性的通信技术之上,并且正在迅猛发展的全球数字化数据库。互联网的出现使人类进入一个新的历史阶段,进入了一个全球共享信息的"地球村"时代,如图1.4所示。

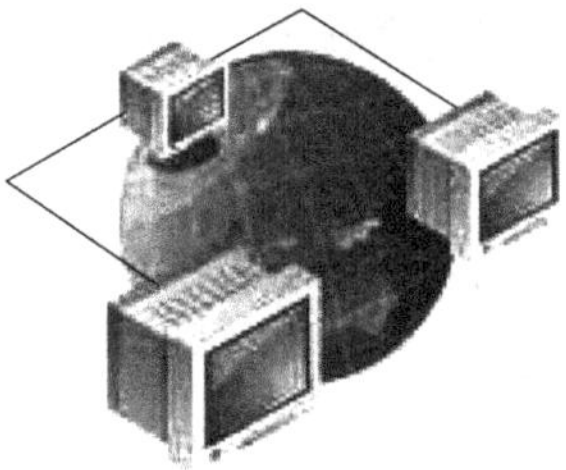

6)物联网

物联网(Internet of Things)指的是将各种信息传感设备,

图1.4　互联网

如射频识别(RFID)、全球定位系统等与互联网结合起来而形成的一个巨大网络,方便识别和管理。相对以信息共享为核心的人人互连的互联网而言,物联网(即传感网)则是以感知为目的的物物互连,从技术角度叫传感网,从用户或产业应用的角度被形象地称为物联网。

2.计算机网络的基本功能

计算机网络最重要的3个功能如下。

1)数据交换和通信

计算机网络中的计算机之间或计算机与终端之间,可以快速可靠地相互传递数据、程序或文件。

2）资源共享

充分利用计算机网络中提供的资源（包括硬件、软件和数据）是计算机网络组网的目标之一。

3）分布处理

通过网络将较大的工作分配给网络上多台计算机去共同完成，提高系统的可靠性和可用性，均衡负荷，相互协作。

3. 计算机网络的用途

计算机网络可应用到当今世界的各个方面，如应用于办公自动化、电子邮件（E-mail）、远程登录服务（Telnet）、文件传输（FTP）、电子公告板（BBS）、万维网冲浪（WWW）、电子商务、电子政务、远程教育、远程医疗、搜索引擎、网络语音通信（VoIP）、网络电视（IPTV）、播客（Podcast）、博客（Blog）、在线新闻、网上交友与实时聊天、即时通信（IM）、在线 3D 游戏、网络广告、网络出版、超并行计算机系统、网格计算机系统等。

4. 计算机网络的产生背景

计算机网络的直接产生动因源于 20 世纪 60 年代初，美国国防部领导的远景研究规划局（Advanced Research Project Agency，ARPA）提出要研制一种生存性很强的网络。

当时传统的电路交换（Circuit Switching）的电信网有一个缺点：如果正在通信的电路中有一台交换机或有一条链路被炸毁，则整个通信电路就要中断。如要改用其他迂回电路，必须重新拨号建立连接，这将要延误一些时间，于是项目要求如下。

（1）网络用于计算机之间的数据传送，而不是为了打电话。

（2）网络能够连接不同类型的计算机，不局限于单一类型的计算机。

（3）所有的网络节点都同等重要，因而极大地提高了网络的生存性。

（4）计算机在进行通信时，必须有冗余的路由。

（5）网络的结构应当尽可能简单，同时还能够非常可靠地传送数据。

随后开发的 ARPANET 成为互联网的雏形。ARPANET 利用了数据包这个新概念，能够使数据经过不同路径到达目的地，重组后得到原数据。

转为民用后，ARPANET 的目的是使联网的学校能够方便地交流信息，共享资源。20 世纪 70 年代的 TCP/IP 成功地扩大了数据包的大小，进而组成了互联网。

5. 计算机网络的发展历程

计算机网络从产生到发展，总体来说可以分成 5 个阶段。

第 1 阶段：20 世纪 60 年代末到 20 世纪 70 年代初为计算机网络发展的萌芽阶段。

其主要特征：为了增加系统的计算能力和资源共享，把小型计算机连成实验性的网络。第一个远程分组交换网即 ARPANET 是由美国国防部于 1969 年建成的，第一次实现了由通信网络和资源网络复合构成计算机网络系统，这标志着计算机网络的真正产生，ARPANET 是这一阶段的典型代表。

第 2 阶段：20 世纪 70 年代中后期为局域网（LAN）发展的重要阶段。

其主要特征：局域网作为一种新型的计算机体系结构开始进入产业部门。局域网技术是从远程分组交换通信网络和 I/O 总线结构计算机系统派生出来的。

1976 年，美国 Xerox 公司的 Palo Alto 研究中心推出以太网（Ethernet），它成功地采用了夏威夷大学 ALOHA 无线电网络系统的基本原理，使之发展成为第一个总线竞争式局域网。

1974年，英国剑桥大学计算机研究所开发了著名的剑桥环状局域网（Cambridge Ring）。这些网络的成功实现，一方面标志着局域网的产生；另一方面，它们形成的以太网及环状网对以后局域网的发展起到了导航的作用。

第3阶段：整个20世纪80年代为计算机局域网的发展时期。

其主要特征：局域网完全从硬件上执行了国际标准化组织（ISO）的开放系统互连通信模式协议。计算机局域网及其互连产品的集成，使得局域网与局域网互连、局域网与各类主机互连，以及局域网与广域网互连的技术越来越成熟。综合业务数据通信网络（ISDN）和智能化网络（IN）的发展，标志着局域网的飞速发展。

1980年2月，IEEE（美国电气和电子工程师学会）下属的802局域网标准委员会宣告成立，并相继提出IEEE 801.5～802.6等局域网标准草案，其中绝大部分内容已被国际标准化组织（ISO）正式认可。作为局域网络的国际标准，它标志着局域网协议及其标准化的确定，为局域网的进一步发展奠定了基础。

第4阶段：20世纪90年代初至2005年为计算机网络飞速发展的阶段。

其主要特征：计算机网络化，协同计算能力的发展以及Internet的盛行。

计算机的发展已经完全与网络融为一体，体现了"网络就是计算机"的口号。目前，计算机网络已经真正进入社会各行各业，为社会各行各业所采用。

第5阶段：2005年11月27日，国际电信联盟（ITU）发布了《ITU互联网报告2005：物联网》，正式提出物联网的概念。

"物联网"概念是在"互联网"概念的基础上，将其用户端延伸和扩展到任何物品与物品之间，进行信息交换和通信的一种网络概念。

其定义：通过射频识别（RFID）、红外感应器、全球定位系统、激光扫描器等信息传感设备，按约定的协议，把任何物品与互联网相连接，进行信息交换和通信，以实现智能化识别、定位、跟踪、监控和管理的一种网络概念。

物联网的雏形就像互联网的早期形态局域网一样，目前虽然发挥的作用有限，但有远大的前景。

6. 计算机网络结构的演变

计算机网络的出现过程可分为4个阶段：面向终端的计算机网络、计算机通信网络、网络体系结构标准化阶段的网络和网络互连。

1）面向终端的计算机网络

将地理位置分散的多个终端通信线路连到一台中心计算机上，用户可以在自己办公室内的终端输入程序，通过通信线路传送到中心计算机，分时访问和使用资源进行信息处理，处理结果再通过通信线路回送到用户终端显示或打印。这种以单个计算机为中心的联机系统称作面向终端的远程联机系统。

在主机之前增加了一台功能简单的计算机，专门用于处理终端的通信信息和控制通信线路，并能对用户的作业进行预处理，这台计算机称为通信控制处理机（Communication Control Processor，CCP），也叫前置处理机；在终端设备较集中的地方设置一台集线器（Concentrator），终端通过低速线路先汇集到集线器上，再用高速线路将集线器连到主机上，如图1.5所示。

这种结构的计算机网络的特点："终端-计算机"通信，彼此之间有明显的主从关系。其

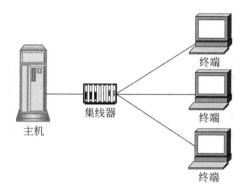

图 1.5 计算机-终端

缺点:①主机负担过重,既要承担数据处理任务,又要承担通信任务;②线路利用率低,特别是在终端远离中心计算机时尤为明显。

2) 计算机通信网络

将分布在不同地点的计算机通过通信线路互连,用于传输信息的计算机群。

联网用户可以通过计算机使用本地计算机的软件、硬件与数据资源,也可以使用网络中其他计算机的软件、硬件与数据资源,以达到资源共享的目的,如图 1.6 所示。

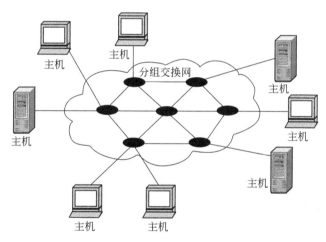

图 1.6 以通信子网为中心的计算机网络

这种结构的计算机网络的特点:"计算机-计算机"通信,没有主从关系,但体系结构差异较大,不利于互连,以通信为主要目的。

3) 网络体系结构标准化阶段的网络

国际标准化组织(International Organization for Standards,ISO)制定了 OSI/RM (Open System Interconnection Reference Model),即开放系统互连基本参考模型作为全世界计算机网络的结构标准。OSI/RM 成为研究和制定新一代计算机网络标准的基础后,各种符合 OSI/RM 与协议标准的远程计算机网络、局部计算机网络与城市地区计算机网络才开始得到广泛应用。网络体系结构如图 1.7 所示。

这种结构的计算机网络的特点:全网具有统一的体系结构,以资源共享为主要目的。

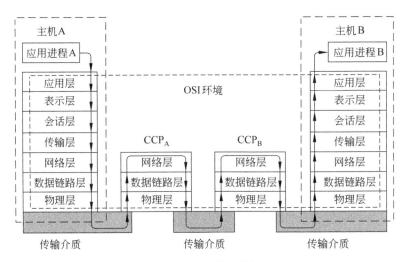

图 1.7　网络体系结构

4）网络互连

各种网络进行互连，形成更大规模的互联网。Internet 为典型代表，其特点是互连、高速、智能与更为广泛的应用，如图 1.8 所示。

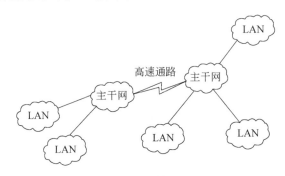

图 1.8　网络互连

7. 计算机网络的组成

按照数据通信和数据处理的功能，一般从逻辑上将网络分为通信子网和资源子网两个部分。图 1.9 给出了典型的计算机网络结构。

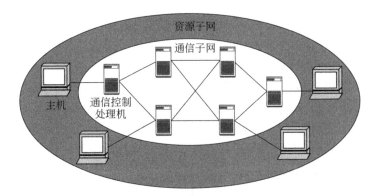

图 1.9　计算机网络的基本结构

1) 通信子网

通信子网由通信控制处理机、通信线路与其他通信设备组成,负责完成网络数据传输、转发等通信处理任务。通信控制处理机在网络拓扑结构中被称为网络节点。通信线路为通信控制处理机与通信控制处理机、通信控制处理机与主机之间提供通信信道。

2) 资源子网

资源子网由主机系统、终端、终端控制器、联网外设、各种软件资源与信息资源组成。资源子网实现全网的面向应用的数据处理和网络资源共享,它由各种硬件和软件组成。

8. 现代网络软件结构

现代网络软件结构包括主机操作系统(如UNIX、Windows 或其他类型的主机操作系统)、网络操作系统(NOS)、网络数据库系统(NDBS)和应用系统(AS),现代网络软件层次结构如图 1.10 所示。

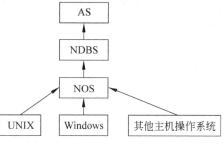

图 1.10　现代网络软件层次结构

9. 层次型网络组成

在实际网络工程中,通常按网络覆盖的区域大小和组成结构,由底而上将校园网、机关或企业网上连到地区广域网,地区广域网再上连到国家级骨干网,从而组成一个层次型的网络结构。层次型网络组成如图 1.11 所示。

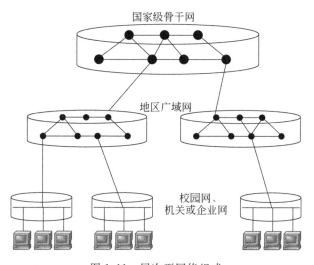

图 1.11　层次型网络组成

1.1.2　计算机网络的分类

计算机网络的类型可从不同的角度进行划分。

(1) 按网络操作系统分类:有 NOVELL 网、NT 网、UNIX 网以及 Internet 等。

(2) 按网络覆盖范围分类:按照计算机之间的距离和网络覆盖面的不同,一般分为局域网(Local Area Network,LAN)、城域网(Metropolitan Area Network,MAN)、广域网(Wide Area Network,WAN)和互联网。

（3）按计算机所处的地位不同分类：可分为基于服务器的网络和对等网络两类。

（4）按数据的组织方式分类：可分为分布式数据组织网络系统和集中式数据组织网络系统。

（5）按数据交换方式分类：可分为直接交换网、存储转发交换网、混合交换网和高速交换网。

（6）按通信性能分类：可分为资源共享计算机网、分布式计算机网和远程通信网。

（7）按使用范围分类：可分为公用网和专用网。

（8）按网络配置分类：可分为同类网、单服务器网和混合网。

通常最常用的网络分类是按照网络覆盖范围的方法进行分类，分为局域网、城域网和广域网。

一个网络可以由两台计算机组成，也可以拥有在同一大楼里面的上千台计算机和使用者。人们通常称这样的网络为局域网，如图 1.12 所示。

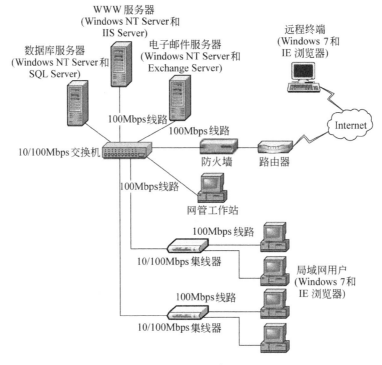

图 1.12 局域网

由 LAN 再延伸出更大的范围，例如整个城市，则称为城域网，如图 1.13 所示。

由 MAN 再延伸出更大的范围，例如整个省，甚至整个国家，这样的网络称为广域网，如图 1.14 所示。

注意：以上这些网络都需要有专门的管理人员进行维护。

人们最常见的互联网（Internet）是由无数这些局域网（LAN）和广域网（WAN）共同组成的，如从日本东京连接到中国北京、新加坡、菲律宾、澳大利亚，再到欧洲、美洲以及全世界，如图 1.15 所示。

Internet 仅提供它们之间的连接，没有专门的人进行管理（除了维护连接和制定使用标准外），在 Internet 上面是没有国界之分的，只要连上去，在地球另一边的计算机和同一个办公室的计算机其实没有什么两样。

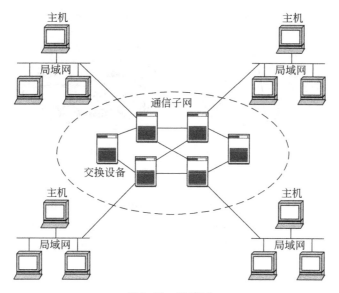

图 1.13　城域网

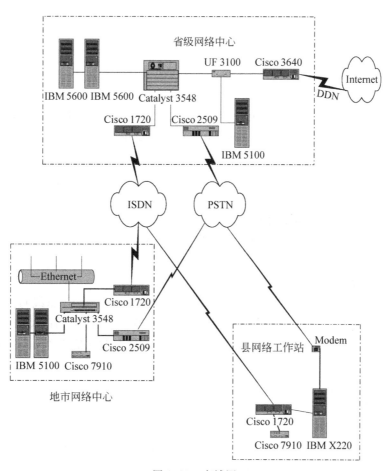

图 1.14　广域网

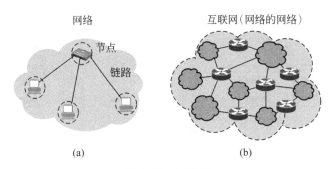

图 1.15　互联网

人们最常使用的是局域网(即使从家中连上 Internet,其实也是先连上互联网服务商 ISP 的局域网),所以本书主要讨论局域网。局域网是网络的最基本单位,广域网(WAN)和互联网(Internet)只需要在它的基础上了解更多、更复杂的通信手段。

1.1.3　计算机网络的拓扑结构

拓扑学(Topology)是 19 世纪形成的一门数学分支,属于几何学的范畴。拓扑学是一种研究与大小、距离无关的几何图形特性的方法。

1. 拓扑结构

计算机网络拓扑结构是指网络上计算机或设备与传输媒介形成的节点与线的物理构成模式,它研究的是由网络节点设备和通信介质构成的网络结构图。

1) 节点

网络的节点有两类:转接节点和访问节点。转接节点是转换和交换信息的节点,包括节点交换机、集线器和终端控制器等;访问节点包括计算机主机和终端等。

2) 线

线代表各种传输媒介,包括有形的和无形的(例如光缆、双绞线等有线传输介质和无线传输介质等)。

2. 计算机网络的拓扑结构分类

计算机网络的主要拓扑结构有总线、星状、环状、树状、网状、混合型拓扑结构和蜂窝拓扑结构。

1) 总线拓扑结构

总线拓扑结构如图 1.16 所示。它由一条高速公用主干电缆(即总线)连接若干个节点构成网络。网络中所有的节点通过总线进行信息的传输。这种结构的特点是结构简单灵活、建网容易、使用方便、性能好。其缺点是主干总线对网络起决定性作用,总线故障将影响整个网络。

总线拓扑结构网络是早期使用最普遍的一种网络。

2) 星状拓扑结构

星状拓扑结构如图 1.17 所示。它由中央节点集线器与各个节点连接组成。这种网络各节点必须通过中央节点才能实现通信。星状结构的特点是结构简单、建网容易、便于控制和管理。其缺点是中央节点负担较重,容易形成系统的"瓶颈",线路的利用率也不高。

星状拓扑是在总线拓扑的基础上发展而来的。

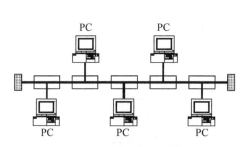

图 1.16　总线拓扑结构

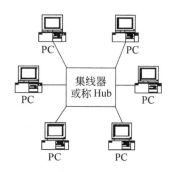

图 1.17　星状拓扑结构

3）环状拓扑结构

环状拓扑结构如图 1.18 所示。它由各节点首尾相连形成一个闭合环状线路。环状网络中的信息传送是单向的，即沿一个方向从一个节点传到另一个节点；每个节点需要安装中继器，以接收、放大、发送信号。这种结构的特点是结构简单、建网容易、便于管理。其缺点是当节点过多时，将影响传输效率，不利于扩充。

环状拓扑结构在城域网范围中有比较多的应用。

4）树状拓扑结构

树状拓扑结构如图 1.19 所示，是一种分级结构。在树状结构的网络中，任意两个节点之间不产生回路，每条通路都支持双向传输。这种结构的特点是扩充方便、灵活，成本低，易推广，适合于分主次或分等级的层次管理系统。

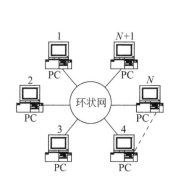

图 1.18　环状拓扑结构

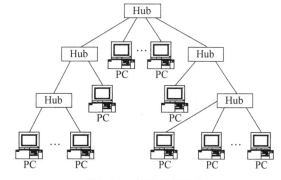

图 1.19　树状拓扑结构

目前局域网中常见的结构为树状拓扑结构。

5）网状拓扑结构

主要用于广域网，由于节点之间有多条线路相连，所以网络的可靠性较高。但结构比较复杂，建设成本较高。网状拓扑结构如图 1.20 所示。

6）混合型拓扑结构

混合型拓扑结构可以是不规则的网络，也可以是点-点相连结构的网络，如图 1.21 所示。

图 1.21 所示的环状-星状结构是在环状结构网络的基础

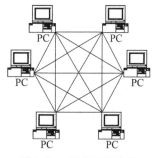

图 1.20　网状拓扑结构

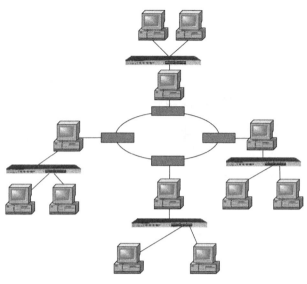

图 1.21　混合型拓扑结构

上扩展起来的,即在每一台接入环状网络的终端计算机上都连接一个 Hub,再由 Hub 构成星状结构。

7) 蜂窝拓扑结构

蜂窝拓扑结构是无线局域网中常用的结构,如图 1.22 所示。它以无线传输介质(微波、卫星、红外等)点到点和多点传输为特征,是一种无线网,适用于城市网、校园网、企业网。

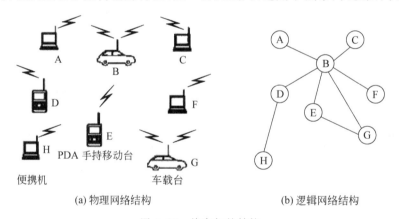

(a) 物理网络结构　　　　　　　　　　(b) 逻辑网络结构

图 1.22　蜂窝拓扑结构

1.2　数据通信的基本概念

1.2.1　数据通信模型

1. 通信基本概念

将信息从一个地方传送到另一个地方的过程称为通信。用于实现通信过程的系统称为通信系统。通信系统由信源、通信媒体和信宿 3 个部分组成,如图 1.23 所示。

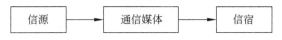

图 1.23　通信过程的三个组成部分

信源是产生和发送信息的一端,信宿是接收信息的一端,通信媒体是传输信息的媒体。

2. 通信系统的基本构成

通信系统的构成是在图 1.23 的基础上增加信号转换器而成的,如图 1.24 所示。

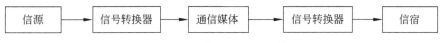

图 1.24　通信系统的基本构成

3. 数据通信系统的模型

数据通信系统的模型如图 1.25 所示。

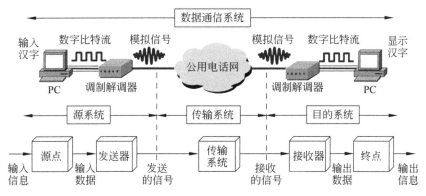

图 1.25　数据通信系统的模型

1.2.2　数据传输基础

1. 模拟通信系统和数字通信系统

数据可分为模拟数据和数字数据。模拟数据取连续值,数字数据取离散值。在数据被传送之前,要变成适合于传输的电磁信号:或是模拟信号,或是数字信号。在通信过程中,采用离散的电信号表示的数据称为数字数据,采用连续电波表示的数据称为模拟数据。

1)模拟通信系统

在数据通信系统中,两台数据终端设备之间的传输信号为模拟信号的通信系统称为模拟通信系统,如图 1.26 所示。典型的模拟通信系统是以电话线为传输介质的通信系统。

图 1.26　模拟通信系统

2)数字通信系统

数字通信系统是数据通信系统中处于数据终端设备(DTC)之间的信号为数字信号的通信系统。数字通信系统的通信模型有 4 种。

① 收发双方都是数字信号,可直接进行传输,如图 1.27(a)所示。

② 收发双方都是模拟信号,发送方要进行 A/D(模/数)转换,而接收方要进行 D/A(数/模)转换,如图 1.27(b)所示。

③ 发送方是模拟信号而接收方是数字信号,只需在发送方进行 A/D 转换即可,如图 1.27(c)所示。

④ 发送方是数字信号而接收方是模拟信号,发送方不用转换而直接发送,但在接收方要进行 D/A 转换,如图 1.27(d)所示。

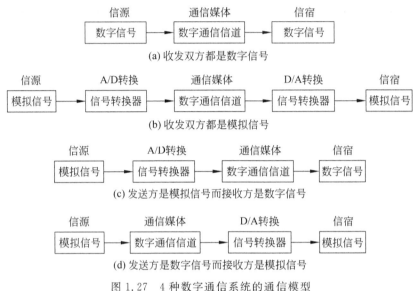

图 1.27　4 种数字通信系统的通信模型

3) 数据通信过程

数据从信源端传出到信宿端接收的整个过程称为通信过程。数据通信过程通常分为 5 个基本阶段。

① 建立通信链路。

② 建立数据传输链路。

③ 传输数据及控制信号。

④ 数据传输结束。

⑤ 通信结束,断开通信线路。

2. 通信方式

常见的通信方式有单工通信方式、半双工通信方式和全双工通信方式 3 种。

(1) 单工通信方式。在单工信道上信息只能在一个方向传送。发送方不能接收,接收方不能发送。信道的全部带宽都用于由发送方到接收方的数据传送。无线电广播和电视广播都是单工传送的例子。

(2) 半双工通信方式。在半双工信道上,通信双方可以交替发送和接收信息,但不能同时发送和接收。在一段时间内,信道的全部带宽用于一个方向上的信息传递。航空和航海无线电台以及对讲机等都是以这种方式通信的。这种方式要求通信双方都有发送和接收能力,又有双向传送信息的能力,因而半双工通信设备比单工通信设备昂贵,但比全双工便宜。

在要求不很高的场合,多采用这种通信方式。

（3）全双工通信方式。这是一种可同时进行信息传递的通信方式。现代的电话通信都是采用这种方式。其要求通信双方都有发送和接收设备,而且要求信道能提供双向传输的双倍带宽,所以全双工通信设备较昂贵。

3. 数据传输方式

（1）并行数据传输。并行数据传输是一次同时传送一字节(字符),即 8 个码元。并行传送传输速率快,但传输设备要增加 7 倍,一般用于近距离范围要求快速传送的地方,但成本高,只适应于短距离传输。

（2）串行数据传输。指数据流一位一位地传输,从发送端到接收端只要一根传输线即可。传输速率慢,但成本低,普遍用于网络远距离通信。

在串行数据传输中,收、发双方存在着如何保持比特与字符同步的问题,而在并行数据传输中,一次传送一个字符,因此收、发双方不存在字符同步问题。串行通信的发送端要将计算机中的字符进行并-串变换,在接收端再通过串-并变换,还原成计算机的字符结构。

并行数据传输一般只应用于计算机内部及其外围设备(如打印机、移动磁盘)的连接,串行数据传输一般应用于计算机与计算机之间的远程连接。

1.2.3 数据传输技术

1. 基带传输与频带传输

数字信号有两种最基本的传输方式:基带传输与频带传输。

1）基带传输

① 基带传输概念。基带是指调制前原始信号所占用的频带,它是原始信号所固有的基本频带,在信道中直接传送基带信号称为基带传输(未经调制的原始信号称为基带信号)。

进行基带传输的系统称为基带传输系统。局域网中的通信大都采用基带传输,也可采用频带传输。

② 基带(Baseband)信号。基带信号(即基本频带信号)是来自信源的信号。例如,计算机输出的代表各种文字或图像文件的数据信号都属于基带信号。

基带信号往往包含较多的低频成分,甚至有直流成分,而许多信道并不能传输这种低频分量或直流分量。因此,必须对基带信号进行调制(Modulation)。

③ 码元。码元是承载信息量的基本信号单位。在数字通信中常常用时间间隔相同的符号来表示一位二进制数字,这样的时间间隔内的信号称为二进制码元,而这个间隔被称为码元长度。1 码元可以携带 $n$bit 的信息量。

码元传输速率,又称为码元速率或传码率。其定义为每秒钟传送码元的数目,单位为波特,常用符号 Baud 表示,简写为 B。

例如,某系统每秒传送 2400 个码元,则该系统的传码率为 2400B。但要注意,码元传输速率仅仅表示单位时间内传送码元的数目,并没有限定这时的码元是哪一种进制,因同一系统的各点上可能采用不同的进制,故给出码元速率时必须说明码元的进制和该速率在系统中的位置。

④ 几种最基本的调制方法。如图 1.28 所示,最基本的二元制调制方法有以下 3 种。

调幅(AM):载波的振幅随基带数字信号而变化。

调频(FM):载波的频率随基带数字信号而变化。

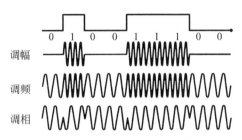

图 1.28　二元制调制方法

调相(PM)：载波的初始相位随基带数字信号而变化。

2）频带传输

将基带信号经调制变换后进行传输的过程称为频带传输。例如远程拨号网络，收发双方都通过 Modem 将信号进行调制或解调，信号是以模拟信号形式在公用电话线上进行传输的，如图 1.29 所示。

图 1.29　频带传输

2. 信道的极限容量

1）实际信道中的数字信号

任何实际的信道都不是理想的，在传输信号时会产生各种失真以及带来多种干扰。所传输的码元传输的速率越高，或信号传输的距离越远，在信道输出端的波形失真就越严重，如图 1.30 所示。

图 1.30　数字信号通过实际的信道

2）信道能够通过的频率范围(奈氏准则)

1924 年，奈奎斯特(Nyquist)就推导出了著名的奈氏准则。他给出了在假定的理想条件下，为了避免码间串扰，码元传输速率的上限值。

$$理想低通信道的最高码元传输速率＝2W \text{ Baud}$$

这里 W 是理想低通信道的带宽，单位为赫兹(Hz)；Baud 是波特，是码元传输速率的单位，1 波特为每秒传送 1 个码元。

上式就是著名的奈氏准则。奈氏准则的另一种表达方法：每赫兹带宽的理想低通信道的最高码元传输速率是每秒两个码元。

奈氏准则表明：

① 在任何信道中，码元传输的速率都是有上限的，否则就会出现码间串扰的问题，使接收端对码元的判决(即识别)成为不可能。

② 如果信道的频带越宽,也就是能够通过的信号高频分量越多,那么就可以用更高的速率传送码元而不出现码间串扰。

3）极限、无差错的信息传输速率（香农公式）

香农（Shannon）用信息论的理论推导出了带宽受限且有高斯白噪声干扰的信道的极限、无差错的信息传输速率,即信道的极限信息传输速率 C 可表达为

$$C = W\log_2(1 + S/N)$$

其中,W 为信道的带宽,以 Hz 为单位;S 为信道内所传信号的平均功率;N 为信道内部的高斯噪声功率。

香农公式表明:

① 信道的带宽或信道中的信噪比大,则所传输的信息的极限传输速率就越高。

② 只要信息传输速率低于信道的极限信息传输速率,就一定可以找到某种办法来实现无差错的传输。

③ 实际信道上能够达到的信息传输速率要比香农的极限传输速率低不少。

据此而提出的香农定理指出,如果信息源的信息速率 R 小于或者等于信道容量 C,那么,在理论上存在一种方法可使信源的输出能够以任意小的差错概率通过信道传输。

该定理还指出,如果 $R > C$,则没有任何办法传递这样的信息,或者说传递这样的二进制信息的差错率为 1/2。

4）提高信息传输速率的方法（编码）

对于频带宽度已确定的信道,如果信噪比不能再提高了,并且码元传输速率也达到了上限值,那么还有办法提高信息的传输速率。这就是用编码的方法让每一个码元携带更多比特的信息量。

在基带传输中数字数据的编码包括 3 种。

① 非归零码（Non Return to Zero code,NRZ）。一种二进制信息的编码,用两种不同的电平分别表示 1 和 0,不使用零电平。通常用低电平表示 0,高电平表示 1。其特点是信息密度高,但需要外同步并有误码积累,如图 1.31 所示。

② 曼彻斯特编码。曼彻斯特编码常用于局域网传输。在曼彻斯特编码中,每一位的中间有一次跳变,位中间的跳变作为时钟信号,同时又作为数据信号;从低到高的跳变表示 1,从高到低的跳变表示 0,如图 1.32 所示。

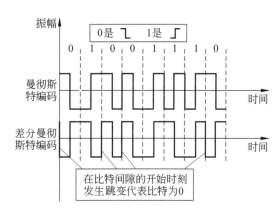

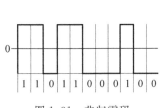

图 1.31 非归零码

图 1.32 曼彻斯特编码

③ 差分曼彻斯特编码。每位中间的跳变只提供时钟定时,而用每位开始时有无跳变来表示 0 或 1,有跳变为 0,没有跳变为 1。

3. 同步传输与异步传输

1) 同步传输

同步传输采用的是按位同步的同步技术进行信息传输,在同步传输过程中,每个数据位之间都有一个固定的时间间隔,这个时间间隔由通信系统中心的数字时钟确定。

在通信过程中,要求接收端和发送端的数据序列在时间上必须取得同步。

2) 异步传输

异步传输又叫异步通信,采用的是群同步技术。

异步传输的原理:将信息分成若干等长的小组("群"),每次传输一个"群"的信息码。

具体过程是,每一"群"为 8 个或 5 个信息位,每个"群"前面放一个起始码,后面放一个停止码,一般来说,起始码为一比特,通常为 0,而停止码为 1～2 比特,通常用 1 表示,当无数据发送时,就连续地发送 1 码,接收一方收到第 1 个 0 码后,就开始接收数据。

同步传输与异步传输的区别在于,前者要求时间同步,而后者不要求时间同步。

1.2.4 数据交换技术

1. 交换的概念

根据网络拓扑结构,通信子网必须能为所有进网的数据流提供从信源节点到信宿节点的通路,而实现这种数据通路的技术就称为数据交换技术,或数据交换方式。数据交换方式有全互连方式与交换方式。

1) 全互连方式

对于点到点的通信,只要在通信双方之间建立一个连接即可。对于点到多点或多点到多点的通信(也就是具有多个通信终端),最直接的方法就是让所有通信方两两相连,如图 1.33 所示。这样的连接方式称为全互连方式。

全互连方式存在以下缺点。

① 当存在 N 个终端时需要 $N(N-1)/2$ 条连线,连线数量随终端数的平方而增加,通常称为 N^2 问题。

② 当这些终端分别位于相距很远的地方时,相互间的连接需要大量的长途线路。

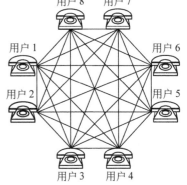

图 1.33 全互连方式

显然,全互连方式成本较高,连接复杂,仅适合于终端数目较少、地理位置相对集中且可靠性要求很高的场合。

2) 交换方式

对于终端用户数量较多、分布范围较广的情况,最好的连接方法是在用户分布密集中心处安装一个设备,把每个用户终端设备(例如电话机)分别用专用的线路(电话线)连接到这个设备上,如图 1.34 所示。

当任意两个用户之间要进行通信时,该设备就把连接这两个用户的开关接点合上,将这两个用户的通信线路接通。当两个用户通信完毕,再把相应的开关接点断开,两个用户间的连线也就随之切断。

这样,对 N 个用户只需要 N 对连线,即 N 条线路（一般一条线路由一对连线组成）就可以满足要求,线路的投资费用大大降低。这种能够完成任意两个用户之间通信线路连接与断开作用的设备称为交换设备或交换机。

因此,能够将多个输入和多个输出随意连通或切断（一般是两两连通或切断）的设备就叫交换机。

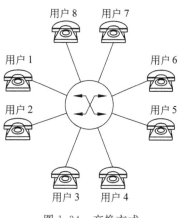

图 1.34　交换方式

2. 交换的基本功能

交换的基本功能就是在连接到交换设备上的任意的入线和出线之间建立连接,或者说是将入线上的信息分发到出线上。这样,任何一个主叫用户（提出通信要求者）的信息,无论是语音、数据还是文本图像等,均可通过在通信网中的交换节点发送到所需的任何一个或多个被叫用户处。

3. 常用的交换技术

从一百多年前最早应用于电话网的线路交换开始,经过人们的不断努力,现在交换技术已经从单一方式发展为多种形式,如线路交换、报文交换和分组交换等。

1）线路交换

线路交换（也叫电路交换）是在信息（数据）的发送端和接收端之间,直接建立一条临时通路,供通信双方专用,其他用户不能再占用,直到双方通信完毕才能拆除。其特点是直接由物理链路连通,没有其他用户干扰,没有非传输时延;其缺点是通路建立时间较长,线路利用率不高（这也是长途电话费用高的原因）。该方式适合大数据量的信息传输。线路交换可分为 3 个阶段。

① 线路建立阶段。该阶段的任务是在欲进行通信的双方之间,各节点（电话局）通过线路交换设备,建立一条仅供通信双方使用的临时专用物理通路。

② 数据传输阶段。通信双方的具体通信过程（数据交换）在这个阶段进行。

③ 线路拆除阶段。通信完毕必须拆除这个临时通道,以释放线路资源供其他通信方使用。

如图 1.35(a)所示,节点 B、D、E 为 A、F 两点提供一条直接通路。图 1.35(b)给出了线路交换的线路建立和数据传输过程。

线路交换主要有采用模拟式交换器的空分线路交换和采用数字式交换机的时分线路交换两种方式。空分线路交换是传统的交换方式,交换器由开关阵列、译码器、收号器等组成,在收到电话振铃信号后识别来电号码,然后进行译码交换。时分线路交换方式是利用存储器控制存取的原理,对各话路时隙间数字信息进行交换。

2）报文交换

报文交换不像线路交换那样需要建立专用通道。它的原理:信源（发送方）将欲传输的信息组成一个数据包,称作报文。该报文写有信宿（接收方）的地址。

这样的数据包送上网络后,每个接收到的节点都先将它存在该节点处,然后按信宿的地址,根据网络的具体传输情况,寻找合适的通路将报文转发到下一个节点。经过这样的多次

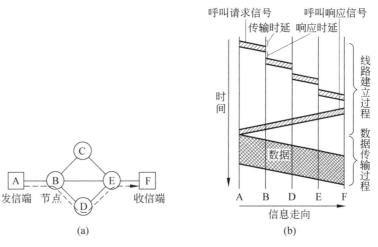

(a)   (b)

图 1.35 线路交换过程示意图

存储和转发,直至信宿,完成一次数据传输,这种节点存储和转发数据的方式称为报文交换。

  报文交换与人们熟悉的邮政通信相似。把信息以文字的形式写入一封信(把信息组成数据包)投到信箱(送入网络),本地邮局收到信后,根据目的地址选择合适的路径,利用邮政网络将信件传送到目的地邮局,目的地邮局再将信件最后送到客户手中。

  报文交换的过程如图 1.36 所示。在图中,从 A 到 F 有 3 条链路:A→B→C→E→F、A→B→E→F 和 A→B→D→E→F 可走,具体走哪一条由网络当时的情况决定,图中给出了沿 A→B→C→E→F 链路的报文传输示意图。

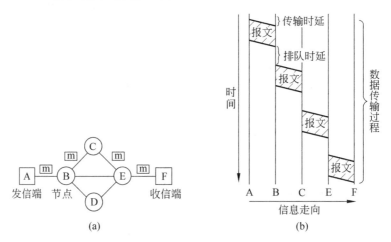

(a)   (b)

图 1.36 报文交换的过程示意

  报文交换的主要优点如下。

  (1)报文是以存储-转发方式通过交换机。由于交换机输入和输出的信息速率、编码格式等不同,因此很容易实现各种类型终端之间的相互通信。

  (2)在报文交换过程中不需要建立专用通路,没有电路持续过程(保持连通状态),来自不同用户的报文可以在一条线路上以报文为单位进行多路复用,线路可以以其最高的传输能力工作,极大地提高了线路的利用率。

（3）用户不需要叫通对方就可以发送报文，并可以节省通信终端操作人员的时间。如果需要，同一报文可以由交换机转发到许多不同的收发地点，即实现同报文的通信（或广播功能）。

报文交换的主要缺点如下。

（1）由于每个节点在收到来自不同方向的报文后，都要先将报文排队，寻找到下一个节点后再转发出去，因此信息通过节点交换（或路由）时产生的时延大，而且时延的变化也大，不利于实时通信。

（2）交换机需要存储用户发送的报文，因为有的报文可能很长，所以要求交换机要有高速处理能力和大的存储容量，一般要求配备大容量的磁盘和磁带存储器，导致交换机设备比较庞大，费用较高。

（3）报文交换不适合进行实时传输或交互式通信。

（4）报文交换一般只适用于公众电报和电子信箱业务。

（5）由于报文交换在本质上是一种主-从结构方式，所有的信息都流入、流出交换机，若交换机发生故障，整个网络都会瘫痪。

3）分组交换

随着计算机技术和计算机网络的飞速发展，数据通信在通信领域中占据了越来越重要的地位。尽管数据通信和电话通信都是以传送信息为通信目的，但是两者仍有不同之处。

（1）数据通信与电话通信的区别。

① 通信对象不同。数据通信实现的是计算机和计算机之间以及人和计算机之间的通信，而电话通信则是完成人和人之间的通信。计算机之间的通信过程需要定义严格的通信协议和标准，而电话通信则无须这么复杂。

② 传输可靠性要求不同。数据信号使用二进制 0 和 1 的组合编码表示，如果一个码组中的一个比特在传输中发生错误，则在接收端可能会被理解为完全不同的含义。尤其是对于银行、军事、医学等关键事务的处理，若发生毫厘之差都可能会造成巨大的损失。一般来说，数据通信的错误率必须控制在 10^{-8} 以下，而电话通信则低于 10^{-3} 即可。

③ 通信的平均持续时间和通信建立请求响应不同。根据对数据用户进行的统计，大约90%的用户数据通信时间在 50s 以下。而相应电话通信的持续平均时间在 5min 左右，统计资料显示，99.5%以上的数据通信持续时间短于电话平均通话时间。由此决定数据通信的信道建立时间要求也要短，通常应该在 1.5s 左右，而相应的电话通信过程的建立一般在 15s 左右。

④ 通信过程中信息业务量特性不同。统计资料表明，电话通信双方讲话的时间平均各占一半，信道中一般不会出现长时间没有信息传输的现象。而计算机通信的双方处于不同的工作状态，其传输速率大不相同。例如，系统进行远程遥测和遥控时，其通信速率一般不超过 30bps；用户以远程终端方式登录远端主机，信道上传输的数据是用户用键盘输入的，每秒的输入速率为 20～300bps，而相应的主机速率则在 600～10 000bps；如果用户希望获取大量文件，则一般传输速率在 100kbps～1Mbps 就可令人满意。

由上述分析可以看到，必须选择合适的数据交换方式，构造出专业的数据通信网络以便满足数据高速传输的要求。

线路交换不利于实现不同类型的数据终端设备之间的相互通信，报文交换信息传输时延又太长，无法满足许多数据通信系统的实时性要求，分组交换技术较好地解决了这些矛盾。

（2）分组交换简介。

分组交换类似于报文交换，其主要差别在于：分组交换是数据量有限的报文交换。

在报文交换中，对一个数据包的大小没有限制，例如要传输一篇文章，不管这篇文章有多长，它就是一个数据包，报文交换把它一次性传送出去（因而报文交换要求每个节点必须具有足够大的存储空间）。

在分组交换中，要限制一个数据包的大小，即要把一个大数据包分成若干个小数据包（俗称打包），每个小数据包的长度是固定的，典型值是一千位到几千位，然后再按报文交换的方式进行数据交换。

为区分这两种交换方式，把小数据包（即分组交换中的数据传输单位）称为分组（Packet）。

如图 1.37 所示，A 点将信息数据打成 4 个包，包 1、包 2 沿 A→B→D→E→F 传输；包 3 沿 A→B→E→F 传输；包 4 沿 A→B→C→E→F 传输。4 个包各自沿不同的路径传输，在途中就可能产生不同的时延，致使到达 F 点时的顺序与 A 点发送时的顺序不同，例如到达顺序可能是包 3-包 4-包 1-包 2，而 F 点的分组拆装设备 PAD 就会根据各包上的信息将顺序调整过来。

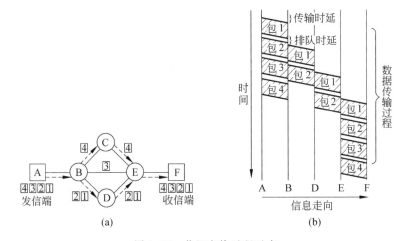

图 1.37　分组交换过程示意

数据分组在网络中有两种传输方式：数据报（Datagram）和虚电路（Virtual Circuit）。

① 数据报。数据报方式非常像报文交换，是一种无连接的服务。

每个分组在网络中的传输路径与时间完全由网络的具体情况随机确定。因此，会出现信宿收到的分组顺序与信源发送时的不一样，先发的可能后到，而后发的却有可能先到。这就要求信宿有对分组重新排序的能力，具有这种功能的设备叫分组拆装设备（Packet Assembly and Disassembly Device，PAD），通信双方各有一个。

数据报要求每个数据分组都包含终点地址信息以便于分组交换机为各个数据分组独立寻找路径。

数据报的好处在于对网络故障的适应能力强，对短报文的传输效率高。主要不足是离散度较大，时延相对较长。另外，由于它缺乏端到端的数据完整性和安全性，支持它的工业产品较少。

② 虚电路。这种交换方式类似于电路交换。在发送分组前,需要在通信双方建立一条逻辑连接。

也就是说,要像线路交换那样建立一条直接通路,但这条通路不是实实在在的物理链路,而是虚的,其"虚"表现在分组并不像在线路交换中那样,从信源沿着通路畅通无阻地到达信宿,而是分组的走向确实沿着逻辑通路走,但它们在过节点时并不能直通,仍要像报文交换那样存储、排队、转发,即在节点处进行缓冲,不过它的时延要比数据报小得多。由于每个数据包(分组)都包含这个逻辑链路(虚拟电路)的标识符,这样在预先建立好的路径上的每个节点都知道把这些分组引到何处,无须对路径进行选择判断,各分组将沿同一路径在网中传送,到达次序和发送的次序相同。一旦用户不需要收发数据时可拆除这种连接。

它与数据报的区别是各节点无须为分组选择路径,而是沿着已经建立的虚路径走。

在虚电路连接中,网络可以将线路的传输能力和交换机的处理能力进行动态分配,终端可以在任何时候发送数据,在暂时无数据发送时依然保持这种连接,但它并没有独占网络资源,网络可以将线路的传输能力和交换机的处理能力用作其他服务。

虚电路因为实时性较好,故适合于交互式通信;数据报更适合于单向传输短信息。

虚电路方式的优点如下。

- 数据接收端无须对分组重新排序,时延小。
- 一次通信具有呼叫建立、数据传输和呼叫清除 3 个阶段。分组中不含终端地址,对数据量大的通信传输效率高。
- 可为用户提供永久虚电路服务,在用户间建立永久性的虚连接,用户就可以像使用专线一样方便。

虚电路方式的缺点如下。

电路如果发生意外中断时,需要重新呼叫建立新的连接。数据采用固定的短分组,不但可减小各交换节点的存储缓冲区大小,同时也使数据传输的时延减少。

另外,分组交换也意味着按分组纠错,如果在接收端处发现错误,只需发送端再重发出错的分组,而无须将所有数据重发,这样就提高了通信效率。

目前,广域网大都采用分组交换方式,同时提供数据报和虚电路两种服务由用户选择,并按交换的分组数收费。分组交换主要有以下特点。

- 将需要传送的信息分成若干个分组,每个分组加上控制信息后分发出去,采用存储-转发方式,有差错控制措施。
- 基于统计时分复用方式,可以不建立连接,也可建立连接,连接为逻辑连接(虚连接)。
- 共享信道,资源利用率高。
- 有时延,实时性差,不能保证通信质量。
- 一般用于数据交换,也可用于分组话音业务。
- 当节点使用分组交换技术时,可构成分组交换网。

传统分组交换使用的最典型的协议就是著名的 X.25 协议。分组交换技术是最适于数据通信的交换技术。

可见,分组交换是线路交换和报文交换相结合的一种交换方式,它综合了线路交换和报文交换的优点,并使其缺点最少。

1.3　传　输　介　质

　　局域网常用的传输媒体有同轴电缆、双绞线和光纤(也称为光缆),以及在无线局域网情况下使用的辐射媒体。

　　局域网技术在发展过程中,首先使用的是粗同轴电缆,其直径近似 13mm(1/2 英寸),特性阻抗为 50Ω。由于这种电缆很重,缺乏挠性以及价格高等问题,随后出现了细缆,其直径为 6.5mm(1/4 英寸),特性阻抗也是 50Ω。使用粗同轴缆构成的以太网(Ethernet)被称为粗缆以太网,使用细缆构成的以太网被称为细缆以太网。

　　在 20 世纪 80 年代后期,广泛采用了双绞线作为传输媒体的技术,即 10Base-T 以及其他局域网实现技术。为将以太网的范围进一步扩大,随后又出现了 10Base-F,这种技术是使用光纤构成链路段,使用距离可延长到 2km,但速率仍为 10Mbps。

　　另一种采用光纤作为传输媒体的技术是光纤分布式数据接口(FDDI),是于 20 世纪 80 年代中期发展起来的一项局域网技术,它提供的高速数据通信能力要高于当时的以太网(10Mbps)和令牌网(4 或 16Mbps)的能力。光纤分布式数据接口是与 IEEE 802.3、802.4 和 802.5 完全不同的新技术,构成 FDDI 的媒体,不仅是光纤,而且访问媒体的机制有了新的提高,传输速率可达 100Mbps。下面就这些实现技术所用的媒体逐一进行讨论。

1.3.1　同轴电缆

　　同轴电缆可分为两类:粗同轴电缆和细同轴电缆。这种电缆在实际应用中很广,例如有线电视网,就是使用同轴电缆。不论是粗同轴电缆还是细同轴电缆,其中央都是一根铜线,外面包有绝缘层。同轴电缆由内部导体环绕绝缘层以及绝缘层外的金属屏蔽网和最外层的护套组成。这种结构的金属屏蔽网可防止中心导体向外辐射电磁场,也可用来防止外界电磁场干扰中心导体的信号,如图 1.38 所示。

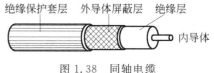

图 1.38　同轴电缆

　　1. 细同轴电缆连接设备及技术参数

　　采用细同轴电缆组网,除需要电缆外,还需要 BNC 头、T 形头及终端匹配器等,如图 1.39 所示。同轴电缆组网的网卡必须带有细同轴电缆连接接口(通常在网卡上标有 BNC 字样)。

　　细同轴电缆组网能支持的最大的干线段长度为 185m,最大网络干线电缆长度为 925m,每条干线电缆段支持的最大节点数为 30 个。

　　2. 粗同轴电缆连接设备及技术参数

　　采用粗同轴电缆组网,除需要电缆外,还包括转换器、DIX 连接器及电缆、N-系列插头,如图 1.40 所示。使用粗同轴电缆组网,网卡必须有 DIX 接口(一般标有 DIX 字样)。

　　粗同轴电缆组网能支持的最大的干线段长度为 500m,最大网络干线电缆长度为 2500m,每条干线电缆段支持的最大节点数为 100 个。

　　值得注意的是,目前计算机网络中已不再使用粗细同轴电缆及连接设备组网。但仍需要了解这一过去发展阶段的技术历史。

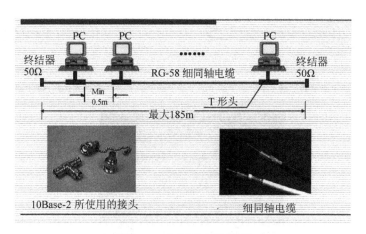

图 1.39　细同轴电缆组网

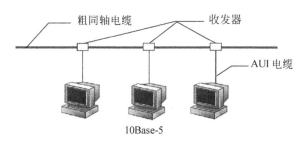

图 1.40　粗同轴电缆组网

1.3.2　双绞线

双绞线是综合布线工程中最常用的一种传输介质。

1. 双绞线的工作原理

双绞线采用了一对互相绝缘的金属导线互相绞合的方式来抵御一部分外界电磁波干扰,更主要的是降低自身信号的对外干扰。把两根绝缘的铜导线按一定密度互相绞在一起,可以降低信号干扰的程度,每一根导线在传输中辐射的电波会被另一根线上发出的电波抵消。"双绞线"的名字也是由此而来的。

双绞线一般由两根 22~26 号绝缘铜导线相互缠绕而成,在实际使用时,双绞线由多对双绞线一起包在一个绝缘电缆套管里。典型的双绞线有 4 对,也有更多对双绞线放在一个电缆套管里的,这些称为双绞线电缆,如图 1.41 所示。

在双绞线电缆(也称双扭线电缆)内,不同线对具有不同的扭绞长度,一般地,扭绞长度在 38.1mm~14cm,按逆时针方向扭绞。相邻线对的扭绞长度在 12.7mm 以上,一般扭线越密其抗干扰能力就越强,与其他传输介质相比,双绞线在传输距离、信道宽度和数据传输速率等方面均受到一定限制,但价格较为低廉。

2. 双绞线的种类

双绞线分为屏蔽双绞线(Shielded Twisted Pair,STP)与非屏蔽双绞线(Unshielded Twisted Pair,UTP)。

屏蔽双绞线在双绞线与外层绝缘封套之间有一个金属屏蔽层。屏蔽层可减少辐射,防

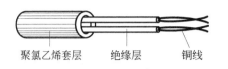 

非屏蔽双绞线 UTP   屏蔽双绞线 STP

图 1.41　双绞线电缆

止信息被窃听,也可阻止外部电磁干扰的进入,使屏蔽双绞线比同类的非屏蔽双绞线具有更高的传输速率。

非屏蔽双绞线是一种数据传输线,由 4 对不同颜色的传输线组成,广泛用于以太网和电话线中。非屏蔽双绞线电缆最早在 1881 年被用于贝尔发明的电话系统中。随后美国的电话线网络主要由 UTP 所组成,由电话公司拥有。

双绞线常见的有 3 类线、5 类线、超 5 类线以及最新的 6 类线,型号如下。

(1) 1 类线。主要用于语音传输(1 类线标准主要用于 20 世纪 80 年代初之前的电话线缆),不同于数据传输。

(2) 2 类线。传输频率为 1MHz,用于语音传输和最高传输速率 4Mbps 的数据传输,常见于使用 4Mbps 规范令牌传递协议的旧的令牌网。

(3) 3 类线。指目前在 ANSI 和 EIA/TIA 568 标准中指定的电缆,该电缆的传输频率为 16MHz,用于语音传输及最高传输速率为 10Mbps 的数据传输,主要用于 10Base-T。

(4) 4 类线。该类电缆的传输频率为 20MHz,用于语音传输和最高传输速率为 16Mbps 的数据传输,主要用于基于令牌的局域网和 10Base-T/100Base-T。

(5) 5 类线。该类电缆增加了绕线密度,外套一种高质量的绝缘材料,传输频率为 100MHz,用于语音传输和最高传输速率为 1000Mbps 的数据传输,主要用于 100Base-T 和 1000Base-T 网络。这是最常用的以太网电缆。

(6) 超 5 类线。超 5 类具有衰减小,串扰少,并且具有更高的衰减与串扰的比值(ACR)和信噪比(Structural Return Loss)、更小的时延误差,性能得到很大提高。超 5 类线主要用于千兆以太网(1000Mbps)。

(7) 6 类线。该类电缆的传输频率为 1～250MHz,6 类布线系统在 200MHz 时综合衰减与串扰的比值应该有较大的余量,它提供两倍于超 5 类线的带宽。6 类布线的传输性能远远高于超 5 类线的标准,最适用于传输速率高于 1Gbps 的应用。6 类线与超 5 类线的一个重要的不同点在于:改善了在串扰以及回波损耗方面的性能,对于新一代全双工的高速网络应用而言,优良的回波损耗性能是极重要的。6 类线标准中取消了基本链路模型,布线标准采用星状拓扑结构,要求的布线距离:永久链路的长度不能超过90m,信道长度不能超过100m。

（8）7类线。主要用于万兆网络,它不再是一种非屏蔽双绞线了。在7类线中,每一对线都有一个屏蔽层,4对线合在一起还有一个公共大屏蔽层。从物理结构上看,额外的屏蔽层使得7类线有一个较大的线径。7类线的传输速率是6类线的2倍以上,传输速率可达10Gbps。

计算机网络使用较多的是超5类线,比较重要的工程使用6类线,万兆网络工程可使用7类线。通常,计算机网络所使用的是3类线和5类线,其中10Base-T使用的是3类线,100Base-T使用的是5类线。使用双绞线组网,双绞线和其他网络设备（例如网卡）连接必须是RJ-45接头（也叫水晶头）,如图1.42所示。

图1.42　RJ-45接头

利用双绞线组网,可以获得良好的稳定性,在实际应用中越来越多。尤其是近年来,随着以太网的发展,利用双绞线组网无须再增加其他设备,因此被业界人士看好。

1.3.3　光缆

光缆用极细的石英玻璃纤维作为传输介质。光缆传输是利用激光二极管或发光二极管在通电后产生光脉冲信号,这些光脉冲信号能沿光纤进行传输。在光纤中,是用光束表示数据的,即用光的有和无表示数据1和0。

光纤通信系统的传输带宽远远大于其他各种传输媒体的带宽。光纤可以1000Mbps的速率发送数据,大功率的激光器可以驱动100km长的光纤,而中间不带任何中继设备。光缆（Optical Fiber Cable）主要是由光导纤维（细如头发的玻璃丝）和塑料保护套管及塑料外皮构成,光缆内没有金、银、铜、铝等金属,一般无回收价值。光缆是一定数量的光纤按照一定方式组成缆心,外包有护套,有的还包覆外护层,用于实现光信号传输的一种通信线路,如图1.43所示。

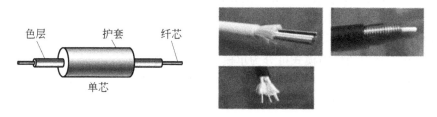

图1.43　光缆

光缆是当今信息社会各种信息网的主要传输工具。如果把互联网称作"信息高速公路",那么,光缆就是信息高速路的基石——光缆是互联网的物理路由。

目前,长途通信光缆的传输方式已由PDH向SDH发展,传输速率已由当初的140Mbps发展到2.5Gbps、4×2.5Gbps、16×2.5Gbps甚至更高,也就是说,一对纤芯可开通3万条、12万条、48万条甚至向更多话路发展。光缆是由许多细如发丝的塑胶或玻璃纤维外加绝缘护套组成,光束在玻璃纤维内传输,防磁防电,传输稳定,质量高,适于高速网络和骨干网。光纤与电导体构成的传输媒体最基本的差别是,它的传输信息是光束,而非电气信号。因此,光纤传输的信号不受电磁的干扰。

1．光纤理论

1）光是一种电磁波

可见光部分波长范围是 390～760nm（纳米）。大于 760nm 部分是红外光，小于 390nm 部分是紫外光。目前光纤中应用较多的是 850nm、1310nm、1550nm 这 3 种。

2）光的折射、反射和全反射

因光在不同物质中的传播速度是不同的，所以光从一种物质射向另一种物质时，在两种物质的交界面处会产生折射和反射。而且，折射光的角度会随入射光的角度变化而变化。当入射光的角度达到或超过某一角度时，折射光会消失，入射光全部被反射回来，这就是光的全反射。不同的物质对相同波长光的折射角度是不同的（即不同的物质有不同的光折射率），相同的物质对不同波长光的折射角度也不同。光纤通信就是基于以上原理而形成的，如图 1.44 所示。

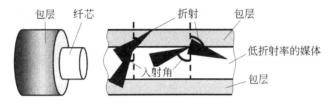

图 1.44　光线在光纤中的折射

2．光纤结构及种类

1）光纤结构

光纤裸纤一般分为 3 层：中心高折射率玻璃芯（芯径一般为 $50\mu m$ 或 $62.5\mu m$），中间为低折射率硅玻璃包层（直径一般为 $125\mu m$），最外是加强用的树脂涂层。

2）数值孔径

入射到光纤端面的光并不能全部被光纤传输，只是在某个角度范围内的入射光才可以。这个角度就称为光纤的数值孔径。光纤的数值孔径大些对于光纤的对接是有利的。不同厂家生产的光纤的数值孔径不同。

3）光纤的种类

① 按光在光纤中的传输模式可分为单模光纤和多模光纤。

单模光纤（Single Mode Fiber，SMF）又称为细光纤，或称为轴路径光纤，如图 1.45 所示。它的中心玻璃芯较细（芯径一般为 $9\mu m$ 或 $10\mu m$），只能传输一种模式的光。因此，其模间色散很小，适用于远程通信，但其色散起主要作用，这样单模光纤对光源的谱宽和稳定性有较高的要求，即谱宽要窄，稳定性要好。

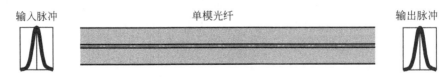

图 1.45　单模光纤

单模光纤的工作原理：光束是沿光纤的轴径进行传播（轴路径传播方式）的。由于光束是沿直线传播的缘故，致使单模光纤的信息传输量有限，但它却能进行远距离的传输，单段单模光纤的有效距离最长可达 100km。

多模光纤(Multi Mode Fiber,MMF)又称为粗光纤,或称为非轴路径光纤,如图1.46所示。它的中心玻璃芯较粗(50μm或62.5μm),可传输多种模式的光。但其模间色散较大,这就限制了传输数字信号的频率,而且随距离的增加会更加严重。例如,600MB/km的光纤在2km时则只有300MBps的带宽了。因此,多模光纤传输的距离就比较近,一般单段多模光纤只能传输2~3km,若希望有1000Mbps的带宽,则单段多模光纤的长度不得超过600m。

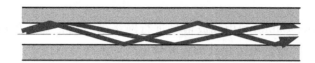

图1.46 多模光纤

多模光纤沿光纤管道壁间以反射(折射)的方式进行传播(非轴路径传播方式),致使光束在非轴路径光纤中的传播距离比沿轴路径进行的直线传播的距离要长得多,所以多模光纤的传输速率比单模光纤的速率慢,而且传输距离也较近。

这里的"模"即"射线"的含义。单模光纤中只有一条(单条)射线,多模光纤中有多条射线。

② 按最佳传输频率窗口可分为常规型单模光纤和色散位移型单模光纤。

常规型:光纤生产厂家将光纤传输频率最佳化在单一波长的光上,如1310nm。

色散位移型:光纤生产厂家将光纤传输频率最佳化在两个波长的光上,如1310nm和1550nm。

③ 按折射率分布情况可分为突变型光纤和渐变型光纤。

突变型:光纤中心芯到玻璃包层的折射率是突变的。其成本低,模间色散高。适用于短途低速通信,如工控。但单模光纤由于模间色散很小,所以单模光纤都采用突变型。

渐变型:光纤中心芯到玻璃包层的折射率是逐渐变小的,可使光线按正弦形式传播,这能减少模间色散,提高光纤带宽,增加传输距离,但成本较高,现在的多模光纤多为渐变型光纤。

4) 常用光纤规格

单模:8/125μm,9/125μm,10/125μm。

多模:50/125μm,欧洲标准。

　　　62.5/125μm,美国标准。

工业、医疗和低速网络:100/140μm,200/230μm。

塑料:98/1000μm,用于汽车控制。

3种传输媒介的比较如表1.1所示。

表1.1 同轴电缆、双绞线、光缆的性能比较

传输媒介	价 格	电磁干扰	频带宽度	单段最大长度
UTP	最便宜	高	低	100m
STP	一般	低	中等	100m
同轴电缆	一般	低	高	185/500m
光缆	最高	没有	极高	几十千米

1.3.4 其他有线介质

1. 电话线

计算机通过调制解调器 Modem 和电话线(Telephone Line)与远程计算机相连,如果使用 ADSL 技术,则在同一时间既可用来打电话,又可用来上网。

2. 载波线缆

载波线缆(Carrier Cable)利用载波信号进行网络信号的传播。例如,电力系统就是利用高压线上的载波信号进行电力行业的计算机网络的连接与通信的。

3. 闭路电视线

家家户户使用的闭路电视线(Closed Circuit Television Line)的频带是很宽的,而闭路电视信号只占用高频段部分,低频段是空闲的。因此,其低频段部分可用来传输网络信号。证券公司的股票信息就是通过闭路电视线传送到各家各户的,用户在接收股票信息的同时照常可收看电视节目。

1.3.5 无线媒体

无线媒体即无线传输,如微波通信、卫星通信。上述有线传输媒体有一个共同的缺点,它们都需要一根线缆连接计算机,这在很多场合下是不方便的。无线媒体不使用电子或光学导体。大多数情况下地球的大气便是数据的物理性通路。从理论上讲,无线媒体最好应用于难以布线的场合或远程通信。

1. 无线电波

无线电波(Radio Wave)是一种全方位传播的电波,其传播方式有两种:一种是直接传播,即电波沿地表面向四周传播;另一种是靠大气层中电离层的反射进行传播。

无线电的频率范围在 $10\sim16$kHz。在电磁频谱里,属于"对频"。使用无线电的时候,需要考虑的一个重要问题是电磁波频率的范围(频谱)是相当有限的。其中大部分都已被电视、广播以及重要的政府和军队系统占用。因此,只有很少一部分留给网络计算机使用,而且这些频率也大部分都由国内无线电管理委员会(无委会)统一管制。要使用一个受管制的频率必须向无委会申请许可证。如果设备使用的是未经管制的频率,则功率必须在 1W 以下,这种管制的目的是限制设备的作用范围,从而限制对其他信号的干扰。用网络术语来说,这相当于限制了未管制无线电的通信带宽。

下面这些频率是未受管制的:$902\sim925$MHz;2.4GHz(全球通用);$5.72\sim5.85$GHz。

无线电波可以穿透墙壁,也可以到达普通网络线缆无法到达的地方。针对无线电链路连接的网络,现在已有相当坚实的工业基础,在业界也得到迅速发展。

2. 微波

微波是一种定向传播的电波,收发双方的天线必须相对应才能收发信息,即发端的天线要对准收端,收端的天线要对准发端。

3. 卫星通信

卫星通信(Satellite Communication)是典型的微波技术应用。利用同步卫星,可以进行更远距离的传输。收发双方都必须安装卫星接收及发射设备,且收发双方的天线都必须对准卫星,否则不能收发信息。一颗同步卫星发射的电波能覆盖地球的 1/3,因此,3 颗同步卫星就能覆盖全球,也就是说,利用 3 颗同步卫星就能进行全球通信。

4. 红外线

红外线(Infrared)被广泛用于室内短距离通信。家家户户使用的电视机及音响设备的遥控器就是利用红外线技术进行遥控的。红外线也是具有方向性的。

红外线的优点是制造工艺简单,价格便宜;缺点是传输距离有限,一般只限于室内通信,而且不能穿透坚实的物体(如砖墙等)。可有效地进行数据的安全保密控制。

5. 激光

激光束也可用于在空中传输数据。与微波通信一样,采用激光通信至少要有两个激光站点,每个站点都拥有发送信息和接收信息的能力。由于激光束能在很长的距离上得以聚焦,所以激光的传输距离很远,能传输几十千米。

与微波一样,激光束也是沿直线传播的。激光束不能穿过建筑物和山脉,但可以穿透云层。

1.4 网 络 结 构

1.4.1 计算机系统结构

到目前为止,计算机系统共有 4 种系统结构。

1. 主机系统

主机系统(Host)就是一台主计算机带上若干台终端所构成的多用户系统。如 IBM 360 机、VAX 机等。

值得注意的是,在主机系统中,当使用的用户终端是智能终端时,其终端上的资源仍不能提供给网上共享,只有主机上的资源才能提供共享。

2. 工作站/文件服务器系统

将若干台用户计算机(Workstation,工作站)与一台主机(File Server,文件服务器)通过通信手段连接在一起而组成的计算机网络系统称为工作站/文件服务器系统。在工作站/文件服务器系统中,网上的主机及所有用户计算机上的资源都可给网络系统提供共享。

3. 客户机/服务器系统

客户机/服务器系统(Client/Server,C/S)是在工作站/文件服务器系统的基础上,增加了后台处理能力而构成的。在 C/S 系统中,网上的用户终端可将部分工作交给主机去处理(即后台处理,或叫后台作业)。Windows NT、UNIX 都可以建立 C/S 网络系统。后台处理结束,自动将结果送回到前台进程中。前台进程与后台处理并行进行,互不干扰。

4. 对等网络系统

在对等网络(Peer-to-Peer-Network)系统中,不需要专用的网络服务器,网上的计算机与计算机之间的地位都是平等的。在系统运行过程中,任何一台计算机随时可设置为工作站或主机(网络服务)。典型的对等网络系统是自组织无线网络等。

1.4.2 计算机网络硬件系统组成

计算机网络硬件系统通常由下述设备组成。

1. 网络服务器（主机）

网络服务器根据不同用途一般都使用专用服务器。例如文件服务器、设备服务器、通信服务器、管理服务器、域名服务器、FTP 服务器、邮件服务器和 WWW 服务器。

2. 网络工作站

被连接在网络上的计算机只请求服务而不为其他计算机提供服务，这一类的用户计算机被称为工作站。

3. 终端

用户终端是泛指在计算机网络中，除服务器以外的其他一切连入计算机网络的用户计算机。

4. 网卡

网卡(NIC)的主要作用是为终端与网络提供数据的传输功能。

5. 通信控制设备

通信控制设备是负责建立和拆除通信线路，并负责信息收发的设备，有如下 3 类设备。

(1) 通信控制器(Communication Control Unit,CCU)。通信控制器管理到主机或计算机网络的数据输入输出。它可以是复杂的前台大型计算机接口或者是简单的设备，如多路复用器、桥接器和路由器。这些设备把计算机的并行数据转换为通信线上传输的串行数据，并完成所有必要的控制功能、错误检测和同步。现代设备还完成数据压缩、路由选择、安全性功能，并收集管理信息。通信控制器还必须具有缓冲功能。

(2) 线路控制器(Link Controller,LC)。线路控制器一般用于远程终端或智能终端，是端点与通信线路上的调制解调器的接口设备，实际上是一块插件板。

(3) 通信处理机(Communication Processor,LP)。通信处理机能独立完成通信处理工作，其目的是减轻主机的负担，使得网络能高效地运行。

1.4.3　计算机网络软件系统

计算机网络软件系统组成如下。

(1) 协议软件。不同体系结构的网络系统都有支持自身系统的协议软件，体系结构中不同层次又有不同的协议软件。典型的网络协议软件有 IPX/SPX 协议、TCP/IP、X.21 与 X.25 协议、点到点协议 PPP、串行线路 Internet 协议 SLIP 和帧中继 FR(Frame Relay)。

(2) 联机服务软件。联机服务程序是为网络用户提供获取联机信息的软件。例如 WWW(Word Wide Web)和 American online(美国在线)。

(3) 通信软件。通信软件主要负责通信子网的管理工作和通信工作。

(4) 管理软件。网管软件的主要功能就是网络安全控制、病毒诊断与消除等。

(5) 网络操作系统。网络操作系统是网络软件中最主要的软件，如 Windows NT、UNIX 等。

(6) 设备驱动程序。设备驱动程序是一种控制特定设备的硬件级程序。

(7) 网络应用程序。网络应用程序是在网络环境下，直接面向用户的应用程序。

1.4.4　计算机网络的组成

计算机网络一般由资源子网和通信子网组成，如图 1.47 所示。

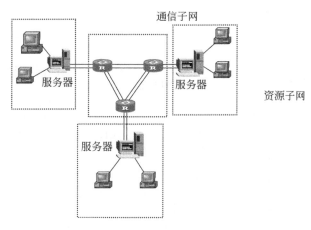

图 1.47　计算机网络的组成

（1）资源子网。资源子网由计算机及其各种外围设备组成，主要负责信息处理、信息分组及共享资源管理。

（2）通信子网。通信子网主要由通信设备（如路由器、交换机等）及通信线路（如光缆、无线电波等）组成，主要负责分组信息的交换。

1.5　网络参考模型、协议和技术标准

1.5.1　OSI 参考模型

在计算机网络产生之初，每个计算机厂商都有一套自己的网络体系结构的概念，它们之间互不相容。为此，国际标准化组织（ISO）在 1979 年建立了一个分委员会来专门研究一种用于开放系统互连的体系结构（Open Systems Interconnection，OSI）。"开放"这个词表示：只要遵循 OSI 标准，一个系统可以与位于世界上任何地方的、也遵循 OSI 标准的其他任何系统进行连接。这个分委员会提出了开放系统互连，即 OSI 参考模型，它定义了连接异种计算机的标准框架。

典型的网络体系结构是国际标准化组织（International Standard Organization，ISO）在 1984 年颁布的开放系统互连基本参考模型（Open System Interconnection Basic Reference Model），简称为 ISO/OSI 模型。

OSI 参考模型分为 7 层，分别是物理层、数据链路层、网络层、传输层、会话层、表示层和应用层。应用层到物理层的 7 层与通信子网示意图如图 1.48 所示。各层的主要功能及其相应的数据单位如下。

1. 物理层（Physical Layer）

要传递信息就要利用一些物理媒体，如双绞线、同轴电缆等，但具体的物理媒体并不在 OSI 的 7 层之内，有人把物理媒体当作第 0 层，物理层的任务就是为它的上一层提供一个物理连接，以及它们的机械、电气、功能和过程特性。如规定使用电缆和接头的类型、传送信号的电压等。在这一层，数据还没有被组织，仅作为原始的位流或电气电压处理，单位是比特。

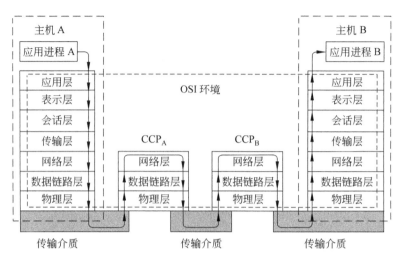

图 1.48　应用层到物理层的 7 层与通信子网示意图

2. 数据链路层（Data Link Layer）

数据链路层负责在两个相邻节点间的线路上,无差错地传送以帧为单位的数据。每一帧包括一定数量的数据和一些必要的控制信息。与物理层相似,数据链路层要负责建立、维持和释放数据链路的连接。在传送数据时,如果接收点检测到所传数据中有差错,就要通知发方重发这一帧。

3. 网络层（Network Layer）

在计算机网络中进行通信的两个计算机之间可能会经过很多个数据链路,也可能经过很多通信子网。网络层的任务就是选择合适的网间路由和交换节点,确保数据及时传送。网络层将数据链路层提供的帧组成数据包,包中封装有网络层包头,其中含有逻辑地址信息,即源站点和目的站点地址的网络地址。

4. 传输层（Transport Layer）

该层的任务是根据通信子网的特性来最佳地利用网络资源,并以可靠和经济的方式,为两个端系统(也就是源站和目的站)的会话层之间,提供建立、维护和取消传输连接的功能,负责可靠地传输数据。在这一层,信息的传送单位是报文。

5. 会话层（Session Layer）

这一层也可以称为会晤层或对话层,在会话层及以上的高层次中,数据传送的单位不再另外命名,统称为报文。会话层不参与具体的传输,它提供包括访问验证和会话管理在内的建立和维护应用之间通信的机制。如服务器验证用户登录便是由会话层完成的。

6. 表示层（Presentation Layer）

这一层主要解决用户信息的语法表示问题。它将欲交换的数据从适合于某一用户的抽象语法,转换为适合于 OSI 系统内部使用的传送语法。即提供格式化的表示和转换数据服务。数据的压缩和解压缩、加密和解密等工作都由表示层负责。

7. 应用层（Application Layer）

应用层确定进程之间通信的性质以满足用户需要以及提供网络与用户应用软件之间的接口服务。

用通俗易懂的语言来解释 OSI 参考模型,各层功能可以总结简述如下。

物理层:正确利用介质。

数据链路层:连通每个节点。

网络层:选择走哪条路。

传输层:找到对方主机。

会话层:决定该谁说,该谁听,从何处听。

表示层:决定用什么语言交谈。

应用层:指出做什么事。

作为一种国际标准,OSI 参考模型只是一种概念上的网络模型,它规定了网络体系结构的框架。但 OSI 参考模型只说明了做什么(What to do),而未规定怎样做(How to do)。而事实上由于其结构上太复杂,以及推出时间较晚,目前在市场及实际应用方面,几乎没有与之完全符合的实际网络。

目前网络设备生产厂商实际应用的主要是一种事实上的标准:TCP/IP(因特网的骨干协议),从体系结构上看,它是 OSI 参考模型的简化(只有 4 层)。

1.5.2 TCP/IP

TCP/IP(Transfer Control Protocol/Internet Protocol)被称为传输控制/网际协议,又简称网络通信协议,这个协议是 Internet 的基础。

TCP/IP 是网络中使用的基本的通信协议。虽然从名字上看 TCP/IP 包括两个协议,传输控制协议(TCP)和网际协议(IP),但 TCP/IP 实际上是一组协议,它包括上百个各种功能的协议,如远程登录、文件传输和电子邮件等,而 TCP 和 IP 是保证数据完整传输的两个基本的重要协议。

TCP/IP 是用于计算机通信的一组协议,通常称为 TCP/IP 协议族。它是 20 世纪 70 年代中期美国国防部为其 ARPANET 广域网开发的网络体系结构和协议标准,以它为基础组建的 Internet 是目前国际上规模最大的计算机网络,正因为 Internet 的广泛使用,使得 TCP/IP 成了事实上的标准。之所以说 TCP/IP 是一个协议族,是因为 TCP/IP 包括 TCP、IP、UDP、ICMP、RIP、Telnet、FTP、SMTP、ARP、TFTP 等许多协议,这些协议一起称为 TCP/IP。

从协议分层模型方面来讲,TCP/IP 由 4 个层次组成:网络接口层、互联网层、传输层、应用层。

1. 网络接口层

这是 TCP/IP 软件的最低层,负责接收 IP 数据报并通过网络将其发送出去,或者从网络上接收物理帧,抽出 IP 数据报,交给 IP 层。

2. 互联网层

负责相邻计算机之间的通信。其功能包括 3 方面。

(1) 处理来自传输层的分组发送请求,收到请求后,将分组装入 IP 数据报,填充报头,选择去往信宿机的路径,然后将数据报发往适当的网络接口。

(2) 处理输入数据报,首先检查其合法性,然后进行寻径。假如该数据报已到达信宿机,则去掉报头,将剩下部分交给适当的传输协议;假如该数据报尚未到达信宿则转发该数据报。

（3）处理路径、流控、拥塞等问题。

3. 传输层

提供应用程序间的通信。其功能包括格式化信息流和提供可靠传输。为实现后者,传输层协议规定接收端必须发回确认,并且假如分组丢失,必须重新发送。

4. 应用层

向用户提供一组常用的应用程序,如电子邮件、文件传输访问、远程登录等。远程登录使用 Telnet 协议提供在网络其他主机上注册的接口。Telnet 会话提供了基于字符的虚拟终端。文件传输访问使用 FTP 来提供网络内机器间的文件复制功能。

相对于 OSI 七层协议参考模型中要求实现的功能,TCP/IP 协议族中由表 1.2 中相关协议实现。

表 1.2　OSI 参考模型与 TCP/IP 协议族对应关系

OSI 中的层	功　　能	TCP/IP 协议族
应用层	文件传输、电子邮件、文件服务、虚拟终端	TFTP、HTTP、SNMP、FTP、SMTP、DNS、Telnet
表示层	数据格式化、代码转换、数据加密	没有协议
会话层	解除或建立与别的节点的联系	没有协议
传输层	提供端对端的接口	TCP、UDP
网络层	为数据包选择路由	IP、ICMP、RIP、OSPF、BGP、IGMP
数据链路层	传输有地址的帧、错误检测功能	SLIP、ARP、RARP、CSLIP、PPP、MTU
物理层	以二进制形式在物理媒体上传输数据	ISO 2110、IEEE 802、IEEE 802.2

数据链路层包括了硬件接口和协议 ARP、RARP,这两个协议主要是用来建立送到物理层上的信息和接收从物理层上传来的信息。

网络层中的协议主要有 IP、ICMP、IGMP 等,由于它包含了 IP 模块,所以它是所有 TCP/IP 网络协议的核心。在网络层中,IP 模块完成大部分功能。ICMP 和 IGMP 以及其他支持 IP 的协议帮助 IP 完成特定的任务,如传输差错控制信息以及主机/路由器之间的控制电文等。网络层掌管着网络中主机间的信息传输。

传输层上的主要协议是 TCP 和 UDP。正如网络层控制着主机之间的数据传递,传输层控制着那些将要进入网络层的数据。两个协议就是它管理这些数据的两种方式:TCP 是一个基于连接的协议,UDP 则是面向无连接服务的管理方式的协议。

应用层位于协议栈的顶端,它的主要任务就是应用。应用层上的协议当然也是为了这些应用而设计的。

具体来说一些常用的协议功能如下。

1) 互联网层协议

IP 用于实现 IP 地址管理、路由选择、数据包的分片与重组。

ICMP(Internet Control Message Protocol,互联网控制信息协议)用于在 IP 主机、路由器之间传递控制消息。

ARP(Address Resolution Protocol,地址解析协议)用于实现网络地址解析。

RARP(Reverse Address Resolution Protocol,逆地址解析协议)用于实现网络地址的逆向解析。

IP 可应用到各式各样的网络上(即 IP Over Everything),只要在网络接口层使用不同的网络接口来配接不同类型的网络,即可上传到互联网层,同时使用统一的 IP 向更高的层次传输。TCP/IP 就这样实现了各种不同结构或协议的网络之间的互连互通,从而成为以后互联网爆炸性发展的技术基础。

2)传输层协议

TCP(Transport Control Protocol,传输控制协议)用于实现基于连接、可靠的字节流传输。

UDP(User Datagram Protocol,用户数据报协议)用于实现基于无连接的、不可靠的报文传输。

3)应用层协议

① 简单文件传输协议。TFTP(Trivial File Transfer Protocol,一般文件传输协议)用于实现小而简单的文件传输服务。

FTP(File Transfer Protocol,文件传输协议)用于实现主机之间的文件传输。

NFS(Network File Standard,网络文件服务标准协议)用于实现在网络上与他人共享目录和文件。

② 电子邮件协议。SMTP(Simple Mail Transfer Protocol,简单邮件传输协议)提供主机之间的电子邮件传输服务。

③ 远程登录协议。Telnet(Telecommunication Network,远程登录协议)用于实现远程登录,即提供终端到主机交互式访问的虚拟终端访问服务。

④ 网络管理协议。SNMP(Simple Network Management Protocol,简单网络管理协议)用于进行网络管理。

⑤ 域名管理协议。DNS(Domain Name Service,域名地址服务协议)用于提供域名和 IP 地址间的转换服务。

⑥ 超文本传输协议。HTTP(HyperText Transfer Protocol,超文本传输协议)用于对 Web 网页进行浏览。

1.5.3 IEEE 802 标准

1. IEEE 802 概述

IEEE 是美国电气电子工程师协会(Institute of Electrical and Electronic Engineer)的简称。IEEE 802 标准只描述了局域网络的一部分,即 ISO/OSI 的最低两层:物理层和数据链路层。物理层控制 PH 接口的标准,数据链路层包括了逻辑链路控制 LLC、介质访问控制 MAC。

IEEE 802 系列是局域网的底层协议,对于高层协议,IEEE 802 未做规定,因此,各种局域网的高层协议都由自己定义。所以,几乎所有著名的微型计算机网络尽管其高层协议不同,网络的操作系统也不尽相同,但由于其底层都采用了相同的 IEEE 802 协议标准而可实现互连。

2. IEEE 802 系列简介

IEEE 802 系列包括以下标准。

(1) IEEE 802.1 标准。IEEE 802.1 实质上是一个框架式的文件,它对 IEEE 802 系列标准做了介绍,还包括局域网体系结构、网络互连及网络管理与性能测试等内容。

(2) IEEE 802.2 标准。IEEE 802.2 用于电话线连接。

(3) IEEE 802.3 标准。定义了 CSMA/CD 总线媒体访问控制子层与物理层的规范,IEEE 802.3 用于传统以太网连接。

(4) IEEE 802.4 标准。定义了令牌总线(Token Bus)的规范。

(5) IEEE 802.5 标准。定义了令牌环(Token Ring)的规范。

(6) IEEE 802.6 标准。定义了城域网(MAN)的规范。

(7) IEEE 802.7 标准。定义了宽带技术规范。

(8) IEEE 802.8 标准。定义了光纤技术规范。

(9) IEEE 802.9 标准。定义了语音与数据综合局域网技术规范。

(10) IEEE 802.10 标准。定义了可互操作的局域网安全性规范。

(11) IEEE 802.11 标准。定义了无线局域网技术规范。

(12) IEEE 802.12 协议。定义了 Demand-Priority 高速局域网络(100CG-AnyLAN)局域网技术。

1.6 网络互连设备

网络互连通常是指将不同的网络或相同的网络用互连设备连接在一起而形成一个范围更大的网络,也可以是为增加网络性能和易于管理而将一个原来很大的网络划分为几个子网或网段。

对局域网而言,所涉及的网络互连问题有网络距离延长、网段数量的增加、不同局域网(LAN)之间的互连及广域互连等。

网络互连中常用的设备有网卡、转发器(Repeater)、集线器(Hub)、调制解调器(Modem)、交换机(Switch)、路由器(Router)等,下面分别进行介绍。

1.6.1 网卡

网络适配器又称网卡或网络接口卡(Network Interface Card,NIC),它是使计算机联网的设备,如图 1.49 所示。平常所说的网卡就是将 PC 和 LAN 连接的网络适配器。

网卡插在计算机主板插槽中,负责将用户要传递的数据转换为网络上其他设备能够识别的格式,通过网络介质传输。它的主要技术参数为带宽、总线方式、电气接口方式等。它的基本功能:从并行到串行的数据转换,包的装配和拆装,网络存取控制,数据缓存和网络信号。目前主要是 8 位和 16 位网卡。

图 1.49 网卡实物图

网卡必须具备两大技术:网卡驱动程序和 I/O 技术。驱动程序使网卡和网络操作系统兼容,实现 PC 与网络的通信。I/O 技术可以通过数据总线实现 PC 和网卡之间的通信。网卡是计算机网络中最基本的元素。在局域网中,如果有一台计算机没有网卡,那么这台计算机将不能与其他计算机通信,也就是说,这台计算机和网络是孤立的。

1. 网卡的分类

根据网络技术的不同,网卡的分类也有所不同,如大家所熟知的以太网网卡、令牌环网卡和 ATM 网卡等。据统计,目前国内约有 90% 以上的局域网采用以太网技术。

目前,网卡一般分为普通工作站网卡和服务器专用网卡。网络服务种类较多,性能也有差异,也可按以下的标准进行分类。

按网卡所支持带宽的不同,可分为 10Mbps 网卡、100Mbps 网卡、10/100Mbps 自适应网卡、1000Mbps 网卡几种。按传输介质的不同,可分为有线网卡和无线网卡。

按网卡总线类型的不同,可以分为 ISA 网卡、EISA 网卡和 PCI 网卡三大类,其中 PCI 网卡较常使用。ISA 总线网卡的带宽一般为 10Mbps,PCI 总线网卡的带宽从 10Mbps 到 1000Mbps 都有。同样是网卡,因为 ISA 总线为 16 位,而 PCI 总线为 32 位,所以 PCI 网卡要比 ISA 网卡快。目前,常见的网卡还有直接将网卡芯片集成在计算机主板上的形式。

2. 网卡的接口类型

根据接口类型的不同,网卡出现了 AUI 接口(粗缆接口)、BNC 接口(细缆接口)、RJ-45 接口(双绞线接口)、光纤接口 4 种接口类型。其中,AUI 接口(粗缆接口)、BNC 接口(细缆接口)已很少用到,所以在选用网卡时,应注意网卡所支持的接口类型,否则可能不适用于你的网络。

3. 网卡的选购

购买网卡时应注意以下几个要点。

1)网卡的应用领域

目前,以太网网卡有 10Mbps、100Mbps、10/100Mbps/1000Mbps 网卡。对于大数据量的网络来说,服务器应该采用千兆以太网网卡,这种网卡多用于服务器与交换机之间的连接,以提高整体系统的响应速率。而 10Mbps、100Mbps 和 10/100Mbps 网卡则属于人们经常购买且常用的网络设备,这 3 种产品的价格相差不大。

所谓 10/100Mbps 自适应是指网卡可以与远端网络设备(集线器或交换机)自动协商,确定当前的可用速率是 10Mbps 还是 100Mbps。通常的变通方法是购买 10/100Mbps 网卡,这样既有利于保护已有的投资,又有利于网络的进一步扩展。就整体价格和技术发展而言,千兆以太网到桌面机尚需时日,但 10Mbps 以太网的时代已经逐渐远去。因而对中小企业来说,10/100Mbps 网卡应该是采购时的首选。

2)总线接口方式

1994 年以来,PCI 总线架构日益成为网卡的首选总线,目前已牢固地确立了在服务器和高端桌面机中的地位。PCI 以太网网卡的高性能、易用性和增强了的可靠性使其被标准以太网网络所广泛采用,并得到了 PC 业界的支持。

3)网卡兼容性和运用的技术

快速以太网在桌面一级普遍采用 100Base-TX 技术,以非屏蔽双绞线 UTP 为传输介质,因此快速以太网的网卡设一个 RJ-45 接口。由于小办公室网络普遍采用双绞线作为网络的传输介质,并进行结构化布线,因此选择单一 RJ-45 接口的网卡就可以了。

适用性好的网卡应通过各主流操作系统的认证,至少具备如下操作系统的驱动程序:

Windows、Netware、UNIX 和 OS/2。智能网卡上自带处理器或带有专门设计的 ASIC 芯片,可承担使用非智能网卡时由计算机处理器承担的一部分任务,因而即使在网络信息流量很大时,也极少占用计算机的内存和 CPU 时间。智能网卡性能好,价格也较高,主要用在服务器上。

另外,有的网卡在 BootROM 上做文章,加入防病毒功能;有的网卡则与主机板配合,借助一定的软件,实现 Wake on LAN(远程唤醒)功能,可以通过网络远程启动计算机;还有的计算机则干脆将网卡集成到主机板上。

4)网卡生产商

由于网卡技术的成熟性,目前生产以太网网卡的厂商有 3Com、英特尔和 IBM 等公司。

1.6.2 转发器

转发器又称为中继器(Repeater),是物理层连接设备,如图 1.50 所示。由于存在损耗,在线路上传输的信号功率会逐渐衰减,衰减到一定程度时将造成信号失真,会导致接收错误。中继器就是为解决这一问题而设计的。它完成物理线路的连接,对衰减的信号进行放大,保持与原数据相同。

中继器负责在两个节点的物理层上按位传递信息,完成信号的复制、调整和放大功能,以此来延长网络的长度,如图 1.51 所示。

图 1.50 中断器

图 1.51 中继器延长网络的长度

中继器分为近程中继器和远程中继器两种,近程中继器最大连接距离为 50m,远程中继器最大连接距离为 1000m,如图 1.52 所示。

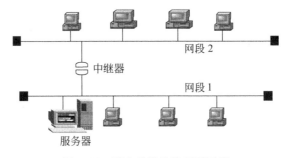

图 1.52 用中继器连接不同网段

以太网络标准约定在一个以太网上最多只允许出现 5 个网段,最多只能使用 4 个中继器,在一个网段上最多只允许连接 2 个中继器,而且其中只有 3 个网段可挂接计算机终端。

双绞线以太网布线可总结为 54321 规则，可写为 5-4-3-2-1 规则，适用领域综合布线，具体如下。

5：允许 5 个网段，每个网段最大长度为 100m。

4：在同一信道上允许连接 4 个中继器或集线器。

3：在其中的 3 个网段上可以增加节点。

2：在另外两个网段上，除作为中继器链路外，不能接任何节点。

1：上述将组建一个大型的冲突域，最大站点数为 1024，网络直径达 2500m。

中继器是物理层连接设备，图 1.53 显示了中继器在网络结构图中的位置。

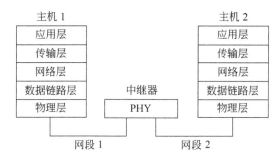

图 1.53　中继器在网络结构图中的位置

中继器的优点是安装简便，使用方便，价格便宜。由于技术的进步，使用铜缆接口（如双绞线或同轴电缆）的中继器已不多见，目前主要使用光中继器通过光缆来连接距离较远的网络。

1.6.3　集线器

集线器（Hub，是"中心"的意思）是对网络进行集中管理的最小单元。Hub 是一个共享设备，它的主要功能是对接收到的信号进行再生放大，以扩大网络的传输距离，同时把所有节点集中在以它为中心的节点上，因此它是一个中继器。它只是一个信号放大和中转的设备，不具备自动寻址能力，即不具备交换作用。所有传到 Hub 的数据均被广播到与之相连的各个端口，容易形成数据堵塞。

1. Hub 的分类

根据总线带宽的不同，Hub 分为 10Mbps、100Mbps 和 10/100Mbps 自适应 3 种；根据管理方式可分为智能型 Hub 和非智能型 Hub 两种。例如，人们经常讲的 10/100Mbps 自适应智能型可堆叠式 Hub 等。Hub 根据端口数目的不同主要有 8 口、16 口和 24 口等，如图 1.54 所示。

图 1.54　集线器

在选用 Hub 时，还要注意信号输入口的接口类型，与双绞线连接时需要具有 RJ-45 接口；如果与细缆相连，需要具有 BNC 接口；与粗缆相连需要有 AUI 接口；当局域网长距离连接时，还需要具有与光纤连接的光纤接口。早期的 10Mbps Hub 一般具有 RJ-45、BNC 和 AUI 3 种接口。100Mbps Hub 和 10/100Mbps Hub 一般只有 RJ-45 接口，有些还具有光缆接口。

集线器可以说是一种高档中继器，它有以下 3 种类型。

（1）无源集线器。它只负责把多段介质连接在一起,对信号只进行传输而不做任何处理,每一种介质段只允许扩展到最大有效距离的一半,例如双绞线只能扩充50m。其特点:①Hub的所有端口都处在同一个冲突域中;②Hub的所有端口都在同一个广播域中;③所有的端口都共享带宽。

（2）有源集线器。它类似于无源集线器,但具有对传输信号进行再生和放大从而扩展介质长度的功能,允许扩展到最大有效距离的一倍,如双绞线可扩充100m。

（3）智能集线器。它除具有有源集线器的功能外,还可将网络的部分功能集成到集线器中,如网络管理、选择网络传输线路等。

2. 集线器的特点

集线器主要的特点如下。

（1）集线器是使用电子器件来模拟实际电缆线的工作,因此整个系统仍然像一个传统的以太网那样运行。

（2）使用集线器的以太网在逻辑上仍是一个总线网,各工作站使用的还是CSMA/CD协议,并共享逻辑上的总线。

（3）集线器很像一个多接口的转发器,它工作在物理层。

集线器的原理如图1.55所示。

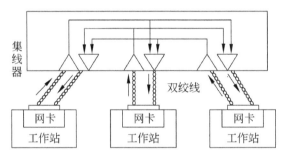

图 1.55 集线器的原理

3. 用集线器扩展局域网

用集线器可以扩展局域网,它的优点是使原来属于不同碰撞域的局域网上的计算机能够进行跨碰撞域的通信。扩大了局域网覆盖的地理范围。它的缺点是碰撞域增大了,但总的吞吐量并未提高。如果不同的碰撞域使用不同的数据率,那么就不能用集线器将它们互连起来。

例如,用多个集线器可连成更大的局域网,如图1.56和图1.57所示。

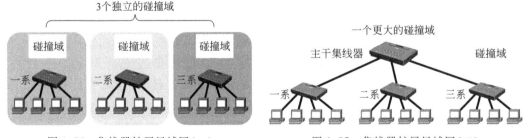

图 1.56 集线器扩展局域网(一)   图 1.57 集线器扩展局域网(二)

作为一种网络设备,集线器几乎已经退出历史舞台。由于技术的不断发展,在过去使用集线器的场合,集线器基本已经全部被交换机所替代,但它是网络不断发展,扩大覆盖的地理范围的一个标志性设备,是学习计算机网络必须了解的一个历史阶段。

1.6.4 调制解调器

为了能利用廉价的电话公共交换网实现计算机间的远程通信,就必须先将信源发出的数字信号变换成能够在公共电话网上传输的音频模拟信号,传输到目的地后再将被变换的数字信号复原。前者被称作调制,后者被称作解调。调制解调器(Modem)的功能就是调制与解调,以实现数字信号与模拟信号之间的转换。

调制解调器作为末端系统和通信系统之间信号转换的设备,是广域网中必不可少的设备之一。调制解调器分为同步调制解调器和异步调制解调器两种,分别用来与路由器的同步和异步串口相连接,同步调制解调器可用于专线、帧中继、X.25等,异步调制解调器可用于PSTN的连接。调制解调器产品如图1.58所示。

图1.58 调制解调器

使用Modem电话拨号上网,有3种连接方式。

1. 单机连接

单机连接指的是两台计算机之间的连接,每台计算机接上一台Modem,通过电话线连接,其连接拓扑结构如图1.59所示。

图1.59 调制解调器单机连接

2. 多机连接

多机连接指的是多台用户终端与一台主机相连接。其网络连接拓扑如图1.60所示。

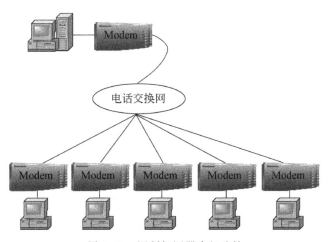

图1.60 调制解调器多机连接

3. Modem 池

在上述的多机连接系统中,连接到主机上的只有一条电话线,当有两个以上的用户要同时与主机连接时,就会出现电话线"占线"的现象,Modem 池(Modem Pool)就是为了有效地解决这一问题而诞生的 Modem 产品。Modem 池允许多个用户同时拨号上网。其网络连接拓扑如图 1.61 所示。

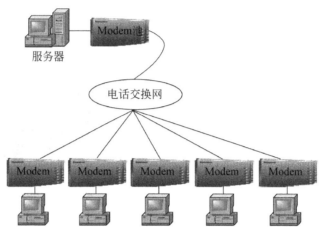

图 1.61　Modem 池连接

高速调制解调器使用 ITU-T 颁布的 56kbps 调制解调器标准 V.90,传输速率最高可以达到 56kbps,通常互联网服务提供商(ISP)与电话交换网络之间采用数字线路连接,可得到上行 33.6kbps、下行 56kbps 的用户传输速率,如图 1.62 所示。

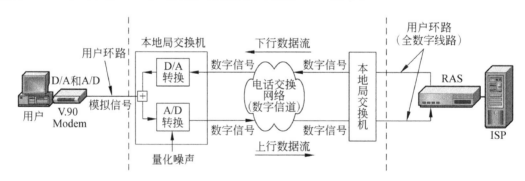

图 1.62　调制解调器连接网络

目前,主要使用的调制解调器设备为 ADSL 接入设备,详见 5.3.3 节内容。

1.6.5　交换机

交换机(Switch,意为"开关")是一个具有简化、低价、高性能和高端口密集特点的交换技术产品,交换机在 OSI 参考模型的第二层操作。交换机按每一个包中的 MAC 地址相对简单地进行信息转发。交换机转发延迟很小,操作接近单个局域网性能。交换机提供了许多网络互连功能,它能经济地将网络分成小的冲突网域,为每个工作站提供更高的带宽。利用专门设计的集成电路可使交换机以线路速率在所有的端口并行转发信息。交换机的产品如图 1.63 所示。

前面所提到的 Hub 的特点是共享带宽,在共享带宽的 Hub 中,若接入 Hub 的用户有 n 个,则每个终端用户可用的带宽为总带宽的 $1/n$。例如,设 Hub 的入口总带宽为 10Mbps,若有 4 个用户连接,则每个用户所能使用的带宽为 2.5Mbps。若终端用户增加到 8 个,则每个终端用户所能使用的带宽仅为总带宽的 1/8,即 1.25Mbps。由此看出,接入 Hub 的终端越多,每个用户所能使用的带宽就越窄,其网络效率也随之下降。

图 1.63 交换机

交换机具有独占带宽的特性,无论接入交换机的用户有多少,每个用户所使用的带宽与交换机的接入带宽完全一致。例如,设交换机的接入带宽为 100Mbps,无论接入交换机的用户有多少个,每个用户占用的带宽均为 100Mbps。

1. 交换机的功能和特点

(1) 具有与 Hub 同样的功能。

(2) 具有存储转发、分组交换能力。

(3) 具有子网和虚拟专网管理能力。

(4) 各用户终端独占带宽。

(5) 交换机可以堆叠。

2. 交换机的分类

交换机包括电话交换机和数据交换机两种,下面所讨论的都是指数据交换机。从规模应用上讲,局域网交换机可分为企业级交换机、部门级交换机和工作组交换机等。

局域网交换机作为骨干交换机时,支持 500 个信息点以上大型企业应用的交换机为企业级交换机,支持 300 个信息点以下中型企业的交换机为部门级交换机,支持 100 个信息点以内的交换机为工作组级交换机。

3. 3 种交换技术

1) 端口交换

端口交换技术最早出现在插槽式的集线器中,这类集线器的背板通常划分有多条以太网段(每条网段为一个广播域),不用网桥或路由连接,网络之间是互不相通的。以太主模块插入后通常被分配到某个背板的网段上,端口交换用于将以太模块的端口在背板的多个网段之间进行分配、平衡。

2) 帧交换

帧交换是目前应用最广的局域网交换技术,它通过对传统传输媒介进行微分段,提供并行传送的机制,以减小冲突域,获得高的带宽。一般来讲,每个公司的产品的实现技术均会有差异,但对网络帧的处理方式一般有以下两种。

① 直通交换。提供线速处理能力,交换机只读出接收到的网络传输帧的前 14 字节,便将网络帧传送到相应的端口上。

② 存储转发。通过对网络帧的读取进行校验错误和控制。

前一种方法的交换速度非常快,但缺乏对网络帧进行更高级的控制,缺乏智能性和安全性,同时也无法支持具有不同速率的端口的交换。因此,各厂商把后一种技术作为重点。

有的厂商甚至对网络帧进行分解,将数据帧分解成固定大小的信元,该信元处理极易用硬件实现,处理速度快,同时能够完成高级控制功能,如优先级控制。

3）信元交换

ATM 交换机采用固定长度 53 字节的信元交换。由于长度固定,因而便于用硬件实现。ATM 交换机采用专用的非差别连接,并行运行,可以通过一台交换机同时建立多个节点,但并不会影响每个节点之间的通信能力,还容许在源节点和目标节点间建立多个虚拟连接,以保障足够的带宽和容错能力。同时 ATM 交换机采用了统计时分电路进行复用,因而能大大提高通道的利用率,使带宽可以达到 25Mbps、155Mbps、622Mbps,甚至数 Gbps 的传输能力。

4. 交换机选购

局域网交换机是组成网络系统的核心设备。对用户而言,局域网交换机最主要的指标是端口的配置、数据交换能力、包交换速度等因素。因此,在选择交换机时要注意以下事项。

（1）交换端口的数量。

（2）交换端口的类型。

（3）系统的扩充能力。

（4）主干线连接手段。

（5）交换机总交换能力。

（6）是否需要路由选择能力。

（7）是否需要热切换能力。

（8）是否需要容错能力。

（9）能否与现有设备兼容,顺利衔接。

（10）网络管理能力。

1.6.6　路由器

路由器（Router）是一种网络设备,如图 1.64 所示。它能够利用一种或几种网络协议将本地或远程的一些独立的网络连接起来,每个网络都有自己的逻辑标识。路由器通过逻辑标识将指定类型的封包（比如 IP）从一个逻辑网络中的某个节点,进行路由选择,传输到另一个网络上的某个节点。

图 1.64　路由器

所谓路由就是指通过相互连接的网络把信息从源地点移动到目标地点的活动。一般来说,在路由过程中,信息至少会经过一个或多个中间节点。

路由和交换之间的主要区别就是交换发生在 OSI 参考模型的第二层（数据链路层）,而路由发生在第三层,即网络层。这一区别决定了路由和交换在移动信息的过程中需要使用不同的控制信息,所以两者实现各自功能的方式是不同的。

路由器是互联网的主要节点设备。路由器通过路由决定数据的转发。转发策略称为路由选择（Routing）,这也是路由器名称的由来。作为不同网络之间互相连接的枢纽,路由器系统构成了基于 TCP/IP 的 Internet 的主体脉络,也可以说,路由器构成了 Internet 的骨架。它的处理速度是网络通信的主要瓶颈之一,它的可靠性则直接影响网络互连的质量。因此,在园区网、地区网,乃至整个 Internet 研究领域中,路由器技术始终处于核心地位,其发展历程和方向,成为整个 Internet 研究的一个缩影。

路由器的一个作用是连通不同的网络,另一个作用是选择信息传送的线路。选择通畅快捷的近路,能大大提高通信速度,减轻网络系统通信负荷,节约网络系统资源,提高网络系统畅通率,从而让网络系统发挥出更大的作用。

通过广域网 WAN 实现局域网 LAN 之间的互连,通常都使用路由器,如图 1.65 所示。

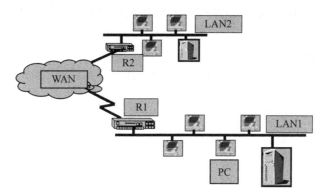

图 1.65　广域网和局域网的连接

使用路由器连接网络时的协议概念结构如图 1.66 所示。

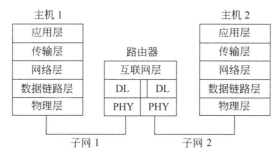

图 1.66　路由器连接网络的协议概念结构

习　题　1

(一) 网络概述部分

1. 什么是计算机网络? 计算机网络由哪些部分组成?

2. 计算机多用户系统和网络系统有什么异同点?

3. 什么是计算机网络的拓扑结构图?

4. 通信子网与资源子网分别由哪些主要部分组成? 其主要功能是什么?

5. 计算机网络分成哪几种类型? 试比较不同类型网络的特点。

6. 计算机网络的主要功能是什么? 根据你的兴趣和需求,举出几种应用实例。

7. 按照网络覆盖范围来分,计算机网络可以分为哪几类?

8. 局域网、城域网和广域网的主要特征是什么?

(二) 网络体系结构部分

1. 什么是网络体系结构? 为什么要定义网络体系结构?

2. 什么是网络协议？它在网络中的作用是什么？

3. 简述 ISO/OSI 参考模型。各层的主要功能是什么？

4. 简述 TCP/IP 参考模型。各层的主要功能是什么？

5. 简述 IEEE 802 标准。

6. 计算机网络有哪些拓扑结构？画出每种拓扑结构图，并说明它们各自的特点是什么。

（三）通信子网部分

1. 试比较模拟通信方式与数字通信方式的优缺点。

2. 比特率与波特率的区别是什么？

3. 为何在网络中使用中继器？

4. 比较不同传输介质的性质与特点。

5. 同步通信与异步通信有何不同？

6. 信道带宽与信道容量的区别是什么？增加带宽是否一定能增加信道容量？

（四）网络互连设备部分

1. 网卡的主要功能是什么？

2. 交换机的主要功能是什么？

3. 路由器的主要功能是什么？

4. 调制解调器的主要功能是什么？

第2章 局 域 网

教学要求：

通过本章的学习,学生应该掌握局域网特别是交换式局域网的技术基础。

掌握交换机、路由器的技术理论、软硬件结构及组成,掌握综合布线系统的设计与布线工程操作技术。

了解无线局域网、虚拟局域网(VLAN)网络的技术标准与应用案例。

2.1 局域网技术基础

局域网是指在某一区域内由多台计算机互连成的计算机组。"某一区域"指的是同一办公室、同一建筑物、同一公司或同一学校等,一般是几千米以内。

局域网可以实现文件管理、应用软件共享、打印机共享、工作组内的日程安排、电子邮件和传真通信服务等功能。局域网是封闭的,可以由办公室内的两台计算机组成,也可以由一个公司内的上千台不同的计算机组成。

2.1.1 构成局域网的基本构件

局域网既然是一种计算机网络,自然少不了计算机,特别是个人计算机(PC)。几乎没有一种网络只由大型机或小型机构成。因此,对于 LAN 而言,个人计算机是一种必不可少的构件。计算机互连在一起,当然也不可能没有传输媒体,这种媒体可以是同轴电缆、双绞线、光缆或辐射性媒体。第 3 个构件是任何一台独立计算机通常都不配备的网卡,也称为网络适配器,但在构成 LAN 时,则是不可少的部件。第 4 个构件是将计算机与传输媒体相连的各种连接设备,如 RJ-45 插头座等。具备了上述 4 种网络构件,便可将 LAN 工作的各种设备用媒体互连在一起搭成一个基本的 LAN 硬件平台,如图 2.1 所示。

有了 LAN 硬件环境,还需要控制和管理
LAN 正常运行的软件,即网络操作系统(NOS),

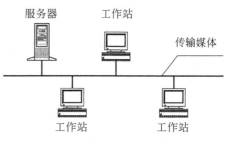

图 2.1 局域网的基本构件

NOS 是在每个 PC 原有操作系统上增加网络所需的功能。例如,当需要在 LAN 上使用字处理程序时,用户的感觉犹如没有组成 LAN 一样,这正是 LAN 操作发挥了对字处理程序访问的管理。在 LAN 情况下,字处理程序的一个备份通常保存在文件服务器中,并由 LAN 上的任何一个用户共享。

由上面介绍的情况可知,组成 LAN 需要下述 5 种基本构件:计算机(特别是 PC)、传输媒体、网络适配器、网络连接设备和网络操作系统。

2.1.2　常见的局域网类型

目前,常见的局域网类型包括以太网(Ethernet)、光纤分布式数据接口(FDDI)、异步传输模式(ATM)、令牌环网(Token Ring)、交换网 Switching 等,它们在拓扑结构、传输媒体、传输速率、数据格式等多方面都有许多不同。其中,应用最广泛的当数以太网,这是一种总线结构的 LAN,是目前发展最迅速且最经济的局域网。

1. 以太网

以太网是 Xerox、Digital Equipment 和 Intel 3 家公司开发的局域网组网规范,并于 20世纪 80 年代初首次推出,称为 DIX 1.0。1982 年修改后的版本为 DIX 2.0。这 3 家公司将此规范提交给 IEEE(电子电气工程师协会)802 委员会,经过 IEEE 成员的修改并通过,变成了 IEEE 的正式标准,并编号为 IEEE 802.3。Ethernet 和 IEEE 802.3 虽然有很多规定不同,但术语 Ethernet 通常认为与 802.3 是兼容的。IEEE 将 802.3 标准提交国际标准化组织(ISO)第一联合技术委员会(JTC1),再次经过修订变成了国际标准 ISO 8802.3。

早期局域网技术的关键是如何解决连接在同一总线上的多个网络节点有秩序地共享一个信道的问题,而以太网络正是利用载波监听多路访问/冲突检测(CSMA/CD)技术成功地提高了局域网络共享信道的传输利用率,从而得以发展和流行。

交换式快速以太网、千兆以太网以及万兆以太网是近几年发展起来的先进的网络技术,使以太网络成为当今局域网应用较为广泛的主流技术之一。

从网络发展的历史上看,随着电子邮件数量的不断增加,以及网络数据库管理系统和多媒体应用的不断普及,迫切需要高速、高带宽的网络技术。随之交换式快速以太网技术便应运而生。

快速以太网及千兆以太网从根本上讲还是以太网,只是速度快。它基于原有的标准和技术(IEEE 802.3 标准,CSMA/CD 介质存取协议,总线或星状拓扑结构,支持细缆、UTP、光纤介质,支持全双工传输),可以使用现有的电缆和软件,因此它是一种简单、经济、安全的选择。

然而,以太网在发展早期所提出的共享带宽、信道争用机制极大地限制了网络后来的发展,即使是近几年发展起来的链路层交换技术(即交换式以太网技术)和提高收发时钟频率(即快速以太网技术)也不能从根本上解决这一问题,具体表现如下。

(1) 以太网提供的是一种所谓"无连接"的网络服务,网络本身对所传输的信息包都无法进行诸如交付时间、包间延迟、占用带宽等关于服务质量(Quality of Service)的控制,因此没有服务质量保证。

(2) 对信道的共享及争用机制导致信道的实际利用带宽远低于物理提供的带宽,因此带宽利用率低。

除以上两点以外,以太网传输机制所固有的对网络半径、冗余拓扑和负载平衡能力的限制以及网络的附加服务能力薄弱等,也都是以太网的不足之处。但以太网成熟的技术、广泛的用户基础和较高的性能价格比,仍是传统数据传输网络应用中较为优秀的解决方案。

2. FDDI 网络

光纤分布式数据接口(FDDI)是目前成熟的 LAN 技术中传输速率较高的一种。这种传输速率为 100Mbps 的网络技术所依据的标准是 ANSI X3T9.5。该网络具有定时令牌协议的特性,支持多种拓扑结构,传输媒体为光缆。使用光缆作为传输媒体具有多种优点。

(1) 较长的传输距离,相邻站间的最大长度可达 2km,最大站间距离为 200km。

(2) 具有较大的带宽,FDDI 的设计带宽为 100Mbps。

(3) 具有对电磁和射频干扰抑制能力,在传输过程中不受电磁和射频噪声的影响,也不影响其设备。

(4) 光缆可防止传输过程中被分接偷听,也杜绝了辐射波的窃听,因而是最安全的传输媒体。

FDDI 是一种使用光缆作为传输介质的、高速的、通用的环状网络。它以 100Mbps 的速率跨越长达 100km 的距离,连接多达 500 个设备,既可用于城域网,也可用于小范围局域网。FDDI 采用令牌传递的方式解决共享信道冲突问题,与共享式以太网的 CSMA/CD 的效率相比在理论上要稍高一点(但仍远比不上交换式以太网),采用双环结构的 FDDI 还具有链路连接的冗余能力,因而非常适用于作为多个局域网络的主干。

然而 FDDI 与以太网一样,其本质仍是介质共享、无连接的网络,这就意味着它仍然不能提供服务质量保证和更高的带宽利用率。在少量站点通信的网络环境中,它可达到比共享以太网稍高的通信效率,但随着站点的增多,效率会急剧下降,这时候无论是性能和价格都无法与交换式以太网、ATM 网相比。交换式 FDDI 会提高介质共享效率,但同交换式以太网一样,这一提高也是有限的,不能解决本质问题。

另外,FDDI 有两个突出的问题极大地影响了这一技术的进一步推广:一个是其居高不下的建设成本,特别是交换式 FDDI 的价格甚至会高出某些 ATM 交换机;另一个是其停滞不前的组网技术,由于网络半径和令牌长度的制约,现有条件下 FDDI 将不可能出现高出 100Mbps 的带宽。面对不断降低成本同时在技术上不断发展创新的交换以太网技术的激烈竞争,FDDI 的市场占有率逐年缩减。据相关部门统计,现在各大型院校、教学院所、政府职能机关建立局域或城域网络的设计倾向较为集中地在以太网技术上,原先建立较早的 FDDI 网络,也在向星状或交换式的其他网络技术过渡。

3. ATM 网络

随着人们对集语音、图像和数据为一体的多媒体通信需求的日益增加,人们又提出了宽带综合业务数字网(B-ISDN)这种新的通信网络,而 B-ISDN 的实现需要一种全新的传输模式,即异步传输模式(Asynchronous Transfer Mode,ATM)。在 1990 年,国际电报电话咨询委员会(CCITT)正式建议将 ATM 作为实现 B-ISDN 的一项技术基础,这样以 ATM 为机制的信息传输和交换模式也就成为电信和计算机网络操作的基础和通信的主体之一。

ATM 技术采用基于信元的异步传输模式和虚电路结构,从根本上解决了多媒体的实时性及带宽问题。ATM 实现面向虚链路的点到点传输,通常提供 155Mbps 的带宽。它既汲取了话务通信中电路交换的“有连接”服务和服务质量保证,又保持了以太网、FDDI 等传统网络中带宽可变、适于突发性传输的灵活性,从而成为一种适用范围广、技术先进、传输效果理想的网络互连手段。

ATM 技术具有如下特点。

(1) 实现网络传输有连接服务,实现服务质量保证。

(2) 交换吞吐量大,带宽利用率高。

(3) 具有灵活的组网拓扑结构和负载平衡能力,伸缩性、可靠性极高。

（4）ATM 是可同时应用于局域网和广域网两种网络应用领域的网络技术,它将局域网与广域网技术统一。

4. 令牌环网

令牌环网是 IBM 公司于 20 世纪 80 年代初开发成功的一种网络技术。之所以称为环,是因为这种网络的物理结构具有环的形状。环上有多个站逐个与环相连,相邻站之间是一种点对点的链路,因此令牌环与广播方式的 Ethernet 不同,它是一种顺序向下一站广播的LAN。与 Ethernet 不同的另一个诱人的特点是,即使负载很重,仍具有确定的响应时间。令牌环所遵循的标准是 IEEE 802.5,它规定了 3 种操作速率:1Mbps、4Mbps 和 16Mbps。开始时,UTP 电缆只能在 1Mbps 的速率下操作,STP 电缆可操作在 4Mbps 和 16Mbps,现已有多家厂商的产品突破了这种限制。

5. 交换网

交换网是随着多媒体通信以及 C/S 体系结构的发展而产生的,由于网络传输变得越来越拥挤,传统的共享 LAN 难以满足用户需要,曾经采用的网络区段化,由于区段越多,路由器等连接设备投资越大,同时众多区段的网络也难以管理。当网络用户数日增加时,如何保持网络在拓展后的性能及其可管理性呢? 网络交换技术就是一个新的解决方案。

传统的共享媒体局域网依赖桥接/路由选择,交换技术却为终端用户提供专用点对点连接,它可以把一个提供"一次一用户服务"的网络,转变成一个平行系统,同时支持多对通信设备的连接,即每个与网络连接的设备均可独立与交换机连接。

目前,我国用得比较多的是交换式以太网。

2.2 共享介质局域网

传统的局域网技术建立在共享介质的基础上,网中所有节点共享一条公共通信传输介质,典型的介质访问控制方式是 CSMA/CD、Token Ring、Token Bus。介质访问控制方式用来保证每个节点都能够"公平"地使用公共传输介质。IEEE 802.2 标准定义的共享介质局域网有以下 3 种。

（1）采用 CSMA/CD 介质访问控制方式的总线局域网。

（2）采用 Token Bus 介质访问控制方式的总线局域网。

（3）采用 Token Ring 介质访问控制方式的环状局域网。

目前应用最广的一类局域网是第一种,即以太网。例如早期的典型 10Base-T 以太网的中心连接设备是集线器,它是对共享介质总线局域网结构的一种改进。用集线器作为以太网的中心连接设备时,所有节点通过非屏蔽双绞线与集线器连接。这样的以太网在物理结构上是星状结构,但它在逻辑上仍然是总线结构,并且在 MAC 层仍然采用 CSMA/CD 介质访问控制方式。当集线器接收到某个节点发送的帧时,它立即将数据帧通过广播方式转发到其他端口,如图 2.2 所示。

以太网以广播方式发送时:

（1）总线上的每一个工作的计算机都能检测到 B 发送的数据信号。

（2）由于只有计算机 D 的地址与数据帧首部写入的地址一致,因此只有 D 才接收这个数据帧。

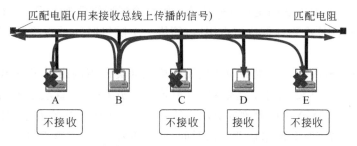

图 2.2　具有广播特性的总线上实现了一对一的通信

（3）其他所有的计算机（A、C 和 E）都检测到不是发送给它们的数据帧，因此就丢弃这个数据帧而不接收。

2.2.1　介质访问控制方法

介质访问控制方法也就是信道访问控制方法，可以简单地把它理解为如何控制网络节点何时能够发送数据、如何传输及怎样在介质上接收数据。

传输访问控制方式与局域网的拓扑结构/工作过程有密切关系。目前，局域网常用的访问控制方式有 3 种，分别用于不同的拓扑结构：CSMA/CD、令牌环（Token Ring）访问控制法和令牌总线（Token Bus）访问控制法。

IEEE 802 协议族规定了局域网中最常用的介质访问控制方法有：IEEE 802.3 载波监听多路访问/冲突检测（CSMA/CD）；IEEE 802.5 令牌环（Token Ring）；IEEE 802.4 令牌总线（Token Bus）。

1. 载波监听多路访问/冲突检测

最早的 CSMA 方法起源于美国夏威夷大学的 ALOHA 广播分组网络，1980 年，美国 DEC、Intel 和 Xerox 公司联合宣布 Ethernet 采用 CSMA 技术，并增加了检测冲突功能，称为 CSMA/CD。这种方式适用于总线和树状拓扑结构，主要解决如何共享一条公用广播传输介质。

CSMA/CD 主要涉及以下 3 个概念。

（1）"多点接入"表示许多计算机以多点接入的方式连接在一根总线上。

（2）"载波监听"是指每一个站在发送数据之前先要检测一下总线上是否有其他计算机在发送数据，如果有则暂时不要发送数据，以免发生冲突。总线上并没有什么"载波"。因此，"载波监听"就是用电子技术检测总线上有没有其他计算机发送的数据信号。

（3）"冲突检测"是指计算机边发送数据边检测信道上的信号电压大小。当几个站同时在总线上发送数据时，总线上的信号电压摆动值将会增大（互相叠加）。当一个站检测到的信号电压摆动值超过一定的门限值时，就认为总线上至少有两个站同时在发送数据，表明产生了冲突。所谓"冲突"就是发生了碰撞。因此，"冲突检测"也称为"碰撞检测"。

在发生冲突时，总线上传输的信号产生了严重的失真，无法从中恢复出有用的信息来。每一个正在发送数据的站，一旦发现总线上出现了冲突，就要立即停止发送，免得继续浪费网络资源，然后等待一段随机时间后再次发送。

其简单原理：在网络中，任何一个工作站在发送信息前，要侦听一下网络中有无其他工作站在发送信号，如无则立即发送，如有即信道被占用，此工作站要等一段时间再争取发送权。等待时间可由两种方法确定：一种是某工作站检测到信道被占用后，继续监测，直到信道出现空闲；另一种是检测到信道被占用后，等待一个随机时间进行检测，直到信道出现空闲后再发送。

CSMA/CD 要解决的另一主要问题是如何检测冲突。当网络处于空闲的某一瞬间，有两个或两个以上工作站要同时发送信息，这时同步发送的信号就会引起冲突，现由 IEEE 802.3 标准确定的 CSMA/CD 检测冲突的方法：当一个工作站开始占用信道进行发送信息时，再用碰撞检测器继续对网络监测一段时间，即一边发送，一边监听，把发送的信息与监听的信息进行比较，如结果一致，则说明发送正常，抢占总线成功，可继续发送。如结果不一致，则说明有冲突，应立即停止发送。等待一段随机时间后，再重复上述过程进行发送。CSMA/CD 的发送流程和接收流程如图 2.3 和图 2.4 所示。

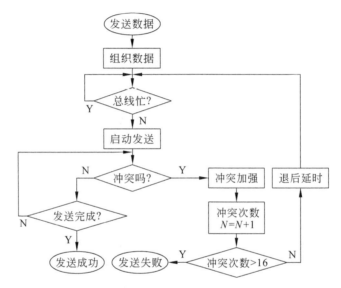

图 2.3　CSMA/CD 的发送流程

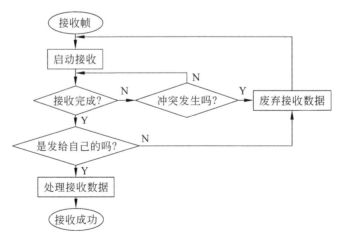

图 2.4　CSMA/CD 的接收流程

CSMA/CD 控制方式的优点：原理比较简单，技术上易实现，网络中各工作站处于平等地位,不需要集中控制,不提供优先级控制。但在网络负载增大时,发送时间增长,发送效率急剧下降。

CSMA/CD 的工作过程通常可以概括为"先听后发、边听边发、冲突停发、随机重发"。

冲突产生的原因可能是在同一时刻两个节点同时侦听到线路"空闲",又同时发送信息所以产生了冲突,使数据发送失败。也可能是一个节点刚刚发送信息,还没有传送到目的节点,而另一个节点检测到线路空闲,将数据发送到总线上,导致冲突产生。

CSMA/CD 一般应用于总线网络或用于信道使用半双工的网络环境,对于使用全双工的网络环境无须采用这种介质访问控制技术。

2. 令牌环

令牌环只适用于环状拓扑结构的局域网,如图 2.5 所示。其主要原理:使用一个称为"令牌"的控制标志(令牌是一个二进制数的字节,它由"空闲"与"忙"两种编码标志来实现,既无目的地址,也无源地址),当无信息在环上传送时,令牌处于"空闲"状态,它沿环从一个工作站到另一个工作站不停地进行传递。当某一工作站准备发送信息时,就必须等待,直到检测并捕获到经过该站的令牌为止,然后将令牌的控制标志从"空闲"状态改变为"忙"状态,并发送出一帧信息。

其他的工作站随时检测经过本站的帧,当发送的帧目的地址与本站地址相符时,就接收该帧,待复制完毕再转发此帧,直到该帧沿环一周返回发送站,并收到接收站指向发送站的肯定应签信息时,才将发送的帧信息进行清除,并使令牌标志又处于"空闲"状态,继续插入环中。当另一个新的工作站需要发送数据时,按前述过程,检测到令牌,修改状态,把信息装配成帧,进行新一轮的发送。

令牌环控制方式的优点是它能提供优先权服务,有很强的实时性,在重负载环路中,"令牌"以循环方式工作,效率较高。其缺点是控制电路较复杂,令牌容易丢失。但 IBM 公司在1985 年已解决了实用问题,近年来采用令牌环方式的令牌环网实用性已大大增强。

3. 令牌总线

令牌总线主要用于总线或树状网络结构中,如图 2.6 所示。它的访问控制方式类似于令牌环,但它是把总线或树状网络中的各个工作站按一定顺序(如按接口地址大小)排列形成一个逻辑环。只有令牌持有者才能控制总线,才有发送信息的权力。信息是双向传送的,每个站都可检测到其他站点发出的信息。在令牌传递时,都要加上目的地址,所以只有检测到并得到令牌的工作站,才能发送信息,它不同于 CSMA/CD 方式,可在总线和树状结构中避免冲突。

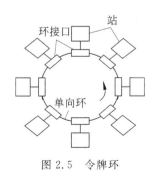

图 2.5 令牌环

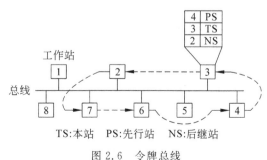

TS:本站   PS:先行站   NS:后继站

图 2.6 令牌总线

这种控制方式的优点:各工作站对介质的共享权力是均等的,可以设置优先级,也可以不设置;有较好的吞吐能力,吞吐量随数据传输速率增高而加大,联网距离较 CSMA/CD 方式远。缺点是控制电路较复杂、成本高,轻负载时,线路传输效率低。

2.2.2 以太网

在 20 世纪 80 年代中期,以太网逐渐由使用粗缆的以太网(10Base-5)过渡到价格便宜、易安装的细缆以太网(10Base-2)。随后出现的 10Base-T 和星状结构化布线是以太网发展史上的伟大里程碑,标志着以太网技术被市场所选择并成为局域网的主要技术和实施的标准。

1992 年,人们开始对快速以太网进行研究,快速以太网以双绞线或光缆作为传输介质,传输速率达 100Mbps。快速以太网在 1995 年 3 月被规范为 IEEE 802.3u 标准。随后,各厂家日新月异地不断推出新的快速以太网产品,快速以太网达到了它的鼎盛时代。

随着以太网技术的快速发展,IEEE 于 1998 年 6 月正式批准基于光缆和铜缆的 802.3z 标准;在 1999 年 6 月,正式批准基于双绞线 802.3ab 标准,千兆以太网技术的成熟以及千兆以太网设备价格的下降,使千兆以太网已成为目前组网的主流。

1. 简单以太网

简单以太网又称为传统以太网,是由美国 Digital Equipment、Intel 和 Xerox 3 家计算机公司联合研制的计算机局域网,其主要技术指标为:网络传输速率为 10Mbps;网络拓扑方式为无根树;访问方式为 CSMA/CD;传输类型为包交换;网络距离为 10km;工作站个数≤1024 个;连接方式为有线连接。

最初的以太网是将许多计算机都连接到一根总线上。当初认为这样的连接方法既简单又可靠,因为总线上没有有源器件。数据传输采用广播式传输,介质访问控制方法为CSMA/CD。

传统以太网根据不同的媒体可分为 10Base-2、10Base-5、10Base-T 及 10Base-FL。

10Base-2 以太网是采用细同轴电缆组网,最大的网段长度是 200m,每网段节点数是30,它是相对最便宜的系统。

10Base-5 以太网是采用粗同轴电缆组网,最大网段长度为 500m,每网段节点数是 100,它适合用于主干网。

10Base-T 以太网是采用双绞线组网,最大网段长度为 100m,每网段节点数为 1024,它的特点是易于维护。

10Base-F 以太网采用光缆连接,最大网段长度为 2000m,每网段节点数为 1024,此类网络最适于在楼间使用。

2. 交换以太网

其支持的协议仍然是 IEEE 802.3,但提供多个单独的 10Mbps 端口,并且克服了共享10Mbps 带来网络效率下降的问题。

1) 100Base-TX 双绞线快速以太网

100Base-TX 快速以太网使用两对 UTP(5 类或 5 类以上)或两对 150Ω STP 作为传输介质,其中一对用来发送数据,另一对用来接收数据,因而 100Base-TX 是全双工的系统。其最大网段长度为 100m。100Base-TX 快速以太网和 10Base-T 一样,也使用 8 针 RJ-45 连接器,从而为从 10Base-T 升级到 100Base-T 提供了便利条件。

2）100Base-FX 光纤快速以太网

100Base-FX 光纤快速以太网使用多模（直径为 $62.5\mu m/125\mu m$）光纤或单模光纤作为传输介质。使用 ST 或 SC 连接器连接网卡、集线器、交换机。但在以太网中多使用价格较为低廉的 SC 连接器。

由于光纤、光/电转换器和接头都比相应的铜介质部件要贵,且安装更加困难,所以光纤一般只是在需要的时候才会用到。

2.2.3 令牌环网

令牌环网是 IBM 公司于 20 世纪 70 年代发展的,现在这种网络比较少见,如图 2.7 所示。在老式的令牌环网中,数据传输速率为 4Mbps 或 16Mbps,新型的快速令牌环网速率可达 100Mbps。令牌环网的传输方法在物理上采用了星状拓扑结构,但逻辑上仍是环状拓扑结构。其通信传输介质可以是无屏蔽双绞线、屏蔽双绞线和光缆等。节点之间采用多站访问部件（Multistation Access Unit,MAU）连接在一起。MAU 是一种专业化集线器,它是用来围绕工作站计算机的环路进行传输。由于数据包看起来像在环中传输,所以在工作站和MAU 中没有终结器。

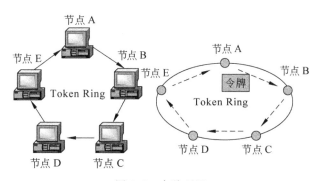

图 2.7　令牌环网

在这种网络中,有一种专门的帧被称为"令牌",在环路上持续地传输来确定一个节点何时可以发送包。令牌为 24 位长,有 3 个 8 位的域,分别是首定界符（Start Delimiter,SD）、访问控制（Access Control,AC）和终定界符（End Delimiter,ED）。

令牌环网的媒体接入控制机制采用的是分布式控制模式的循环方法。在令牌环网中有一个令牌（Token）沿着环状总线在入网节点计算机间依次传递,令牌实际上是一个特殊格式的帧,本身并不包含信息,仅控制信道的使用,确保在同一时刻只有一个节点能够独占信道。当环上节点都空闲时,令牌绕环行进。节点计算机只有取得令牌后才能发送数据帧,因此不会发生碰撞。由于令牌在网环上是按顺序依次传递的,因此对所有入网计算机而言,访问权是公平的。

令牌在工作中有"闲"和"忙"两种状态。"闲"表示令牌没有被占用,即网中没有计算机在传送信息;"忙"表示令牌已被占用,即网中有信息正在传送。希望传送数据的计算机必须首先检测到"闲"令牌,将它置为"忙"的状态,然后在该令牌后面传送数据。当所传数据被目的节点计算机接收后,数据从网中除去,令牌被重新置为"闲"。令牌环网的缺点是需要维护令牌,一旦失去令牌就无法工作,需要选择专门的节点监视和管理令牌。

由于目前以太网技术发展迅速,令牌环网存在一些固有缺点,令牌环网在整个计算机局域网已不多见,原来提供令牌环网设备的厂商多数也退出了市场,所以在目前局域网市场中令牌环网可以说是"明日黄花"了。

2.2.4 令牌总线网

令牌总线网络类似于令牌环网络,站点在网络上发送数据之前,必须拥有一个令牌。但是,它们的拓扑结构和令牌传递方式是不同的。IEEE 802.4 委员会已经定义了令牌总线标准是宽带网络标准,以及它与以太网的基带传输技术区别。令牌总线网络通过总线拓扑结构,使用 75Ω 的 CATV 同轴电缆构造。802.4 标准的宽带特性,支持在不同的信道上同时进行传输。宽带电缆有较长的传输能力,传输速率可达 10Mbps。在生产厂房的网络中,令牌总线网有时采用生产自动化协议来实现。

令牌按照站点地址的序列号,从一个站点传送到另外一个站点。这个令牌实际上是按照逻辑环而不是物理环进行传递。在数字序列的最后一个站点将令牌返回到第一个站点。这个令牌并不遵照连接到这条电缆的工作站的物理顺序进行传递。可能站点 1 在一条电缆的一端,而站点 2 在这条电缆的另外一端,站点 3 却在这条电缆的中间。令牌总线网示意图如图 2.8 所示。

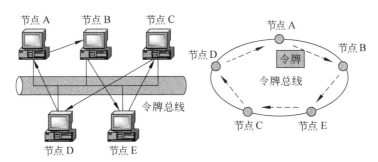

图 2.8　令牌总线网

与令牌环网相似,令牌总线网也已退出历史舞台。

2.3　交换式局域网

2.3.1　交换式局域网概念

在 10Base-T 以太网中,如果网中有 N 个节点,那么每个节点平均能分到的带宽为 10Mbps/N。显然,当局域网的规模不断扩大,节点数 N 不断增加时,每个节点平均能分到的带宽将越来越小。因为 Ethernet 的 N 个节点共享一条 10Mbps 的公共通信信道,所以当网络节点数 N 增大,网络通信负荷加重时,冲突和重发现象将大量发生,网络效率急剧下降,网络传输延迟增长,网络服务质量下降。

为了克服网络规模和网络性能之间的矛盾,人们提出了将"共享介质方式"改为"交换方式"的方案,这就推动了"交换局域网"技术的发展。

交换局域网的核心设备是局域网交换机,它可以在多个端口之间建立多个并发连接。用交换以太网(Switch Ethernet)为例说明交换局域网的共同特点。交换以太网是指以数据链路层的帧为数据交换单位,用以太网交换机为基础构成的网络。它从根本上解决了共享以太网所带来的问题。其特点如下。

(1) 允许多对站点同时通信,每个站点可以独占传输通道和带宽。

(2) 灵活的接口速率。

(3) 具有高度的网络可扩充性和延展性。

(4) 易于管理,便于调整网络负载的分布,有效地利用网络带宽。

2.3.2 交换机基本工作原理

1. 局域网交换机的基本概念

局域网交换机是一种工作在数据链路层的网络设备。交换机根据进入端口数据帧中的MAC地址过滤、转发数据帧。它是基于 MAC 地址识别,完成转发数据帧的一种网络连接设备。

交换机作为汇聚中心,可将多台数据终端设备连接在一起,构成星状结构的网络。使用交换机组建出的是一个交换机局域网。交换机局域网具有独占传输通道、独享信道带宽、同时允许多对站点进行通信、系统带宽等于所有带宽之和等特征。交换机网络的系统带宽随着用户的增多、交换机端口的增多而增宽,其负载的大小不会影响网络的性能。因此,交换机可以满足各种应用对带宽的需求。为此,交换机的应用越来越广泛,它已成为网络建设中不可缺少的、极为重要的网络设备。

2. 局域网交换机的功能

局域网交换机有 3 个基本功能。

(1) 建立和维护一个标识 MAC 地址与交换机端口对应关系的交换表。

(2) 在发送节点和接收节点之间建立一条虚连接,更确切地说,是在发送节点所在的交换机端口(源端口)和接收节点所在的交换机端口(目的端口)之间建立虚连接。

(3) 完成数据帧的转发或过滤。

交换机分析每一个进来的数据帧,根据帧中的目的 MAC 地址,通过查询交换表,确定是丢弃帧还是转发帧,数据帧应该转发到交换机的哪一个端口。在确定目的端口之后,交换机就在源端口和目的端口之间建立一条虚连接,在这条专用的虚通道上完成数据帧的交换。

除此之外,交换机还具有帧过滤、数据帧传输控制、虚拟网等其他功能。

3. 局域网交换机的工作原理

交换机的工作原理是通过一种自学习的方法,自动地建立和维护一个记录着目的MAC 地址与设备端口映射关系的地址查询表,即交换表。

当交换机启动并开始工作后,在转发每一个数据帧时,都会根据数据帧中的目的 MAC 地址,通过查询交换表来决定把数据帧转发到交换机的哪一个端口,或者直接将数据帧丢弃。

转发帧的具体操作是,在查询保存在交换机高速缓存中的交换表之后,交换机根据表中给出的目的端口号,决定是否转发和往哪儿转发该帧。如果数据帧的目的地址与源地址处于交换机的同一个端口,即源端口号和目的端口号相同,或者由于某种安全控制,数据帧被拒绝转发时,交换机将该数据帧直接丢弃,否则按与目的 MAC 地址相符的交换表表项中指出的目的端口号转发该帧。在转发数据帧之前,首先在源端口和目的端口之间建立一条虚连接,形成一条专用传输通道。再利用这条通道将数据帧从源端口转发到目的端口,完成数据帧的交换。

交换机的地址学习过程如下。

(1) 初始化时交换机内存中 MAC 地址表是空的,如图 2.9 所示。

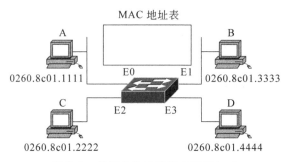

图 2.9　交换机的地址学习过程(一)

(2) 站点 A 要发送数据帧给站点 C,由于交换机的地址表是空的,因此要将来自 E0 端口的帧向所有其他端口进行转发,交换机的 E0 端口接收来自站点 A 的数据帧后,学习到 E0 端口与站点 A 的 MAC 地址的对应关系,如图 2.10 所示。

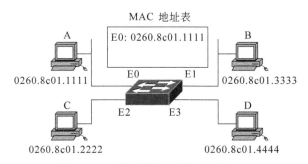

图 2.10　交换机的地址学习过程(二)

(3) 站点 A 再一次发送帧给站点 C,由于在 MAC 地址表中目标地址与端口的对应关系已经存在,因此直接由交换机的 E2 端口转发,不再需要转发到其他端口,如图 2.11 所示。

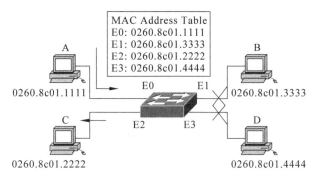

图 2.11　交换机的地址学习过程(三)

4. 以太网交换机的帧转发方式

目前交换机在传送源和目的端口的数据包时通常采用直通交换、存储转发和碎片隔离 3 种数据包交换方式,下面分别简述。

1) 直通交换方式

采用直通交换方式的以太网交换机可以理解为在各端口间是纵横交叉的线路矩阵电话交换机。它在输入端口检测到一个数据包时,检查该包的包头,获取包的目的地址,启动内部的动态查找表转换成相应的输出端口,在输入与输出交叉处接通,把数据包直通到相应的端口,实现交换功能。由于它只检查数据包的包头(通常只检查 14 字节),不需要存储,所以切入方式具有延迟小、交换速度快的优点(所谓延迟是指数据包进入一个网络设备到离开该设备所花的时间)。

它的缺点主要有 3 个方面:第一,因为数据包内容并没有被以太网交换机保存下来,所以无法检查所传送的数据包是否有误,不能提供错误检测能力。第二,由于没有缓存,不能将具有不同速率的输入输出端口直接接通,而且容易丢包。如果要连到高速网络上,如提供快速以太网(100Base-T)、FDDI 或 ATM 连接,就不能简单地将输入输出端口"接通",因为输入输出端口间有速度上的差异,必须提供缓存。第三,当以太网交换机的端口增加时,交换矩阵变得越来越复杂,实现起来就越困难。

2) 存储转发方式

存储转发(Store and Forward)是计算机网络领域使用最为广泛的技术之一,以太网交换机的控制器先将输入端口到来的数据包缓存起来,检查数据包是否正确,并过滤掉冲突包错误。当确定包正确后,取出目的地址,通过查找表找到想要发送的输出端口地址,然后将该包发送出去。正因如此,存储转发方式在数据处理时延大,这是它的不足,但是它可以对进入交换机的数据包进行错误检测,并且能支持不同速率的输入输出端口间的交换,可有效地改善网络性能。它的另一个优点是这种交换方式支持不同速率端口间的转换,保持高速端口和低速端口间协同工作。实现的办法是将 10Mbps 低速包存储起来,再通过 100Mbps 速率转发到端口上。

3) 碎片隔离方式(Fragment Free)

这是介于直通交换方式和存储转发方式之间的一种解决方案。它在转发前先检查数据包的长度是否够 64 字节(512b),如果小于 64 字节,说明是假包(或称残帧),则丢弃该包;如果大于 64 字节,则发送该包。该方式的数据处理速度比存储转发方式快,但比直通式慢,由于能够避免残帧的转发,所以被广泛应用于低档交换机中。

使用这类交换技术的交换机一般是使用了一种特殊的缓存。这种缓存是先进先出(First In First Out,FIFO),比特从一端进入然后再以同样的顺序从另一端出来。当帧被接收时,它被保存在 FIFO 中。如果帧以小于 512b 的长度结束,那么 FIFO 中的内容(残帧)就会被丢弃。因此,不存在普通直通转发交换机存在的残缺帧转发问题,是一个非常好的解决方案。数据包在转发之前将被缓存保存下来,从而确保碰撞碎片不通过网络传播,能够在很大程度上提高网络传输效率。

2.3.3 百兆局域网

百兆局域网又称为高速以太网,是用超 5 类双绞线或光缆组建的局域网络。能在网上以 100Mbps 的传输速率传输数据。按使用传输介质不同分为 3 种。

100Base-TX：使用两对 UTP 5 类线或屏蔽双绞线。

100Base-T4：使用 4 对 UTP 3 类线或 5 类线。

100Base-FX：使用两对光缆。

通常使用的 100Base-T 以太网的特点如下。

（1）在双绞线上传送 100Mbps 基带信号的星状拓扑以太网，仍使用 IEEE 802.3 的 CSMA/CD 协议。

（2）可在全双工方式下工作而无冲突发生。因此，不使用 CSMA/CD 协议。

（3）MAC 帧格式仍然是 802.3 协议规定的。

（4）一个网段的最大电缆长度减小到 100m。

（5）帧间时间间隔从原来的 $9.6\mu s$ 改为现在的 $0.96\mu s$。

2.3.4 千兆局域网

千兆以太网的传输速率将高达 1000Mbps。通常用光缆与 6 类非屏蔽双绞线进行连接与组网。

1．千兆以太网的主要优点

（1）简单快速。千兆以太网继承了以太网、快速以太网的简易性，因此其技术原理、安装实施和管理维护都很简单。

（2）扩展容易。由于千兆以太网采用了以太网、快速以太网的基本技术，因此由 100Base-T 升级到千兆以太网非常容易。

（3）可靠性。由于千兆以太网保持了以太网、快速以太网的安装维护方法，采用星状网络结构，因此网络具有很高的可靠性。

（4）经济实用。由于千兆以太网是 10Base-T 和 100Base-T 的继承和发展，一方面降低了研究成本，另一方面其价格优势非常明显。

（5）管理维护方便。千兆以太网采用基于简单网络管理协议（SNMP）和远程网络监视等网络管理技术，许多厂商开发了大量的网络管理软件，使千兆以太网的集中管理和维护非常简便。

（6）广泛。千兆以太网为局域网主干网和城域网主干网（借助单模光纤和光收发器）提供了一种高性能价格比和宽带传输交换平台，使得许多宽带应用能施展其魅力。

2．千兆以太网的技术特点

（1）允许在 1Gbps 下以全双工和半双工两种方式工作。

（2）使用 802.3 协议规定的帧格式。

（3）在半双工方式下使用 CSMA/CD 协议。

（4）当工作在全双工方式时（即通信双方可同时进行发送和接收数据），全双工方式不需要使用 CSMA/CD 协议。

（5）与 10Base-T 和 100Base-T 技术向后兼容。

3．千兆以太网的分类

千兆以太网按使用传输介质的不同分为以下几种。

1000Base-X：基于光纤通道的物理层。

1000Base-SX：SX 表示短波长光纤通道。

1000Base-LX：LX 表示长波长光纤通道。

1000Base-CX：CX 表示铜线。

1000Base-T：使用 4 对 5 类非屏蔽双绞线（UTP）。

千兆以太网传输距离由于使用标准、传输介质、激光器波长与纤芯直径的不同而相差很大，为清晰地说明问题，特使用表 2.1 进行说明。

表 2.1　千兆以太网传输距离

标　　准	传 输 介 质	激光器	纤芯直径	传输距离
1000Base-SX	短波，光缆	850nm	多模 62.5μm 多模 50μm	275m 550m
1000Base-LX	长波，光缆	1300nm	多模 62.5μm 多模 50μm 单模 10μm	550m 550m 5km
1000Base-CX	铜缆，屏蔽双绞线			25m
1000Base-T	铜缆，4 对 5 类 UTP			100m

说明：1 000 000 纳米（nm）＝1 毫米（mm），1000 微米（μm）＝1 毫米（mm）。

千兆以太网的配置举例如图 2.12 所示。

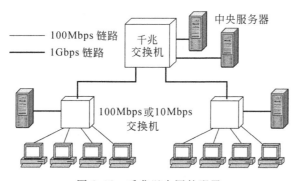

图 2.12　千兆以太网的配置

2.3.5　万兆局域网及十万兆以太网

万兆以太网的传输速率将高达 10 000Mbps，主要用以组建万兆主干网络。

1. 基于光缆的万兆以太网的技术特点

首先，IEEE 802.3ae 万兆以太网仍然继承了 802.3 以太网的帧格式和最大、最小帧长度，因此在用户普及率、使用方便性、网络互操作性及简易性上都有极大的优势。在升级到万兆以太网时，用户不必担心既有的程序或服务会受到影响，升级的风险非常低，同时在未来升级到 40Gbps 甚至 100Gbps 时都将有很明显的优势。

其次，IEEE 802.3ae 万兆以太网的体系结构和标准与其他以太网有所不同，如表 2.2 所示。

表 2.2　万兆以太网的标准

标　准	接口类型	应用范围	传送距离	波　长	线　缆　类　型
IEEE 802.3ae(2002 年)	10GBase-LX4	LAN	300m	1310nm	多模光纤
			10km		单模光纤
	10GBase-SR	LAN	300m	850nm	多模光纤
	10GBase-LR	LAN	10km	1310nm	单模光纤
	10GBase-ER	LAN	40km	1500nm	单模光纤
	10GBase-SW	WAN	300m	850nm	多模光纤
	10GBase-LW	WAN	10km	1310nm	单模光纤
	10GBase-EW	WAN	40km	1500nm	单模光纤
IEEE 802.3ak(2004 年)	10GBase-CX4	LAN	15m		8 对 100Ω 双轴电缆
IEEE 802.3an(2006 年)	10GBase-T	LAN	55～100m		6 类或 7 类双绞线

万兆以太网的技术特点如下。

（1）万兆以太网与 10Mbps、100Mbps 和 1Gbps 以太网的帧格式完全相同。

（2）典型的万兆以太网在长距离传输时不再使用铜线而只使用光缆作为传输媒体。

（3）万兆以太网只工作在全双工方式下，因此没有争用问题，也不使用 CSMA/CD 协议。

2．基于铜缆的万兆以太网的技术特点

（1）IEEE 802.3ak/10GBase-CX4 万兆以太网和千兆铜缆以太网的区别：10GBase-CX4 是在高性能电缆组件上采用 3.125GHz 4 通道的全双工模式通信，采用 8B/10B 编码，支持最大距离 15m 的定制电缆，若使用 MMF 光学介质转换器，可达 300m 通信。

（2）在 IEEE 802.3an/10GBase-T 的标准中，其主要技术是通过采用多路的调制方法，来保证 10Gbps 的信号传输。其 6 类双绞线能按不同规格长度，实现 55～100m 的万兆传输，而 7 类双绞线和新 6a 类双绞线可达到 100m 的万兆传输。在该标准中主要确定了以下技术问题：①占用的频带；②码传送率；③调制方式；④通信距离；⑤迟延；⑥检错/纠错方法等。

3．万兆以太网应用的几个问题

1）万兆以太网设备的应用

随着万兆以太网标准的制定，市场上出现了许多支持万兆以太网 IEEE 802.3ae 标准的产品。从其产品体系结构来看，目前的万兆以太网产品可以分为两种：一种是万兆以太网交换机/路由器，另一种是万兆以太网交换模块。

2）万兆以太网综合布线

目前 IEEE 802.3ae 标准的布线产品比较丰富，一般主要用于远程工作区的连接、拥挤的布线室、长距离的通信，以及防干扰的环境，是 100m 以上距离数据传输的最佳方案。

而 IEEE 802.3ae/10GBase-CX4 是一个用于短距离连接铜缆布线的低成本万兆解决方案，适用于布线室和数据中心的连接，具有经济适用和广泛可得的明显优势。

从应用前景来看,使用双绞线的 IEEE 802.3an/10GBase-T 标准优于上面的两种技术方案。其优于 IEEE 802.3ae 标准的是不必使用光通信调制器,因而降低了成本;其优于 10GBase-CX4 的是预计最大传输距离可达到 100m,而 10GBase-CX4 仅为 15m。

3)万兆以太网的应用场合

① 局域网的应用。万兆以太网能够与 10Mbps/100Mbps 以太网或千兆以太网无缝地集成在一起,因而符合当今网络使用的基本设计准则。万兆以太网技术非常适合建立交换机到交换机连接(园区网 LAN),目前大量地应用在局域网骨干扩展和高校、企业多园区的端到端的连接访问。另外,随着服务器纷纷采用千兆链路连接网络,汇聚这些服务器的上行带宽将逐渐成为业务瓶颈,使用万兆以太网高速链路可为数据中心出口提供充分的带宽保障。

② 城域网的应用。一方面可直接采用万兆以太网取代原来的传输链路,作为城域网骨干;另一方面通过 CWDM 接口或 WAN 接口与城域网的传输设备相连接,充分利用已有的 SDH 或 DWDM 骨干传输资源。

③ 广域网的应用。因为万兆以太网能与 SONET 基础架构进行无缝的操作,所以可用作从城域网到广域网骨干,以及各电信运营商之间的高速连接。

4. 万兆以太网面临的问题

1)10GBase-T 标准应用的问题

IEEE 802.3an/10GBase-T 标准的公布促进了 10GBase-T 网络设备、布线结构、网络协议等多方面问题的规范和统一,但 10GBase-T 的产品还不够丰富,相关测试设备也不够成熟,其较高的产品成本和性能比影响其推广应用。

2)技术方面

现有的万兆以太网(基于光缆网络)继承了以太网特有的弱 QoS 通病,如何进行有保障的区分业务承载问题仍然没有有效解决,RPR、MPLS 等特性的支持尚不成熟;另外,万兆以太网要求相应设备具有强大的数据处理能力,而目前有的厂商推出的万兆以太网设备 10Gbps 端口并不能达到真正 10Gbps 的线速能力,带宽优势将大打折扣。

3)万兆以太网的普及还需要一个过程

万兆以太网虽然向人们展示了各种先进应用,是未来网络应用发展的方向。但是在目前带宽得不到充分利用的情况下,会造成投资的极大浪费,所以目前用户在选择万兆以太网时会比较慎重。万兆以太网的普遍应用取决于两方面:一方面只有万兆以太网在技术、标准、成本等取得重大改进后用户会由千兆向万兆平滑过渡;另一方面在视频组播、高清晰度电视和实时游戏等宽带业务的广泛开展后,用户对宽带业务服务需求激增后才能推进万兆以太网技术广泛应用。

5. 十万兆以太网

10Gbps 肯定不是网络速度拓展的终点,在下一代超万兆标准的竞争中,40Gbps、80Gbps、100Gbps、120Gbps 等标准都获得了一些厂商的支持。2006 年 9 月,朗讯科技贝尔实验室又宣布实现了 2000km 的 107Gbps×10 的光传输,朗讯同时表示 2000km 的传输距离已经可以满足 100Gbps 系统的绝大多数商业应用,证明了 100Gbps 以太网是一种可以实用的技术。

以太网接入举例:万兆以太网光缆到大楼(FTTB)如图 2.13 所示。

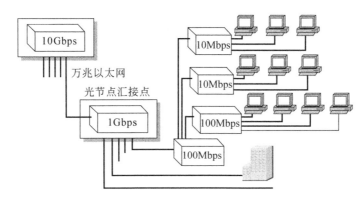

图 2.13 万兆以太网光缆到大楼(FTTB)

2.3.6 交换机的分类

由于交换机具有许多优越性,所以它的应用和发展速度远远高于集线器,出现了各种类型的交换机,主要是为了满足各种不同应用的环境需求。下面介绍当前交换机的一些主流分类。

1．从网络覆盖范围划分

1）广域网交换机

广域网交换机主要是应用于电信级的城域网互连、互联网接入等广域网中,提供通信用的基础平台。

2）局域网交换机

这种交换机就是人们常见的交换机,也是学习的重点。局域网交换机应用于局域网,用于连接终端设备,如服务器、工作站、集线器、路由器、网络打印机等网络设备,提供高速独立通信通道。

2．根据传输介质和传输速率划分

根据交换机使用的网络传输介质及传输速度的不同,一般可以将局域网交换机分为以太网交换机、快速以太网交换机、千兆以太网交换机、万兆以太网交换机、FDDI 交换机、ATM 交换机和令牌环交换机等。

1）以太网交换机

这里的以太网交换机是指带宽在 100Mbps 以下的早期以太网所用的交换机。以太网交换机是最普遍和便宜的,它的档次比较齐全,应用领域也非常广泛,在大大小小的局域网中都可以见到它们的踪影。以太网包括 3 种网络接口:RJ-45、BNC 和 AUI,所用的传输介质分别为双绞线、细同轴电缆和粗同轴电缆。目前,采用同轴电缆作为传输介质的网络已经很少见了,而一般是在 RJ-45 接口的基础上为了兼顾同轴电缆介质的网络连接,配上 BNC或 AUI 接口。

2）快速以太网交换机

这种交换机适用于 100Mbps 快速以太网。快速以太网是一种在普通双绞线或者光缆上实现 100Mbps 传输带宽的网络技术。要注意的是,事实上目前基本上还是以 10/100Mbps 自适应型的交换机为主。一般这种快速以太网交换机所采用的介质也是双绞线,有的快速以太网交换机为了兼顾与其他光传输介质的网络互连,或许会留有少数的光纤接口 SC。

3）千兆以太网交换机

千兆以太网交换机适用于目前较新的千兆以太网中,这种网络也称为吉比特以太网,那是因为它的带宽可以达到 1000Mbps。它一般用于一个大型网络的骨干网段,所采用的传输介质有光缆、双绞线两种,对应的接口为 SC 和 RJ-45 接口两种。

4）万兆以太网交换机

万兆以太网交换机主要是为了适应当今万兆以太网络的接入,它一般是用于骨干网段上,采用的传输介质为光缆,其接口方式也就相应为光缆接口。同样这种交换机也称为 10Gbps 以太网交换机。因为目前万兆以太网技术还处于研发初级阶段,价格也非常昂贵,所以万兆以太网在各用户中的实际应用还不是很普遍,多数企业用户都采用了技术相对成熟的千兆以太网,且认为这种速度已能满足企业数据交换需求。万兆以太网交换机全部采用光缆接口。

5）ATM 交换机

ATM 交换机是用于 ATM 网络的交换机产品。ATM 网络由于其独特的技术特性,现在广泛用于电信、邮政网的主干网段,因此其交换机产品在市场上很少看到。本书在后面介绍的 ADSL 宽带接入方式中如果采用 PPPoA 协议。在局端(NSP 端)就需要配置 ATM 交换机,有线电视的 Cable Modem 互联网接入法在局端也采用 ATM 交换机。它的传输介质一般采用光缆,接口类型同样一般有两种:以太网 RJ-45 接口和光缆接口,这两种接口适合与不同类型的网络互连。相对于物美价廉的以太网交换机而言,ATM 交换机的价格太高,所以在普通局域网中见不到它的踪迹。

6）FDDI 交换机

FDDI 技术是在快速以太网技术还没有开发出来之前开发的,它主要是为了解决当时 10Mbps 以太网和 16Mbps 令牌网速度的局限,因为它的传输速率可达到 100Mbps,比当时的前两个网络速率高出许多,所以在当时还是有一定市场的。但它当时是采用光缆作为传输介质的,比以双绞线为传输介质的网络成本高许多,所以随着快速以太网技术的成功开发,FDDI 技术也就失去了它应有的市场。正因如此,FDDI 设备,如 FDDI 交换机也就比较少见了,FDDI 交换机是用于老式中、小型企业的快速数据交换网络中的,它的接口形式都为光缆接口。

3. 根据应用层次划分

根据交换机所应用的网络层次,可将网络交换机划分为企业级交换机、校园网交换机、部门级交换机、工作组交换机和桌面型交换机 5 种。

1）企业级交换机

企业级交换机属于一类高端交换机,一般采用模块化的结构,可作为企业网络骨干构建高速局域网,所以它通常用于企业网络的最顶层。

企业级交换机可以提供用户化定制、优先级队列服务和网络安全控制,并能很快适应数据增长和改变的需要,从而满足用户的需求。这种交换机在带宽、传输速率以及背板容量上要比一般交换机高出许多,所以企业级交换机一般都是千兆以上以太网交换机。企业级交换机所采用的端口一般都为光缆接口,这主要是为了保证交换机高的传输速率。那么什么样的交换机可以称为企业级交换机呢? 通常认为,如果是作为企业的骨干交换机时,能支持 500 个信息点以上大型企业应用的交换机为企业级交换机。

2）校园网交换机

校园网交换机主要应用于较大型网络,且一般作为网络的骨干交换机。这种交换机具有快速数据交换能力和全双工能力,可提供容错等智能特性,还支持扩充选项及第 3 层交换中的虚拟局域网等多种功能。

这种交换机因通常用于分散的校园网而得名,其实它不一定要应用在校园网中,只表示它主要应用于物理距离分散的较大网络中。因为校园网比较分散,传输距离比较长,所以在骨干网段上,这类交换机通常采用光缆接口或者同轴电缆作为传输介质,交换机当然也就需要提供 SC 光缆接口和 RJ-45 双绞线接口。

3）部门级交换机

部门级交换机是面向部门级网络使用的交换机,它较前面两种网络规模要小许多。这类交换机可以是固定配置,也可以是模块配置,一般除了常用的 RJ-45 双绞线接口外,还带有光缆接口。部门级交换机一般具有较为突出的智能型特点,支持基于端口的 VLAN(虚拟局域网),可实现端口管理,可任意采用全双工或半双工传输模式,可对流量进行控制,有网络管理的功能,可通过 PC 的串口或经过网络对交换机进行配置、监控和测试。如果作为骨干交换机,则一般认为支持 300 个信息点以下中型企业的交换机为部门级交换机。

4）工作组交换机

工作组交换机是传统集线器的理想替代产品,一般为固定配置,配有一定数目的 10Base-T 或 100Base-TX 以太网口。交换机按每一个包中的 MAC 地址相对简单地决策信息转发,这种转发决策一般不考虑包中隐藏的更深的其他信息。与集线器不同的是交换机转发延迟很小,操作接近单个局域网性能,远远超过了普通桥接互联网络之间的转发性能。

工作组交换机一般没有网络管理的功能,一般认为支持 100 个信息点以内的交换机为工作组级交换机。

5）桌面型交换机

桌面型交换机是最常见的一种最低档交换机,它区别于其他交换机的一个特点是支持的每个端口的 MAC 地址很少,通常端口数也较少(一般在 12 口以内),只具备最基本的交换机特性,当然价格也是最便宜的。

这类交换机虽然在整个交换机中属最低档的,但是相比集线器来说它还是具有交换机的通用优越性,况且有许多应用环境也只需这些基本的性能,所以它的应用还是相当广泛的。它主要应用于小型企业或中型以上企业办公桌面。在传输速率上,目前桌面型交换机大都提供多个具有 10/100Mbps 自适应能力的端口。

4. 根据交换机的结构划分

按交换机的端口结构来分,交换机大致可分为固定端口交换机和模块化交换机两种不同的结构。其实还有一种是两者兼顾,那就是在提供基本固定端口的基础之上再配备一定的扩展插槽或模块。

1）固定端口交换机

固定端口,顾名思义就是它所带有的端口是固定的,如果是 8 端口的,就只能有 8 个端口,再不能添加。16 个端口也就只能有 16 个端口,不能再扩展。目前,这种固定端口的交换机比较常见,端口数量没有明确的规定,一般的端口标准是 8 端口、16 端口、24 端口、48 端口。

固定端口交换机虽然相对来说价格便宜一些,但由于它只能提供有限的端口和固定类型的接口,因此无论从可连接的用户数量上,还是从可使用的传输介质上来讲都具有一定的局限性,但这种交换机在工作组中应用较多,一般适用于小型网络、桌面交换环境。

固定端口交换机因其安装架构又分为桌面式交换机和机架式交换机。与集线器相同,机架式交换机更易于管理,更适用于较大规模的网络,它与其他交换设备或者路由器、服务器等集中安装在一个机柜中。而桌面式交换机,由于只能提供少量端口且不能安装于机柜内,所以通常只用于小型网络。两类固定端口交换机如图 2.14 和图 2.15 所示。

图 2.14　小型桌面式固定端口交换机

图 2.15　大型机架式固定端口交换机

2）模块化交换机

图 2.16 所示的模块化交换机虽然在价格上要贵很多,但拥有更大的灵活性和可扩充性,而且机箱式交换机大都有很强的容错能力,支持交换模块的冗余备份,并且往往拥有可热插拔的双电源,以保证交换机的电力供应。在选择交换机时,应按照需要和经费综合考虑选择使用机箱式或固定方式。一般来说,企业级交换机应考虑其扩充性、兼容性和排错性,因此应当选用机箱式交换机;而骨干交换机和工作组交换机则由于任务较为单一,故可采用简单明了的固定式交换机。

图 2.16　模块化交换机

模块化快速以太网交换机产品一般都在其中就具有数个可插拔模块,可根据实际需要灵活配置。

5. 根据交换机工作的协议层划分

网络设备都是按 OSI/RM 开放模型,对应工作在一定层次上,工作的层次越高,说明其设备的技术性越高,性能也越好,档次也就越高。交换机也一样,随着交换技术的发展,交换机由原来工作在 OSI/RM 的第二层,发展到现在有可以工作在第四层的交换机出现,所以根据工作的协议层,交换机可分第二层交换机、第三层交换机和第四层交换机。

1）第二层交换机

第二层交换机是对应于 OSI/RM 的第二协议层来定义的,因为它只能工作在 OSI/RM 开放体系模型的第二层——数据链路层。第二层交换机依赖于链路层中的信息(如 MAC 地址)完成不同端口数据间的线速交换,主要功能包括物理编址、错误校验、帧序列以及数据流控制。这是最原始的交换技术产品,目前桌面型交换机一般属于这种类型,因为桌面型的交换机一般来说所承担的工作复杂性不是很强,又处于网络的最基层,所以也就只需要提供最基本的数据连接功能即可。

目前第二层交换机应用最为普遍(主要是价格便宜,功能符合中、小企业实际应用需求），一般应用于小型企业或中型以上企业网络的桌面层次。要说明的是，所有的交换机在协议层次上来说都是向下兼容的，也就是说所有的交换机都能够工作在第二层。

2）第三层交换机

第三层同样是对应于 OSI/RM 开放体系模型的第三层——网络层来定义的，也就是说这类交换机可以工作在网络层，它比第二层交换机更高档，功能更强。第三层交换机因为工作于 OSI/RM 模型的网络层，所以它具有路由功能，它是将 IP 地址信息提供给网络路径选择，并实现不同网段间数据的线速交换。当网络规模较大时，可以根据特殊应用需求划分为小范围独立的 VLAN 网段，以减小广播所造成的影响。

通常这类交换机是采用模块化结构，以适应灵活配置的需要。在大、中型网络中，第三层交换机已经成为基本配置设备。

3）第四层交换机

第四层交换机是采用第四层交换技术而开发出来的交换机产品，当然它工作于 OSI/RM 模型的第四层，即传输层，直接面对具体应用。第四层交换机支持的协议各种各样，如 HTTP、FTP、Telnet、SSL 等。在第四层交换中为每个供搜寻使用的服务器组特别设立虚 IP 地址（VIP），每组服务器支持某种应用。在域名服务器（DNS）中存储的每个应用服务器地址是 VIP，而不是真实的服务器地址。当某用户申请应用时，一个带有目标服务器组的 VIP 连接请求（如一个 TCP SYN 包）发给服务器交换机。服务器交换机在组中选取最好的服务器，将终端地址中的 VIP 用实际服务器的 IP 取代，并将连接请求传给服务器。这样，同一区间所有的包由服务器交换机进行映射，在用户和同一服务器间进行传输。

第四层交换技术相对原来的第二层、第三层交换技术具有明显的优点，从操作方面来看，第四层交换是稳固的，因为它将数据包控制在从信源端到信宿端的区间中。另一方面，路由器或第三层交换，只针对单一的包进行处理，不清楚上一个包从哪来，也不知道下一个包的情况。它们只是检测包头中的 TCP 端口数字，根据应用建立优先级队列，路由器根据链路和网络可用的节点决定包的路由；而第四层交换机则是在可用的服务器和性能基础上先确定区间。

目前，由于这种交换技术尚未真正成熟且价格昂贵，所以，第四层交换机在实际应用中目前还较少见。

6. 根据是否支持网络管理功能划分

如果按交换机是否支持网络管理功能，可以将交换机分为网管型和非网管型两大类。

网管型交换机的任务就是使所有的网络资源处于良好的状态。网管型交换机产品提供了基于终端控制口（Console）、基于 Web 页面以及支持 Telnet 远程登录网络等多种网络管理方式。因此，网络管理人员可以对该交换机的工作状态、网络运行状况进行本地或远程的实时监控，纵观全局地管理所有交换端口的工作状态和工作模式。网管型交换机相对下面所介绍的非网管型交换机来说要贵许多。

网管型交换机采用嵌入式远程监视（RMON）标准用于跟踪流量和会话，对决定网络中的瓶颈和阻塞点是很有效的。软件代理支持 4 个 RMON 组（历史、统计数字、警报和事件），从而增强了流量管理、监视和分析。网管型交换机还提供了基于策略的 QoS（Quality of Service），其重点是满足服务水平协议所需的带宽管理策略及向交换机发布策略的方式。

非网管型交换机不具备网络管理功能。在交换机的每个端口处用多功能发光二极管

(LED)来表示端口状态、半双工/全双工和 10Base-T/100Base-T 的状态。

目前,大多数部门级以下的交换机多数都是非网管型的,只有企业级及少数部门级的交换机支持网管功能。

2.3.7 交换机选型与技术参数

目前市场上的 100Mbps 级以太网交换机可分为两种类型:一类是单一的 100Mbps 以太网交换机,它主要针对新建网络用户,但其种类和数量较少;另一类是提供 10Mbps/100Mbps 自适应技术的以太网交换机,它主要使用于保留已有 10Mbps 以太网设备并升级提速的网络中。

除通常的网络交换功能以外,部分高性能 100Mbps 或 1000Mbps 以太网交换机还提供了 Trunking(链路聚集)和虚拟局域网的扩展功能。Trunking 技术可以在不改变现有网络设备以及原有布线的条件下,把多条交换机到服务器或交换机到交换机的数据通道捆绑在一起,形成一条逻辑上的高带宽数据链路。

通常大型网络设备制造商都能提供从低端到高端的网络设备系列产品,可以根据工程具体情况在不同的网络层次选用不同级别的交换机设备,如图 2.17 所示。

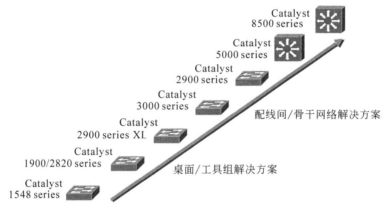

图 2.17 美国思科公司交换机产品系列

交换机的选型:

(1) 是否需要 10Mbps、100Mbps 或 1000Mbps 端口。

(2) 是否支持 Trunking 和 Inter-Switch Link 功能。

(3) 支持 VLAN 的划分。

(4) 端口数量。

通常需要考虑的交换机技术参数有端口、背板带宽、支持的 MAC 地址数量、可否支持网管、可否支持堆叠等。

1. 交换机的端口

端口是交换机连接网络传输介质的接口部分。目前,以太网交换机的端口多为 RJ-45 端口。一般交换机的 RJ-45 端口数量为 8 的倍数,如 8 口、16 口、24 口、32 口等。

以太网交换机的端口带宽有 10Mbps、10Mbps/100Mbps 自适应、10Mbps/100Mbps/1000Mbps 自适应等。自适应是指端口能够自动检测连接网络设备的带宽,并适应该设备。

交换机的端口分以下几种类型,如图 2.18 所示。

系统指示灯　10Mbps/100Mbps端口　　　GBIC　　Console

图 2.18　交换机的端口

1）RJ-45 端口

10Mbps/100Mbps 端口自适应的 RJ-45 端口可连接网络设备。所有的端口可以自适应配置速率和双工运行模式。

2）光缆端口

自适应的光缆连接端口可连接光缆。端口可以工作在全双工、1000Mbps 状态。

3）Console 管理端口

Console 管理端口通过提供的专用电缆(随机附件),可以实现交换机与 PC 的连接,实现对交换机的控制和配置。

4）GBIC 模块接口

GBIC 模块接口可插入多模或单模 GBIC(千兆接口转换器)模块,分别支持多模光纤连接和单模光纤连接。

2. 背板带宽

背板带宽也称背板吞吐量,类似于计算机主板上的总线,是交换机接口处理器或接口卡和数据总线间所能吞吐的最大数据量。

3. 支持的 MAC 地址数量

交换机能够识别连接在端口的计算机网卡的 MAC 地址,但是有一定的数量限制。取决于交换机的 MAC 地址表的大小。

4. 可否网管

可网管是指能够通过软件手段对交换机进行诸如查看交换机的工作状态、开通或封闭某些端口等操作。

5. 可否堆叠

可堆叠是指交换机可以通过堆叠模块,将两台或更多的交换机逻辑上合并成一台交换机,相当于扩展了端口数量。

2.3.8　交换机的连接

交换机的连接可以使用多种模式,主要有堆叠模式和级联模式。

1. 堆叠模式

交换机的堆叠是指将若干交换机以特殊电缆通过特殊的端口连接起来,堆叠后的交换机从网络拓扑中可视为一个交换机,也可作为一个交换机来管理,如图 2.19 所示。

堆叠的目的是实现单台交换机端口数的扩充,要注意的是,只有可堆叠交换机才具备这种端口,一个可堆叠交换机中一般同时具有 UP 和 DOWN 堆叠端口,如图 2.20 所示。

2. 级联模式

级联是指用普通或者特殊端口,用 UTP 交叉线或者直通线把两个以上的交换机连接

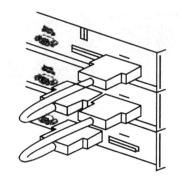

图 2.19　交换机堆叠端口的连接

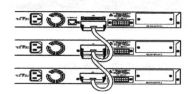

图 2.20　交换机的堆叠

起来进行端口扩展。但堆叠与级联不同,堆叠相当于并联电路,级联相当于串联电路,并联的效率比串联的效率高得多。

（1）使用专用端口级联如图 2.21 所示。

（2）使用普通端口级联如图 2.22 所示。

图 2.21　交换机专用端口级联

图 2.22　使用普通端口级联

3. 端口聚合方式

相当于用多个端口同时进行级联,它提供了更高的互连带宽和线路冗余,使网络具有一定的可靠性,如图 2.23 所示。

4. 交换机的光缆连接

实际上这也是交换机的一种级联方式,不过由于采用光缆连接可以极大延伸以太网的传输距离,提高网络传输速率,现在这种连接方式已广泛在组网的实践中应用。用光缆进行交换机级联通常有两种情况:一是利用交换机上自带的光缆端口进行级联;二是若交换机上没有光缆端口,可利用光缆收发器进行级联,但这种连接方式受 UTP 的传输速率限制。交换机的光缆连接如图 2.24～图 2.26 所示。

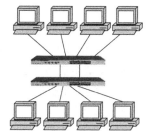

图 2.23　端口聚合

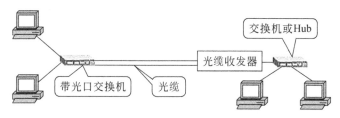

图 2.24　光缆连接

图 2.25 交换机上的光缆端口连接

图 2.26 光缆收发器连接

2.3.9 交换机应用案例

1. 家居或小型办公系统组网方案

在网络已经走进人们生活的今天,小型办公与家居办公(Small Office Home Office,SOHO)正迅速地发展,目前这些 SOHO 网络已得到普遍应用,可以为人们提供便捷的办公、学习、电子商务、娱乐等的网络环境。由于 SOHO 网络用户不多,可以选择一款带 4 个 LAN 口的 SOHO 级路由器(端口不够用可以考虑加小型交换机),可实现上网冲浪和局域网资源的共享,如图 2.27 所示。

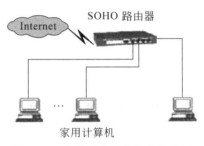

图 2.27 家居或小型办公系统组网方案

2. 中小企业网络组网方案

中小型企业网络主要实现资源、共享通信服务、多媒体、远程 VPN 拨入访问等功能;因此可选用高性能、功能全面的千兆网络产品解决方案,利用千兆以太网技术建网,网络中心交换机选用多功能千兆网管型交换机,完全满足中小型企业内办公和其他应用的需要。

在中心交换机下方可根据实际情况级联智能型或基本型交换机,来满足不同的中小型企业网用户的不同需要,另外考虑到企业内部存在不方便布线地点或移动性很强的用户接入问题,在某些特定的区域设计了无线信号覆盖,通过无线接入点和系列无线网卡连上企业网。整个企业网通过宽带路由器实现与 Internet 的连接,以确保能以常见接入方式接入 Internet,并能支持局域网上网权限限制,如图 2.28 所示。

3. 大型企业万兆园区网络方案

大型企业都非常重视园区网络系统的整体性能和承载能力。企业园区网整体规划通常是典型的 3 层网络结构。网络中心交换机采用双重核心的模型,由一台骨干路由交换机和一台万兆交换机通过链路聚合构成双重核心,分别连接各工作区,在汇聚层分别采用了路由交换机与万兆核心交换机,在接入层选用的是千兆交换机连接不同的楼宇。

在网络核心采用万兆骨干连接双重核心冗余备份交换,给网络安全加上双保险,消除了单核心交换机网络安全隐患。同时高性能的万兆交换机可为用户提供高速无阻塞的交换。

企业园区网的汇聚层由多个片区交换点组成,片区交换节点完成片区内部的数据交换,并实现片区内部数据到网络中心节点的数据汇聚。汇聚层设备要求必须是线速转发,同时也应该保证设备运行的可靠性。要求选用的万兆交换设备能为用户提供高速无阻塞的、丰富的扩展模块,支持灵活构建弹性可扩展的网络。

接入层采用全线速千兆智能多层交换机,能为各类型网络提供完善的端到端的服务质量、丰富的安全设置和基于策略的网管,最大化满足高速、融合、安全的企业网新需求。大型企业万兆园区网络方案如图 2.29 所示。

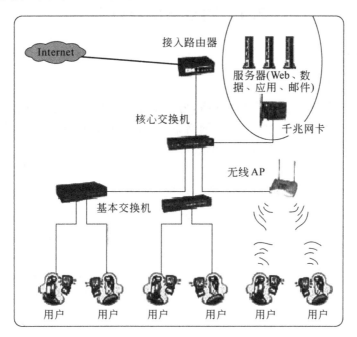

图 2.28 中小企业网络组网方案

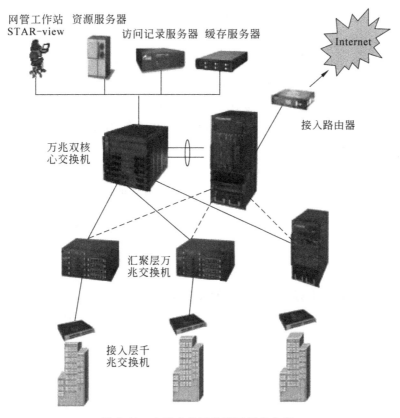

图 2.29 大型企业万兆园区网络方案

2.4 网络路由器技术

2.4.1 路由器概述

1. 路由器的作用

路由器的一个作用是连通不同的网络,另一个作用是选择信息传送的线路。选择通畅快捷的近路,能大大提高通信速度,减轻网络系统通信负荷,节约网络系统资源,提高网络系统畅通率,从而让网络系统发挥出更大的效益来。

2. 路由器的功能

从过滤网络流量的角度来看,路由器的作用与交换机和网桥非常相似。但是,与工作在网络物理层,从物理上划分网段的交换机不同,路由器使用专门的软件协议从逻辑上对整个网络进行划分。例如,一台支持 IP 的路由器可以把网络划分成多个子网段,只有指向特殊 IP 地址的网络流量才可以通过路由器。对于每一个接收到的数据包,路由器都会重新计算其校验值,并写入新的物理地址。因此,使用路由器转发和过滤数据的速度往往要比只查看数据包物理地址的交换机慢。

但是,对于那些结构复杂的网络,使用路由器可以提高网络的整体效率。路由器的另外一个明显优势就是可以自动过滤网络广播。从总体上说,在网络中添加路由器的整个安装过程要比即插即用的交换机复杂很多。

一般说来,异种网络互连与多个子网互连都应采用路由器来完成。路由器的主要工作就是为经过路由器的每个数据帧寻找一条最佳传输路径,并将该数据有效地传送到目的站点。由此可见,选择最佳路径的策略即路由算法是路由器的关键所在。为了完成这项工作,在路由器中保存着各种传输路径的相关数据——路由表(Routing Table),供路由选择时使用。路由表中保存着子网的标志信息、网上路由器的个数和下一个路由器的名字等内容。路由表可以是由系统管理员固定设置好的,也可以由系统动态修改,可以由路由器自动调整,也可以由主机控制。

简要地说,路由器的主要功能是要实现:①异种网络互连;②子网间的速率匹配;③防止广播风暴;④防火墙作用;⑤子网协议转换;⑥路由寻址;⑦备份和流量控制;⑧报文分片与重组。

2.4.2 路由器基本工作原理

路由器的主要工作是为经过路由器的每个数据分组找一条最佳传输路径,由此可见,选择最佳路径的策略,即路由算法是路由器的关键所在。

为了完成这项工作,在路由器中存在着各种传输路径的相关数据——路由表等内容。路由表的结构如表 2.3 所示。

简要地说,路由表的 3 大要素是目标网络、端口和开销。

在路由表生成的过程中涉及的主要协议有静态路由协议和动态路由协议。

1. 静态路由表

由网络管理员预先设定好固定的路由表,这样的路由选择称为静态路由。

表 2.3 路由表的结构

目的网络地址	子网掩码	下一跳地址	发送接口
11.0.0.0	255.0.0.0	2.2.2.2	S1
3.0.0.0	255.0.0.0	14.14.14.14	S0
3.3.3.0	255.255.255.0	25.25.25.25	E0
0.0.0.0	0.0.0.0	7.7.7.7	S2

（1）静态路由的路由表是由网络管理员在路由器上建立的,路由表中的路由是手工配置的。路由表一旦建立,它就不会改变,除非网络管理员修改它。

（2）静态路由不能自动适应网络的各种变化,它不能适应新的环境自动更新路由表。

（3）静态路由的配置比较简单和直观,在小型网络中使用比较方便。

2. 动态路由表

1）动态路由表的定义

动态路由使用路由选择算法根据实测或估计的距离、时延和网络拓扑结构等度量自动计算最佳路径和建立路由表,而且能自动适应网络拓扑结构的变化,实时、动态地更新路由表。

动态路由给网络管理员带来了极大的方便,特别适应于大型且经常变化的网络环境。现代的计算机网络通常使用动态路由选择算法。

动态路由选择算法将直接影响网络的性能和资源的利用率。

2）动态路由表的生成方法

① 开机初始化路由表,在路由器开机后,把与其直接相连的网络/子网络上的网络号作为其初始路由表内容。

② 路由器定期向相邻路由器广播路由表信息。

③ 相邻路由器之间不断广播路由表信息,使路由信息层层外扩,最终使整个网际的所有路由器的路由表得到刷新和完善。

动态路由表的生成方法如图 2.30 所示。

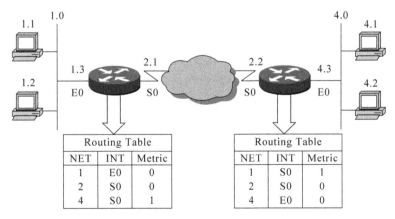

图 2.30 动态路由表的生成方法

3. 路由器的分类

路由器分为静态路由器和动态路由器两种。

（1）静态路由器。只能按照事先定义好的路由表进行路由选择。对于新增加的路径，路由器不能自动修改路由表，更不能经过这些路径访问新增的远程节点。

（2）动态路由器。对于新增加的路径，动态路由器能自动修改路由表，即能将新增的路径自动插入路由表中。

4. 路由选择实现的途径

路由器通过路由选择算法，建立并维护一张路由表。在路由表中包含目的地址和下一跳路由器地址等多种路由信息。路由表中的路由信息告诉每一台路由器应该把数据包转发给谁，它的下一跳路由器地址是什么。路由器根据路由表提供的下一跳路由器地址，将数据包转发给下一跳路由器；通过一级一级地转发，最终把数据包传送到目的地。

5. 路由器的数据包转发过程

当一个 IP 数据包被路由器接收到时，路由器先从该 IP 数据包中取出目的站点的 IP 地址，根据 IP 地址计算出目的站点所在网络的网络号，然后用网络号去查找路由表以决定通过哪一个接口（线路）转发该 IP 数据包。路由器的数据包转发具体过程如下。

（1）接收数据。

（2）数据路由。

（3）发送数据。

2.4.3 路由算法和路由协议

1. 理想的路由算法

理想的路由算法必须满足以下条件。

（1）算法必须是正确的和完整的。

（2）算法在计算上应简单。

（3）算法应能适应通信量和网络拓扑的变化，这就是说，要有自适应性。

（4）算法应具有稳定性。

（5）算法应是公平的。

（6）算法应是最佳的。

但是不存在一种绝对的最佳路由算法。所谓"最佳"只能是相对于某一种特定要求下得出的较为合理的选择而已。实际的路由选择算法，应尽可能接近于理想的算法。

路由选择是个非常复杂的问题，它是网络中的所有节点共同协调工作的结果。路由选择的环境往往是不断变化的，而这种变化有时无法事先知道。

2. 常见路由算法

1）最短路径路由（Shortest Path，SP）

最短路径路由是 Dijkstra 提出的，其基本思想：将源节点到网络中所有节点的最短通路都找出来，作为这个节点的路由表，当网络的拓扑结构不变、通信量平稳时，该点到网络内任何其他节点的最佳路径都在它的路由表中。

如果每一个节点都生成和保存这样一张路由表，则整个网络通信都在最佳路径下进行。每个节点收到分组后，查找路由表决定向哪个后继节点转发。

根据网络拓扑结构,可以将一个通信网络表示成一个加权无向图。在图中,节点表示网络中的路由器,点与点之间的连线表示通信线路,连线上的数字表示线路的权值。权值可以和很多因素有关,如线路长度、信道带宽、平均通信量、线路延时等。最短路径路由如图 2.31 所示。

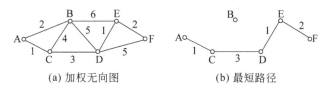

(a) 加权无向图　　　　　　(b) 最短路径

图 2.31　最短路径路由

2) 扩散法(Flooding)

扩散法是一种静态路由算法,每一个输入的分组都被从除了输入线路之外的其他线路转发出去。在分组头中携带一个跳数(Hop)计数器,分组每到一个节点,其跳数计数器就减1,当计数器为 0 时分组被丢弃。计数器的初始值可以设为通信子网的直径,即相距最远的两个节点之间的跳数。扩散法本质上是一种广播式的路由算法。因此,在一些要求广播传输的应用中很有用,如分布式数据库的同步更新。

3) 距离矢量路由(Distance Vector Routing)

距离矢量路由是一种动态路由。其基本思想:各节点周期性地向所有相邻节点发送路由刷新报文,报文由一组(V,D)有序数据对组成,其中 V 表示该节点可以到达的节点,D 表示到达该节点的距离。收到路由刷新报文的节点重新计算和修改路由表。

距离矢量路由算法具有简单、易于实现的优点。但它不适用于剧烈变化的路由或大型网络环境。因为某个节点的路由变化从相邻节点传播出去,其过程是非常缓慢的。因此,在路由刷新过程中,可能会出现路径不一致的问题。

4) 链路状态路由(Link State Routing)

链路状态路由也是一种动态路由。其基本思想如下。

首先,每个节点必须找出它的所有邻近节点。当一个节点启动后,通过在每一条点到点的链路上发送一个特殊的 HELLO 报文,并通过链路另一端的节点发送一个应答报文。

其次,要求每个节点都得测量出到它的每个邻近节点的时延或其他参数。测量的方法是在它们之间的链路上发送一个特殊的 ECHO 响应报文,并且要求对方收到后立即再将其发送回来。将测量得到的来回时间除以 2,即可得到一个比较合理的估计。

收集齐了用于交换的信息后,下一步就为每一个节点建立一个包含所有数据的报文。对于每一个邻近节点,给出到此邻近节点的时延。一般每隔一段规律的时间间隔周期性地建立它们。

最后,计算新路由。一旦一个节点收集齐了所有来自其他节点的链路状态报文,它就可以据此构造完整的网络拓扑结构图,然后使用 Dijkstra 算法在本地构造到所有可能目的地的最短通路。

链路状态路由选择算法具有各节点独立计算最短路径、能够快速适应网络变化、交换路由信息少等优点。但它较为复杂,难以实现。

2.4.4 路由器的体系结构

从体系结构上看,路由器可以分为第一代单总线单 CPU 结构路由器、第二代单总线主从 CPU 结构路由器、第三代单总线对称式多 CPU 结构路由器、第四代多总线多 CPU 结构路由器、第五代共享内存式结构路由器、第六代交叉开关体系结构路由器和基于机群系统的路由器等多类。

1. 路由器的构成

路由器是一种具有多个输入端口和多个输出端口的专用计算机,其任务是转发分组。也就是说,将路由器某个输入端口收到的分组,按照分组要去的目的地(即目的网络),把该分组从路由器的某个合适的输出端口转发给下一跳路由器。下一跳路由器也按照这种方法处理分组,直到该分组到达终点为止。

路由器具有 4 个要素:输入端口、输出端口、交换开关和路由处理器,路由器结构如图 2.32 所示。

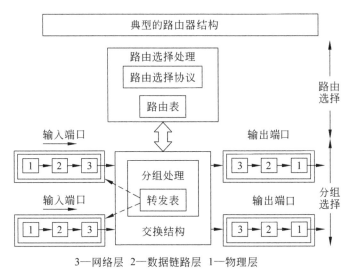

3—网络层 2—数据链路层 1—物理层

图 2.32 路由器结构

1) 输入端口

输入端口是物理链路和输入包的进口处。端口通常由线卡提供,一块线卡一般支持 4、8 或 16 个端口,一个输入端口具有许多功能。

第一个功能是进行数据链路层的封装和解封装。

第二个功能是在转发表中查找输入包目的地址从而决定目的端口(称为路由查找),路由查找可以使用一般的硬件来实现,或者通过在每块线卡上嵌入一个微处理器来完成。

第三个功能是为了提供 QoS(服务质量),端口要对收到的包分成几个预定义的服务级别。

第四个功能是端口可能需要运行诸如 SLIP(串行线网际协议)和 PPP(点对点协议)这样的数据链路级协议或者诸如 PPTP(点对点隧道协议)这样的网络级协议。一旦路由查找完成,必须用交换开关将包送到其输出端口。如果路由器的输入端是加队列的,则由几个输入端共享同一个交换开关。这样输入端口的最后一项功能是参加对公共资源(如交换开关)

80

的仲裁协议。

2）交换开关

交换开关可以使用多种不同的技术来实现。迄今为止使用最多的交换开关技术是总线、交叉开关和共享存储器。最简单的开关是使用一条总线来连接所有输入和输出端口,总线开关的缺点是其交换容量受限于总线的容量以及为共享总线仲裁所带来的额外开销。交叉开关是通过开关提供多条数据通路,具有 $N \times N$ 个交叉点的交叉开关可以被认为具有 $2N$ 条总线。如果一个交叉是闭合,输入总线上的数据在输出总线上可用,否则不可用。交叉点的闭合与打开由调度处理器来控制。因此,调度处理器的运行速度限制了交换开关的速度。

在共享存储器路由器中,进来的包被存储在共享存储器中,所交换的仅是包的指针,这提高了交换容量,但是开关的速度受限于存储器的存取速度。尽管存储器容量每 18 个月能够翻一番,但存储器的存取时间每年仅降低 5%,这是共享存储器交换开关的一个固有限制。

3）输出端口

输出端口在包被发送到输出链路之前对包存储,可以实现复杂的调度算法以支持优先级等要求。与输入端口一样,输出端口同样要能支持数据链路层的封装和解封装,以及许多较高级协议。

4）路由处理器

路由处理器计算转发表实现路由协议,并运行对路由器进行配置和管理的软件。同时,它还处理那些目的地址不在线卡转发表中的包。

路由器的具体结构如下。

① 路由处理器:包括硬件(CPU、RAM、IOS)、路由表、协议软件。

② 网络接口(LAN、WAN、CONSOLE):包括输入接口、输出接口;通常有一个或多个 Ethernet LAN 接口;一个或多个 SYNC/ASYNC Serial WAN 接口;BRI、PRI 等拨号类接口以及控制台 CONSOLE 接口,如图 2.33 所示。

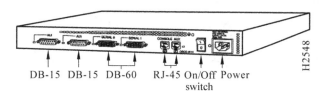

图 2.33　路由器的网络接口

③ 交换结构(Switching Fabric):交换结构是通过正确端口将输入到一个网络节点的数据移动到网络下一节点的硬件和软件的集合。交换结构包括节点的开关电源、集成电路以及控制开关路径的程序。

2. 路由器的广域网及局域网接口

路由器的广域网接口一般包括高速同步串口、异步串口和 ISDN BRI 端口。路由器的局域网接口一般包括 RJ-45 端口、SC 端口和 AUI 端口。

1）高速同步串口

在路由器的广域网连接中,应用最多的端口是高速同步串口(SERIAL),如图 2.34 所示。这种端口主要用于连接目前应用非常广泛的 DDN、帧中继(Frame Relay)、X. 25、PSTN(模拟电话线路)等网络连接模式,这种同步端口一般要求速率通常可达 64 000bps,一般来说,通过这种端口所连接的网络的两端都要求实时同步。

2)异步串口

异步串口(ASYNC)主要应用于 Modem 或 Modem 池的连接,用于实现远程计算机通过公用电话网拨入网络。这种异步端口相对于上面介绍的同步端口来说在速率上要求宽松许多,因为它并不要求网络的两端保持实时同步,只要求能连续即可,异步串口的速率可达 1 152 000bps,如图 2.35 所示。

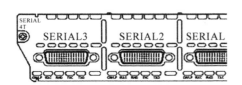
图 2.34 高速同步串口

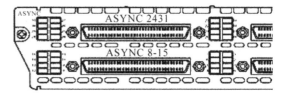
图 2.35 异步串口

3)ISDN BRI 端口

因 ISDN 这种互联网接入方式连接速度上有它独特的一面,所以在 ISDN 刚兴起时在互联网的连接方式上还得到了充分的应用。ISDN 有两种速率连接端口:一种是 ISDN BRI(基本速率接口),另一种是 ISDN PRI(基群速率接口)。ISDN BRI 端口是采用 RJ-45 标准,与 ISDN NT1 的连接使用 RJ-45-to-RJ-45 直通线,如图 2.36 所示。

4)RJ-45 端口

利用 RJ-45 端口也可以建立广域网与局域网之间的 VLAN 连接,以及与远程网络或 Internet 的连接。如果使用路由器为不同 VLAN 提供路由时,可以直接利用双绞线连接至不同的 VLAN 端口。如果必须通过光缆连接至远程网络,或连接的是其他类型的端口时,则需要借助于收发转发器才能实现彼此之间的连接。RJ-45 端口如图 2.37 所示。

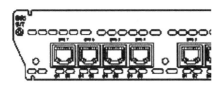
图 2.36 ISDN BRI 端口

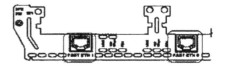
图 2.37 RJ-45 端口

5)SC 端口

SC 端口也就是人们常说的光缆端口,它用于与光缆的连接,如图 2.38 所示。一般来说这种光缆端口不太可能直接用光缆连接至工作站,一般是通过光缆连接到快速以太网或千兆以太网等具有光缆端口的交换机。这种端口一般在高档路由器中才具有。

6)AUI 端口

我们知道 AUI 端口是用于与粗同轴电缆连接的网络接口,其实 AUI 端口也被常用于与广域网的连接,但是这种接口类型在广域网中应用得比较少。在 Cisco 2600 系列路由器上,提供了 AUI 与 RJ-45 两个广域网连接端口,用户可以根据自己的需要选择适当的类型。

AUI 端口如图 2.39 所示。

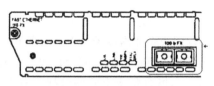

图 2.38　SC 端口

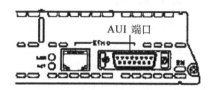

AUI 端口

图 2.39　AUI 端口

3. 路由器与局域网接入设备之间的连接

局域网的集线设备主要是指集线器与交换机,交换机通常使用的端口只有 RJ-45 和 SC,而集线器使用的端口则通常为 AUI、BNC 和 RJ-45。下面简单介绍路由器和接入集线设备各种端口之间是如何进行连接的。

1) RJ-45-to-RJ-45

这种连接方式就是路由器所连接的两端都是 RJ-45 接口,如果路由器和集线设备均提供 RJ-45 端口,那么可以使用双绞线将集线设备和路由器的两个端口连接在一起。

2) SC-to-RJ-45

这种情况一般是路由器与交换机之间的连接,如交换机只拥有光缆端口,而路由设备提供的是 RJ-45 端口,那么必须借助于 SC-to-RJ-45 收发器才可实现两者之间的连接。收发器与交换机设备之间的双绞线跳线必须使用直通线。

4. 路由器与 Internet 接入设备的连接

路由器的主要应用是与互联网的连接,这种情况在局域网互联网接入的情况下用得最多。路由器与互联网接入设备的连接情况主要有以下几种。

1) 通过异步串行口连接

这种异步串口在前面已有介绍,它主要是用来与 Modem 建立连接,用于实现远程计算机通过公用电话网拨入局域网。除此之外,也可用于连接其他终端。当路由器通过电缆与 Modem 连接时,必须使用 AYSNC-to-DB25 或 AYSNC-to-DB9 适配器来连接,如图 2.40 所示。

2) 通过同步串行口连接

在路由器中所能支持的同步串行端口类型比较多,如 Cisco 系统就可以支持 5 种不同类型的接口,分别是 EIA/TIA-232 接口、EIA/TIA-449 接口、V. 35 接口、X. 21 串行电缆总线和 EIA-530 接口。如使用同步串行口与 Internet 接入设备连接,在连接时只需要对应看一下连接用线与设备端接口类型就可以知道正确选择了,如图 2.41 所示。

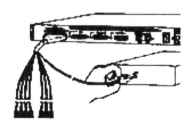

图 2.40　通过异步串行口连接 Modem

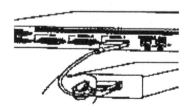

图 2.41　通过同步串行口连接互联网

2.4.5　路由器类型

互联网各种级别的网络中随处都可见到路由器。接入网络使得家庭和小型企业可以连接到某个互联网服务提供商;企业网中的路由器连接一个校园或企业内成千上万台计算机;骨干网上的路由器终端系统通常是不能直接访问的,它们连接长距离骨干网上的 ISP 和企业网络。

互联网的快速发展无论是对骨干网、企业网,还是接入网都带来不同的挑战。骨干网要求路由器能对少数链路进行高速路由转发。企业级路由器不但要求端口数目多、价格低廉,而且要求配置起来简单方便,并提供 QoS。

1. 接入路由器

接入路由器连接家庭或 ISP 内的小型企业客户。接入路由器已经开始不只是提供 SLIP 或 PPP 连接,还支持诸如 PPTP 和 IPSec 等虚拟私有网络协议。这些协议要能在每个端口上运行。诸如 ADSL 等技术提高了各家庭的可用带宽,这将进一步增加接入路由器的负担。由于这些趋势,接入路由器将来会支持许多异构和高速端口,并在各个端口能够运行多种协议,同时还要避开电话交换网。

2. 企业级路由器

企业或校园网的路由器连接许多终端系统,其主要目标是以尽量便宜的方法实现尽可能多的端点互连,并且进一步要求支持不同的服务质量。路由器的每个端口造价要贵些,并且在能够使用之前要进行大量的配置工作。因此,企业路由器的成败就在于是否提供大量端口且每个端口的造价很低,是否容易配置,是否支持 QoS。另外,还要求企业级路由器有效地支持广播和组播。企业网还要处理历史遗留的各种 LAN 技术,支持多种协议,包括 IP、IPX 和 Vine。它们还要支持防火墙、包过滤、大量的管理和安全策略以及 VLAN。

3. 骨干级路由器

骨干级路由器实现企业级网络的互连。对它的要求是速度和可靠性,而代价则处于次要地位。硬件可靠性可以采用电话交换网中使用的技术,如热备份、双电源、双数据通路等来获得。这些技术对所有骨干路由器而言差不多是标准的。

骨干 IP 路由器的主要性能瓶颈是在转发表中查找某个路由所耗的时间。当收到一个包时,输入端口在转发表中查找该包的目的地址以确定其目的端口,当包越短或者当包要发往许多目的端口时,势必增加路由查找的代价。因此,将一些经常访问的目的端口放到缓存中能够提高路由查找的效率。不管是输入缓冲还是输出缓冲路由器,都存在路由查找的瓶颈问题。除了性能瓶颈问题,路由器的稳定性也是一个常被忽视的问题。

4. 太比特路由器

在未来核心互联网使用的 3 种主要技术中,光缆和 DWDM 都已经是很成熟并且是现成的。如果没有与现有的光缆技术和 DWDM 技术提供的原始带宽对应的路由器,新的网络基础设施将无法从根本上得到性能的改善,因此开发高性能的骨干交换/路由器(太比特路由器)已经成为一项迫切的要求。太比特路由器技术现在还处于开发实验阶段。

2.4.6　路由器选型及技术参数

通常大型网络设备制造商都能提供从低端到高端的网络设备系列产品,可以根据工程具体情况在不同的网络层次选用不同级别的路由器设备。美国思科(Cisco)公司的路由器产品系列如图 2.42 所示。

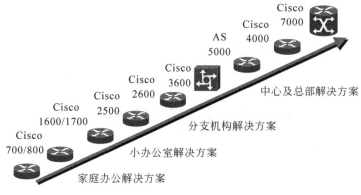

图 2.42　美国思科(Cisco)公司的路由器产品系列

路由器的选择：根据路由器的性能,或根据路由器端口的种类。

2.4.7　路由器应用案例

以银行分行骨干网解决方案为例说明路由器的应用。

以核心业务大集中为标志的银行信息系统后台整合逐渐进入更加深化的阶段,越来越多的新型业务和管理系统将以集中的方式在总行和一级分行得到部署,这使得网络上的业务种类和流量模型日益丰富,也对分行的骨干网络建设提出了更高的要求。

传输技术发展对建网的要求：骨干网建成后需要在相当长的时间内支持业务的运行和发展,因此不仅需要支持运营商的主流接入方式,也需要网络具有对新型传输技术的适应性。针对光缆技术和 MPLS 技术的快速发展,以及 SDH 网络的大范围普及,在网络设备和技术的选择上均需提供对主流技术的支持,以避免因线路变更导致的投资损失。

根据银行业务的需要,路由器的部署也可以分为两种,即上下联分离部署和紧凑部署,如图 2.43 和图 2.44 所示。

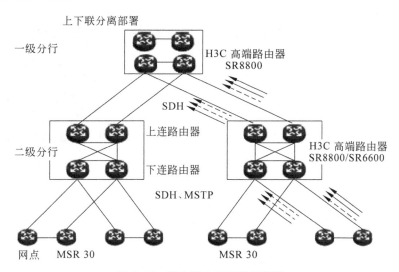

图 2.43　路由器上下联分离部署

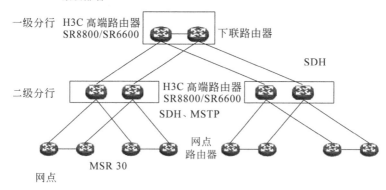

紧凑部署

一级分行　H3C 高端路由器　　　下联路由器
　　　　　SR8800/SR6600

　　　　　　　　　　　　　　　　　　　　SDH

二级分行　　　　　H3C 高端路由器
　　　　　　　　　SR8800/SR6600
　　　　　　　　　SDH、MSTP

　　　　　　　　　　　　　　　网点
　　　　　　　　　　　　　　　路由器

网点　　　MSR 30

图 2.44　路由器上下联紧凑部署

2.5　结构化综合布线系统

综合布线系统是为了顺应发展需求而特别设计的一套布线系统。它采用了一系列高质量的标准材料,以模块化的组合方式,把语音、数据、图像和部分控制信号系统用统一的传输媒体进行综合,经过统一的规划设计,综合在一套标准的布线系统中,为现代建筑的系统集成提供了物理介质。

2.5.1　综合布线系统概述

计算机及通信网络均依赖布线系统作为网络连接的物理基础和信息传输的通道。传统的基于特定的单一应用的专用布线技术因缺乏灵活性和发展性,已不能适应现代企业网络应用飞速发展的需要。

新一代的结构化布线系统能同时提供用户所需的数据、语音、传真、视像等各种信息服务的线路连接,它使话音和数据通信设备、交换机设备、信息管理系统及设备控制系统、安全系统彼此相连,也使这些设备与外部通信网络相连接。它包括建筑物到外部网络上的连线、与工作区的话音或数据终端之间的所有电缆及相关联的布线部件。

简单地说,结构化综合布线系统是指一个楼或楼群中的通信传输网络能连接语音、数据、图像等数据设备,并将它们与交换系统互连,如图 2.45 所示。

图 2.45　结构化综合布线系统

其主要特点如下。

(1) 综合性:能作为语音、数据、图像和控制信号等传输媒体。

(2) 模块化:采用独立子系统模块化设计,便于布线的扩充和重新配置。

(3) 灵活性:任意信息点均能连接不同类型的设备。

(4) 开放性:支持任意厂家的网络产品。

2.5.2　综合布线系统应用

1. 综合布线与传统布线的比较

传统布线方式由于缺乏统一的技术规范,用户必须根据不同应用选择多种类型的线缆、接插件和布线方式,造成线缆布放的重复浪费,缺乏灵活性并且不能支持用户应用的发展而需要重新布线。综合布线系统集成传输现代建筑所需的语音、数据、视像等信息,采用国际标准化的信息接口和性能规范,支持多厂商设备及协议,满足现代企业信息应用飞速发展的需要。

采用综合布线系统,用户能根据实际需要或办公环境的改变,灵活方便地实现线路的变更和重组,调整构建所需的网络模式,充分满足用户业务发展的需要;综合布线系统采用结构化的星状拓扑布线方式和标准接口,大大提高了整个网络的可靠性及可管理性,大幅降低系统的管理维护费用;模块化的系统设计提供良好的系统扩展能力及面向未来应用发展的支持,充分保证用户在布线方面的投资,给用户提供长远的效益。

2. 综合布线系统的应用

由于综合布线系统主要是针对建筑物内部及建筑物群之间的计算机、通信设备和自动化设备的布线而设计的,所以布线系统的应用范围满足于各类不同的计算机、通信设备、建筑物自动化设备传输弱电信号的要求。

综合布线系统网络上传输的弱电信号:模拟与数字话音信号;高速与低速的数据信号;传真机等需要传输的图像资料信号;会议电视等视频信号;建筑物的安全报警和自动化控制的传感器信号等。

2.5.3　综合布线系统结构

根据国际标准 ISO 11801 的定义,结构化布线系统可由以下系统组成。

1. 工作区子系统（Worklocation）

工作区子系统是指从信息插座延伸到终端设备的整个区域,即一个独立的需要设置终端的区域划分为一个工作区。工作区域可支持电话机、数据终端、计算机、电视机、监视器以及传感器等终端设备。它包括信息插座、信息模块、网卡和连接所需的跳线,并在终端设备和输入输出(I/O)之间搭接,相当于电话配线系统中连接话机的用户线及话机终端部分。

因此,工作区子系统的目的之一是实现工作区终端设备与水平子系统之间的连接,由终端设备连接到信息插座的连接线缆所组成。工作区常用设备是计算机、集线器、电话、报警探头、摄像机、监视器、音响等。目的之二是实现信息插座和管理子系统(跳线架)间的连接,将用户工作区引至管理子系统,并为用户提供一个符合国际标准,满足语音及高速数据传输要求的信息点出口。该子系统由一个工作区的信息插座开始,经水平布置到管理区的内侧配线架的线缆所组成。系统中常用的传输介质是 4 对 UTP(非屏蔽双绞线),它能支持大多数现代通信设备。如果需要某些宽带应用,可以采用光缆。信息出口采用插孔为 ISDN 8 芯(RJ-45)的标准插口,每个信息插座都可灵活地运用,并根据实际应用要求可随意更改用途。工作区子系统和水平子系统如图 2.46 和图 2.47 所示。

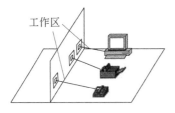

图 2.46 工作区子系统

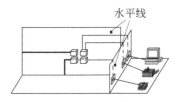

图 2.47 水平子系统

2. 管理子系统（Administration）

管理子系统由交连、互连配线架组成。管理点为连接其他子系统提供连接手段。交连和互连允许将通信线路定位或重定位到建筑物的不同部分,以便能更容易地管理通信线路,使用移动终端设备时能方便地进行插拔。互连配线架根据不同的连接硬件分为楼层配线架（箱）IDF 和总配线架（箱）MDF,IDF 可安装在各楼层的干线接线间,MDF 一般安装在设备机房,如图 2.48 所示。

3. 垂直干线子系统（Backbone）

目的是实现计算机设备、程控交换机（PBX）、控制中心与各管理子系统间的连接,是建筑物干线电缆的路由。该子系统通常在两个单元之间,特别是在位于中央点的公共系统设备处提供多个线路设施。系统由建筑物内所有的垂直干线多对数电缆及相关支撑硬件组成,以提供设备间总配线架与干线接线间楼层配线架之间的干线路由。常用传输媒体是大多数双绞线和光缆。垂直干线子系统如图 2.49 所示。

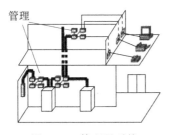

图 2.48 管理子系统

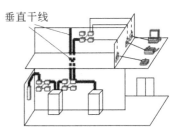

图 2.49 垂直干线子系统

4. 设备室子系统（Equipment）

本子系统主要由设备间的电缆、连接器和有关的支撑硬件组成,作用是将计算机、PBX、摄像头、监视器等弱电设备互连起来并连接到主配线架上。设备包括计算机系统、集线器（Hub）、交换机（Switch）、程控交换机（PBX）、音响输出设备、闭路电视控制装置和报警控制中心等。设备室子系统如图 2.50 所示。

5. 建筑群子系统（Campus）

该子系统将一个建筑物的电缆延伸到建筑群的另外一些建筑物中的通信设备和装置上,是结构化布线系统的一部分,支持提供楼群之间通信所需的硬件。它由电缆、光缆和入楼处的过流过压电气保护设备等相关硬件组成,常用传输媒体是光缆。建筑群子系统如图 2.51 所示。

将上述 6 个结构化布线子系统用配线架等连接后,形成一个综合的系统结构,即综合布线系统,如图 2.52 所示。

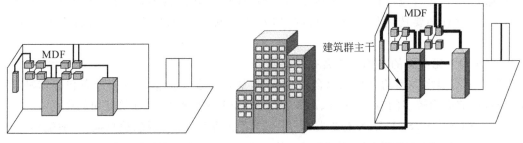

图 2.50 设备室子系统　　　　　　　　　　图 2.51 建筑群子系统

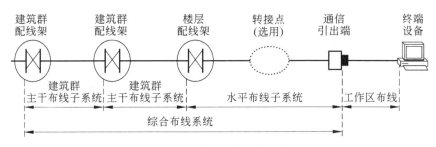

图 2.52 综合布线系统结构

2.5.4 综合布线的传输媒体及选择

综合布线系统产品由各个不同系列的器件构成,包括传输媒体、交叉/直接连接设备、传输媒体连接设备、适配器、传输电子设备、布线工具及测试组件。这些器件可组合成系统相关的子系统,分别执行各自的功能。

1. 认可的传输媒体

国际规范认可的传输媒体可以单独使用也可以混合使用,这些传输媒体是 100Ω 非屏蔽双绞线缆、$50/125\mu m$ 光缆、$62.5/125\mu m$ 光缆、单模光纤 50Ω 同轴电缆或 150Ω 屏蔽 A 类双绞线电缆。

目前综合布线中使用的电缆主要有两类:双绞铜缆和光缆。

1)铜缆

① 50Ω 的同轴电缆,适用于比较大型的计算机局域网。

② 非屏蔽双绞线:分为 100Ω 和 150Ω 两类。100Ω 电缆又分为 3 类、4 类、5 类、6 类几种,150Ω 双绞电缆只有 5 类一种。

③ 屏蔽双绞线,与非屏蔽双绞线一样,只不过在护套内增加了金属层。

2)光缆

① $62.5\mu m$ 渐变增强型多模光纤。该介质光耦合效率高,光纤对准不太严格,需要较少的管理点和接头盒;对微弯曲损耗不太灵敏,符合 FDDI 标准。

② $8.3\mu m$ 突变型单模光纤常用于距离大于 $2000m$ 的建筑群。

2. 屏蔽双绞线与非屏蔽双绞线的选择

在中国和北美洲的绝大部分工程中都采用非屏蔽系统。法国和德国十分推崇应用带屏蔽的双绞线,其市场占有率超过 50%。非屏蔽双绞线完全能支持市场上的高速网络应用,屏蔽线比非屏蔽线价格及安装成本均较高,线缆柔软性较差,对已经使用了金属走线管的工程,没有必要选用屏蔽布线系统,但对于干扰较大的场合,则应使用带屏蔽的双绞线。

3. 几种常见类型的结构化综合布线系统

世界上有很多类型的结构化综合布线系统,其公司多为通信设备制造商和计算机设备制造商,目前应用较多的有 AT&T、ALCATEL IBM、NT 和 Digital 等公司的产品。

(1) AT&T SYSTIMAX 有 3 类、5 类、超 5 类的非屏蔽双绞线、信息插座、适配器、光电配线架等系列产品,能支持 10Mbps、155Mbps(STM-1 级)、622Mbps(STM-4 级)的端到端应用,其 UTP 电缆特性阻抗为 100Ω,利用非屏蔽双绞线的平衡特性进行电磁干扰防护。此外 AT&T SYSTIMAX 系列产品中还包括直径 62.5/125μm,标称波长 850nm 的多模光纤,以及 1300nm 的单模光纤,支持更高速率的应用。AT&T 的 SYSTIMAX 安装方便,是最早进入国内市场并且使用最多的产品。

(2) ALCATEL ACS 使用屏蔽双绞线,特性阻抗为 120Ω,通过屏蔽层和双绞线的平衡特性共同对抗电磁干扰,抗电磁干扰性能好,产品的系列也很全,安装方便,市场前景很好。

2.5.5 综合布线系统设备器材

1. 综合布线系统施工结构

综合布线系统施工时通常可以选择采用分布式网络结构(DNA),也可以采用集中式网络结构(CNA),如图 2.53 所示。

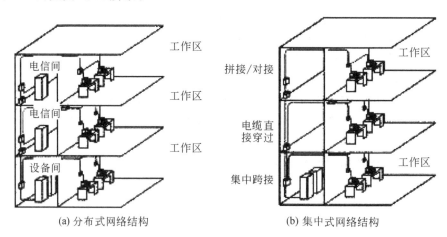

(a) 分布式网络结构   (b) 集中式网络结构

图 2.53　分布式网络结构和集中式网络结构

分布式网络结构在每个工作区都占用电信配线间(电信间),而集中式网络结构仅在主要部分设立设备间,其他工作区使用电缆直接通往工作区。

2. 模块配线架

配线架是管理子系统中最重要的组件,是实现垂直干线和水平布线两个子系统交叉连接的枢纽。配线架通常安装在机柜或墙上。通过安装附件,配线架可以全线满足 UTP、STP、同轴电缆、光缆、音视频的需要。在网络工程中常用的配线架有双绞线配线架和光缆配线架。48 端口配线架如图 2.54 所示。

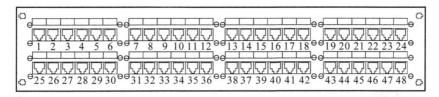

图 2.54　48 端口配线架

双绞线配线架的作用是在管理子系统中将双绞线进行交叉连接,用在主配线间和各分配线间。双绞线配线架的型号很多,每个厂商都有自己的产品系列,并且对应 3 类、5 类、超5 类、6 类和 7 类线缆分别有不同的规格和型号,在具体项目中,应参阅产品手册,根据实际情况进行配置。光缆配线架的作用是在管理子系统中将光缆进行连接,通常在主配线间和各分支配线间。模块配线架、工作区插座和跳接电缆如图 2.55 所示,超 5 类非屏蔽模块如图 2.56 所示。

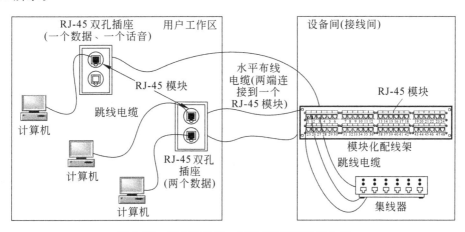

图 2.55　模块配线架、工作区插座和跳接电缆

3. 跳线

跳线实际就是连接两个需求点的金属或光缆连接线,因产品设计不同,其跳线使用材料、粗细都不一样。

跳线用在配线架上交接各种链路,可作为配线架或设备连接电缆使用。模块化跳线两头均为 RJ-45 接头,采用 TIA/EIA-568A 针结构,并有灵活的插拔设计,防止松脱和卡死。跳线的长度为 1 英尺(0.305 米)～500 英尺(15.25 米),最常用的是 3 英尺、5 英尺、7 英尺和 10 英尺。模块化跳线在工作区使用,也可作为配线间的跳线。

图 2.56　超 5 类非屏蔽模块

在小型办公网络或家庭网络 DIY 安装中,经常提到双机互连跳线。这种跳线并非综合布线中使用的标准跳线,而是一种特殊的硬件设备连接线,它使用在双绞线将两台 PC直接连接时,或两台 Hub 要通过 RJ-45 口对接时,就需要 crossover(俗称交叉连接线、跳线)。它按照一个专门的连接顺序。超 5 类非屏蔽跳线和光缆跳线如图 2.57 和图 2.58所示。

4. 机柜

机柜一般是用冷轧钢板或合金制作的用来存放计算机和相关控制设备的物件,可以提供对存放设备的保护,屏蔽电磁干扰,有序、整齐地排列设备,方便以后维护设备。机柜一般分为服务器机柜和网络机柜,如图 2.59 所示。

图 2.57　超 5 类非屏蔽跳线　　　图 2.58　光缆跳线　　　图 2.59　机柜

1) 服务器机柜

服务器机柜是为安装网络设备、服务器、显示器、UPS 等 19″标准设备及非 19″标准的设备专用的机柜,在机柜的深度、高度、承重等方面均有要求。有 2.0m、1.8m、1.6m、1.4m、1.2m、1m 等各种高度;常用宽度为 600mm、750mm、800mm 3 种;常用深度为 600mm、800mm、900mm、960mm、1000mm 5 种。各厂家也可根据客户的需要定做。

2) 网络机柜

网络机柜是为安装各类交换机、路由器、防火墙等网络设备的专用机柜。网络机柜主要是布线工程上用的,存放路由器、交换机、显示器、配线架等机架式设备,工程上用得比较多。一般情况下,服务器机柜的深度小于或等于 800mm,而网络机柜的深度大于或等于 800mm。

可选配件有专用固定托盘、专用滑动托盘、电源支架、地脚轮、地脚钉、理线环、水平理线架、垂直理线架、L 支架、扩展横梁等。

固定托盘用于安装各种设备,尺寸繁多,用途广泛,有 19″标准托盘、非标准固定托盘等。常规配置的固定托盘深度有 440mm、480mm、580mm、620mm 等规格。固定托盘的承重不小于 50kg。

滑动托盘用于安装键盘及其他各种设备,可以方便地拉出和推回;19″标准滑动托盘适用于任何 19″标准机柜。常规配置的滑动托盘深度有 400mm、480mm 两种规格。滑动托盘的承重不小于 20kg。

配电单元选配电源插座,适合于任何标准的电源插头,配合 19″标准安装架,安装方式灵活多样。有 6 口、8 口、16 口、21 口等多种规格。

19″标准理线架,可配合任何一种标准机柜使用。12 孔理线架配合 12 口、24 口、48 口配线架使用效果最佳。

理线环的安装和拆卸非常方便,使用的数量和位置可以任意调整。

L 支架可以配合机柜使用,用于安装机柜中的 19″标准设备,特别是重量较大的 19″标准设备,如机架式服务器等。

盲板用于遮挡19″标准机柜内的空余位置等用途,有1U、2U等多种规格。常规盲板有1U、2U两种。

U是一种表示网络设备或服务器外部尺寸的单位,是 Unit 的缩写。之所以要规定网络设备的尺寸,是为了使网络设备保持适当的尺寸以便放在铁质或铝质的机架上。机架上有固定服务器的螺孔,以便它能与服务器的螺孔对上号,再用螺丝加以固定好,以方便安装每一部服务器所需要的空间。

网络设备规定的尺寸:网络设备的宽(48.26cm＝19 英寸)与高(4.445cm＝1.75 英寸)的倍数。由于宽为 19 英寸,所以有时也将满足这一规定的机架称为 19 英寸机架。厚度以 1.75 英寸为基本单位。1U就是 4.445cm,2U 则是 1U 的 2 倍为 8.89cm。有 1U、2U、4U 等规格。

布线系统产品如图 2.60 所示。

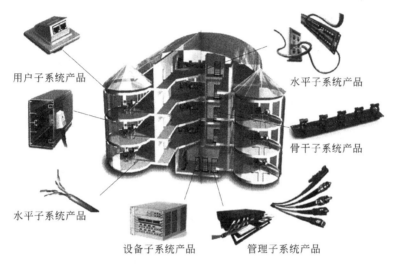

图 2.60　布线系统产品

2.5.6　综合布线系统施工

1. 网线和水晶头连接的国际标准

网线由一定距离长的双绞线与 RJ-45 头组成。双绞线由 8 根不同颜色的线分成 4 对绞合在一起,成对扭绞的作用是尽可能减少电磁辐射与外部电磁干扰的影响,做好的网线要将 RJ-45 水晶头接入网卡或交换机等网络设备的 RJ-45 插座内。RJ-45 水晶头由金属片和塑料构成,特别需要注意的是引脚序号,当金属片面对我们的时候从左至右引脚序号是 1～8,这些序号做网络连线时非常重要,不能搞错。双绞线的最大传输距离为 100m。

EIA/TIA 的布线标准中规定了两种双绞线的专用线序 568A 与 568B,如图 2.61 所示。

标准 568B:橙白——1,橙——2,绿白——3,

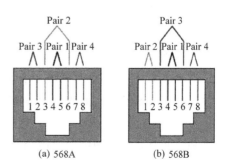

图 2.61　专用线序 568A 与 568B

蓝——4,蓝白——5,绿——6,棕白——7,棕——8。

　　标准 568A:绿白——1,绿——2,橙白——3,蓝——4,蓝白——5,橙——6,棕白——7,棕——8。

　　关于双绞线的色标和排列方法有统一的国际标准严格规定,现在常用的是 EIA/TIA 568B。

　　在整个网络布线中应该使用同一种布线方式,即使用同一种 EIA/TIA 的布线标准。

　　双绞线的顺序与 RJ-45 头的引脚序号一一对应。10Mbps 以太网的网线使用 1、2、3、6 编号的芯线传递数据,100Mbps 以太网的网线使用 4、5、7、8 编号的芯线传递数据。

　　为何现在都采用 4 对(8 芯线)的双绞线呢?这主要是为适应更多的使用范围,在不变换基础设施的前提下,就可满足各式各样的用户设备的接线要求。例如,可同时用其中一对绞线来实现语音通信。

2. 网线和水晶头的压制

　　双绞线两端头通过 RJ-45 水晶头连接网卡和集线器,下面介绍接头(RJ-45)的制作方法。制作压制双绞线 RJ-45 水晶头时,需在双绞线两端压制水晶头,压制水晶头需使用专用卡线钳按下述步骤制作。

　　1)剥线

　　用卡线钳剪线刀口将线头剪齐,再将双绞线端头伸入剥线刀口,使线头触及前挡板,然后适度握紧卡线钳同时慢慢旋转双绞线,让刀口划开双绞线的保护胶皮,取出端头从而拨下保护胶皮,如图 2.62 所示。

　　2)理线

　　双绞线由 8 根有色导线两两绞合而成,将其整理平行按橙白、橙、绿白、蓝、蓝白、绿、棕白、棕色平行排列,整理完毕用剪线刀口将前端修齐,如图 2.63 所示。

图 2.62　剥线

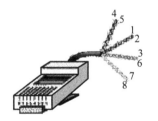
图 2.63　理线

　　3)插线

　　一只手捏住水晶头,将水晶头有弹片一侧向下,另一只手捏平双绞线,稍稍用力将排好的线平行插入水晶头内的线槽中,8 条导线顶端应插入线槽顶端,如图 2.64 所示。

　　4)压线

　　确认所有导线都到位后,将水晶头放入卡线钳夹槽中,用力捏几下卡线钳,压紧线头即可,如图 2.65 所示。

5）电缆另一端水晶头的压制

如果压制的是与集线器或交换机连接的电缆接头，重复上述方法制作双绞线的另一端，即双绞线的两端接线顺序完全一样，如图 2.66 所示。

图 2.64　插线

图 2.65　压线

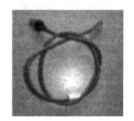

图 2.66　另一端水晶头的压制

6）检查

压制好水晶头的电缆线使用前最好用电缆检查仪检测一下，断路会导致无法通信，短路有可能损坏网卡或集线器。当对线路进行通断测试，用 RJ-45 测线仪测试时，4 个绿灯都应依次闪烁，如图 2.67 所示。

软件调试最常用的办法，就是用 Windows 自带的 Ping 命令。如果工作站得到服务器的响应则表明线路正常和网络协议安装正常，而这是网络应用软件能正常工作的基础。

3. 双绞线连接

在以太网环境下，最简单的连接就是使用网卡通过 RJ-45 接头与网线相连，双绞线另一头与集线器或交换机相连接，如图 2.68 所示。

图 2.67　检查

图 2.68　最简单的以太网连接

在实际使用时，各类网络设备的连接根据使用环境不同分为普通直通跳线与交叉连接线两类，其区别如下。

1）普通直通跳线

用于计算机网卡与模块的连接、配线架与配线间的连接、配线架与 Hub 或交换机的连接。它两端的 RJ-45 接头接线方式是相同的。

2）交叉连接线

用于 Hub 与交换机等设备间的连接。它们两端的 RJ-45 接线方式是不相同的，要求其中的接线对调 1-2、3-6 线对，而其余线对则可依旧按照一一对应的方式安装。

3）应用环境下双绞线的制作方法

以下设定,MDI 表示此口是级联口,MDI-X 表示此口是普通口。

① PC 等网络设备连接到交换机时,用的网线为直通线,双绞线的两头连线要一一对应,此时交换机为 MDI-X 口,PC 为 MDI 口。10Mbps 网线只要双绞线两端一一对应即可,不必考虑不同颜色的线的排序,如果使用 100Mbps 速率相连,则必须严格按照 EIA/TIA 568A 或 568B 布线标准制作。

② 在进行交换机级联时,应把级联口控制开关放在 MDI(Uplink)上,同时用直通线相连。如果交换机没有专用的级联口,或者无法使用级联口,必须使用 MDI-X 口级联,这时可用交叉线来达到目的,这里的交叉线,是在做网线时,用一端 RJ-45 plug 的 1 脚接到另一端 RJ-45 plug 的 3 脚;再用一端 RJ-45 plug 的 2 脚接到另一端 RJ-45 plug 的 6 脚。可按如下色谱制作。

A 端	B 端
1 pin	白橙 ←→ 白绿
2 pin	橙 ←→ 绿
3 pin	白绿 ←→ 白橙
4 pin	蓝 ←→ 蓝
5 pin	白蓝 ←→ 白蓝
6 pin	绿 ←→ 橙
7 pin	白棕 ←→ 白棕
8 pin	棕 ←→ 棕

同时也应该知道,级联交换机间的网线长度不应超过 100m,交换机的级联不应超过 4 级。因交叉线较少用到,故应做特别标记,以免日后误当作直通线用,造成线路故障。

另外,交叉线也可用于两台计算机直连,当使用双绞线连接两台计算机组成对等网时,可以不使用集线器或交换机,而直接用双绞线将两台计算机连接,但这时的双绞线压制方法必须改变(水晶头一端压线不变,另一端的 1 与 3,2 与 6 对换),压线顺序如图 2.69 所示。

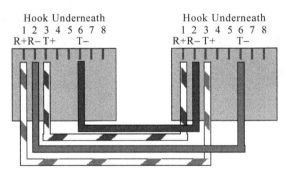

图 2.69　两台计算机直连

4. 光缆永久性接续

(1) 剥开光缆,并将光缆固定到接续盒内。注意不要伤到束管,开剥长度取 1m 左右,用卫生纸将油膏擦拭干净,将光缆穿入接续盒,固定钢丝时一定要压紧,不能有松动。否则,有可能造成光缆打滚折断纤芯,如图 2.70 所示。

（2）分缆，将光缆穿过热缩管。将不同束管、不同颜色的光缆分开，穿过热缩管。剥去涂覆层的光缆很脆弱，使用热缩管，可以保护光缆熔接头，如图2.71所示。

图2.70　剥开光缆

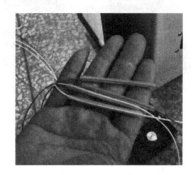
图2.71　分缆

（3）打开熔接机电源，准备采用预置程序进行熔接，并在使用中和使用后及时去除熔接机中的灰尘，特别是夹具、各镜面和V形槽内的粉尘和光纤碎末，如图2.72所示。光缆有常规型单模光纤和色散位移单模光纤，工作波长也有1310nm和1550nm两种。所以，熔接前要根据系统使用的光缆和工作波长来选择合适的熔接程序。如没有特殊情况，一般都选用自动熔接程序。

（4）制作光缆端面。光缆端面制作的好坏将直接影响接续质量，所以在熔接前一定要做好合格的端面。用专用的剥线钳剥去涂覆层，再用蘸酒精的清洁棉在裸纤上擦拭几次，用力要适度，然后用精密光缆切割刀切割光缆，如图2.73所示。

图2.72　准备熔接

图2.73　制作光缆端面

（5）放置光缆。将光缆放在熔接机的V形槽中，小心压上光缆压板和光缆夹具，要根据光缆切割长度设置光缆在压板中的位置，关上防风罩，即可自动完成熔接，如图2.74所示。

（6）移出光缆，用加热炉加热热缩管。打开防风罩，把光缆从熔接机上取出，再将热缩管放在裸纤中心，放到加热炉中加热。加热器可使用20mm微型热缩管和40mm及60mm一般热缩管，20mm热缩管需40s，60mm热缩管为85s。

（7）盘缆固定。将接续好的光缆盘到光缆收容盘上，在盘缆时，盘圈的半径越大，弧度越大，整个线路的损耗越小。所以，要保持一定的半径，使激光在纤芯里传输时，避免产生一些不必要的损耗，如图2.75所示。

（8）密封和挂起。野外接续盒一定要密封好，防止进水。熔接盒进水后，由于光缆及光缆熔接点长期浸泡在水中，可能会先出现部分光缆衰减增加。套上不锈钢挂钩并挂在吊线上。至此，光缆熔接完成。

图 2.74　放置光缆

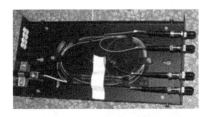

图 2.75　盘缆固定

5. 光缆活动性接续

光缆活动连接器用于各类光缆设备(如光端机等)与光缆之间的连接。光缆活动连接器有如下几类。

1) FC 型连接器

图 2.76 所示的 FC 型连接器采用金属螺纹连接结构,插针体采用外径 2.5mm 的精密陶瓷插针,根据其插针端面形状的不同,它分为球面接触的 FC/PC 和斜球面接触的 FC/APC 两种结构。FC 型连接器是目前世界上使用数量最多的光缆连接器品种,也是目前中国采用的主要品种。FC 连接器大量用于光缆干线系统,其中 FC/APC 连接器用在要求高回波损耗的场合,如 CATV 网等。

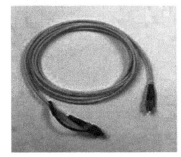

图 2.76　FC 型连接器

2) SC 型光缆连接器

图 2.77 所示的 SC 型连接器是采用插拔式结构,外壳为矩形,采用工程塑料制造,容易做成多芯连接器,插针体为外径 2.5mm 的精密陶瓷插针。它的主要特点是不需要螺纹连接,直接插拔,操作空间小,便于密集安装。按其插针端面形状也分为球面接触的 SC/PC 和斜面接触的 SS/APC 两种结构。SC 型连接器广泛用于光缆用户网中。

3) ST 型光缆连接器

图 2.78 所示的 ST 型连接器采用带键的卡口式锁紧结构,插针体为外径 2.5mm 的精密陶瓷插针,插针的端面形状通常为 PC 面。它的主要特点是使用非常方便,大量用于光缆用户网中。

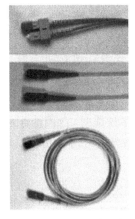

图 2.77　SC 型光缆连接器

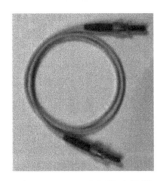

图 2.78　ST 型光缆连接器

4）LC 型光缆连接器

图 2.79 所示的 LC 型光缆连接器采用插拔式锁紧结构,外壳为矩形,用工程塑料制成,带有按压键。由于它的陶瓷插针的外径仅为 1.25mm,其外形尺寸也相应减少,大大提高了连接器在光配线架中的密度。通常情况下,LC 型光缆连接器是以双芯连接器的形式使用,但需要时也可分开为两个单芯连接器。

5）MU 型光缆连接器

MU 型光缆连接器(见图 2.80)采用如 SC 型光缆连接器那样的插入结构,外壳与 SC 型光缆连接器相似,但由于采用了外径为 1.25mm 的陶瓷插芯,其尺寸要小得多,截面尺寸仅为 $9 \times 6 (mm^2)$,而 SC 型光缆连接器的截面尺寸为 $13 \times 10 (mm^2)$,因此与 SC 型光缆连接器相比,它可大大提高安装密度,特别适用于新型的同步终端设备与入户线路终端。

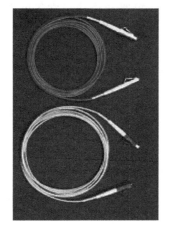
图 2.79　LC 型光缆连接器

图 2.80　MU 型光缆连接器

光缆活动连接器用于交换机上的光缆端口连接时,应根据交换机的光缆端口选用不同型号的光缆连接器。光缆活动连接器连接光缆收发器时也需同样处理,如图 2.81 和图 2.82 所示。

图 2.81　光缆活动连接器用于交换机连接

图 2.82　光缆活动连接器用于光缆收发器连接

2.5.7　布线测试设备与相关测试

综合布线系统容易受元件的性能、施工的工艺、电磁环境等多种因素影响,并且任一方面的影响都会导致布线系统不合格,而对布线系统进行修复需要昂贵的费用。因此,不论是在布线系统的施工过程中还是在网络投入使用后都必须对布线系统进行不同程度的测试,以保证网络符合工程要求,保证网络健康运行。

1. 布线测试设备

常用的布线测试设备有不同档次,举例如下。

1)福禄克网络公司 FLUKE DSP-100 数字分析仪

主要功能如下。

① 提供布线的自动诊断报告。

② 提供快速测试:测试一条 5 类线只需 17s。

③ 监测 10Base-T 网络以确定电缆链路是否为故障源。

④ 支持多种局域网电缆链路系统的测试。例如,FTP、STP(IBM 的 1、2、6、9)和铜缆。

2)福禄克网络公司 Fluke DSP-4000 数字分析仪

主要功能:能够快速准确地测试高性能的超 5 类、6 类电缆链路及光缆链路。DSP-4000 能够帮助用户迅速地识别和定位被测链路中的开路、短路和连接异常等问题,并给出故障点与测试仪的准确距离。

由于各个厂商专有 6 类电缆系统,包括电缆和连接器都是独特的,它为链路测试带来挑战,所以 DSP-4000 中加入了灵活的接口,以便与各个厂商的专用连接器进行匹配。

3)福禄克网络公司 FLUKE OptiFiber 光缆认证(OTDR)分析仪

OptiFiber 光缆认证(OTDR)分析仪是第一台专为局域网和城域网光缆安装企业设计,用于满足最新光缆认证测试及故障诊断需求的仪器。

它将光缆插入损耗和光缆长度测量、OTDR 分析和光缆连接头端接面洁净度检查集成在一台仪器中,提供更高级的光缆认证和故障诊断,可以满足最新光缆认证、千兆或更高速度网络应用的严格测试需求。随机附带的 LinkWare PC 软件可以管理所有的测试数据,对它们进行文档备案、生成测试报告。

2. 双绞线电缆测试

从工程的角度来讲,结构化布线中双绞线测试可划分为两类:一类是验证测试,另一类是认证测试。

1)电缆的验证测试

为了确保线缆安装满足性能和质量的要求,在施工的过程中由施工人员边施工边测试,这种方法就是验证测试,通常的做法就是使用简单的测线仪进行验证测试(见图 2.83),它可以保证所完成的每一个连接都正确。验证测试注重结构化布线的连接性能,不关心结构化布线的电气特性,常见的连接错误有电缆标签错、连接开路和短路等。

图 2.83　电缆的验证测试

2)电缆的认证测试

认证测试是指对结构化布线系统依照标准进行测试,以确定结构化布线是否全部达到设计要求。认证测试要依据相关的国际标准,采用标准认可的测试设备,对综合布线系统中的每条链路进行测试,并出具相应的测试报告。

下面以采用 FLUKE 公司 DSP-100 测试仪进行 CAT5 类测试为例说明电缆的认证测试,认证测试的内容包括长度、特性阻抗、环路直流电阻、近端串扰损耗(NEXT)、远方近端串扰损耗(PNEXT)、相邻线对综合近端串扰、衰减量、近端串扰衰减比(ACR)、等效远端串扰损耗(ELFEXT)、远端等效串扰总和(PSFLFEXT)、回波损耗(RL)、链路脉冲噪声等项目。当所有测试结果均为 PASS 时表示该布线系统符合 5 类线缆的传输技术要求。

① 准备测试仪器 FLUKE DSP-100,测试仪器如图 2.84 所示。

② 先用 FLUKE DSP-100 测试仪连接跳线两端,再将 FLUKE DSP-100 设置在 AutoTEST 挡,测试标准设置为 1000Base-T,测试线缆非屏蔽 CAT5 双绞线,如图 2.85 所示。

图 2.84　DSP-100 测试仪

图 2.85　测试线缆非屏蔽 CAT5 双绞线

③ 接着按测试键进行测试,若测试仪两端显示所有测试参数为 PASS 时,则表示测试通过;若测试显示为 FAIL,说明线缆的连接不正确,必须重做直至通过为止,如图 2.86 和图 2.87 所示。

图 2.86　测试仪一端显示 PASS

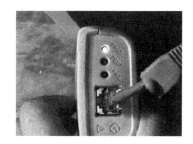

图 2.87　测试仪另一端显示绿灯

④ 预览测试结果,并按 SAVE 键保存,如图 2.88 所示。

⑤ 当所有的线缆全部测试完成后,可将测试结果导入 LINKWARE 软件中查看每一根线的所有测试的具体结果,可打印出此结果形成验收报告,如图 2.89 所示。

如果在测试过程中出现一些问题,可以从以下几个方面着手分析,然后一一排除故障。

① 近端串扰未通过。故障原因可能是近端连接点的问题,或者是因为串对、外部干扰、远端连接点短路、链路电缆和连接硬件性能问题、不是同一类产品以及电缆的端接质量问题等。

② 接线图未通过。故障原因可能是两端的接头有断路、短路、交叉或破裂,或是因为跨接错误等。

图 2.88　预览测试结果并保存

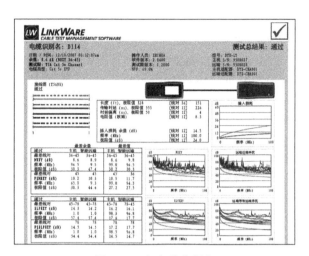

图 2.89　打印验收报告

③ 衰减未通过。故障原因可能是线缆过长或温度过高,或是连接点问题,也可能是链路电缆和连接硬件的性能问题,或不是同一类产品,还有可能是电缆的端接的质量问题等。

④ 长度未通过。故障原因可能是线缆过长、开路或短路,或者设备连线及跨接线的总长度过长等。

⑤ 测试仪故障。故障原因可能是测试仪不启动(可采用更换电池或充电的方法解决此问题),测试仪不能工作或不能进行远端校准,测试仪设置为不正确的电缆类型,测试仪设置为不正确的链路结构,测试仪不能存储自动测试结果以及测试仪不能打印存储的自动测试结果等。

3. 光缆传输通道测试

光缆在架设、熔接完工后必须进行光缆特性测试,使之符合光缆传输通道测试标准。基本的测试内容包括连续性和衰减/损耗、光缆输入功率和输出功率、分析光缆的衰减/损耗及确定光缆连续性和发生光损耗的部位等。实际测试时还包括光缆长度和时延等内容。目前光缆测试工作,使用的仪器主要是光时域反射仪(Optical Time Domain Reflectometer, OTDR)测试仪。为了测试准确,OTDR 测试仪的脉冲大小和宽度要适当选择,按照厂方给出的折射率 n 值的指标设定。

在判断故障点时,如果光缆长度预先不知道,可先放在自动 OTDR,找出故障点的大体地点,然后放在高级 OTDR。将脉冲大小和宽度选择小一点,但要与光缆长度相对应,盲区减小直至与坐标线重合,脉宽越小越精确,当然脉冲太小后曲线显示出现噪波,要恰到好处。再就是加接探缆盘,目的是防止近处有盲区不易发觉。

在判断断点时,如果断点不在接续盒处,将就近处接续盒打开,接上 OTDR 测试仪,测试故障点距离测试点的准确距离,利用光缆上的米标就很容易找出故障点。利用米标查找故障时,对层绞式光缆还有一个绞合率问题,那就是光缆的长度和光纤的长度并不相等,光纤的长度大约是光缆长度的 1.005 倍,利用上述方法可成功排除多处断点和高损耗点。

2.5.8 综合布线系统应用案例讨论

1. 建筑科技大学综合布线系统图

建筑科技大学综合布线系统图如图2.90所示。

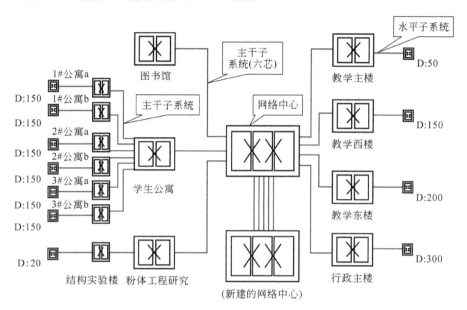

图 2.90 建筑科技大学综合布线系统

2. 综合布线系统架构图

综合布线系统架构图如图2.91所示。

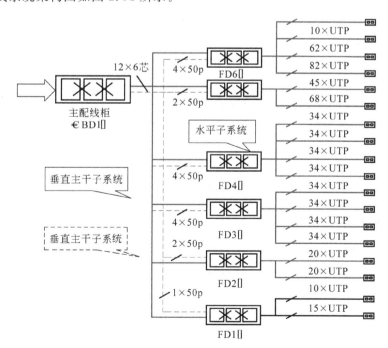

图 2.91 综合布线系统架构

2.6 无线局域网

无线局域网(Wireless LAN,WLAN)是使用无线连接把分布在数千米范围内的不同物理位置的计算机设备连在一起,在网络软件的支持下可以相互通信和资源共享的网络系统。

通常计算机组网的传输媒体主要依赖铜缆或光缆,构成有线局域网。但有线网络在某些场合要受到布线的限制:布线、改线工程量大;线路容易损坏;网中的各节点不可移动。特别是当要把相离较远的节点连接起来时,敷设专用通信线路布线施工难度之大,费用之多、耗时之长,实在是令人生畏。这些问题都对正在迅速扩大的联网需求造成了严重的瓶颈阻塞,限制了用户联网。

WLAN 就是为解决有线网络以上问题而出现的。WLAN 利用电磁波在空气中发送和接收数据,而无需线缆介质。WLAN 的数据传输速率现在已经能够达到 54Mbps,传输距离可远至 20km 以上。无线联网方式是对有线联网方式的一种补充和扩展,使网上的计算机具有可移动性,能快速、方便地解决以有线方式不易实现的网络连通问题。

与有线网络相比,WLAN 具有以下优点。

1)安装便捷

WLAN 最大的优势就是免去或减少了繁杂的网络布线的工作量,一般只要安放一个或多个接入点(Access Point)设备就可建立覆盖整个建筑或地区的局域网。

2)使用灵活

在有线网络中,网络设备的安放位置受网络信息点位置的限制。一旦 WLAN 建成,在无线网的信号覆盖区域内任何一个位置都可以接入网络,进行通信。

3)经济节约

有线网络缺少灵活性,一旦网络的发展超出了设计规划的预期,就要花费较多费用进行网络改造。WLAN 可以避免或减少以上情况的发生。

4)易于扩展

WLAN 有多种配置方式,能够根据实际需要灵活选择。这样,WLAN 能够胜任只有几个用户的小型局域网到上千用户的大型网络,并且能够提供像"漫游(Roaming)"等有线网络无法提供的特性。

由于 WLAN 具有多方面的优点,其发展十分迅速。在最近几年,WLAN 已经在医院、商店、工厂和学校等不适合网络布线的场合得到了广泛的应用。

2.6.1 无线局域网标准

802.11 为 IEEE(The Institute of Electrical and Electronics Engineers,美国电气和电子工程师协会)于 1997 年公告的无线区域网络标准,适用于有线站台与无线用户或无线用户之间的沟通连接。

IEEE 802.11 第一个版本发布于 1997 年,其中定义了介质访问接入控制层(MAC 层)和物理层。物理层定义了工作在 2.4GHz 的 ISM 频段上的两种无线调频方式和一种红外传输的方式,总数据传输速率设计为 2Mbps。两个设备之间的通信可以在自由直接(Ad

Hoc)的方式下进行,也可以在基站(Base Station,BS)或者访问点(Access Point,AP)的协调下进行。

　　1999 年加上了两个补充版本:802.11a 定义了一个在 5GHz ISM 频段上的数据传输速率可达 54Mbps 的物理层,802.11b 定义了一个在 2.4GHz 的 ISM 频段上但数据传输速率高达 11Mbps 的物理层。2.4GHz 的 ISM 频段被世界上绝大多数国家所使用,因此 802.11b 得到最为广泛的应用。苹果公司把自己开发的 802.11 标准命名为 AirPort。1999 年,工业界成立了 WiFi 联盟,致力于解决符合 802.11 标准的产品的生产和设备兼容性问题。WiFi 为制定 802.11 无线网络的组织,并非代表无线网络。

　　802.11 协议族中包括的内容,如表 2.4 所示。

表 2.4　WLAN 技术标准的对照表

协　议	时间	频率/GHz	吞吐量/Mbps	数据速率/Mbps	调制技术	距离(室内半径 r)/m	距离(室外半径 r)/m
Legacy	1997	2.4	0.9	2		～20	～100
802.11a	1999	5	23	54	OFDM	～35	～120
802.11b	1999	2.4	4.3	11	DSSS	～38	～140
802.11g	2003	2.4	19	54	OFDM	～38	～140
802.11n	2009	2.4 5	100～200	300～600	OFDM	～70	～250

　　802.11——初期的规格采用直接序列展频(扩频)技术(Direct Sequence Spread Spectrum,DSSS)或跳频展频(扩频)技术(Frequency Hopping Spread Spectrum,FHSS),制定了在 RF 射频频段 2.4GHz 上的运用,并且提供了 1Mbps、2Mbps 和许多基础信号传输方式与服务的传输速率规格。

　　802.11a——802.11 的衍生版,于 5.8GHz 频段提供了最高 54Mbps 的速率规格,并运用正交频分复用编码方案以取代 802.11 的 FHSS 或 DSSS。

　　802.11b(即所谓的高速无线网络或 WiFi 标准)——1999 年再度发布 IEEE 802.11b 高速无线网络标准,在 2.4GHz 频段上运用 DSSS 技术,且由于这个衍生标准的产生,将原来无线网络的传输速率提升至 11Mbps 并可与以太网(Ethernet)相媲美。

　　802.11g——在 2.4GHz 频段上提供高于 20Mbps 的速率规格。

　　802.11n——802.11n 可工作在 2.4GHz,也可工作在 5GHz,完全能与以前的 IEEE 802.11b/g/a 设备兼容通信。

2.6.2　WiFi 联盟

　　WiFi 联盟成立于 1999 年,当时的名称叫作无线以太网相容联盟(Wireless Ethernet Compatibility Alliance,WECA)。在 2002 年 10 月,正式改名为 WiFi Alliance。

　　WiFi 是 WiFi 组织发布的一个业界术语,中文译为"无线相容认证"。实际上,WiFi 是一个无线网络通信技术的品牌,由 WiFi 联盟所持有。WiFi 被提出的目的是改善基于 IEEE 802.11 标准的无线网络产品之间的互通性。现在一般人把 WiFi 及 IEEE 802.11 混为一谈,甚至把 WiFi 等同于无线网络,这是错误的。

WiFi 是一种短程无线传输技术,最高带宽为 11Mbps,在信号较弱或有干扰的情况下,带宽可调整为 5.5Mbps、2Mbps 和 1Mbps,带宽的自动调整,有效地保障了网络的稳定性和可靠性。其主要特性:速度快,可靠性高,在开放性区域,通信距离可达 305m,在封闭性区域,通信距离为 76~122m,方便与现有的有线以太网整合,组网的成本更低。

WiFi 可以将个人计算机、手持设备(如 PDA、手机)等终端以无线方式互相连接,是一种帮助用户访问电子邮件、Web 和流式媒体的赋能技术。它为用户提供了无线的宽带互联网访问。同时,它也是在家里、办公室或在旅途中上网的快速、便捷的途径。能够访问WiFi 网络的地方被称为热点。

WiFi 热点是通过在互联网连接上安装访问点来创建的。这个访问点将无线信号通过短程进行传输。当一台支持 WiFi 的设备(如 Pocket PC)遇到一个热点时,这个设备可以用无线方式连接到那个网络。大部分热点都位于供大众访问的地方,例如机场、咖啡店、旅馆、书店以及校园等。许多家庭和办公室也拥有 WiFi 网络。虽然有些热点是免费的,但是大部分稳定的公共 WiFi 网络是由私人互联网服务提供商(ISP)提供的,因此会在用户连接到互联网时收取一定费用。

2.6.3 无线局域网的主要类型

1. 红外线局域网

红外线是按视距方式传播的,也就是说发送点可以直接看到接收点,中间没有阻挡。红外线相对于微波传输方式有如下明显的优点:红外线频谱是非常宽的,所以就有可能提供极高的数据传输速率。由于红外线与可见光有一部分特性是一致的,所以它可以被浅色物体漫反射,这样就可以用天花板反射来覆盖整个房间。

2. 扩频无线局域网

扩展频谱技术是指发送信息带宽的一种技术,又称为扩频技术。它是一种信息传输方式,其信号所占有的频带宽度远大于所传信息必需的最小带宽。频带的扩展是通过一个独立的编码序列来完成,用编码及调制的方法来实现的,与所传信息数据无关;在接收端也用同样的方法进行相关同步接收、解扩及恢复所传信息数据。

3. 窄带微波无线局域网

窄带微波(Narrowband Microwave)是指使用微波无线电频带来进行数据传输,其带宽刚好能容纳信号。

2.6.4 无线网络接入设备

1. 无线网卡

提供与有线网卡一样丰富的系统接口,包括 PCMCIA、Cardbus、PCI 和 USB 等。在有线局域网中,网卡是网络操作系统与网线之间的接口。在无线局域网中,它们是操作系统与天线之间的接口,用来创建透明的网络连接。无线网卡示例如图 2.92 所示。

2. 接入点

接入点的作用相当于局域网集线器,如图 2.93 所示。它在无线局域网和有线网络之间接收、缓冲存储和传输数据,以支持一组无线用户设备。接入点通常是通过标准以太网线连接到有线网络上,并通过天线与无线设备进行通信。在有多个接入点时,用户可以在接入点之间漫游切换。接入点的有效范围是 20～500m。根据技术、配置和使用情况,一个接入点可以支持 15～250 个用户。

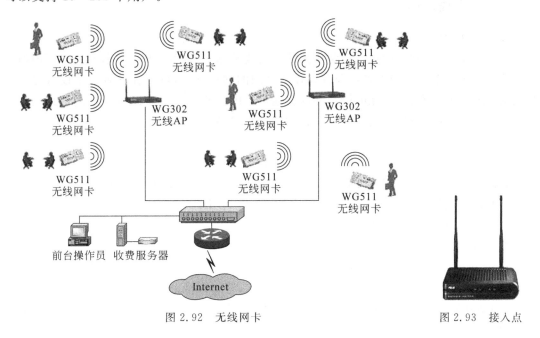

图 2.92　无线网卡　　　　　　　　　　　　　图 2.93　接入点

2.6.5　无线局域网的配置方式

为了让无线部件同传统的有线网络交接,需要一个桥接介质来进行转换。802.11 标准制定了两种方式:Infrastructure 方式和 Ad Hoc 方式。

1. Infrastructure 方式

该模式是目前最常见的一种架构,该架构包含一个接入点和多个无线终端,接入点通过电缆连线与有线网络连接,通过无线电波与无线终端连接,可以实现无线终端之间的通信,以及无线终端与有线网络之间的通信。通过对这种模式进行复制,可以实现多个接入点相互连接的更大的无线网络。

在 Infrastructure 方式中,用 CAT-5 以太网电缆把 AP(无线接入点,俗称基站)连到一台集线器/交换机上。无线 PC 通过该 AP 同其他有线以太网计算机通信。网络范围限制在该 AP 的半径内。若要增加范围,额外的 AP 可连到网络中。这些 AP 可以通过硬联机的以太网电缆进行交谈,但它们不能无线交谈,因此它们必须用线路连接在用一个网络里。单个的无线 PC 可以在同一网络的 AP 之间无缝地移动,这一特性叫作漫游。

2. Ad Hoc 方式

这种应用包含多个无线终端和一个服务器,均配有无线网卡,但不连接到接入点和有线网络,而是通过无线网卡进行相互通信。它主要用来在没有基础设施的地方快速而轻松地建立无线局域网。

Ad Hoc 方式是一种简单的 802.11 无线站装置,用于连接通信,无须使用 AP 或到有线的互通。这种方式可以快速而又简易地建立一个无线网络,通常适用于 Infrastructure 不存在或不需要该服务的地方。

2.6.6　个人局域网

1. 蓝牙技术

蓝牙技术是一个开放性的、短距离无线通信技术标准，它可以用于在较小的范围内通过无线连接的方式实现固定设备以及移动设备之间的网络互连，可以在各种数字设备之间实现灵活、安全、低成本、小功耗的语音和数据通信。因为蓝牙技术可以方便地嵌入到单一的CMOS芯片中，所以它特别适用于小型的移动通信设备。

2. IrDA

IrDA是一种利用红外线进行点对点通信的技术，其相应的软件和硬件技术都已比较成熟。它的主要优点：体积小、功率低、适合设备移动的需要，传输速率高，可达16Mbps，成本低，应用普遍。目前，有95％的笔记本计算机都安装了IrDA接口，最近市场上还推出了可以通过USB接口与PC相连接的USB-IrDA设备。

3. HomeRF

HomeRF主要是为家庭网络设计，是IEEE 802.11与数字无绳电话标准的结合，旨在降低语音数据成本。HomeRF利用跳频扩频方式，既可以通过时分复用支持语音通信，又能通过CSMA/CA协议提供数据通信服务。同时，HomeRF提供了与TCP/IP良好的集成，支持广播、多点传送和48位IP地址。目前，HomeRF标准工作在2.4GHz的频段上，跳频带宽为1MHz，最大传输速率为2Mbps，传输范围超过100m。

4. 超宽带

超宽带(Ultra-wideband,UWB)技术采用极短的脉冲信号来传送信息，通常每个脉冲持续的时间只有几十皮秒到几纳秒。这些脉冲所占用的带宽甚至高达几吉赫兹，因此最大数据传输速率可以达到几百兆比特每秒。在高速通信的同时，UWB设备的发射功率却很小，仅仅是现有设备的几百分之一。所以，UWB是一种高速而又低功耗的数据通信方式，它在无线通信领域得到广泛的应用。

2.6.7　无线网络工作原理

无线局域网与人们熟悉的以太网的原理很类似，都是采用载波侦听的方式来控制网络中信息的传送。

不同之处是以太网采用的是CSMA/CD技术，网络上所有工作站都侦听网络中有无信息发送，当发现网络空闲时即发出自己的信息，如同抢答一样，只能有一台工作站抢到发言权，而其余工作站需要继续等待。如果有两台以上的工作站同时发出信息，网络中就会发生冲突，冲突后这些冲突信息都会丢失，各工作站则将继续抢夺发言权。

无线局域网则引进了CSMA/CA技术和RTS/CTS(请求发送/清除发送)技术，从而避免了网络中冲突的发生，可以大幅度提高网络效率。

这里的CSMA/CA技术与正常情况下的CSMA/CD技术原理有所不同，其原理是站点在发送报文后等待来自接入点AP(基本模式)或来自另外站点(对等模式)的确认帧(ACK)。如果在一定的时间内没有收到确认帧，则假定发生了冲突并重发该数据。如果站点注意到信道上有活动，就不发送数据。

RTS/CTS 的工作方式与调制解调器类似,在发送数据之前,站点将一个请求发送帧发送到目的站点,如果信道上没有活动,那么目的站点将一个清除发送帧发回源站点。这个过程称为"预热",从而防止不必要的冲突。

当传送帧受到严重干扰时,必定要重传。因此若一个信息包越大,所需重传的耗费也就越大;这时,若减小帧尺寸,把大信息包分割为若干小信息包,即使重传,也只是重传一个小信息包,耗费相对小得多。这样就能大大提高无线网在噪声干扰地区的抗干扰能力。

2.6.8 无线局域网的应用

1. 作为传统局域网的扩充

在大多数情况下,传统局域网用来连接服务器和一些固定的工作站,而移动和不易于布线的节点可以通过无线局域网接入。图 2.94 给出了典型的无线局域网结构。

2. 建筑物之间的互连

无线局域网的另一个用途是连接邻近建筑物中的局域网。在这种情况下,两座建筑物使用一条点到点无线链路,连接的典型设备是网桥或路由器。

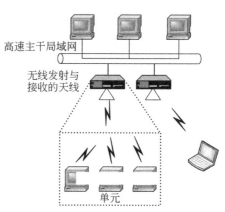

图 2.94 典型的无线局域网结构

3. 漫游访问

带有天线的移动数据设备(如笔记本计算机)与无线局域网集线器之间可以实现漫游访问。如在展览会会场的工作人员,在向听众做报告时,通过他的笔记本计算机访问办公室的服务器文件。漫游访问在大学校园或业务分布于几栋建筑物的环境中也是很有用的。用户可以带着他们的笔记本计算机随意走动,可以从任何地点连接到无线局域网集线器上。

4. 特殊网络

特殊网络是一个临时需要的对等网络。例如,一群工作人员每人都有一个带天线的笔记本计算机,他们被召集到一间房里开业务会议或讨论会,他们的计算机可以连到一个暂时网络上,会议完毕网络将不复存在。这种情况在军事应用中也是很常见的。目前,无线局域网络的典型应用包括医院、学校、金融服务、制造业、服务业、公司应用、公共访问等。

2.6.9 无线局域网技术的发展

无线局域网技术及其相关的技术和解决方案从诞生起到今天,经历了 3 个重要的发展阶段,如图 2.95 所示。

从 2009 年起,电信重组后的中国三大运营商 3G＋WLAN 融合组网的进程明显提速。采用 3G＋WLAN 混合组网不但能大幅降低运营商的网络建设和运营成本,还能有效解决数据业务热点区域 3G 网络的容量与需求之间的矛盾。通过 WLAN 的高带宽应用和服务保证特性来弥补 3G 在 IP 业务上的不足,这是技术上的互补,也扩展了运营商无线业务的服务内容。

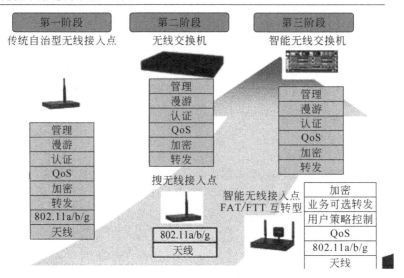

图 2.95　无线局域网的发展阶段

目前,各省内的高校、酒店、场馆以及商业楼宇等商业用户的园区和建筑已成为运营商3G+WLAN 的主攻目标。由于 3G 的反馈系统设备和天线都可以和 WLAN AP 整合在一起使用,所以 3G+WLAN 的合路统一设计,可以共用馈线、天线、接头等部分,最大好处就是极大地节省了运营商在施工方面的投资,同时将两套系统延伸至用户覆盖区域。

2.6.10　无线局域网提供语音服务

在目前的 IT 产业领域中,WLAN 和 VoIP 是人们关注的热点,因此使用 WLAN 提供语音服务(VoWiFi)的终端设备也就应运而生。VoWLAN 终端设备利用现有的 WLAN 实现无线的 VoIP 语音通话,用户可以通过 VoWiFi 终端设备在 WLAN 的覆盖范围内随时进行漫游。既发挥了 IP 网络成本低的特点,又使得用户获得 WLAN 带来的方便性。

1. 企业 WiFi 语音解决方案

企业内部部署 WLAN 和语音系统。企业员工使用 WLAN/GSM 双模手机可在WLAN 覆盖区优先通过 WiFi 网络实现内部通话,参加电话会议,也可拨打 PSTN 外线电话,代替座机和手机的功能。

企业的 WiFi 手机号码可以采用内部号码,由企业自己进行统一管理。企业可在各地放置 PBX 设备来和本地 PSTN 网络互通。由于在企业内部部署了语音业务系统,可以灵活扩展一些基于 WiFi 手机的增值业务应用,如 WiFi 短信、视频会议、即时通信等。企业 WiFi 语音解决方案如图 2.96 所示。

2. 运营商 WiFi 语音解决方案

固网运营商希望充分利用 NGN 和城域网的资源,开展 VoIP 语音业务。WiFi 语音技术的出现使得固网运营商可通过建设 WLAN,提供语音等增值业务,如图 2.97 所示。

WiFi 手机可以注册到运营商 NGN 网络,利用 NGN 的网络资源开展语音业务。合法的 WiFi 手机用户通过认证后,先接入 WiFi 网络,然后发送 SIP 注册报文到软交换系统注

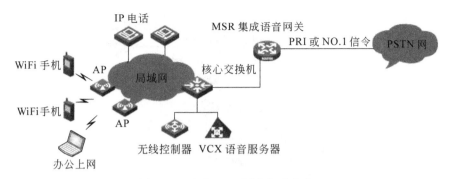

图 2.96　企业 WiFi 语音解决方案

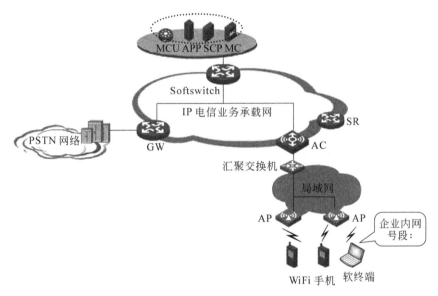

图 2.97　运营商 WiFi 语音解决方案

册。当用户发起呼叫时,首先通过 Softswitch 建立号码路由,然后和对端建立信令连接。如果手机呼叫外部 PSTN 电话,则需要通过 TG 中继。计费和话单由软交换语音业务系统完成。

2.6.11　无线局域网应用案例

1. 东北财经大学无线校园

　　运营商无线接入网络部分与原校方自己建设的教学区网络相互独立,两部分网络通过校方的接入认证点进行连接。无线网络采用无线控制器(简称 AC)＋FIT AP 模式组网,为了减小对现网的影响,建议 AC 部署位置为侧挂现网中的 BRAS,并且采用大容量 AC 设备以便能够管理多个不同学校的 AP 设备。方案主要考虑承载的业务为 Internet 业务和校园网业务(包括校内访问和教育网访问),如图 2.98 所示。

　　WLAN 由于其自身部署灵活、施工简单、维护便捷等特点已经越来越多地得到运营商的广泛关注和应用。随着教育信息化进程的推进,无线校园网的部署进一步优化了网络教学、办公环境,提高了广大师生的办公学习效率。

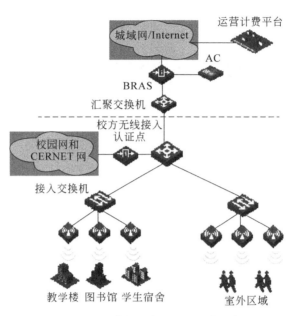

图 2.98　无线校园典型组网解决方案

东北财经大学由 1 台 WX6103 无线控制器,96 台 WA2210-AG 系列 FIT AP 对学校专家楼、砚池楼、国际商贸学院主楼、留学生楼及楼前广场进行无线覆盖,如图 2.99 所示。

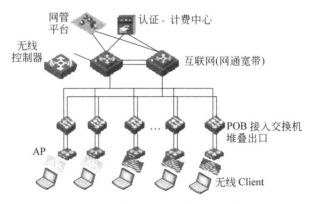

图 2.99　东北财经大学无线校园

2. 云南民族大学无线校园网

在云南民族大学无线校园网建设中,采用 S9512 无线控制器插卡和 WA2110 型 AP 的 FIT AP 解决方案对会议室、阶梯教室、办公楼等区域进行整个校园的无线全覆盖,如图 2.100 所示。

在该项目中,通过智能射频管理和智能负载均衡技术,无线网络能够进行自适应功率调整、自适应信道分配、自动消除黑洞区域、自动发现故障 AP、自动进行无线用户负载分担,使得无线网络更加稳定。同时,基于 S9500 交换机的开放架构,只要在交换机中插入安全插卡,便能充分发挥无线控制器处理性能高、能力强的优势,进行一些复杂的安全策略的部署。

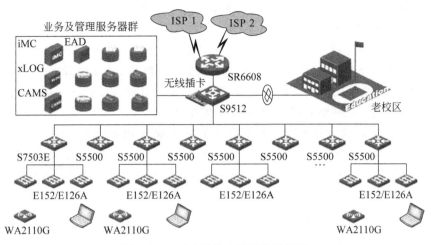

图 2.100　云南民族大学无线校园网

2.7　虚拟局域网

局域网的发展是 VLAN 产生的基础,局域网通常是一个单独的广播域,主要由 Hub、网桥或交换机等网络设备连接同一网段内的所有节点形成。处于同一个局域网之内的网络节点之间可以直接通信,而处于不同局域网段的设备之间的通信则必须经过路由器。随着网络的不断扩展,接入设备逐渐增多,网络结构也日趋复杂,必须使用更多的路由器才能将不同的用户划分到各自的广播域中,在不同的局域网之间提供网络互连。但这样做存在以下两个缺陷。

首先,随着网络中路由器数量的增多,网络延时逐渐加长,从而导致网络数据传输速率的下降。这主要是因为数据在从一个局域网传递到另一个局域网时,必须经过路由器的路由操作:路由器根据数据包中的相应信息确定数据包的目标地址,然后再选择合适的路径转发出去。

其次,用户是按照他们的物理连接被自然地划分到不同的用户组(广播域)中。这种分割方式并不是根据工作组中所有用户的共同需要和带宽的需求来进行的。因此,尽管不同的工作组或部门对带宽的需求有很大的差异,但它们却被机械地划分到同一个广播域中争用相同的带宽。

为了克服上述缺点,产生了虚拟局域网。

2.7.1　VLAN 基本概念

VLAN(Virtual Local Area Network)的中文名称是虚拟局域网。VLAN 是一种将局域网设备从逻辑上划分成一个个网段,从而实现虚拟工作组的新兴数据交换技术。

这一新兴技术主要应用于交换机和路由器中,但主流应用还是在交换机之中。但又不是所有交换机都具有此功能,只有 VLAN 协议的第三层以上交换机才具有此功能。

IEEE 于 1999 年颁布了用于标准化 VLAN 实现方案的 802.1Q 协议标准草案。VLAN 技术的出现,使得管理员根据实际应用需求,把同一物理局域网内的不同用户逻辑地划分成不同的广播域,每一个 VLAN 都包含一组有相同需求的计算机工作站,与物理上形成的 LAN 有相同的属性。

由于它是从逻辑上划分,而不是从物理上划分,所以同一个 VLAN 内的各个工作站没有限制在同一个物理范围中,即这些工作站可以在不同物理 LAN 网段。由 VLAN 的特点可知,一个 VLAN 内部的广播和单播流量都不会转发到其他 VLAN 中,从而有助于控制流量、减少设备投资、简化网络管理、提高网络的安全性。

这种基于工作流的分组模式,大大提高了网络规划和重组的管理功能。在同一个 VLAN 中的工作站,不论它们实际与哪个交换机连接,它们之间的通信就好像在独立的交换机上一样。同一个 VLAN 中的广播只有 VLAN 中的成员才能听到,而不会传输到其他的 VLAN 中去,这样可以很好地控制不必要的广播风暴的产生。

同时,若没有路由,不同 VLAN 之间就不能相互通信,这样就增加了企业网络中不同部门之间的安全性。网络管理员可以通过配置 VLAN 之间的路由来全面管理企业内部不同管理单元之间的信息互访。交换机是根据用户工作站的 MAC 地址来划分 VLAN 的。所以,用户可以自由地在企业网络中移动办公,不论他在何处接入交换网络,他都可以与 VLAN 内其他用户通信。

VLAN 是为解决以太网的广播问题和安全性而提出的一种协议,它在以太网帧的基础上增加了 VLAN 头,用 VLAN ID 把用户划分为更小的工作组,限制不同工作组间的用户互访,每个工作组就是一个虚拟局域网。虚拟局域网的好处是可以限制广播范围,并能够形成虚拟工作组,动态管理网络。

2.7.2 虚拟局域网规划设计

1. VLAN 划分的 4 种策略

定义 VLAN 成员的方法有很多,由此也就分成了几种不同类型的 VLAN。

1) 基于端口的 VLAN

基于端口的 VLAN 的划分是最简单、最有效的 VLAN 划分方法,它按照局域网交换机端口来定义 VLAN 成员。VLAN 从逻辑上把局域网交换机的端口划分开来,从而把终端系统划分为不同的部分,各部分相对独立,在功能上模拟了传统的局域网。

基于端口的 VLAN 的划分简单、有效,但其缺点是当用户从一个端口移动到另一个端口时,网络管理员必须对 VLAN 成员进行重新配置。

2) 基于 MAC 地址的 VLAN

基于 MAC 地址的 VLAN 是用终端系统的 MAC 地址定义的 VLAN。MAC 地址其实就是指网卡的标识符,每一块网卡的 MAC 地址都是唯一的。这种方法允许工作站移动到网络的其他物理网段,而自动保持原来的 VLAN 成员资格。在网络规模较小时,该方案可以说是一个好的方法,但随着网络规模的扩大,网络设备、用户的增加,则会在很大程度上加大管理的难度。

3) 基于路由的 VLAN

路由协议工作在七层协议的第 3 层——网络层,例如基于 IP 和 IPX 的路由协议,这类设备包括路由器和路由交换机。该方式允许一个 VLAN 跨越多个交换机,或一个端口位于多个 VLAN 中。在按 IP 划分的 VLAN 中,很容易实现路由,即将交换功能和路由功能融合在 VLAN 交换机中。这种方式既达到了作为 VLAN 控制广播风暴的最基本目的,又不需要外接路由器。但这种方式对 VLAN 成员之间的通信速度不是很理想。

4)基于策略的 VLAN

基于策略的 VLAN 的划分是一种比较有效而直接的方式,主要取决于在 VLAN 的划分中所采用的策略。就目前来说,对于 VLAN 的划分主要采用基于端口的 VLAN 和基于路由的 VLAN 两种模式,基于 MAC 地址的 VLAN 则为辅助性的方案。

2. VLAN 划分规划

VLAN 划分规划时,通常有以下几个步骤。

1)确定 VLAN 划分方法

众所周知,划分 VLAN 有多种方法,可以根据端口划分 VLAN,可以根据 MAC 地址划分 VLAN,也可以根据 IP 组播划分 VLAN。例如,对网吧这个应用环境而言,根据端口划分 VLAN 是最适合网吧应用环境的。

2)确定 VLAN 数量

为了工作的需要,现在很多企业都划分了行政区、财务区、技术区等多个工作区域。在为企业划分 VLAN 时,完全可以根据企业的组织分区划分 VLAN。

3)确定每个 VLAN 覆盖范围

在制订 VLAN 划分规划时,最后还需要确定每一个 VLAN 的覆盖范围。举个例子说,财务服务器需要与每台客户机进行通信,这就要求财务服务器必须在每一个 VLAN 中。同样的道理,行政服务器等也需要和财务服务器一样,必须同时存在于所有的 VLAN 中。一旦每个 VLAN 的覆盖范围出现错误,企业的正常运营就要受到影响。

企业的 VLAN 划分规则做好之后,将 VLAN 数量,以及端口与 VLAN 对应关系等资料全部记录成文档,方便日后查阅及网络维护。做好 VLAN 规划之后,接下来就可以根据规划选购网络设备。

3. 根据 VLAN 规划选购网络设备

尽管 VLAN 已经成为很多千元以下交换机的必备功能,但这并不意味着随便买一台支持 VLAN 功能的就可以用了。在购买交换机时,必须根据企业网络的 VLAN 规划来购买。

在选择交换机时,需要注意的参数有以下几个。

1)支持的 VLAN 数量

每款交换机支持的 VLAN 数量是不同的。在购买交换机时,交换机支持的 VLAN 数量,必须是网络 VLAN 规划数量的 1.5 倍,多余的 VLAN 数量是为了应对日后企业网络升级。

2)支持的 VLAN 划分模式

尽管企业的早期 VLAN 划分模式是按端口划分 VLAN,可这并不意味着企业日常应用中对按 MAC 地址划分 VLAN 等模式没有需求。在选购交换机时,尽可能选择一款支持多种 VLAN 划分模式的交换机。

3)是否具备路由功能

划分了 VLAN 之后,部分 VLAN 之间的通信需要路由功能来完成。要通过路由器实现 VLAN 之间的通信,需要消耗路由器的端口。为此,在选购交换机时,除了具备 VLAN 划分功能之外,最好具备路由功能。

习　题　2

（一）局域网概念部分

1. 常见局域网的类型有哪些？

2. 什么是 CSMA/CD？

3. 什么是令牌环网？

4. 什么是交换式局域网？

（二）交换机部分

1. 简述局域网交换机的工作原理。

2. 简述以太网交换机的帧转发方式。

3. 千兆以太网的技术特点是什么？

4. 千兆以太网使用哪些传输介质？

5. 分类叙述千兆以太网的传输距离。

6. 简述万兆以太网的技术特点。

7. 主要的交换机的分类有哪些？

8. 在实际网络系统设计时如何考虑交换机选型与技术参数？

9. 如何进行交换机的连接？

（三）路由器部分

1. 路由器的主要功能有哪些？

2. 简述路由器的基本工作原理。

3. 理想的路由算法需要满足什么条件？

4. 什么是最短路径路由？

5. 简述典型的路由器结构。

6. 路由器的广域网接口有哪些？

7. 简述路由器与局域网接入设备之间的连接。

8. 简述路由器与 Internet 接入设备的连接。

9. 在实际网络系统设计时应如何考虑路由器选型及技术参数？

（四）结构化综合布线系统部分

1. 什么是综合布线系统？

2. 结构化布线系统由哪几个子系统组成？

3. 如何对综合布线的传输媒体进行选择？

4. 请说明网络设备的尺寸单位——U 的概念。

（五）无线局域网部分

1. 简述无线局域网标准 802.11。

2. 简述无线局域网的主要类型。

3. 常见的无线网接入设备有哪些？

4．常见的无线局域网的配置方式有哪些？

5．简述无线网络的工作原理。

（六）虚拟局域网部分

1．简述 VLAN 的基本概念。

2．简述 VLAN 划分的几种策略。

第3章 城 域 网

教学要求：

通过本章的学习，学生应该了解计算机城域网的基本概念。

了解多路复用技术(DWDM)、接入网、无线城域网(WMAN)与 WiMAX 的技术基础。

了解城域网的技术标准与应用案例。

3.1 城域网基本概念

1. 城域网概念

城域网(Metropolitan Area Network，MAN)基本上是一种大型的 LAN，通常使用与 LAN 相似的技术。之所以将 MAN 单独列出的一个主要原因：城域网是局域网规模越来越大，最后发展到广域网的一个历史演变过程，现在大多数网络用户都是通过城域网接入广域网/互联网的。城域网的标准是分布式队列双总线(Distributed Queue Dual Bus，DQDB)，即 IEEE 802.6 标准。DQDB 由双总线构成，所有的计算机都连在上面。

所谓宽带城域网，就是在城市范围内，以 IP 和 ATM 电信技术为基础，以光缆作为传输媒体，集数据、语音、视频服务于一体的高带宽、多功能、多业务接入的多媒体通信网络。

它能够满足政府机构、金融保险、大中小学校、公司企业等单位对高速率、高质量数据通信业务日益旺盛的需求，特别是快速发展起来的互联网用户群对宽带高速上网的需求。

2. 业务特点

(1) 传输速率高。宽带城域网采用大容量的 Packet Over SDH 传输技术，为高速路由和交换提供传输保障。千兆以太网技术在宽带城域网中的广泛应用，使骨干路由器的端口能高速有效地扩展到分布层交换机上。光缆、网线到用户桌面，使数据传输速率达到 100Mbps、1000Mbps。

(2) 用户投入少，接入简单。宽带城域网用户端设备便宜而且普及，可以使用路由器、Hub 甚至普通的网卡。用户只需将光缆、网线进行适当连接，并简单配置用户网卡或路由器的相关参数即可接入宽带城域网。个人用户只要在自己的计算机上安装一块以太网卡，将宽带城域网的接口插入网卡就联网了。安装过程和以前的电话一样，只不过网线代替了电话线，计算机代替了电话机。

(3) 技术先进、安全。技术上为用户提供了高度安全的服务保障。宽带城域网在网络中提供了第二层的 VLAN 隔离，使安全性得到保障。由于 VLAN 的安全性，只有在用户局域网内的计算机才能互相访问，非用户局域网内的计算机都无法通过非正常途径访问用户的计算机。虚拟拨号的普通用户通过宽带接入服务器上网，经过账号和密码的验证才可以上网，用户可以非常方便地自行控制上网时间和地点。

3. 主要用途及适用范围

（1）高速上网。利用宽带 IP 网频带宽、速度快的特点，用户可以快速访问 Internet 及享受一切相关的互联网服务（包括 WWW、电子邮件、新闻组、BBS、互联网导航、信息搜索、远程文件传送等），端口速率达到 10Mbps 以上。

（2）互动游戏。可以让用户享受到 Internet 网上游戏和局域网游戏相结合的全新游戏体验。通过宽带网，即使是相隔 100km 的同城网友，也可以不计流量地相约玩三维联网游戏。

（3）VOD 视频点播。让用户坐在家里利用 Web 浏览器随心所欲地点播自己爱看的节目，包括电影精品、流行的电视剧集，还有视频新闻、体育节目、戏曲歌舞、MTV、卡拉 OK 等。

（4）网络电视（NETTV）。突破传统的电视模式，跨越时间和空间的约束，在网上实现无限频道的电视收视。通过 Web 浏览器的方式直接从网上收看电视节目，克服了现有电视频道受地区及气候等多种因素约束的弊病，而且有利于进行一种新型交互式电视剧——"网络电视剧"的制作和播放。

（5）远程医疗。采用先进的数字处理技术和宽带通信技术，医务人员为远在数千米之外的病人进行诊断和治疗，远程医疗是随着宽带多媒体通信的兴起而发展起来的一种新的医疗手段。

（6）远程会议。异地开会不用出差，在高速信息网络上的视频会议系统中开会即可。

（7）远程教育。学生可通过宽带网在家收看教学节目并可与老师实时交互；可上 Internet 查资料，以 E-mail 等方式布置作业、交作业、解答提问等；缺课可检索课程数据库以 VOD 方式播放老师讲课录像等。

（8）远程监控（WebCAM）。可以对远程的系统或其他东西进行监控，授权用户通过 Web 自由进行镜头的转动、调焦等操作，实现实时的监控管理功能。

（9）家庭证券交易系统。可在家里交互式地进行证券大户室形式的网上炒股，不但可以实时查阅深、沪股市行情，获取全面及时的金融信息，还可以通过多种分析工具进行即时分析，并可进行网上实时下单交易，参考专家股评。

宽带业务还可为广大用户提供 Internet 信息浏览、信息查询、收发电子邮件、网上游戏、多媒体网上教育、视音频点播等多项服务。

4. 城域网与局域网、广域网的区别

（1）局域网或广域网通常是为了一个单位或系统服务的，而城域网则是为整个城市而不是为某个特定的部门服务的。

（2）建设局域网或广域网包括资源子网和通信子网两个方面，而城域网的建设主要集中在通信子网上，其中也包含两个方面：一是城市骨干网，它与全国的骨干网相连；二是城市接入网，它把本地所有的联网用户与城市骨干网相连。

3.2　多路复用传输技术

1. 概述

城域网主要使用多路复用技术进行数据传输。

多路复用技术是把多个低信道组合成一个高速信道的技术，它可以有效地提高数据链路的利用率,从而使得一条高速的主干链路同时为多条低速的接入链路提供服务,也就是使得网络干线可以同时运载大量的语音和数据传输。

采用多路复用技术的原因:通信工程中用于通信线路架设的费用相当高,需要充分利用通信线路的容量,而且网络中传输媒体的传输容量都会超过单一信道传输的通信量,为了充分利用传输媒体的带宽,需要在一条物理线路上建立多条通信信道。人们平时上网最常用的电话线就采取了多路复用技术,所以一个人在上网的时候,其他人也可以打电话。

多路复用最常用的两个设备是多路复用器和多路分配器。

(1)多路复用器。在发送端根据约定规则把多个低带宽信号复合成一个高带宽信号。

(2)多路分配器。根据约定规则再把高带宽信号分解为多个低带宽信号。这两种设备统称为多路器(MUX)。

2. 多路复用技术

常见的多路复用技术包括频分多路复用(FDM)、时分多路复用(TDM)、波分多路复用(WDM)和码分多路复用(CDMA)。其中,时分多路复用又包括同步时分复用和统计时分复用。

FDM、TDM、WDM、CDMA 的基本原理如下。

1)频分多路复用

频分多路复用的基本原理是在一条通信线路上设置多个信道,每路信道的信号以不同的载波频率进行调制,各路信道的载波频率互不重叠,这样一条通信线路就可以同时传输多路信号,如图 3.1 所示。

图 3.1　频分多路复用

用户在分配到一定的频带后,在通信过程中自始至终都占用这个频带。频分多路复用的所有用户在同样的时间占用不同的带宽资源(请注意:这里的"带宽"是频率带宽而不是数据的发送速率)。

2)时分多路复用

时分多路复用是以信道传输时间作为分割对象,通过多个信道分配互不重叠的时间片的方法来实现,因此时分多路复用更适用于数字信号的传输。它又分为同步时分多路复用和统计时分多路复用,如图 3.2 所示。

使用时分多路复用时,信道不再细分,而是作为一整条通道来使用。每一个用户预先分配一个等宽的时间片,任一个用户是在固定的时间片中进行信息的传输。

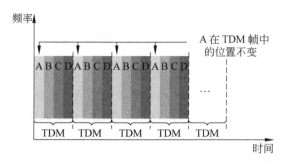

图 3.2　时分多路复用

频分多路复用技术通常用于传输连续信号,时分多路复用技术通常用于传输离散信号。

3) 波分多路复用

波分多路复用是光的频分多路复用,它是在光学系统中利用衍射光栅来实现多路不同频率光波信号的合成与分解,如图 3.3 所示。

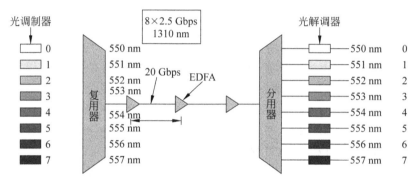

图 3.3　波分多路复用

4) 码分多路复用

码分多路复用也是一种共享信道的方法,每个用户可在同一时间使用同样的频带进行通信,但使用的是基于码型的分割信道的方法,即每个用户分配一个地址码,各个码型互不重叠,通信各方之间不会相互干扰,且抗干扰能力强。码分多路复用技术主要用于无线通信系统,特别是移动通信系统。它不仅可以提高通信的话音质量和数据传输的可靠性以及减少干扰对通信的影响,而且增大了通信系统的容量。笔记本计算机或个人数字助理(Personal Data Assistant,PDA)以及掌上计算机(Handed Personal Computer,HPC)等移动性计算机的联网通信就是使用了这种技术。

3. DWDM 密集型光波复用

DWDM 密集型光波复用(Dense Wavelength Division Multiplexing,DWDM)能组合一组光波用一根光纤进行传送。这是一项用来在现有的光纤骨干网上提高带宽的激光技术。更确切地说,该技术是在一根指定的光纤中,多路复用单个光纤载波的紧密光谱间距,以便利用可以达到的传输性能(如达到最小限度的色散或者衰减)。这样,在给定的信息传输容量下,就可以减少所需要的光纤的总数量。

DWDM 能够在同一根光纤中,把不同的光波同时进行组合和传输。为了保证有效,一根光纤将转换为多个虚拟光纤。所以,如果打算复用 8 个光纤载波(OC),即一根光纤中传输 48 路信号,传输容量就将从 2.5Gbps 提高到 20Gbps。目前,由于采用了 DWDM 技术,单根光纤可以传输的数据流量最大达到 400Gbps。

DWDM 的一个关键优点是它的协议和传输速率是不相关的。基于 DWDM 的网络可以采用 IP、ATM、SONET/SDH、以太网协议来传输数据,处理的数据流量为 100Mbps～2.5Gbps。这样,基于 DWDM 的网络可以在一个激光信道上以不同的速率传输不同类型的数据流量。从 QoS(质量服务)的观点看,基于 DWDM 的网络以低成本的方式来快速响应客户的带宽需求和协议改变。

3.3　接入网技术

城域网的接入主要依靠目前存在的电信网络。全国的电信网是由长途网和本地网两大部分组成的。本地网又是由连接着各个电信局之间的中继网和各个电信局的交换设备连接到每个用户的用户接入网所组成的。

用户接入网包括由电信局至用户间的全部机线设备。从电信局至用户的用户线路主要包括 3 大部分:主干线路、配线线路、引入线。一般主干线较长,约 2km;配线较短,约几百米;引入线一般不超过几十米。目前,用作主干线和配线的多是对绞铜缆,用作引入线的是对称线。随着各种电信业务的迅速发展,用户将不仅要求利用电话业务,还将要求接入计算机数据、传真、电子邮政、图像、有线电视等多媒体服务,原来连接用户的铜缆性能已不能满足新业务的需要,必须对用户接入网进行改造或新建。建设方式可以对现有铜缆构成的用户接入网进行改造以达到要求,也可利用光纤构成用户接入网。

光纤直接接入家庭是将来用户接入网的发展方向,但不可能立即丢弃全部现有铜缆而新建一个光纤用户接入网,且当前建立光纤用户线路也比铜缆用户线路贵。故必须根据各种用户性质,所需要的业务类型,从技术和经济上分析比较来选择最合理的方案。当前,也可以考虑以下一些方式。

(1) 利用现有铜缆方式。可以采用 HDSL(高速率数字用户环路)方式,它是利用两对铜线开通 2Mbps,以满足一般用户线距离内的用户需要。或采用 ADSL(不对称数字用户线)方式,它是利用一条铜线,除了可以传送原有电话业务外,还可以单向传送大约 6Mbps 速率的业务。

(2) 光纤和同轴电缆混合方式。当用户接入的业务量较大,或需要接入有线电视等业务时,可以采用一段光纤,连接一段铜缆的混合方式。例如,在发送端把模拟信号和有线电视信号调制成光信号后,送入光纤。在接收端通过光电变换后,用同轴电缆把有线电视信号送至各用户电视接收机,其他信号可以用对绞铜线分别接入各有关家庭中。

(3) 光纤到路边和光纤到家。根据发展需要,可以用光缆代替原主干电缆,或代替原主干电缆和配线电缆,其他段落仍用铜缆或铜线。这种连接方式,可以根据光纤到达地点分别称为 FTTC(光纤到路边),或 FTTB(光纤到大楼)等。

对于已经具备或即将具备宽带需求的用户,也可以考虑直接把光纤引入家庭,称为 FTTH(光纤到家)。

(4) 还可利用无线构成的用户接入网。对于距离交换设备较远、用户密度较稀的一些郊区、农村、山区等用户,由于用户线太长,分布很分散,投资较大,采用无线接入方式往往显得比较方便,节省投资。尤其对于可能出现自然灾害(如水灾、地震等)的地区,为了提高通信的可靠性,应考虑采用无线接入方式。

3.4 无线城域网

在无线局域网势头正劲之际,近年来又出现了无线城域网(WMAN)技术。

1999年,IEEE设立了IEEE 802.16工作组,其主要工作是建立和推进全球统一的无线城域网技术标准。在IEEE 802.16工作组的努力下,近些年又陆续推出了IEEE 802.16、IEEE 802.16a、IEEE 802.16b、IEEE 802.16d等一系列标准。

1. WiMAX 基本概念

为了使IEEE 802.16系列技术得到推广,在2001年成立了WiMAX论坛组织,因而相关无线城域网技术在市场上又被称为WiMAX技术。WiMAX全称为World Interoperability for Microwave Access,即微波接入的世界范围互操作,其技术标准为IEEE 802.16。

WiMAX技术的物理层和媒体访问控制层(MAC)技术基于IEEE 802.16标准,可以在5.86Hz、3.56Hz和2.56Hz这3个频段上运行。

WiMAX利用无线发射塔或天线,能提供面向互联网的高速连接。其接入速率最高达75Mbps,胜过有线DSL技术,最大距离可达50km,它可以替代现有的有线和DSL连接方式,来提供最后1km的无线宽带接入。因而,WiMAX可应用于固定、简单移动、便携、游牧和自由移动这5类应用场景。

WiMAX相对于WiFi的优势主要体现在WiFi解决的是无线局域网的接入问题,而WiMAX解决的是无线城域网的问题。WiFi只能把互联网的连接信号传送到约100m远的地方,WiMAX则能把信号传送到50km之远。WiFi网络连接速度为54Mbps,而WiMAX为70Mbps。

2. WiMAX 的技术优势

(1)传输距离远、接入速度快、应用范围广。WiMAX采用OFDM技术,能有效地抗多径干扰。同时,采用自适应编码调制技术,可以实现覆盖范围和传输速率的折中;利用自适应功率控制,可以根据信道状况动态调整发射功率。正由于其具有传输距离远、接入速度快的优势,其可以应用于广域接入、企业宽带接入、移动宽带接入,以及数据回传等几乎所有的宽带接入市场。

(2)不存在"最后1km"的瓶颈限制,系统容量大。WiMAX作为一种宽带无线接入技术,它可以将WiFi热点连接到互联网,也可作为DSL等有线接入方式的无线扩展,实现最后1km的宽带接入。WiMAX可为50km区域内的用户提供服务,用户只要与基站建立宽带连接即可享受服务,因而其系统容量大。

(3)提供广泛的多媒体通信服务。由于WiMAX具有很好的可扩展性和安全性,从而可以提供面向连接的、具有完善QoS保障的、电信级的多媒体通信服务,其提供的服务按优先级从高到低有主动授予服务、实时轮询服务、非实时轮询服务和尽力投递服务。

(4)安全性高。WiMAX空中接口专门在MAC层上增加了私密子层,不仅可以避免非法用户接入,保证合法用户顺利接入,而且还提供了加密功能(如EAP SIM认证),保护用户隐私。

3．WiMAX 发展面临的问题

（1）成本问题。相对于有线产品，成本太高，不利于普及。

（2）技术标准和频率问题。许多国家的频率资源紧缺，目前都还没有分配出频率给 WiMAX 技术使用，频率的分配直接影响系统的容量和规模，这决定了运营商的投资力度和经营方向。

（3）与现有网络的相互融合问题。IEEE 802.16 系列技术标准只是规定空中接口，而对于业务、用户的认证等标准都没有一个统一的规范，因而需要通过借助现有网络来完成，因此必须解决与现有网络的相互融合问题。

总之，从技术层面讲，WiMAX 更适合用于城域网建设的"最后 1km"无线接入部分，尤其对于新兴的运营商更为合适。WiMAX 技术具有传输距离远、数据速率高的特点，配合其他设备（如 VoIP、WiFi 等）可提供数据、图像和语音等多种较高质量的业务服务。在有线系统难以覆盖的区域和临时通信需要的领域，可作为有线系统的补充，具有较大的优势。随着 WiMAX 的大规模商用，其成本也将大幅度降低。在未来的无线宽带市场中，尤其是在专用网络市场中，WiMAX 将占有重要位置。

3.5　城域网应用案例讨论

3.5.1　H3C 运营商广电城域网解决方案

随着三网融合趋势越来越明显，以及 IPTV、卫星直播电视等业务的快速发展，传统的广电行业面临着越来越大的压力，它迫切需要转型，即从单一的广播电视业务提供商向综合信息提供商转变，以应对未来激烈的竞争。

广电运营商转型的关键就是开展多项业务，如机顶盒双向交互业务、家庭宽带上网业务、大客户 VPN 业务、视频监控等。开展这些业务的关键则是需要高性能、高可靠的 IP 数据城域网，因为原有的 HFC 网络由于 QoS、性能、带宽等多种原因无法可靠承载未来业务所需的大量数据。

1．广电业务运营对 IP 城域网的要求

考虑到广电业务的特性及广电运营商自身的一些特点，此 IP 城域网需要满足以下要求。

（1）多业务承载。目前，广电运营商开展的业务主要可以分为个人及大客户两大类。个人业务主要包括双向机顶盒互动业务（如 VOD 点播、时移电视等）、家庭宽带上网及 VoIP 业务；大客户业务主要是政府、银行等的 VPN 接入。此 IP 城域网必须能够可靠承载这些业务。

（2）高可靠、高性能。整网要达到运营商级 99.999% 的可靠性，即全年业务中断时间不能超过 5min。同时，还需要实现各类业务数据的高速转发，不能出现大规模拥塞等现象，否则对于语音、视频等高时延敏感业务会产生巨大影响。

（3）灵活丰富的 QoS 策略。广电业务类型丰富，不同业务对于 QoS 有不同的要求。语音数据对带宽要求不高，但对时延和抖动非常敏感，若时延超过 150ms，就会产生失真、语音断续等现象;视频数据不但对时延抖动敏感,且对带宽要求较高,若产生拥塞,则图像会产生马赛克甚至停顿;普通的数据服务,如 Web 页面浏览、电子邮件发送等,由于内容越来越丰富而不像以前仅仅局限于文字,故对于带宽的要求也越来越高。这都要求 IP 城域网及设备具备丰富灵活的 QoS 策略,充分保证不同业务的连续性。

（4）易管理、易维护。广电系统的许多设备数量大、种类多,且分布分散,很多设备都需要进入居民小区及居民家中。若要单个进行维护,则无论人员数量还是工作量均非常庞大,耗时费力,因此需要整网管理功能非常强大。此外,还要求整网设备可靠耐用,无故障工作时间长、故障发生率低。

2. 方案概述

H3C 广电城域网整体解决方案如图 3.4 所示。

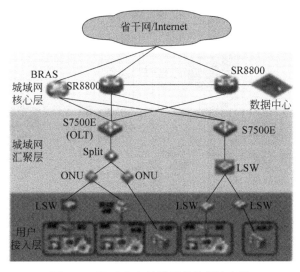

图 3.4　H3C 广电城域网整体解决方案

城域网分为两层:核心层及汇聚层。

（1）城域网核心层作为城域网核心,其主要功能是 IP 数据包高速转发。使用 H3C 公司的 SR8800 系列高性能核心路由器。SR8800 系列高性能路由器引擎交换容量最大为 1.44TB,包转发率最高可达 586Mbps,全面支持 OSPF、BGP 等路由协议。实现了万兆 NP 平台和无阻塞交换技术的完美融合,完全满足用户对于业务处理性能和容量的要求。

（2）汇聚层直接面对用户接入层,主要负责接入层至核心层的 IP 数据包汇聚转发,避免大量的接入层设备流量直接冲击城域网核心层设备。使用 H3C 公司的 S7500E 系列高性能多业务交换机。

3.5.2　西安市广电城域网解决方案

西安市广电城域网使用双环状拓扑结构,互为备份,降低故障率,提高可用性,如图 3.5 所示。

在此环状拓扑结构的基础上构造了西安市有线电视宽带综合信息网数据 IP 网络,分级使用了思科公司的 GSR 12012、GSR 12008、Cisco 7507/7504、Cat 5505/2948G-L3 等核心路由及交换设备,如图 3.6 所示。

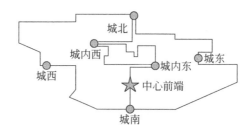

图 3.5　西安市广电城域网环状拓扑

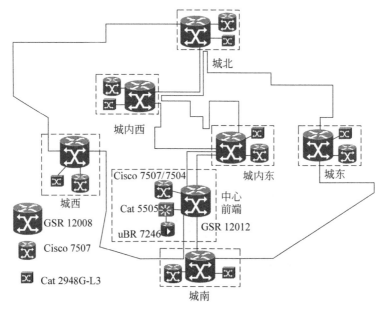

图 3.6　西安市有线电视宽带综合信息网数据 IP 网络

习　题　3

1. 城域网与局域网、广域网的区别是什么?
2. 常见的多路复用技术有哪几类?
3. 什么是 DWDM 密集型光波复用?
4. 用户接入可以考虑哪几种模式?
5. 什么是无线城域网? 什么是 WiMAX?
6. WiMAX 的技术优势及发展面临的问题是什么?

第4章 广 域 网

教学要求：

通过本章的学习，学生应该了解广域网的基本概念。

掌握虚电路（Virtual Circuit）方式和数据报（Datagram）方式的理论基础。

了解各类广域数据通信网的概念，掌握现代广域数据通信网的技术标准与应用案例。

了解无线广域网连接的技术方案。

4.1 广域网概述

1. 概述

广域网（Wide Area Network，WAN）也称远程网。通常跨接很大的物理范围，所覆盖的范围从几十千米到几千千米，它能连接多个城市或国家，或横跨几个大洲并能提供远距离通信，是国际性的远程网络。

同一部门不同地区或不同部门不同地区之间的计算机网络互连，即构成广域网。例如，我国正在使用的中国科技网（CSTNET）、金桥网（ChinaGBNET）、教育科研网（CERNET）等都是典型的广域网。

广域网的通信子网主要使用分组交换技术。广域网的通信子网可以利用公用分组交换网、卫星通信网和无线分组交换网，它将分布在不同地区的局域网或计算机系统互连起来，达到资源共享的目的。

通常广域网的数据传输速率比局域网低，而信号的传播延迟却比局域网要大得多。广域网的典型速率是从 56kbps 到 155Mbps，现在已有 622Mbps、2.4Gbps 甚至更高速率的广域网；传播延迟可从几毫秒到几百毫秒（使用卫星信道时）。

2. 结构

广域网是由许多路由器和交换机组成的，路由器之间采用点到点线路连接，几乎所有的点到点通信方式都可以用来建立广域网，包括租用线路、光纤、微波、卫星信道。广域网交换机实际上就是一台计算机，由处理器和输入输出设备进行数据包的收发处理。

广域网一般最多只包含 OSI 参考模型的低 3 层，而且目前大部分广域网都采用存储转发方式进行数据交换，也就是说，广域网是基于报文交换或分组交换技术的（传统的公用电话交换网除外）。广域网中的交换机先将发送给它的数据包完整接收下来，然后经过路径选择找出一条输出线路，最后交换机将接收到的数据包发送到该线路上去，以此类推，直到将数据包发送到目的节点。

3. 广域网与城域网、局域网的区别

1）局域网

局域网是将小区域内的各种通信设备互连在一起的通信网络。决定局域网特性的主要技术有 3 个。

① 用于传输数据的传输媒体。

② 用于连接各种设备的拓扑结构。

③ 用于共享资源的介质访问方法。

这 3 种技术在很大程度上决定了传输数据的类型、网络的响应时间、吞吐率、利用率和网络应用等各种网络特性。其中,最重要的是介质访问控制方法,它对网络特性有十分重要的影响。

局域网的典型特性:高速率(0.1~100Mbps),短距离(0.1~25km),低误码率(10^{-11}~10^{-8})。

其中,常见的为以太网、快速以太网、全双工以太网和交换局域网。

前两种采用的是 CSMA/CD(载波监听多路访问/冲突检测)的介质访问方法,交换局域网采用的是交换技术,全双工以太网中全双工运行在交换器之间,以及交换器和服务器之间。全双工是和交换器一起工作的链路特性,它使数据流在链路中同时向两个方向流动,不是所有收发器都支持它的全双工功能。

2)城域网

城域网是在一个城市范围内所建立的计算机通信网。这是 20 世纪 80 年代末,在 LAN 的发展基础上提出的,在技术上与 LAN 有许多相似之处,但与广域网区别较大。

MAN 的传输媒体主要采用光缆,传输速率在 100Mbps 以上。所有联网设备均通过专用连接装置与媒体相连,只是媒体访问控制在实现方法上与 LAN 不同。

MAN 的一个重要用途是用作骨干网,通过它将位于同一城市内不同地点的主机、数据库以及 LAN 等互相连接起来,这与 WAN 的作用有相似之处,但两者在实现方法与性能上有很大差别。MAN 不仅用于计算机通信,同时可用于传输语音、图像等信息,成为一种综合利用的通信网,但属于计算机通信网的范畴,不同于综合业务通信网。

3)广域网

广域网是在一个广泛地理范围内所建立的计算机通信网,其范围可以超越城市和国家以至全球,因而对通信的要求及复杂性都比较高。

WAN 由通信子网与资源子网两部分组成:通信子网实际上是一个数据网,可以是一个专用网(交换网或非交换网)或一个公用网(交换网);资源子系统是连在网上的各种计算机、终端、数据库等。这不仅指硬件,也包括软件和数据资源。

在实际应用中,LAN 可与 WAN 互连,或通过 WAN 与位于其他地点的 WAN 互连,这时 LAN 就成为 WAN 上的一个端系统。

广域网用于通信的传输装置,一般是由公司或电信部门提供的。互连主要采用公用网络和专用网络两种,如果连接的次数有限,要求不固定,通用性好,可选择公用数据网或增值网;如果连接次数很多,且要 24 小时畅通无阻,则采用专用网络为好。

4.2　数据报和虚电路

广域网可以提供面向连接和无连接两种服务模式,对应于两种服务模式,广域网有两种组网方式:虚电路方式和数据报(Datagram)方式。

1. 虚电路

对于采用虚电路方式的广域网,源节点与目的节点进行通信之前,首先必须建立一条从源节点到目的节点的虚电路(即逻辑连接),然后通过该虚电路进行数据传送,最后当数据传输结束时,释放该虚电路。在虚电路方式中,每个交换机都维持一个虚电路表,用于记录经过该交换机的所有虚电路的情况,每条虚电路占据其中的一项。在虚电路方式中,其数据报文在其报头中除了序号、校验以及其他字段外,还必须包含一个虚电路号。

在虚电路方式中,当某台机器试图与另一台机器建立一条虚电路时,首先选择本机还未使用的虚电路号作为该虚电路的标识,同时在该机器的虚电路表中填上一项。由于每台机器(包括交换机)独立选择虚电路号,所以虚电路号仅仅具有局部意义,也就是说报文在通过虚电路传送的过程中,报文头中的虚电路号会发生变化。

一旦源节点与目的节点建立了一条虚电路,就意味着在所有交换机的虚电路表上都登记有该条虚电路的信息。当两台建立了虚电路的机器相互通信时,可以根据数据报文中的虚电路号,通过查找交换机的虚电路表得到它的输出线路,进而将数据传送到目的端。

当数据传输结束时,必须释放所占用的虚电路表空间,具体做法是由任意一方发送一个撤除虚电路的报文,清除沿途交换机虚电路表中的相关项。

虚电路技术的主要特点是,在数据传送以前必须在源端和目的端之间建立一条虚电路。

值得注意的是,虚电路的概念不同于前面电路交换技术中电路的概念。后者对应着一条实实在在的物理线路,该线路的带宽是预先分配好的,是通信双方的物理连接。虚电路的概念是指在通信双方之间建立了一条逻辑连接,该连接的物理含义是指明收发双方的数据通信应按虚电路指示的路径进行。虚电路的建立并不表明通信双方拥有一条专用通路,即不能独占信道带宽,到来的数据报文在每个交换机上仍需要缓存,并在线路上进行输出排队。

2. 数据报

广域网另一种组网方式是数据报方式,交换机不必登记每条打开的虚电路,它们只需要用一张表来指明到达所有可能的目的端交换机的输出线路。由于在数据报方式中每个报文都要单独寻址,因此要求每个数据报包含完整的目的地址。

通过网络传输的数据的基本单元,包含一个报头和数据本身,其中报头描述了数据的目的地以及与其他数据之间的关系。其后是完备的、独立的数据实体,该实体携带要从源计算机传递到目的计算机的信息。

在数据报操作方式中,每个数据报自身携带有足够的信息,它的传送是被单独处理的。在整个数据报传送过程中,不需要建立虚电路,网络节点为每个数据报进行路由选择,各数据报不能保证按顺序到达目的节点,有些还可能会丢失。

数据报工作方式的特点如下。

(1) 同一报文的不同分组可以由不同的传输路径通过通信子网。

(2) 同一报文的不同分组到达目的节点时可能出现乱序、重复与丢失现象。

(3) 每一个分组在传输过程中都必须带有目的地址与源地址。

(4) 数据报方式报文传输延迟较大,适用于突发性通信,不适用于长报文、会话式通信。

3. 两者比较

虚电路方式与数据报方式之间的最大差别在于:虚电路方式为每一对节点之间的通信

预先建立一条虚电路,后续的数据通信沿着建立好的虚电路进行,交换机不必为每个报文进行路由选择;而在数据报方式中,每一个交换机为每一个进入的报文进行一次路由选择,也就是说,每个报文的路由选择独立于其他报文。

广域网内部使用虚电路方式还是数据报方式对应于广域网提供给用户的服务。虚电路方式提供的是面向连接的服务,而数据报方式提供的是无连接的服务。数据报广域网无论在性能、健壮性以及实现的简单性方面都优于虚电路方式。基于数据报方式的广域网将得到更大的发展。

4.3 广域数据通信网

一般来讲,广域网的建设常常以电信部门提供的公共通信网络(即"通信子网")为基础。我国已建立了帧中继网、综合业务数字网,并在其上开放了分组数据交换、租用电路等各种业务,为建设广域网创造了很好的条件。

经常使用的几种广域网,包括传统的公用电话交换网(PSTN)、分组交换网(X.25)、数字数据网(DDN)、交换式多兆位数据服务(SMDS)以及后期发展的帧中继(Frame Relay,FR)、ISDN 综合业务数字网/ATM 异步传输模式网络、SONET 同步光纤网/SDH 同步数字系列、混合光纤同轴网(HFC)和卫星通信网络。

4.3.1 传统广域网通信技术

1. 公用电话交换网

公用电话交换网(Public Switched Telephone Network,PSTN)是以电路交换技术为基础的用于传输模拟话音的网络。目前,全世界的电话数目早已达数亿部,并且还在不断地增长。要将如此之多的电话连在一起并使其工作,唯一可行的办法就是采用分级交换方式。

电话网概括起来主要由 3 部分组成:本地回路、干线和交换机。其中,干线和交换机一般采用数字传输和交换技术,而本地回路(也称用户环路)基本上采用模拟线路。由于PSTN 的本地回路是模拟的,因此当两台计算机想通过 PSTN 传输数据时,中间必须经双方 Modem 实现计算机数字信号与模拟信号的相互转换。

PSTN 是一种电路交换的网络,可看作是物理层的一个延伸,在 PSTN 内部并没有上层协议进行差错控制。在通信双方建立连接后电路交换方式独占一条信道,当通信双方无信息时,该信道也不能被其他用户所利用。

用户可以使用普通拨号电话线或租用一条电话专线进行数据传输,使用 PSTN 实现计算机之间的数据通信是最廉价的,但由于 PSTN 线路的传输质量较差,而且带宽有限,再加上 PSTN 交换机没有存储功能,因此 PSTN 只能用于对通信质量要求不高的场合。目前通过 PSTN 进行数据通信的最高速率不超过 56kbps。

2. X.25 分组交换网

X.25 标准是在 20 世纪 70 年代由国际电报电话咨询委员会 CCITT 制定的。从 ISO/OSI 体系结构观点看,X.25 对应于 OSI 参考模型低 3 层,分别为物理层、数据链路层和网络层。

X.25 是面向连接的,它支持交换虚电路(Switched Virtual Circuit,SVC)和永久虚电路

(Permanent Virtual Circuit,PVC)。交换虚电路是在发送方向网络发送请求建立连接报文要求与远程机器通信时建立的。一旦虚电路建立起来,就可以在建立的连接上发送数据,而且可以保证数据正确到达接收方。X.25 同时提供流量控制机制,以防止快速的发送方淹没慢速的接收方。永久虚电路的用法与 SVC 相同,但它是由用户和长途电信公司经过商讨而预先建立的,因而它时刻存在,用户不需要建立链路而可直接使用它。PVC 类似于租用的专用线路。

X.25 网络是在物理链路传输质量很差的情况下开发出来的。为了保障数据传输的可靠性,它在每一段链路上都要执行差错校验和出错重传。这种复杂的差错校验机制虽然使它的传输效率受到限制,但确实为用户数据的安全传输提供了很好的保障。

X.25 网络的突出优点是可以在一条物理电路上同时开放多条虚电路供多个用户同时使用;网络具有动态路由功能和复杂完备的误码纠错功能。X.25 分组交换网可以满足不同速率和不同型号的终端与计算机、计算机与计算机之间以及局域网之间的数据通信。X.25 网络提供的数据传输率一般为 64kbps。

3. 帧中继

帧中继技术是由 X.25 分组交换技术演变而来的。FR 的引入是由于过去 20 年来通信技术的改变。20 年前,人们使用慢速、模拟和不可靠的电话线路进行通信,当时计算机的处理速度很慢且价格比较昂贵。结果是在网络内部使用很复杂的协议来处理传输差错,以避免用户计算机来处理差错恢复工作。

随着通信技术的不断发展,特别是光纤通信的广泛使用,通信线路的传输率越来越高,而误码率却越来越低。为了提高网络的传输率,帧中继技术省去了 X.25 分组交换网中的差错控制和流量控制功能,这就意味着帧中继网在传送数据时可以使用更简单的通信协议,而把某些工作留给用户端去完成,这样使得帧中继网的性能优于 X.25 网,它可以提供 1.5Mbps 的数据传输率。

通常可把帧中继看作一条虚拟专线。用户可以在两节点之间租用一条永久虚电路并通过该虚电路发送数据帧,其长度可达 1600B。用户也可以在多个节点之间通过租用多条永久虚电路进行通信。

实际租用专线(DDN 专线)与虚拟租用专线的区别在于:对于实际租用专线,用户可以每天以线路的最高数据传输率不停地发送数据;而对于虚拟租用专线,用户可以在某一个时间段内按线路峰值速率发送数据,当然用户的平均数据传输速率必须低于预先约定的水平。换句话说,长途电信公司对虚拟专线的收费要少于物理专线。

帧中继技术只提供最简单的通信处理功能,如帧开始和帧结束的确定以及帧传输差错检查。当帧中继交换机接收到一个损坏帧时,只是将其丢弃,帧中继技术不提供确认和流量控制机制。

帧中继网和 X.25 网都采用虚电路复用技术,以便充分利用网络带宽资源,降低用户通信费用。但是,由于帧中继网对差错帧不进行纠正,简化了协议,因此帧中继交换机处理数据帧所需的时间大大缩短,端到端用户信息传输时延低于 X.25 网,而帧中继网的吞吐率也高于 X.25 网。帧中继网还提供一套完备的带宽管理和拥塞控制机制,在带宽动态分配上比 X.25 网更具优势。帧中继网可以提供从 2Mbps 到 45Mbps 速率范围的虚拟专线。

4. 数字数据网

数字数据网(Digital Data Network,DDN)是一种利用数字信道提供数据通信的传输网,它主要提供点到点及点到多点的数字专线或专网。

DDN 由数字通道、DDN 节点、网管系统和用户环路组成。DDN 的传输媒体主要有光纤、数字微波、卫星信道等。DDN 采用了计算机管理的数字交叉连接(Data Cross Connection,DXC)技术,为用户提供半永久性连接电路,即 DDN 提供的信道是非交换、用户独占的永久虚电路(PVC)。一旦用户提出申请,网络管理员便可以通过软件命令改变用户专线的路由或专网结构,而无须经过物理线路的改造扩建工程,因此 DDN 极易根据用户的需要,在约定的时间内接通所需带宽的线路。

DDN 为用户提供的基本业务是点到点的专线。从用户角度来看,租用一条点到点的专线就是租用了一条高质量、高带宽的数字信道。用户在 DDN 上租用一条点到点数字专线与租用一条电话专线十分类似。DDN 专线与电话专线的区别在于:电话专线是固定的物理连接,而且电话专线是模拟信道,带宽窄、质量差、数据传输率低;而 DDN 专线是半固定连接,其数据传输率和路由可随时根据需要申请改变。另外,DDN 专线是数字信道,其质量高、带宽宽,并且采用热冗余技术,具有路由故障自动迂回功能。

DDN 与 X.25 网的区别在于:X.25 是一个分组交换网,X.25 网本身具有 3 层协议,用呼叫建立临时虚电路。X.25 具有协议转换、速度匹配等功能,适合于不同通信规程、不同速率的用户设备之间的相互通信。而 DDN 是一个全透明的网络,它不具备交换功能,利用 DDN 的主要方式是定期或不定期地租用专线。

从用户所需承担的费用角度看,X.25 是按字节收费,而 DDN 是按固定月租收费。所以 DDN 适合于需要频繁通信的 LAN 之间或主机之间的数据通信。DDN 网提供的数据传输率一般为 2Mbps,最高可达 45Mbps 甚至更高。

5. 传统广域网通信技术的比较

前面讨论了 4 种使用传统广域网通信技术,而互不兼容且有些重叠的广域网。下面将对这些不同种类的数据服务做一个简单比较。

PSTN 是采用电路交换技术的模拟电话网。当 PSTN 用于计算机之间的数据通信时,其最高速率不可能超过 56kbps。

X.25 是一种较老的面向连接的网络技术,它允许用户以 64kbps 的速率发送可变长的短报文分组。

DDN 是一种采用数字交叉连接的全透明传输网,它不具备交换功能。

帧中继是一种可提供 2Mbps 数据传输率的虚拟专线网络。

广域网通常跨接很大的物理范围,它能连接多个城市或国家并能提供远距离通信。广域网内的交换机一般采用点到点之间的专用线路连接起来。广域网的组网方式有虚电路方式和数据报方式两种,分别对应面向连接和无连接两种网络服务模式。

PSTN 是采用电路交换技术的模拟电话网。当 PSTN 用于计算机之间的数据通信时,在计算机两端要引入 Modem。X.25 分组交换网是最早用于数据传输的广域网,它的特点是对通信线路要求不高,缺点是数据传输率较低。DDN 是一种采用数字交叉连接的全透明传输网,它不具备交换功能。帧中继网是从 X.25 网络上改进而来的,它是简化的 X.25 协议,提高了数据传输率。

设计 ATM 的目的是代替整个采用电路交换技术的电话系统,它用信元交换技术,可以处理数据。

4.3.2　现代广域网通信技术

1. ISDN 综合业务数字网/ATM 异步传输模式网络

传统的电话业务和电报业务使用电路交换网,而像帧中继等新型数据业务则使用分组交换网。对于电信公司来说,要分别管理这些不同的网络是一件头痛的事。除了电话网和数据通信网外,还有一种电信公司无法控制的网络:有线电视(CATV)网。

解决上述问题的最好方法是开发一种单一的新型网络,该网络可以替代整个电话网、数据网以及 CATV 网,通过该网络可以传送各种类型的信息。这种新型网络与现存的网络相比,它所支持的数据传输率更大,能提供的业务范围也更广。这种新型网络称为综合业务数字网(ISDN)。

所谓 ISDN,就是在一个统一的网络系统内传送和处理各种类型的数据,向用户提供多种业务服务,如电话、传真、视频以及数据通信业务等。

最早有关 ISDN 的标准是在 1984 年由 CCITT 发布的。第一代 ISDN 称为窄带 ISDN(N-ISDN)。它利用 64kbps 的信道作为基本交换单位,采用电路交换技术。第二代 ISDN 称为宽带 ISDN(B-ISDN)。它支持更高的数据传输速率,发展趋势是采用报文分组交换技术。

目前,N-ISDN 定义了两类用户访问速率:基本访问速率和基群访问速率。

(1) 基本访问速率(Basic Access Rate)。基本访问速率由两个速率为 64kbps 的 B 信道和 1 个速率为 16kbps 的 D 信道组成(2B+D)。B 信道用于传送用户数据;D 信道用于传送控制信息;加上分帧、同步等其他开销,总速率为 192kbps。

(2) 基群访问速率(Primary Access Rate)。基群访问速率可由多种信道混合而成。在北美和日本使用 23B+D 的结构,速率为 1.544Mbps;在欧洲则使用 30B+D 的结构,其中 B、D 信道均为 64kbps。

基本访问速率可利用现有用户电话线支持,提供电话、传真等常规业务。基群访问速率则是针对专用小型电话交换机(PBX)或 LAN 等业务量大的单位用户。ISDN 接口如图 4.1 所示。

图 4.1　ISDN 接口

随着用户信息传送量和传送速率的不断提高,N-ISDN 已无法满足用户要求。例如,传送高清晰度电视图像要求达到155Mbps量级的速率,要支持多个交互式或分布式应用,一个用户线的总容量需求可能达到622Mbps的数量级。在此情况下,人们提出了宽带ISDN,即B-ISDN。所谓宽带是指要求传送信道能够支持大于基群数量的服务。B-ISDN可以提供视频点播、电视会议、高速局域网互连以及高速数据传输等业务。采用B-ISDN名称旨在强调ISDN的宽带特性,而实际上它应该支持宽带和其他ISDN业务。

B-ISDN要支持如此高的速率,要处理很广范围内各种不同速率和传输质量的需求,需要面临两大技术挑战:一是高速传输,二是高速交换。光纤通信技术已经给前者提供了良好的支持;而异步传输模式(Asynchronous Transfer Mode,ATM)为实现高速交换展示了诱人的前景,使得B-ISDN网络的实现成为可能。近年来,电路交换设备的功能日益增强且越来越多地采用光纤干线,但利用电路交换技术难以圆满解决B-ISDN对不同速率和不同传输质量控制的需求。

理论分析和模拟表明,ATM技术可以满足B-ISDN的要求。正因为这样,ATM和SONET技术与B-ISDN结下了不解之缘。利用ATM构造B-ISDN是一件非常有意义的事情。

ATM技术的基本思想是让所有的信息都以一种长度较小且大小固定的信元(Cell)进行传输。信元的长度为53B,其中信元头是5B,有效载荷部分占48B。ATM既是一种技术(对用户是透明的),又是一种潜在的业务(对用户是可见的)。

使用信元交换技术相对于100年前电话系统中所使用的传统电路交换技术是一次巨大的飞跃。信元交换技术具有如下优点。

① 信元交换既适合处理固定速率的业务(如电话、电视等),又适合处理可变速率业务(如数据传输)。

② 在数据传输率极高的情况下,信元交换比传统的多路复用技术更易于实现。

③ 信元交换提供广播机制,使得它能够支持需要广播的业务,而电路交换做不到。

ATM网络是面向连接的。它首先发送一个报文进行呼叫请求以便建立一条连接;后来的信元沿着相同的路径去往目的节点。ATM不保证信元一定到达目的节点,但信元到达一定是按先后顺序的。假设发送方依次发送信元1和信元2,如果两个信元都到达目的节点,则一定是信元1先到,信元2后到。

ATM网络的结构与传统的广域网一样,由电缆和交换机构成。ATM网络目前支持的数据传输率主要是155Mbps和622Mbps两种,今后可能达到10Gbps数量级的传输速率。选择155Mbps的速率是考虑到对高清晰度电视(HDTV)的支持以及与AT&T公司的同步光纤网(Synchronous Optical Network,SONET)相兼容。

2. SONET 同步光纤网/SDH 同步数字系列

1985年,美国国家标准协会(ANSI)通过一系列有关SONET标准。1988年,国际电报电话咨询委员会CCITT接受SONET概念并制定了SDH(Synchronous Digital Hierarchy,同步数字系列)标准,使它成为不仅适于光纤也适于微波和卫星传输的通用技术体制,SDH与SONET有细微差别,SDH/SONET定义了一组在光纤上传输光信号的速率和格式,通常统称为光同步数字传输网,是宽带综合数字网B-ISDN的基础之一。SDH/SONET采用TDM技术,是同步系统,由主时钟控制,精度为10^{-9}。两者都用于骨干网传输。SONET多用于北美和日本,SDH多用于中国和欧洲。

1）SONET 同步光纤网

同步光纤网标准是由美国在 1988 年推出的一个标准。标准着重于高次群的统一，方便国际间光纤干线的互通。它是一个全球的物理网络，非常像局域网中的以太网双绞线电缆。

数据传输以 51.84Mbps 为基准进行递增。对于基于铜缆的电信号传输称为第一级同步传送信号（STS-1）；对于基于光纤的光信号传输称为第一级光载波（OC-1）。SONET 的基本速率从 51.84Mbps 起，最高达 2.5Gbps，而且能够发送数据、语音和图像。

同步光纤网（SONET）要点如下。

① 同步光纤网的概念是由美国贝尔通信研究所首先提出来的。

② 设计同步光纤网的目的是解决光接口标准规范问题，定义同步传输的线路速率的等级体系，以使不同厂家的产品可以互连，从而能够建立大型的光纤网络。

③ 1988 年，ITU-T 接受了 SONET 的概念，并重新命名为同步数字体系 SDH，使它不仅仅适用于光纤，也适用于微波和卫星传输，成为通用性技术体制。

④ ITU-T 对 SDH 的速率、复用帧结构、复用设备、线路系统、光接口、网络管理和信息模型等进行了定义，确立了作为国际标准的同步数字体系 SDH。

⑤ 目前，各个发达国家都把 SDH 作为新一代的传输体系，加紧对 SDH 的研究、开发与应用工作。

2）SDH 同步数字系列

根据 ITU-T 的建议定义，SDH 是为不同速度的数字信号的传输提供相应等级的信息结构，包括复用方法和映射方法，以及相关的同步方法组成的一个技术体制。

① SDH 的产生背景。随着通信的发展，要求传送的信息不仅是语音，还有文字、数据、图像和视频等。随着数字通信和计算机技术的发展，在 20 世纪 70 年代至 80 年代，陆续出现了 T1(DS1)/E1 载波系统（1.544/2.048Mbps）、X.25 帧中继、ISDN 和 FDDI 等多种网络技术。随着信息社会的到来，人们希望现代信息传输网络能快速、经济、有效地提供各种电路和业务，而上述网络技术由于其业务的单调性，扩展的复杂性，带宽的局限性，仅在原有框架内修改或完善已无济于事。

SDH 就是在这种背景下发展起来的。在各种宽带光纤接入网技术中，采用了 SDH 技术的接入网系统是应用最普遍的。SDH 的诞生解决了由于入户传输媒体的带宽限制而跟不上骨干网和用户业务需求的发展，而产生了用户与核心网之间的接入"瓶颈"问题，同时提高了传输网上大量带宽的利用率。

SDH 技术自从 20 世纪 90 年代引入以来，至今已经是一种成熟、标准的技术，在骨干网中被广泛采用，且价格越来越低，在接入网中应用可以将 SDH 技术在核心网中的巨大带宽优势和技术优势带入接入网领域，充分利用 SDH 同步复用、标准化的光接口、强大的网管能力、灵活网络拓扑能力和高可靠性带来好处，在接入网的建设发展中长期受益。

② SDH 的应用。电信、联通、广电等电信运营商都已经大规模建设了基于 SDH 的骨干光传输网络。利用大容量的 SDH 环路承载 IP 业务、ATM 业务或直接以租用电路的方式出租给企业、事业单位。一些大型的专用网络也采用了 SDH 技术，架设系统内部的 SDH 光环路，以承载各种业务。例如电力系统，就利用了 SDH 环路承载内部的数据、远控、视频、语音等业务。

对于没有可能架设专用 SDH 环路的单位,很多都采用了租用电信运营商电路的方式。SDH 技术可真正实现租用电路的带宽保证,安全性方面也优于 VPN 等方式。在政府机关和对安全性非常注重的企业,SDH 租用线路得到了广泛的应用。一般来说,SDH 可提供 E1、E3、STM-1 或 STM-4 等接口,完全可以满足各种带宽要求。同时,在价格方面,也已经为大部分单位所接受。

综上所述,SDH 以其明显的优越性已成为传输网发展的主流。SDH 技术与一些先进技术相结合,如光波分复用、ATM 技术、Internet 技术(IP over SDH)等,使 SDH 网络的作用越来越大。SDH 已被各国列入 21 世纪高速通信网的应用项目,是电信界公认的数字传输网的发展方向,具有远大的商用前景。

③ SDH 的传输速率。SDH 光端机容量较大,一般是 16E1 到 4032E1。SDH 是一种将复接、线路传输及交换功能融为一体,并由统一网管系统操作的综合信息传送网络。它可实现网络有效管理、实时业务监控、动态网络维护、不同厂商设备间的互通等多项功能,能大大提高网络资源利用率、降低管理及维护费用、实现灵活可靠和高效的网络运行与维护。

SDH 采用的信息结构等级称为同步传送模块 STM-N(Synchronous Transport,$N=1$, 4,16,64),最基本的模块为 STM-1,4 个 STM-1 同步复用构成 STM-4,16 个 STM-1 或 4 个 STM-4 同步复用构成 STM-16;SDH 的帧在传输时按由左到右、由上到下的顺序排成串型码流依次传输,每帧传输时间为 125μs,每秒传输 $1/125 \times 1\,000\,000$ 帧,对 STM-1 而言每帧字节为 8b$\times$(9$\times$270$\times$1)=19 440b,则:

STM-1 的传输速率为 19 440$\times$8000=155.520Mbps。

STM-4 的传输速率为 4$\times$155.520Mbps=622.080Mbps。

STM-16 的传输速率为 16$\times$155.520(或 4$\times$622.080)=2488.320Mbps。

由于网络发展的历史原因,SONET 的 OC 级与 SDH 的 STM 级的速率有一定的对应关系,详见表 4.1。

表 4.1　SONET 的 OC 级与 SDH 的 STM 级的速率对应关系

传输速率/Mbps	OC 级	STS 级	STM 级
51.840	OC-1	STS-1	
155.520	OC-3	STS-3	STM-1
466.560	OC-9		
622.080	OC-12		STM-4
933.120	OC-18		
1243.160	OC-24	STM-8	
1866.240	OC-36	STM-12	
2488.320	OC-48	STM-16	

4.3.3　xDSL 数字用户线

数字用户线(Digital Subscriber Line,DSL)是以铜质电话线为传输介质的传输技术组合,它包括 HDSL、VDSL、ADSL 等,一般称为 xDSL 技术,x 代表不同种类的数字用户线路技术。它们主要的区别体现在信号传输速率和有效距离的不同以及上行速率和下行速率对称性不同。DSL 技术主要分为对称和非对称两大类。

xDSL 技术就是用数字技术对现有的模拟电话用户线进行改造,使它能够承载宽带业务。虽然标准模拟电话信号的频带被限制在 300~3400kHz,但用户线本身实际可通过的信号频率仍然超过 1MHz。xDSL 技术就把 0~4kHz 低端频谱留给传统电话使用,而把原来没有被利用的高端频谱留给用户上网使用。

DSL 技术在传统的公用电话网络的用户环路上支持对称和非对称传输模式,解决了经常发生在网络服务供应商和最终用户间的"最后 1km"的传输瓶颈问题。由于电话用户环路已经被大量铺设,如何充分利用现有的铜缆资源,通过铜质双绞线实现高速接入就成为业界的研究重点,因此 DSL 技术很快就得到重视,并在一些国家和地区得到大量应用。

1. 对称 DSL 技术

主要有 HDSL、SDSL、MVL 等。对称 DSL 技术主要用于替代传统的 T1/E1 接入技术。与传统的 T1/E1 接入相比,DSL 技术具有对线路质量要求低、安装调试简单等特点。

1) HDSL

HDSL 是技术上已经比较成熟的一种,已经在数字交换机的连接、高带宽视频会议、远程教学、移动电话基站连接等方面得到了较为广泛的应用。这种技术的特点:利用两对双绞线传输;支持 $N \times 64$kbps 各种速率,数据端口速率可选择 64kbps 的任意整倍数,传输速率按欧洲标准或美国标准可达到 2048kbps/1544kbps(E1/T1)。HDSL 是 T1/E1 的有力竞争者。与 T1/E1 相比,HDSL 价格便宜、容易安装,放大器的数量也相对较少。

2) SDSL

SDSL 利用单对双绞线,支持多种速率到 T1/E1,用户可根据数据流量,选择最经济合适的速率。比用 HDSL 节省一对铜线,在 0.4mm 双绞线上的最大传输距离可达 3km以上。

3) MVL

MVL 是 Paradyne 公司开发的低成本 DSL 传输技术。它利用一对双绞线,安装简便,价格低廉;功耗低,可以进行高密度安装;其上/下行共享速率可达到 768kbps;传输距离可达 7km。

2. 非对称 DSL 技术

主要有 ADSL、RADSL、VDSL 等。非对称 DSL 技术非常适用于对双向带宽要求不一样的应用,如 Web 浏览、多媒体点播、信息发布等,因此适用于 Internet 接入、VOD 系统等。

1) ADSL

ADSL 技术是在无中继的用户环路网上,使用有负载电话线提供高速数字接入的传输技术。ADSL 最大的特点是不需要专门的线缆,而是利用普通电话线作为传输介质,配上专用的 Modem 即可实现数据高速传输。ADSL 支持上行速率 640kbps~1Mbps,下行速率

1~8Mbps,其有效的传输距离为 3~5km。

每个用户都有单独的一条线路与 ADSL 中心相连,它的结构可以看作是星状结构,数据传输带宽是由每一用户独享的。具体工作流程:经 ADSL Modem 编码后的信号通过电话线传到电话局后再通过一个信号识别/分离器,如果是语音信号就传到电话交换机上,如果是数字信号就接入 Internet。当居民家庭通过本地电话网使用 ADSL 技术接入互联网时,ADSL 系统组成结构如图 4.2 所示。

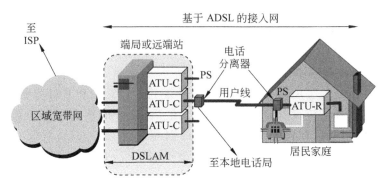

图 4.2　ADSL 系统组成结构

ADSL 的极限传输距离与数据传输速率和用户线的线径都有很大的关系(用户线越细,信号传输时的衰减就越大),而所能得到的最高数据传输速率与实际的用户线上的信噪比密切相关。例如,0.5mm 线径的用户线,传输速率为 1.5~2.0Mbps 时可传送 5.5km,但当传输速率提高到 6.1Mbps 时,传输距离就缩短为 3.7km。如果把用户线的线径减小到 0.4mm,那么在 6.1Mbps 的传输速率下就只能传送 2.7km。

ADSL 的上行和下行带宽做成不对称的。上行指从用户到 ISP,而下行指从 ISP 到用户。ADSL 在用户线(铜线)的两端各安装一个 ADSL 调制解调器。我国目前采用的方案是离散多音频(Discrete Multi-Tone,DMT)调制技术。这里的"多音频"就是"多载波"或"多子信道"的意思。DMT 调制技术采用频分复用的方法,把 40kHz 以上一直到 1.1MHz 的高端频谱划分为许多子信道,其中 25 个子信道用于上行信道,249 个子信道用于下行信道。每个子信道占据 4kHz 带宽,并使用不同的载波(即不同的音调)进行数字调制。这种做法相当于在一对用户线上使用许多小的调制解调器并行地传送数据。DMT 调制技术采用频分复用时的频谱分布如图 4.3 所示。

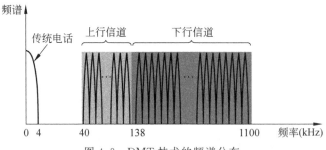

图 4.3　DMT 技术的频谱分布

由于用户线的具体条件往往相差很大(距离、线径、受到相邻用户线的干扰程度等都不同),因此 ADSL 采用自适应调制技术使用户线能够传送尽可能高的数据率。ADSL 不能保证固定的数据率。对于质量很差的用户线甚至无法开通 ADSL。通常下行数据率为 32kbps~6.4Mbps,而上行数据率为 32~640kbps。

2)RADSL

RADSL 支持同步和非同步传输方式,具有速率自适应的特点,下行速率为 640kbps~ 12Mbps,上行速率为 128kbps~1Mbps,也能够支持同时传输数据和语音。

3)VDSL

VDSL 可在较短的距离上提供极高的传输速率。它的下行传输速率可以扩展至几十兆位每秒,同时允许 1.5Mbps 的上行速率,但传输距离会缩短至 300~1000m。不过,由于传输距离的缩短,码间干扰大大减小,对数字信号处理要求大为简化,所以设备成本可以比 ADSL 低。

4.3.4 混合光纤同轴电缆网络

混合光纤同轴电缆(Hybrid Fiber Coax,HFC)网络是在目前覆盖面很广的有线电视网 CATV 的基础上开发的一种居民宽带接入网。HFC 网除可传送 CATV 外,还提供电话、数据和其他宽带交互型业务。现有的 CATV 网是树状拓扑结构的同轴电缆网络,它采用模拟技术的频分复用对电视节目进行单向传输。HFC 网则需要对 CATV 网进行改造。

1. 早期的 CATV 网络

最早的电视广播都是无线传送的,每个电视台的每套节目都被调制在不同的频段进行发射,以避免干扰;随着电视台的增加和节目数量的增多,频带拥挤的矛盾越来越突出。为保证各个电视频道间互不干扰,而且能尽可能多地给用户提供节目频道,便产生了有线电视网。

有线电视网在传输电视信号的功能方面与无线电视广播类似,有线电视信号的传输也是通过把不同频道的节目调制在不同的频段,再经过有线电视网络送到用户。只是它可以同时传送的频道更多,而且节目质量也更好。这主要是因为有线传输隔绝了与周围电磁信号的辐射干扰,而且可以保证在较大频带范围内衰减较少。

早期有线电视网络是采用同轴电缆结构,是一种树状结构网络,从有线电视台出来后不断分级展开,最后到达用户。前端负责收集来自卫星传送的电视信号、无线广播的电视信号及经微波传送的电视信号。其主要功能是收集、调制及传送出电视节目,同时具有控制功能。主干网利用干线放大器的接力放大,可以传输较远的距离。到居民较集中的地区,使用分配器从主干网分出信号进入分配网络。分配网络再将信号用延长放大器(Line Extender)放大,最后从分支器送到用户。而且,这种树状网络还会随居民分布情况的不同,分出更多的层次。

2. 混合光纤同轴电缆网络简介

HFC 网络是光纤和同轴电缆相结合的混合网络。HFC 通常由光纤干线、同轴电缆支线和用户配线网络 3 部分组成,从有线电视台出来的节目信号先变成光信号在干线上传输;到用户区域后把光信号转换成电信号,经分配器分配后通过同轴电缆送到用户。它与早期 CATV 同轴电缆网络的不同之处主要在于,在干线上用光纤传输光信号,在前端需完成电-光转换,进入用户区后要完成光-电转换。

HFC 网络的主要特点：传输容量大，易实现双向传输，从理论上讲，一对光纤可同时传送 150 万路电话或 2000 套电视节目；频率特性好，在有线电视传输带宽内无须均衡；传输损耗小，可延长有线电视的传输距离，25km 内无须中继放大；光纤间不会有串音现象，不怕电磁干扰，能确保信号的传输质量。

同传统的 CATV 网络相比，其网络拓扑结构也有些不同。

① 光纤干线采用星状或环状结构。

② 支线和配线网络的同轴电缆部分采用树状或总线结构。

③ 整个网络按照光节点划分成一个服务区，这种网络结构可满足为用户提供多种业务服务的要求。随着数字通信技术的发展，特别是高速宽带通信时代的到来，HFC 网络已成为现在和未来一段时期内宽带接入的最佳选择，因而 HFC 网络又被赋予新的含义，特指利用混合光纤同轴电缆来进行双向宽带通信的 CATV 网络。

HFC 网络体系结构如图 4.4 所示。

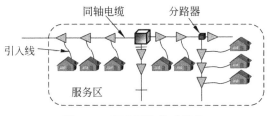

图 4.4　HFC 网络体系结构

HFC 网络能够传输的带宽为 750～860MHz，少数达到 1GHz。其中，5～42/65MHz 频段被上行信号占用，50～550MHz 频段用来传输传统的模拟电视节目和立体声广播，650～750MHz 频段传送数字电视节目、VOD 等，750MHz 以后的频段待以后技术发展使用。

4.3.5　卫星通信网络

卫星通信简单地说就是地球上(包括地面和低层大气中)的无线电通信站间利用卫星作为中继而进行的通信。卫星通信系统由卫星和地球站两部分组成。卫星通信的特点：通信范围大；只要在卫星发射的电波所覆盖的范围内，从任何两点之间都可进行通信；不易受陆地灾害的影响(可靠性高)；只要设置地球站电路即可开通(开通电路迅速)；同时可在多处接收，能经济地实现广播、多址通信(多址特点)；电路设置非常灵活，可随时分散过于集中的话务量；同一信道可用于不同方向或不同区间(多址连接)。

卫星在空中起中继站的作用，即把地球站发上来的电磁波放大后再反送回另一地球站。地球站则是卫星系统形成的链路。由于静止卫星在赤道上空 36 000km，它绕地球一周的时间恰好与地球自转一周(23 小时 56 分 4 秒)一致，从地面看上去如同静止不动一样。3 颗相距 120°的卫星就能覆盖整个赤道圆周。故卫星通信易于实现越洋和洲际通信。最适合卫星通信的频率是 1～10GHz 频段，即微波频段。为了满足越来越多的需求，已开始研究应用新的频段，如 12GHz、14GHz、20GHz 及 30GHz。

在微波频带，整个通信卫星的工作频带约有 500MHz，为了便于放大和发射及减少变调干扰，一般在卫星上设置若干个转发器。每个转发器的工作频带宽度为 36MHz 或 72MHz。目前的卫星通信多采用频分多址技术，不同的地球站占用不同的频率，即采用不同的载波。它对于点对点大容量的通信比较适合。

近年来,已逐渐采用时分多址技术,即每一地球站占用同一频带,但占用不同的时隙,它比频分多址有一系列优点,如不会产生互调干扰,不需要用上下变频把各地球站信号分开,适合数字通信,可根据业务量的变化按需分配,可采用数字话音插空等新技术,使容量增加5倍。

另一种多址技术是码分多址(CDMA),即不同的地球站占用同一频率和同一时间,但有不同的随机码来区分不同的地址。它采用扩展频谱通信技术,具有抗干扰能力强,有较好的保密通信能力,可灵活调度话路等优点。其缺点是频谱利用率较低。它比较适合于容量小,分布广,有一定保密要求的系统使用。

近年来卫星通信新技术的发展层出不穷。例如,甚小口径天线地球站(VSAT)系统,中低轨道的移动卫星通信系统等都受到了人们广泛的关注和应用。卫星通信也是未来全球信息高速公路的重要组成部分。它以其覆盖广、通信容量大、通信距离远、不受地理环境限制、质量优、经济效益高等优点,1972年在我国首次应用,并迅速发展,与光纤通信、数字微波通信一起,成为我国当代远距离通信的支柱。

4.4　无线广域网连接

一般根据具体情况,无线广域网连接主要分为局域网连接方案和无线漫游方案两种。

1. 局域网连接方案

局域网连接方案又分为点对点、点对多点和无线接力方案,这是3种目前比较常见的方式。

1)点对点连接方案

当两个局域网之间采用光纤或双绞线等有线方式难以连接时,可采用点对点的无线连接方式。只需在每个网段中都安装一个AP,即可实现网段之间点对点连接,也可以实现有线主干的扩展。在点对点连接方式中,一个AP设置为Master,另一个AP设置为Slave。在点对点连接方式中,无线天线最好全部采用定向天线。点对点连接如图4.5所示。

图 4.5　点对点连接

2)点对多点连接方案

当3个或3个以上的局域网之间采用光纤或双绞线等有线方式难以连接时,可采用点对多点的无线连接方式。只需在每个网段中都安装一个AP,即可实现网段之间点到点连接,也可以实现有线主干的扩展。在点对多点连接方式中,一个AP设置为Master,其他

AP 则全部设置为 Slave，Master 必须采用全向天线，Slave 则最好采用定向天线。

   3）无线接力方案

   当两个局域网络间的距离已经超过无线网络产品所允许的最大传输距离时，或者两个网络间的距离并不遥远，在两个网络之间有较高的阻挡物时，可以在两个网络之间或在阻挡物上架设一个户外无线 AP，实现传输信号的接力，如图 4.6 所示。

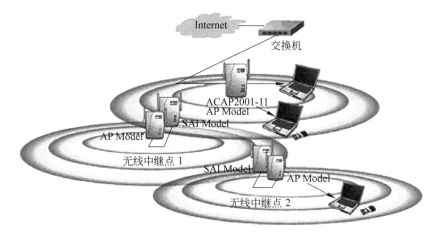

图 4.6　无线接力方案

2. 无线漫游方案

   要扩大总的无线覆盖区域，可以建立包含多个基站设备的无线网络。要建立多单元网络，基站设备必须通过有线基干连接。

   基站设备可以为网络范围内各个位置之间漫游的移动式无线客户机工作站设备服务。多基站配置中的漫游无线工作站具有以下功能。

   （1）在需要时自动在基站设备之间切换，从而保持与网络的无线连接。

   （2）只要在网络中的基站设备的无线范围内，就可以与基础架构进行通信。

   要增大无线网络的带宽，可以将基站设备配置为使用其他子频道（受当地的无线电规定约束）。多基站网络中的任何无线客户机工作站漫游都将根据需要自动更改使用的无线电频率。

   在网络跨度很大的大型企业中，某些员工可能需要完全的移动能力，此时可以在网络中设置多个 AP，使装备有无线网卡的移动终端实现如手机一样的漫游功能。使用无线漫游方案，移动办公员工可以自由地在公司设施内，随时访问他们所需要的网络资源。

   当员工在设施内移动时，虽然在移动设备和网络资源之间传输的数据的路径是变化的，但他们却感觉不到这一点，这就是无缝漫游，在移动的同时保持连接。原因很简单，AP 除具有网桥功能外，还具有传递功能。这种传递功能可以将移动的工作站从一个 AP "传递"给下一个 AP，以保证在移动工作站和有线主干之间总能保持稳定的连接，从而实现漫游功能，如图 4.7 所示。需要注意的是，实现漫游所使用的 AP，是通过有线网络连接起来的。

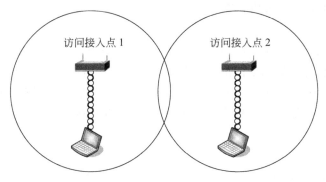

图 4.7　WLAN 漫游

4.5　广域网应用案例讨论

1. 行业广域网解决方案

行业广域业务专网已被大量建设和使用,如电子政务外网、电力调度通信网、企业分支广域网等。但对于各细分行业来说,由于组织架构、覆盖区域、业务模型的不同,其广域网的设计和建设方案也不尽相同。如电子政务外网是根据政府的行政区划分和管理机制分级、分层部署的;而对于很多企业来说,根据业务模型关系,各地分支直接与总部互连。并且随着语音通信、协同办公等新业务模式的出现,对传统定位于网络节点间互连互通的广域网也提出更高的要求。

以省级电子政务外网为例,业务是由各级政府的委办局接入,纵向互连,横向拉通;网络层次分明,与政府行政分级架构相对应;业务需要逻辑隔离,并有互访需求;各级横向网络由各级政府的信息中心或信息办管理。所以省级电子政务外网典型组网如图 4.8 所示。

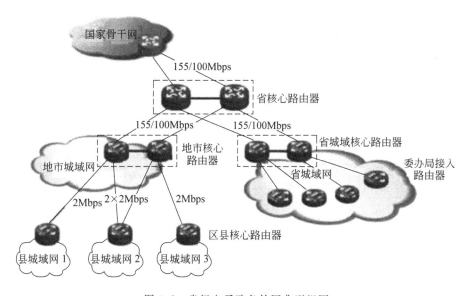

图 4.8　省级电子政务外网典型组网

2. 广电数据承载网络解决方案

1）方案概述

由于用户需求、行业竞争、政策推动、技术发展等多方面原因,各地广电双向网络的改造如火如荼,各厂商也纷纷推出不同的产品和方案。整合广电原有网络,可以使用针对广电系统的数据承载网解决方案,为广电真正可运营、可管理的网络提供有效保证。有了这张承载网,广电可以非常方便地为客户提供个人用户接入、大客户接入、村村通、平安监控等业务和方案。

2）方案部署

从家庭网络到接入网络到城域网全网解决方案,可以承载包括视频、语音、数据等多种业务。

广电数据承载网络解决方案分为 4 个层次,如图 4.9 所示。

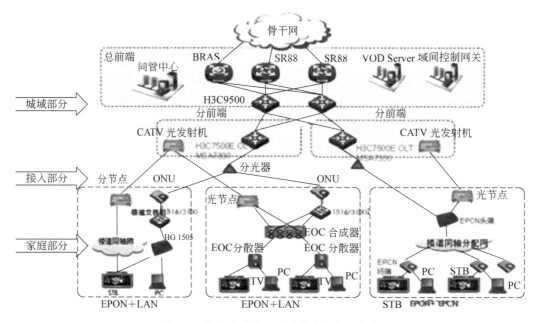

图 4.9　综合多种接入方式的全网解决方案

① 家庭网络。根据不同的用户特点提供 LAN 接入、无源 EOC 接入、有源 EOC 接入（调制 EPCN）等多种不同的家庭接入方式;家庭网关产品为开展 Triple Play 业务提供坚实的保证。

② 接入网。以 EPON 为核心的接入网部分提供高可靠（无源光器件）、高性价比（单纤波分复用）、高灵活性（支持树状、星状等各种拓扑）、高带宽的网络。EPON 产品支持国家标准,支持不同厂家设备的互通互连。

③ 城域网。提供包括宽带接入服务器、核心交换机、核心路由器等多种核心网络设备。

④ 业务管理层。提供包括存储、语音网关、网络设备管理、用户管理、业务管理等多种管理硬件和软件产品。

3. 省级烟草公司全省广域网方案

科大恒星公司烟草行业信息系统整体解决方案是针对烟草商业企业和烟草工业企业提

出的全套解决方案,目前行业用户已有安徽省烟草公司、吉林省烟草公司、合肥市烟草公司、蚌埠市烟草公司、黄山市烟草公司等,如图4.10所示。

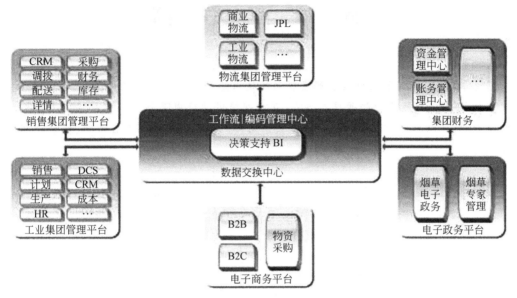

图4.10　省级烟草公司全省广域网拓扑结构图

习　题　4

1. 广域网有哪两种组网方式? 可以提供哪两种服务模式?
2. 什么是虚电路? 什么是数据报? 虚电路方式与数据报方式之间的最大差别是什么?
3. 简述4种传统的广域网通信技术。
4. 简述ISDN综合业务数字网/ATM异步传输模式网络。
5. 简述SONET同步光纤网/SDH同步数字系列的特点。
6. 什么是数字用户线DSL? DSL技术主要分为哪两大类?
7. ADSL的技术特点是什么?
8. 混合光纤同轴电缆(HFC)网络的特点是什么?
9. 简述无线广域网的连接方式。

设计练习:企业广域网系统集成方案设计。

第5章 互 联 网

教学要求：

通过本章的学习，学生应该了解互联网的技术基础及互联网的应用服务。

掌握 TCP/IP、各类互联网接入方式、互联网提供的应用服务。掌握网站组建技术。

重点学习 TCP/IP 分层模型、IP 地址、子网掩码与子网划分、域名系统、地址解析与应用案例。

互联网即广域网、局域网及单机按照一定的通信协议组成的国际计算机网络。

简单地说，互联网（International Network 或 internet）是"连接网络的网络"，可译为网际网络，又音译为因特网，是指在阿帕网基础上发展出的世界上最大的全球性互联网。

严格地说，互联网指的是全球性的信息系统，即：

（1）通过全球唯一的网络逻辑地址在网络传输媒体基础之上逻辑地连接在一起。这个地址是建立在互联网协议（IP）或今后其他协议基础之上的。

（2）可以通过传输控制协议和互联网协议（TCP/IP），或者今后其他接替的协议或与互联网协议兼容的协议来进行通信。

（3）可以让公共用户或者私人用户享受现代计算机信息技术带来的高水平、全方位的服务。这种服务是建立在上述通信及相关的基础设施之上的。

这当然是从技术的角度来定义互联网。这个定义至少揭示了 3 个方面的内容：首先，互联网是全球性的；其次，互联网上的每一台主机都需要有"地址"；最后，这些主机必须按照共同的规则（协议）连接在一起。

5.1 互联网的发展与趋势

5.1.1 互联网的起源

互联网始于 1969 年，是在 ARPA（美国国防部研究计划署）制定的协定下将美国西南部的加州大学、斯坦福大学等 4 所大学的主要计算机连接起来。当然，后来有越来越多的大学、政府机构和公司加入。

互联网最初设计是为了能提供一个通信网络，即使一些地点被核武器摧毁也能正常工作。如果大部分的直接通道不通，路由器就会指引通信信息经由中间路由器在网络中传播。

最初的网络是给计算机专家、工程师和科学家用的，那时还没有家庭和办公计算机，要求任何一个使用它的计算机专家、工程师或是科学家都得学习非常复杂的系统。

由于 TCP/IP 体系结构的发展，互联网在 20 世纪 70 年代迅速发展起来，其体系结构最初是由 Bob Kahn 提出来的。20 世纪 80 年代，美国国防部采用了这个结构，到 1983 年，整个世界普遍采用了这个体系结构。

1979 年，新闻组（集中某一主题的讨论组）紧跟着发展起来，它为在全世界范围内交换信息提供了一个新的方法。然而，新闻组通常并不被认为是互联网的一部分，因为它并不共享 TCP/IP，它连接着全世界的 UNIX 系统，并且很多互联网站点都充分地利用新闻组。新闻组是网络世界发展中非常重要的一部分。

同样地，BITNET（一种连接世界教育单位的计算机网络）连接到世界教育组织的 IBM 的大型机上，1981 年开始提供邮件服务。随后解决不同协议的转换的网关设备被开发出来，用于 BITNET 和互联网的连接，同时提供电子邮件传递和邮件讨论列表。这些形成了互联网发展中的又一个重要部分。

当 E-mail（电子邮件）、FTP（文件下载）和 Telnet（远程登录）的命令都规定为标准化时，学习和使用网络对于非工程技术人员变得非常容易。计算机、物理和工程技术部门也发现了利用互联网的好处，即与世界各地的大学通信并共享文件和资源。图书馆也向前走了一步，使它们的检索目录面向全世界。

第一个检索互联网的成就是在 1989 年发明出来的，后来命名为 Archie。这个软件能周期性地到达所有开放的文件下载站点，列出其中的文件并且建立一个可以检索的软件索引。检索 Archie 命令是 UNIX 命令，所以只有利用 UNIX 知识才能充分利用它的性能。

大约在同一时期，人们发明了 WAIS（广域网信息服务），能够检索一个数据库下的所有文件和允许文件检索。简单到可以让网上的任何人利用，可以在全世界范围内检索超过 600 个数据库的线索。包括所有在新闻组里的常见问题文件和所有正在开发中的用于网络标准的论文文档等。

1991 年，第一个连接互联网的友好接口在 Minnesota 大学开发出来。当时学校只是想开发一个简单的菜单系统，可以通过局域网访问学校校园网上的文件和信息。学校很快做了一个先进的示范系统，这个示范系统叫作 Gopher。这个 Gopher 被证明是非常好用的，之后的几年里全世界范围内出现一万多个 Gopher。它不需要 UNIX 和计算机体系结构的知识。在一个 Gopher 里，只需要输入一个数字选择想要的菜单选项即可。

1989 年，在普及互联网应用的历史上又一个重大的事件发生了。欧洲粒子物理研究所提出了一个分类互联网信息的协议。这个协议在 1991 年后称为 World Wide Web，它基于超文本协议（在一段文字中嵌入另一段文字的链接系统），当阅读这些页面的时候，可以随时选择一段文字链接。

图形浏览器 Mosaic 的出现极大地促进了这个协议的发展，随后 Netscape 公司开发出成功的图形浏览器和服务器。

由于最开始互联网是由政府部门投资建设的，所以它最初只是限于研究部门、学校和政府部门使用。除了以直接服务于研究部门和学校的商业应用之外，其他的商业行为是不允许的。20 世纪 90 年代初，当独立的商业网络开始发展起来，这种局面才被打破。这使得从一个商业站点发送信息到另一个商业站点而不经过政府资助的网络中枢成为可能。

后来微软公司全面进入浏览器市场，AOL（美国在线）、Prodigy 和 CompuServe（美国在线服务机构）也开始了网上服务。互联网服务提供商市场的转变已经完成，出现了基于互联网的商业公司。

5.1.2　互联网的命名

在互联网发展的历史上出现过 3 个名词：互联网、因特网、万维网。

1. 互联网

凡是能彼此通信的设备组成的网络就叫互联网。所以，即使仅有两台机器，不论用何种技术使其彼此通信，也叫互联网。国际标准的互联网写法是 internet，字母 i 一定要小写！

2. 因特网

因特网是互联网的一种。因特网可不是仅由两台机器组成的互联网，它是由上千万台设备组成的互联网。因特网使用 TCP/IP 让不同的设备可以彼此通信。但使用 TCP/IP 的网络并不一定是因特网，一个局域网也可以使用 TCP/IP。判断自己接入的是不是因特网，首先是看自己的计算机是否安装了 TCP/IP，其次看是否拥有一个公网地址（所谓公网地址，就是所有私网地址以外的地址）。国际标准的因特网写法是 Internet，字母 I 一定要大写！

3. 万维网

因特网是基于 TCP/IP 实现的，TCP/IP 由很多协议组成，不同类型的协议又被放在不同的网络层。其中，位于应用层的协议就有很多，如 FTP、SMTP、HTTP。只要应用层使用的是 HTTP，就称为万维网（World Wide Web）。之所以在浏览器里输入 http://www.baidu.com 时，能看见百度网提供的网页，就是因为个人浏览器和百度网的服务器之间使用的是 HTTP 协议在交流。

所以这三者的关系应该是：互联网包含因特网，因特网包含万维网。

5.1.3　互联网服务

提供互联网服务的主要有两类企业。

（1）互联网业务提供商（Internet Service Provider，ISP）。向广大用户综合提供互联网接入业务、信息业务和增值业务的电信运营商。

（2）互联网内容提供商（Internet Content Provider，ICP）。向广大用户综合提供互联网信息业务和增值业务的电信运营商。国内知名 ICP 有新浪、搜狐、163、21CN 等。

在互联网应用服务产业链"设备供应商——基础网络运营商——内容收集者和生产者——业务提供者——用户"中，ISP/ICP 处于内容收集者、生产者以及业务提供者的位置。

从中国的 ISP 公司运营商业模式看，有以下 3 种基本的商业模式。

（1）大而全的商业模式。ISP 提供广泛的互联网业务。例如，在 20 世纪 90 年代雅虎是这种方式的代表。

（2）专注于主营业务的模式。例如，腾讯专注于即时通信业务；刚在 NASDAQ 上市的"如家"公司是一家专门从事酒店业的 ISP。

（3）综合经营型的商业模式。例如，新浪这类大门户，在主营新闻信息服务的同时，经营网络游戏、提供网络广告服务等多种互联网业务，并从这些非主营业务中获利。

5.1.4　未来 10 年全球互联网发展的趋势以及预测

综合所有的因素考量，未来 10 年，可能将出现如下网络发展趋势。

1. 语义网

语义网涉及机器之间的对话,它使得网络更加智能化,计算机在网络中分析所有的数据-内容、链接以及人机之间的交易处理。

语义网的核心是创建可以处理事务意义的元数据来描述数据,一旦计算机装备上语义网,它将能解决复杂的语义优化问题。

创建语义网的组件已经出现,RDF、OWL 这些微格式只是众多组件之一。但是,将需要一些时间来解释世界的信息,然后再以某种合适的方式来捕获个人信息。未来的人们将变得关系更亲密,但是还得等上若干年,才能看到语义网设想的实现。

2. 人工智能

人工智能可能会是计算机历史中的一个终极目标。从 1950 年图灵提出的测试机器(如人机对话能力)的图灵测试开始,人工智能就成为计算机科学家们的梦想。

在接下来的网络发展中,人工智能使得机器更加智能化。人们已经开始在一些网站应用一些低级形态的人工智能。Amazon.com 已经开始用一种人工辅助搜索技术协助读者寻找图书,并提供任务管理服务。

人工智能技术现在正被用于试图用神经网络和细胞自动机建立一个新的计算范例,试图用计算机来解决一些对人们来说很容易的问题,如识别人脸,或者感受音乐中的式样。由于计算机的计算速度远远超过人类,人们希望新的疆界将被打破,使人们能够解决一些以前无法解决的问题。

3. 虚拟世界

目前,在互联网上所表现出的虚拟世界是以计算机模拟环境为基础,以虚拟的人物化身为载体,用户在其中生活、交流的网络世界。虚拟世界的用户常常被称为"居民"。"居民"可以选择虚拟的 3D 模型作为自己的化身,以走、飞、乘坐交通工具等各种手段移动,通过文字、图像、声音、视频等各种媒介交流。通常称这样的网络环境为虚拟世界。

尽管这个世界是虚拟的,因为它来源于计算机的创造和想象,但这个世界又是客观存在的,它在"居民"离开后依然存在,真实的人类虚幻地存在,时间与空间真实地交融,这是虚拟世界的最大特点。

虚拟世界不仅涉及数字生活,也使得人们的现实生活更加数字化。一方面,人们已经在迅速发展第二生命及其他虚拟世界;另一方面,人们已开始通过技术用数字信息诠释地球,如 Google Earth。

4. 移动

移动网络是未来另一个发展前景巨大的网络应用。它已经在亚洲和欧洲的部分城市发展迅猛。苹果公司的 iPhone 是美国市场移动网络的一个标志事件。这仅仅是个开始。在未来的 10 年将有更多的定位感知服务可通过移动设备来实现,例如当你逛当地商场时,会收到很多购物优惠信息,或者当你在驾驶车的时候,收到地图信息,或者你周五晚上跟朋友在一起的时候收到娱乐信息。我们也期待大型的互联网公司,如 Google 成为主要的移动门户网站,还有移动电话运营商。

移动网络的一个主要问题就是用户的使用便捷性。iPhone 有一个创新性的界面,使用户能更轻松地利用缩放以及其他方法来浏览网页。

5．注意力经济

注意力经济是一个市场，在那里消费者同意接受服务，以换取他们的注意。例如个性化新闻、个性化搜索、消费建议。注意力经济表示消费者拥有选择权，他们可以选择在什么地方"消费"他们的关注。另一个关键因素是注意力是有关联性的，只要消费者看到相关的内容，他会继续集中注意力关注，那样就会创造更多的机会来出售。

期望在未来 10 年看到这个概念在互联网经济中变得更加重要。

6．在线视频/网络电视

这个趋势已经在网络上爆炸般显现，但是人们感觉它仍有很多待开发的服务，还有很广阔的前景。

2006 年 10 月，Google 获得了这个地球上最热门的在线视频资源 YouTube。同时，互联网电视服务正在腾飞。很明晰的是，在未来的 10 年，互联网电视将和现在完全不一样。更高的画面质量、更强大的流媒体、个性化、共享以及更多优点都将在接下来的 10 年里实现，或许一个大问题是"现在主流的电视网（全国广播公司、有线电视新闻网等）怎么适应"？

7．丰富的互联网应用程序

随着目前混合网络/桌面应用程序的发展趋势，我们将能期望看到 RIA（丰富的互联网应用程序）在使用和功能上的继续完善。Adobe 的空中平台是丰富的互联网应用程序的一个领跑者之一，还有微软公司的层编程框架（WPF）。另外，在交叉区域的是 LASZLO 的开放性平台 OpenLaszlo，还有其他一些刚刚创建的公司提供丰富的互联网应用程序平台。不能忘记的是，AJAX（一种交互程序语言）也被认为是一种丰富的互联网应用程序。

8．国际网络

目前，美国仍是互联网的主要市场。但是，在 10 年的时间里，事情可能会发生很大的变化。中国是一个常常被提到的增长市场，但是其他人口大国也会增长，如印度和非洲国家等。

对于大多数 Web 2.0 应用及网站（包括读写网）而言，顶级网站 3/4 的网络流量是来自国际用户。美国 25 家大网站中，有 14 家吸引的国际用户比本土更多。

5.2 TCP/IP

TCP/IP 参考模型是计算机网络的鼻祖 ARPANET 及其后继的因特网使用的参考模型。这个体系结构在它的两个主要协议——TCP 及 IP 出现以后，被称为 TCP/IP 参考模型（TCP/IP Reference Model）。

5.2.1 TCP/IP 分层模型

1. TCP/IP 分层模型的划分

TCP/IP 是一组用于实现网络互连的通信协议。Internet 体系结构以 TCP/IP 为核心。基于 TCP/IP 的参考模型将协议分成 4 个层次，它们分别是网络接口层、网际互连层、传输层和应用层。

1) 网络接口层

网络接口层与 OSI 参考模型中的物理层和数据链路层相对应。事实上，TCP/IP 本身并未定义该层的协议，而由参与互连的各网络使用自己的物理层和数据链路层协议，然后与 TCP/IP 的网络接口层进行连接。

2) 网际互连层

网际互连层对应于 OSI 参考模型的网络层，主要解决主机到主机的通信问题。该层有 4 个主要协议：网际协议（IP）、地址解析协议（ARP）、反向地址解析协议（RARP）和互联网控制报文协议（ICMP）。

IP 是网际互连层最重要的协议，它提供的是一个不可靠、无连接的数据报传递服务。

3) 传输层

传输层对应于 OSI 参考模型的传输层，它为应用层实体提供端到端的通信功能。该层定义了两个主要的协议：传输控制协议（TCP）和用户数据报协议（UDP）。

TCP 提供的是一种可靠的、面向连接的数据传输服务；UDP 提供的是不可靠的、无连接的数据传输服务。

4) 应用层

应用层对应于 OSI 参考模型的高层，为用户提供所需要的各种服务，如 FTP、Telnet、DNS、SMTP 等。

2. OSI 参考模型和 TCP/IP 参考模型的比较

OSI 参考模型和 TCP/IP 参考模型都采用了层次结构的概念，但前者是七层模型，后者是四层结构。

OSI 参考模型和 TCP/IP 参考模型的比较如图 5.1 所示。

OSI 参考模型	TCP/IP 参考模型
应用层	应用层
表示层	
会话层	
传输层	传输层
网络层	网际互连层
数据链路层	网络接口层
物理层	

图 5.1　OSI 参考模型和 TCP/IP 参考模型的比较

5.2.2　传输控制协议

传输控制协议（Transmission Control Protocol，TCP）是一种面向连接的、可靠的、基于字节流的传输层通信协议，通常由 IETF 的 RFC 793 说明。在简化的计算机网络 OSI 模型中，它完成传输层所指定的功能。

1. 特点

在因特网协议族中，TCP 层是位于 IP 层之上、应用层之下的中间层。不同主机的应用层之间经常需要可靠的、像管道一样的连接，但是 IP 层不提供这样的流机制，而是提供不可靠的包交换。

2. 工作原理

应用层向 TCP 层发送用于网间传输的、用 8 字节表示的数据流，然后 TCP 把数据流分割成适当长度的报文段（通常受该计算机连接的网络的数据链路层的最大传送单元（MTU）的限制）。之后 TCP 把结果包传给 IP 层，由它来通过网络将包传送给接收端实体的 TCP 层。

TCP 为了保证不发生丢包，就给每个字节一个序号，同时序号也保证了传送到接收端实体包的按序接收。然后接收端实体对已成功收到的字节发回一个相应的确认（ACK）；如果发送端实体在合理的往返时延（RTT）内未收到确认，那么对应的数据（假设丢失了）将会被重传。TCP用一个校验和函数来检验数据是否有错误；在发送和接收时都要计算校验和。

TCP的工作原理如图5.2所示。

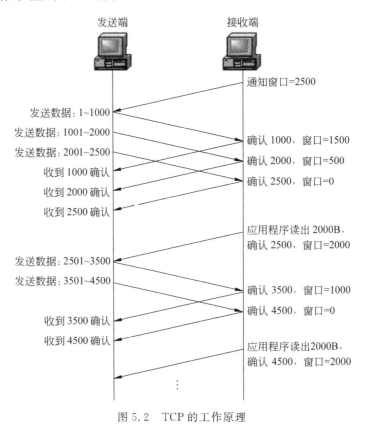

图 5.2   TCP 的工作原理

5.2.3   互联网协议

1. 互联网协议基本概念

互联网协议（Internet Protocol, IP）是为计算机网络相互连接进行通信而设计的协议。在因特网中，它是能使连接到网上的所有计算机网络实现相互通信的一套规则，规定了计算机在因特网上进行通信时应当遵守的规则。任何厂家生产的计算机系统，只要遵守 IP 就可以与因特网互连互通。

互联网协议是互联网协议群（Internet Protocol Suite, IPS）中众多通信协议中的一个，也是其中最重要的一个。专家们一般将 IPS 解释为一个协议堆栈，它可以将应用程序的信息（如电子邮件或者网页传输的内容）转换为网络可以传输的数据包。

IP 主要负责通过网络连接在数据源主机和目的主机间传送数据包。在 RFC 791 中对于 IP 是这样定义的：“互联网协议（IP）是指为实现在一个相互连接的网络系统上从一个源到一个目的地传输比特数据包（互联网数据包）所提供必要功能的协议。其中，并没有增加端到端数据可靠性机制、流量控制机制、排序机制或者其他在端到端协议常见的功能机制。互联网协议可在其支持的网络上提供相应服务,实现多种类型和品质的服务。"

各个厂家生产的网络系统和设备,如以太网、分组交换网等,它们相互之间不能互通,不能互通的主要原因是因为它们所传送数据的基本单元(技术上称为"帧")的格式不同。

IP 实际上是一套由软件程序组成的协议软件,它把各种不同"帧"统一转换成"IP 数据包"格式,这种转换是因特网的一个最重要的特点,使所有各种计算机都能在因特网上实现互通,即具有"开放性"的特点。

2. 数据包

数据包也是分组交换的一种形式,就是把所传送的数据分段打成"包",再传送出去。但是,与传统的"连接型"分组交换不同,它属于"无连接型",是把打成的每个"包"(分组)都作为一个"独立的报文"传送出去,所以叫作"数据包"。

这样,在开始通信之前就不需要先连接好一条电路,各个数据包不一定都通过同一条路径传输,所以叫作"无连接型"。这一特点非常重要,它大大提高了网络的坚固性和安全性。

每个数据包都有报头和报文这两个部分,报头中有目的地址等必要内容,使每个数据包不经过同样的路径都能准确地到达目的地。在目的地重新组合还原成原来发送的数据。这就要 IP 具有分组打包和集合组装的功能。

在实际传送过程中,数据包还要能根据所经过网络规定的分组大小来改变数据包的长度,IP 数据包的最大长度可达 65 535B。

IP 中还有一个非常重要的内容,那就是给因特网上的每台计算机和其他设备都规定了一个唯一的地址,叫作"IP 地址"。由于有这种唯一的地址,才保证了用户在联网的计算机上操作时,能够高效而且方便地从千千万万台计算机中选出自己所需的对象来。

5.2.4 IP 地址

1. IP 地址基本概念

互联网是由许多小型网络构成的,每个网络上都有许多主机,这样便构成了一个有层次的结构。IP 地址在设计时就考虑到地址分配的层次特点,将每个 IP 地址都分成网络号和主机号两部分,以便于 IP 地址的寻址操作。

所谓 IP 地址就是给每个连接在 Internet 上的主机分配的一个 32b 地址。

按照 TCP/IP(Transport Control Protocol/Internet Protocol,传输控制协议/Internet 协议)规定,IP 地址用二进制来表示,每个 IP 地址长 32b,比特换算成字节,就是 4B。

例如,一个采用二进制形式的 IP 地址是 00001010000000000000000000000001,这么长的地址人们处理起来太费劲了。为了方便使用,IP 地址经常被写成十进制的形式,中间使用符号"."分开不同的字节。于是,上面的 IP 地址可以表示为 10.0.0.1。IP 地址的这种表示法叫作"点分十进制表示法",这显然比 1 和 0 容易记忆得多。

有人会以为,一台计算机只能有一个 IP 地址,这种观点是错误的。可以指定一台计算机具有多个 IP 地址,因此在访问互联网时,不要以为一个 IP 地址就是一台计算机;另外,通过特定的技术,也可以使多台服务器共用一个 IP 地址,这些服务器在用户看起来就像一台主机似的。

将 IP 地址分成了网络号和主机号两部分,设计者就必须决定每部分包含多少位。

网络号的位数直接决定了可以分配的网络数(计算方法:网络数=2^网络号位数,即 2 的网络号位数次方);主机号的位数则决定了网络中最大的主机数(计算方法:网络数= 2^(主机号位数-2),即 2 的(主机号位数-2)次方)。然而,由于整个互联网所包含的网络规模可能比较大,也可能比较小,设计者最后聪明地选择了一种灵活的方案:将 IP 地址空间划分成不同的类别,每一类具有不同的网络号位数和主机号位数。

2. IP 地址的分类

网络地址和主机地址共同组成网络层的地址——IP 地址。

网络号:用于识别主机所在的网络。

主机号:用于识别该网络中的主机。

IP 地址是一个 32 位地址,总地址容量为 2^{32}。IP 地址通常表示为点分十进制,即将 32 位分成 4 个 8 位组,每个 8 位组之间用“.”分开。每个 8 位组的最小数为 00000000(十进制为 0),最大数为 11111111(十进制为 255)。这个 IP 地址标准就是现行的 IPv4 标准。

IP 地址是由国际网络信息中心组织分配的。

随着用户数的增长,现有 IP 地址资源已严重匮乏,很快将被用尽。有预测表明,以目前 Internet 发展速度计算,所有 IPv4 地址将在近期内分配完毕。解决的办法是推行 IPv6 标准。

IP 地址分为 5 类,A 类保留给政府机构,B 类被分配给中等规模的公司,C 类被分配给任何需要的机构,D 类用于组播,E 类用于实验,各类可容纳的地址数目不同。

A、B、C 3 类 IP 地址的特征:当 IP 地址写成二进制形式时,A 类地址的第一位总是 0, B 类地址的前两位总是 10,C 类地址的前三位总是 110,如表 5.1 所示。

表 5.1　5 类 IP 地址

类别	1	8	9	16	17	24	25	32
A	0	网络地址	主机地址					
B	10		网络地址		主机地址			
C	110			网络地址			主机地址	
D	1110		组播地址					
E	1111		保留地址					

1) A 类地址

它的网络地址是用第 1 个 8 位组作为网络地址。网络地址的第 1 个 8 位组地址范围是 00000000~01111111,即第 1 个 8 位组地址是在 0~127 范围内的都是 A 类地址。

共有 128-2=126 个 A 类地址。每个 A 类地址内可以包含 $2^{24}-2$ 个设备,即 16 777 216-2=16 777 214 个。

其中,有两个特殊的地址用作特殊用途。

① A 类地址第 1 字节为网络地址,其他 3 字节为主机地址。

② A 类地址范围:1.0.0.1~126.255.255.254。

③ A 类地址中的私有地址和保留地址:10.*.*.* 是私有地址(所谓的私有地址就

是在互联网上不使用,而被用在局域网络中的地址),范围为 10.0.0.0~10.255.255.255; 127.*.*.* 是保留地址,用作循环测试使用。

2)B类地址

它的网络地址是用前两个 8 位组作为网络地址的。

网络地址的第 1 个 8 位组地址范围是 10000000~10111111,即当第 1 个 8 位组地址是在 128~191 范围内的都是 B 类地址,所以共有 $64×2^8=16\ 384$ 个 B 类地址。

后面的两个 8 位组地址都是分配给相应网络中的本地设备的。每个 B 类地址内可以包含 $2^{16}-2$ 个设备,即 $65\ 536-2=65\ 534$ 个,即:

① B 类地址第 1 字节和第 2 字节为网络地址,其他两个字节为主机地址。

② B 类地址范围:128.0.0.1~191.255.255.254。

③ B 类地址的私有地址和保留地址:172.16.0.0~172.31.255.255 是私有地址; 169.254.*.* 是保留地址。如果 IP 地址是自动获取的,而在网络上又没有找到可用的 DHCP 服务器,就会得到其中一个 IP。

3)C类地址

它的网络地址是用前 3 个 8 位组作为网络地址。

网络地址的第 1 个 8 位组地址范围是 11000000~11011111,即当第 1 个 8 位组地址是在 192~223 范围内的都是 C 类地址,所以共有 $32×2^8×2^8=2\ 097\ 152$ 个 C 类地址。

每个 C 类地址内可以包含 2^8-2 个设备,即 $256-2=254$ 个,即:

① C 类地址第 1 字节、第 2 字节和第 3 字节为网络地址,第 4 字节为主机地址。另外, 第 1 字节的前 3 位固定为 110。

② C 类地址范围:192.0.0.1~223.255.255.254。

③ C 类地址中的私有地址:192.168.*.* 是私有地址,即 192.168.0.0~192.168. 255.255。

4)D类地址

所有以 244~239 开头的地址都称为 D 类地址,用作组播地址。在这种发送形式中,分组被发送给一系列的特别指定的主机。

① D 类地址不分网络地址和主机地址,它的第 1 字节的前 4 位固定为 1110。

② D 类地址范围:224.0.0.1~239.255.255.254。

5)E类地址

所有以 240~247 开头的地址都被称为 E 类地址,是保留未用的。

① E 类地址不分网络地址和主机地址,它的第 1 字节的前 5 位固定为 11110。

② E 类地址范围:240.0.0.1~255.255.255.254。

3. 特殊的 IP 地址

1)受限广播地址(IP 地址全为 1)

广播通信是一对所有的通信方式。若一个 IP 地址的二进制数全是 1,也就是 255.255.255.255, 则这个地址用于定义整个互联网。如果设备想使 IP 数据报被整个 Internet 所接收,就发送这个目的地址全为 1 的广播包,但这样会给整个互联网带来灾难性的负担。因此,网络上的所有路由器都阻止具有这种类型的分组被转发出去,使这样的广播仅仅限于本地网段。

2）直接广播地址（主机 HostID 全为 1）

一个网络中的最后一个地址为直接广播地址，也就是 HostID 全为 1 的地址。主机使用这种地址把一个 IP 数据报发送到本地网段的所有设备上，路由器会转发这种数据报到特定网络上的所有主机。

3）IP 地址全为 0

若 IP 地址全为 0，也就是 0.0.0.0，则这个 IP 地址在 IP 数据报中只能用作源 IP 地址，这发生在当设备启动时但又不知道自己的 IP 地址情况下。在使用 DHCP 分配 IP 地址的网络环境中，这样的地址是很常见的。用户主机为了获得一个可用的 IP 地址，就给 DHCP 服务器发送 IP 分组，并用这样的地址作为源地址，目的地址为 255.255.255.255（因为主机这时还不知道 DHCP 服务器的 IP 地址）。

4）网络地址 NetID 为 0 的 IP 地址

当某个主机向同一网段上的其他主机发送报文时就可以使用这样的地址，分组也不会被路由器转发。例如 12.12.12.0/24 这个网络中的一台主机 12.12.12.2/24 在与同一网络中的另一台主机 12.12.12.8/24 通信时，目的地址可以是 0.0.0.8。

4. 特殊 IP 地址的应用

在 IP 地址空间中，有的 IP 地址不能为设备分配，有的 IP 地址不能用在公网，有的 IP 地址只能在本机使用，诸如此类的特殊 IP 地址众多，主要如下。

1）网络地址和定向广播地址

IP 地址中，主机地址为全 0 的地址用来指定该网络段。

2）本地广播地址

IP 地址中，主机地址为全 1 的地址保留作为定向广播，即定向广播到该网络段内的所有主机。这种广播地址称为本地广播地址（Local Broadcast Address）或有限广播地址（Limited Broadcast Address）。本地广播地址为 255.255.255.255，即所有 IP 地址位全为 1。

3）私有地址

私有地址（Private Address）属于非注册地址，专门为组织机构内部使用。即在互联网上不使用，而被用在局域网络中的地址。共有 1 个 A 类地址，16 个 B 类地址和 256 个 C 类地址被用作私有地址，如表 5.2 所示。

表 5.2 私有地址

最低地址位	最高地址位
10.0.0.0	10.255.255.255
172.16.0.0	172.31.255.255
192.168.0.0	192.168.255.255

4）环回地址

127 网段的所有地址都称为环回地址，主要用来测试网络协议是否工作正常。

例如，使用 ping 127.1.1.1 就可以测试本地 TCP/IP 是否已正确安装。另外一个用途是当客户进程用环回地址发送报文给位于同一台机器上的服务器进程，例如在浏览器里输入 127.1.2.3，这样可以在排除网络路由的情况下用来测试 IIS 是否正常启动。

5.2.5 子网掩码与子网划分

假设某企业有 8 个部门，每个部门有 25 台计算机，共计有 200 台计算机连入 Internet。Internet 地址管理机构只能给该企业分配一个 C 类地址，不可能给该企业的每一个部门都分配一个 C 类地址(一个 C 类地址可连入 254 台计算机,设其 IP 地址分别为 202.200.10.1~202.200.10.200)。但在企业内部,希望在网上仍能以部门为单位进行管理。要想解决这一问题,就要在内部网络中进行子网的划分。可以按用户的性质来划分子网,也可以按照地理区域划分子网,还可以按部门划分子网。例如,大学可以按学院划分子网,也可以按办公楼划分子网。

1. 子网的作用

子网是指一个 IP 地址上生成的逻辑网络,它可以让一个网络地址跨越多个物理网络,即一个网络地址代表多个网络(很明显这样做可以节省 IP 地址)。为方便 IP 地址的分配使用子网编址技术(即子网划分),子网划分将会有助于以下问题的解决。

(1) 巨大的网络地址管理耗费。如果你是一个 A 类网络的管理员,你一定会为管理数量庞大的主机而头痛的。

(2) 路由器中选路表的急剧膨胀。当路由器与其他路由器交换选路表时,互联网的负载是很高的,所需的计算量也很大。

(3) IP 地址空间有限并终将枯竭。这是一个至关重要的问题,高速发展的 Internet,使原来的编址方法不能适应,而一些 IP 地址却不能被充分利用,造成了浪费。

因此,在配置局域网或其他网络时,根据需要划分子网是很重要的,有时也是必要的。现在,子网编址技术已经被绝大多数局域网所使用。

子网划分可以简述为:因为在划分了子网后,IP 地址的网络号是不变的,因此在局域网外部看来,这里仍然只存在一个网络,即网络号所代表的那个网络。但在网络内部却是另外一个景象,因为每个子网的子网号是不同的,当用划分子网后的 IP 地址与子网掩码(注意,这里指的子网掩码已经不是默认子网掩码了,而是自定义子网掩码,是管理员在经过计算后得出的)做“与”运算时,每个子网将得到不同的子网地址,从而实现了对网络的划分。

使用子网是要解决只有一组(A、B、C 类)地址,但需要数个网络编码(网络号)的问题,并不是解决 IP 地址不够用的问题,因为使用子网反而造成能使用的 IP 地址会变少。

2. 子网掩码的概念

子网掩码(Subnet Mask)是一个应用于 TCP/IP 网络的 32 位二进制值,它可以屏蔽掉 IP 地址中的一部分,从而分离出 IP 地址中的网络部分与主机部分,基于子网掩码,管理员可以将网络进一步划分为若干子网。掩码的功能就是告诉设备,IP 地址的哪一部分是网络地址,哪一部分是主机地址。

在使用 TCP/IP 的两台计算机之间进行通信时,通过将本机的子网掩码与接收方主机的 IP 地址进行“与”运算,即可得到目标主机所在的网络号,又由于每台主机在配置 TCP/IP 时都设置了一个本机 IP 地址与子网掩码,所以可以知道本机所在的网络号。

通过比较这两个网络号,就可以知道接收方主机是否在本网络上。如果网络号相同,表明接收方在本网络上,那么可以通过相关的协议把数据包直接发送到目标主机;如果网络号不同,表明目标主机在远程网络上,那么数据包将会发送给本网络上的路由器,由路由器将数据包发送到其他网络,直至到达目的地。在这个过程中可以看到,子网掩码是不可或缺的。

与 IP 地址相同,子网掩码的长度也是 32 位,分成 4 个 8 位组。左边是网络位,用二进制数字 1 表示;右边是主机位,用二进制数字 0 表示。

子网掩码是扩展的网络前缀码,它不是一个地址,但是可以确定一个网络层地址哪一部分是网络号,哪一部分是主机号,掩码为 1 的部分代表网络号,掩码为 0 的部分代表主机号。

子网掩码的作用就是获取主机 IP 的网络地址信息,用于区别主机通信的不同情况,由此选择不同路。其中,A 类地址的默认子网掩码为 255.0.0.0;B 类地址的默认子网掩码为 255.255.0.0;C 类地址的默认子网掩码为 255.255.255.0。

3. 如何用子网掩码得到网络/主机地址

如何分离出 IP 地址中的网络地址和主机地址呢? 过程如下。

① 将 IP 地址与子网掩码转换成二进制。

② 将二进制形式的 IP 地址与子网掩码做"与"运算,将答案转化为十进制便得到网络地址。

③ 将二进制形式的子网掩码取"反"。

④ 将取"反"后的子网掩码与 IP 地址做"与"运算,将答案转化为十进制便得到主机地址。

下面用一个例子来解释。

假设有一个 IP 地址:192.168.0.1,子网掩码为 255.255.255.0。

转化为二进制得到如下信息。

IP 地址:11000000.10101000.00000000.00000001。

子网掩码:11111111.11111111.11111111.00000000。

将两者做"与"运算得:11000000.10101000.00000000.00000000。

将其化为十进制得:192.168.0.0。

这便是上面 IP 的网络地址,主机地址以此类推。实际使用时有一个小技巧,即由于观察到上面的子网掩码为 C 类地址的默认子网掩码(即未划分子网),便可直接看出网络地址为 IP 地址的前 3 部分,即前 3 字节。

1 在做"与"运算时,不影响结果;0 在做"与"运算时,将得到 0。利用"与"的这个特性,当管理员设置子网掩码时,即将子网掩码上与网络地址所对应的位都设为 1,其他位都设为 0,那么当做"与"运算时,IP 地址中的网络号将被保留到结果中,而主机号将被置 0,这样就解析出了网络号。解析主机号也一样,只需先把子网掩码取"反",再做"与"运算。

4. 子网掩码的分类

(1) 默认子网掩码:即未划分子网,对应的网络号的位都置 1,主机号都置 0。

A 类网络默认子网掩码:255.0.0.0。

B 类网络默认子网掩码:255.255.0.0。

C 类网络默认子网掩码:255.255.255.0。

(2) 自定义子网掩码:将一个网络划分为几个子网,需要每一段使用不同的网络号或子网号,实际上可以认为是将主机号再分为两个部分:子网号、子网主机号。形式如下。

未做子网划分的 IP 地址:网络号+主机号。

做子网划分后的 IP 地址:网络号+子网号+子网主机号。

也就是说,IP 地址在划分子网后,以前的主机号所在位置的一部分给了子网号,余下的是子网主机号。

5. 划分子网及确定子网掩码

在动手划分之前,一定要考虑网络目前的需求和将来的需求计划。划分子网主要从以下方面考虑。

(1) 网络中物理段的数量(即要划分的子网数量)。

(2) 每个物理段的主机数量。

确定子网掩码的步骤如下。

第一步:确定物理网段的数量,并将其转换为二进制数,并确定位数 n。例如,需要 6 个子网,6 的二进制值为 110,共 3 位,即 $n=3$。

第二步:按照 IP 地址的类型写出其默认子网掩码。如 C 类,则默认子网掩码为 11111111.11111111.11111111.00000000。

第三步:将子网掩码中与主机号的前 n 位对应的位置置 1,其余位置置 0。若 $n=3$ 且为:

C 类地址:则得到子网掩码为 11111111.11111111.11111111.11100000,转化为十进制得到 255.255.255.224。

B 类地址:则得到子网掩码为 11111111.11111111.11100000.00000000,转化为十进制得到 255.255.224.0。

A 类地址:则得到子网掩码为 11111111.11100000.00000000.00000000,转化为十进制得到 255.224.0.0。

另外,由于网络被划分为 6 个子网,占用了主机号的前 3 位,若是 C 类地址,则主机号只能用 5 位来表示主机号,因此每个子网内的主机数量=(2 的 5 次方)−2=30,6 个子网总共所能标识的主机数将小于 254,这点请大家注意。

举例:有个 B 类网,分别借用 8 位主机地址和 3 位主机地址作为子网地址来划分子网。计算过程如表 5.3～表 5.5 所示。

表 5.3　借用 8 位主机地址时子网地址的计算

名　　称	十进制数	二　进　制　数		
		网络号	子网号	主机号
IP 地址	172.16.50.104	10101100　00010000	00110010	01101000
子网掩码	255.255.255.0	11111111　11111111	11111111	00000000
子网地址	172.16.50.0	10101100　00010000	00000010	00000000

表 5.4　借用 3 位主机地址时子网地址的计算

名　　称	十进制数	二　进　制　数		
		网络号	子网号	主机号
IP 地址	172.16.50.104	10101100　00010000	00110010	01101000
子网掩码	255.255.248.0	11111111　11111111	11111000	00000000
子网地址	172.16.32.0	10101100　00010000	00100000	00000000

表 5.5　借用 3 位主机地址时子网的划分

子　　网	二进制子网地址	十进制子网地址	二进制主机地址范围	十进制主机地址范围
第 1 个	000	172.16.0	00000.00000000～11111.11111111	0.0～31.255
第 2 个	001	172.16.32	00000.00000000～11111.11111111	32.0～63.255
第 3 个	010	172.16.64	00000.00000000～11111.11111111	64.0～95.255
第 4 个	011	172.16.96	00000.00000000～11111.11111111	96.0～127.255
第 5 个	100	172.16.128	00000.00000000～11111.11111111	128.0～159.255
第 6 个	101	172.16.160	00000.00000000～11111.11111111	160.0～191.255
第 7 个	110	172.16.192	00000.00000000～11111.11111111	192.0～223.255
第 8 个	111	172.16.224	00000.00000000～11111.11111111	224.0～255.255

6. 相关判断方法

（1）如何判断是否做了子网划分？

如果它使用了默认子网掩码，那么表示没有做子网划分；反之，则一定做了子网划分。

（2）如何计算子网地址？

将 IP 地址与子网掩码的二进制形式做"与"运算，得到的结果即为子网地址。

（3）如何计算主机地址？

先将子网掩码的二进制取"反"，再与 IP 地址做"与"运算。

（4）如何计算子网数量？

还是从子网掩码入手，主要有两个步骤。

① 观察子网掩码的二进制形式，确定作为子网号的位数 n。

② 子网数量为 2 的 n 次方－2。

例如，有这样一个子网掩码：255.255.255.224，其二进制为 11111111.11111111.11111111.11100000，可见 $n=3$，2 的 3 次方为 8，说明子网地址可能有如下 8 种情况：000、001、010、011、100、101、110、111。但其中代表网络自身的 000，代表广播地址的 111 是被保留的，所以要减 2。

（5）如何计算总主机数量、子网内主机数量？

总主机数量＝子网数量×子网内主机数量

再如，子网掩码为 255.255.255.224。根据上面的讨论知道它最多可以划分 6 个子网，那么每个子网内最多有多少个主机呢？其实上面已经给大家算过了，由于网络被划分为 6 个子网，占用了主机号的前 3 位，且是 C 类地址，则主机号只能用 5 位来表示，因此子网内的主机数量＝（2 的 5 次方）－2＝30。

因此，通过这个子网掩码可以算出这个网络最多可以标识 6×30＝180 个主机（可见，在划分子网后，整个网络所能标识的主机数量将减少）。

（6）计算 IP 地址范围。

通过一个自定义子网掩码，可以得到这个网络所有可能的 IP 地址范围。

具体步骤如下。

① 写出二进制子网地址。

② 将子网地址转化为十进制。

③ 计算子网所能容纳主机数。

④ 得出 IP 范围(起始地址:子网地址+1。终止地址:子网地址+主机数)。

假设一个子网掩码为 255.255.255.224,可知其最多可以划分 6 个子网,子网内主机数为 30,那么所有可能的 IP 地址及计算流程如表 5.6 所示。

表 5.6 IP 地址及计算流程

子网	子网地址(二进制)	子网地址(十进制)	实际 IP 范围
1 号	11001010.01110000.00001010.00100000	202.112.10.32	202.112.10.33~202.112.10.62
2 号	11001010.01110000.00001010.01000000	202.112.10.64	202.112.10.65~202.112.10.94
3 号	11001010.01110000.00001010.01100000	202.112.10.96	202.112.10.97~202.112.10.126
4 号	11001010.01110000.00001010.10000000	202.112.10.128	202.112.10.129~202.112.10.158
5 号	11001010.01110000.00001010.10100000	202.112.10.160	202.112.10.161~202.112.10.190
6 号	11001010.01110000.00001010.11000000	202.112.10.192	202.112.10.193~202.112.10.222

5.2.6 域名系统与地址解析

网络是基于 TCP/IP 进行通信和连接的,每一台主机都有一个唯一的标识固定的 IP 地址,以区别在网络上成千上万个用户和计算机。网络在区分所有与之相连的网络和主机时,均采用了一种唯一、通用的地址格式,即每一个与网络相连接的计算机和服务器都被指派了一个独一无二的地址。为了保证网络上每台计算机的 IP 地址的唯一性,用户必须向特定机构申请注册,该机构根据用户单位的网络规模和近期发展计划,分配 IP 地址。

网络中的地址方案分为两套:IP 地址系统和域名地址系统。这两套地址系统其实是一一对应的关系。IP 地址用二进制数来表示,每个 IP 地址长 32 位,由 4 个小于 256 的数字组成,数字之间用点间隔,例如 166.111.1.11 表示一个 IP 地址。由于 IP 地址是数字标识,使用时难以记忆和书写,因此在 IP 地址的基础上又发展出一种符号化的地址方案,来代替数字型的 IP 地址。每一个符号化的地址都与特定的 IP 地址对应,这样网络上的资源访问起来就容易得多了。这个与网络上的数字型 IP 地址相对应的字符型地址,就被称为域名。

1. 域名

域名(Domain Name)是由一串用点分隔的名字组成的某一台计算机或计算机组的名称,用于在数据传输时标识计算机的电子方位(有时也指地理位置)。简单地说,域名是用字符表示的网络主机名,是一种主机标识符。

可见域名就是上网单位的名称,是一个通过计算机登上网络的单位在该网中的地址。一个公司如果希望在网络上建立自己的主页,就必须取得一个域名,域名也是由若干部分组成的,包括数字和字母。通过该地址,人们可以在网络上找到所需的详细资料。

域名是上网单位和个人在网络上的重要标识,起着识别作用,便于他人识别和检索某一企业、组织或个人的信息资源,从而更好地实现网络上的资源共享。除了识别功能外,在虚拟环境下,域名还可以起到引导、宣传、代表等作用。

通俗地说,域名就相当于一个家庭的门牌号码,别人通过这个号码可以很容易地找到你。

2. 域名系统

由于 IP 地址是用 32 位二进制表示的,不便于识别和记忆,即使换成 4 段十进制表示仍然如此。为了使 IP 地址便于记忆和识别,Internet 从 1985 年开始采用域名管理系统(Domain Name System,DNS)的方法来表示 IP 地址,域名采用相应的英文或汉语拼音表示。

域名一般由 4 部分组成,从左到右依次为分机名、主机域名、机构性域名和地理域名,中间用小数点“.”隔开,即分机名.主机域名.机构性域名.地理域名。

常见的组织性顶级域名有以下 4 类:

.com,商业机构,如 microsoft.com。

.net,网络机构,如 163.net。

.org,非营利性组织,如 redcross.org。

.edu,教育机构,如 pku.edu。

除组织性顶级域名外,还有地理性顶级域名。例如,.CN 表示中国、.JP 表示日本。中国域名的注册和管理由中国互联网络信息中心负责。

Internet 域名空间的树状结构如图 5.3 所示。

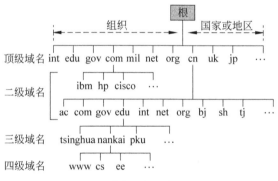

图 5.3　域名空间的树状结构

我国的域名体系也遵照国际惯例,包括类别域名和行政区域名两套。

1) 类别域名

依照申请机构的性质依次分为如下。

ac——科研机构。

com——Commercial Organizations,工、商、金融等企业。

edu——Educational Institutions,教育机构。

gov——Governmental Entities,政府部门。

mil——Military,军事机构。

net——Network Operations and Service Centers,互联网络、接入网络的信息中心(NIC)和运行中心(NOC)。

org——Other Organizations,各种非营利性的组织。

biz——Web Business Guide,网络商务向导,适用于商业公司(注:biz 是 business 的习惯缩用)。

info——infomation,提供信息服务的企业。

pro——professional,适用于医生、律师、会计师等专业人员的通用顶级域名。

name——name,适用于个人注册的通用顶级域名。

coop——cooperation,适用于商业合作社的专用顶级域名。

aero——aero,适用于航空运输业的专用顶级域名。

museum——museum,适用于博物馆的专用顶级域名。

mobi——适用于手机网络的域名。

asia——适用于亚洲地区的域名。

tel——适用于电话方面的域名。

int——International Organizations,国际组织。

cc——Commercial Company(商业公司)的缩写,主要应用在商业领域内。

tv——television(电视)的缩写,主要应用在视听、电影、电视等全球无线电与广播电台领域内。

us——类型,表示美国,全球注册量排名第二。

travel——旅游域名,国际域名。

2) 行政区域名

行政区域名是按照中国的各个行政区划分而成的,其划分标准依照国家标准而定,适用于我国的各省、自治区、直辖市。

中国的顶级域名是 cn,下属的二级域名分为两类。

① 类别域名(6 个)。

ac. cn——用于科研机构。

com. cn——用于工、商、金融企业。

edu. cn——用于教育机构。

gov. cn——用于政府部门。

net. cn——用于互联网络。

org. cn——用于非营利性组织。

② 行政区域名。

行政区域名适用于各省、市、直辖市,一般取地名前两个汉字的拼音缩写(34 个)。例如:

bj. cn——北京。

sh. cn——上海。

gd. cn——广东。

例如,西安交通大学数学系的域名为 mat. xjtu. edu. cn,mat 为分机名,是 Mathematics(数学系)的缩写;xjtu 为主机域名,是 Xi'an Jiaotong University(西安交通大学)的缩写;edu 为机构性域名,是 education(教育行业)的缩写;cn 为地理域名,是 China(中国)的缩写。

在最终管理机构上,国际域名由美国商业部授权的互联网名称与数字地址分配机构(The Internet Corporation for Assigned Names and Numbers,ICANN)负责注册和管理;而国内域名则由中国互联网络管理中心(China Internet Network Information Center,CNNIC)负责注册和管理。

整个域名系统是以一个大型的分布式数据库的方式工作的,大多数具有 Internet 连接的组织都有一个域名服务器,每个服务器包含连向其他域名服务器的信息,这些服务器形成了一个大的协同工作的域名数据库。

3. 域名服务器的层次

　　DNS 服务器的层次是与域名的层次相适应的；每一个域名服务器都只对域名体系中的一部分进行管辖，一个根服务器（Root Server）在这个层次体系的顶部，它是顶层域的管辖者。域名服务器的层次结构如图 5.4 所示。

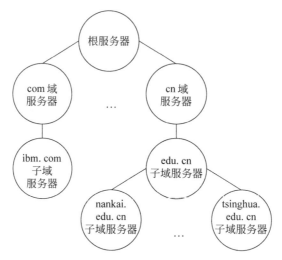

图 5.4　域名服务器的层次结构

　　DNS 服务器的层次对应着域名的层次，但是这两者并不是对等的。一个公司网络或校园网可以选择将它所有的域名都放在一个域名服务器上，也可以选择运行几个域名服务器，如图 5.5 所示。

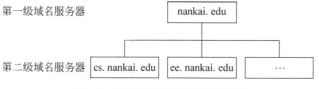

图 5.5　选择运行几个域名服务器

4. 地址解析

　　DNS 是域名系统（Domain Name System）的缩写，该系统用于命名组织在域层次结构中的计算机和网络服务。在 Internet 上域名与 IP 地址之间是一对一（或者多对一）的，域名虽然便于人们记忆，但机器之间只能互相认识 IP 地址，它们之间的转换工作称为域名解析，域名解析需要由专门的域名解析服务器来完成，DNS 就是进行域名解析的服务器。

　　DNS 命名用于 Internet 等 TCP/IP 网络中，通过用户友好的名称查找计算机和服务。当用户在应用程序中输入 DNS 名称时，DNS 服务可以将此名称解析为与之相关的其他信息，如 IP 地址。

　　IP 地址和域名的区别如下。

　　（1）IP 地址——数字型，难以记忆与理解。域名——字符型，直观，便于记忆与理解。

（2）IP 地址——用于网络层。域名——用于应用层。

（3）IP 地址与域名都应该是全网唯一的，并且它们之间具有对应关系。

5. DNS 服务器

在说明 DNS 服务器前，要说明什么叫域名，在网络上辨别一台计算机的方式是利用 IP，但是一组 IP 数字很不容易记，且没有什么联想的意义，因此人们会为网络上的服务器取一个有意义又容易记的名字，这个名字就叫域名。

例如，对于 PC home 计算机报网站而言，一般使用者在浏览这个网站时，都会输入 www.pchome.com.tw，而很少有人会记住这台服务器的 IP 是多少。所以 www.pchome.com.tw 就是 PC home 计算机报的域名，而 203.70.70.1 则是它的 IP，就如同人们在称呼朋友时，一定是叫他的名字，几乎没有人叫对方身份证号。

但由于在 Internet 上还是通过 IP 来辨识机器，所以当使用者输入域名后，浏览器必须先去一台有域名和 IP 对应资料的主机查询这台计算机的 IP，而这台被查询的主机，称为 DNS 服务器。

例如，当输入 www.pchome.com.tw 时，浏览器会将 www.pchome.com.tw 这个名字传送到离它最近的 DNS 服务器去做辨识，如果寻找到，则会传回这台主机的 IP，进而向它索取资料；如果没查到，就会发生类似 DNS NOT FOUND 的情形，所以一旦 DNS 服务器死机，就像是路标完全被毁坏，没有人知道该把资料送到哪里。跟我们一般人的姓名不同，域和 IP 一样，每个域必须对应一组 IP，而且是独一无二的。

6. 域名解析过程

（1）域名服务器与域名解析器。

域名服务器（驻留在服务器端）是一个服务器软件，运行在指定的主机上，完成域名-IP 地址映射。一台域名服务器通常保存着它所管辖区域内的域名与 IP 地址的对照表。

域名解析器（驻留在客户端）是请求域名解析服务的客户软件，一个域名解析器可以利用一个或多个域名服务器进行域名解析。

（2）域名解析的过程如图 5.6 所示。

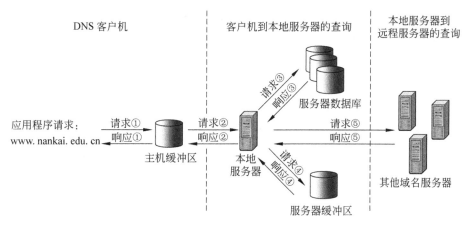

图 5.6 域名解析的过程

（3）域名解析中客户与服务器的交互过程如图 5.7 所示。

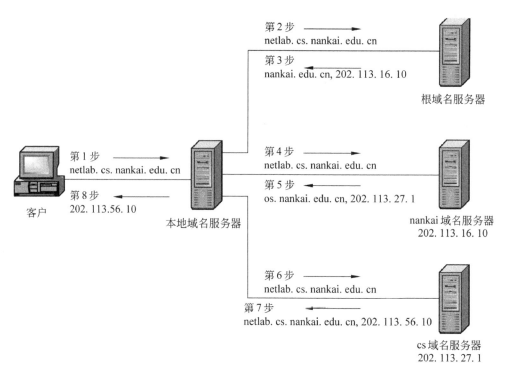

图 5.7 客户与服务器的交互过程

（4）域名解析流程如图 5.8 所示。

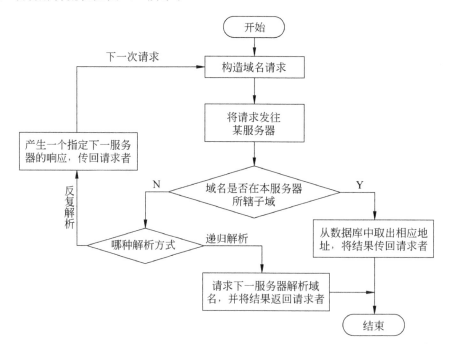

图 5.8 域名解析流程

5.3　互联网接入方式

接入互联网服务是指通过光纤、数字电路、DDN 等传输技术完成用户与 IP 广域网的高带宽、高速度的物理连接。

目前,一般都使用宽带接入互联网,以便提供更可靠、更稳定、更快速的互联网接入,使用户能够进行更多的互联网应用,包括语音、视频、数据传输、网络会议、办公自动化等。

宽带,其实并没有很严格的定义,过去一般是以拨号上网速率的上限 56kbps(bits per second,数据传输速率的常用单位)为分界,将 56kbps 及其以下的接入称为"窄带",之上的接入方式则归类于"宽带"。它也是一个动态的、发展的概念。

目前的宽带对家庭用户而言是指传输速率超过 1Mbps,可以满足语音、图像等大量信息传递的需求。可提供包括光纤、xDSL(ADSl、HDSL)、Cable、ISDN 等类型的接入解决方案,如图 5.9 所示。

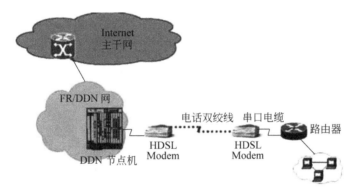

图 5.9　互联网接入

5.3.1　PSTN 公用电话交换网拨号接入

公用电话交换网(Public Switch Telephone Network,PSTN)即人们日常生活中常用的电话网。众所周知,PSTN 是一种以模拟技术为基础的电路交换网络。在众多的广域网互连技术中,通过 PSTN 进行互连所要求的通信费用最低,但其数据传输质量及传输速率也最差,同时 PSTN 的网络资源利用率也比较低。

通过 PSTN 可以实现如下访问。

(1) 拨号连接 Internet/Intranet/LAN。

(2) 两个或多个 LAN 之间的网络互连。

(3) 和其他广域网技术的互连公共交换电话网是基于标准电话线路的电路交换服务,用来作为连接远程端点的连接方法。

典型的应用有远程端点和本地 LAN 之间的连接和远程用户拨号上网。

由于模拟电话线路是针对语音频率 30~4000Hz 而优化设计的,使通过模拟电话线路的数据传输速率被限制在 33.4kbps 以内。尽管 PSTN 在进行数据传输时存在这样或那样的问题，但这是一种不可替代的联网介质(技术)。特别是建立在 PSTN 基础之上的 xDSL 技术和产品的应用拓展了 PSTN 的发展和应用空间，使得联网速率可达到 9～52Mbps。

PSTN 的入网方式比较简便灵活，通常有以下几种。

(1) 通过普通拨号电话线入网。只要在通信双方原有的电话线上并接 Modem，再将 Modem 与相应的上网设备相连即可。目前，大多数上网设备，如 PC 或者路由器，均提供有若干个串行端口，串行端口和 Modem 之间采用 RS-232 等串行接口规范。这种连接方式的费用比较经济，收费价格与普通电话的收费相同，可适用于通信不太频繁的场合。

(2) 通过租用电话专线入网。与普通拨号电话线方式相比，租用电话专线可以提供更高的通信速率和数据传输质量，但相应的费用也较前一种方式高。使用专线的接入方式与使用普通拨号线的接入方式没有太大的区别，但是省去了拨号连接的过程。通常，当决定使用专线方式时，用户必须向所在地的电信局提出申请，由电信局负责架设和开通。

(3) 经过普通拨号或租用专用电话线方式由 PSTN 转接入公共数据交换网(X.25 或帧中继等)的入网方式。利用该方式实现与远地的连接是一种较好的远程方式，因为公共数据交换网为用户提供可靠的面向连接的虚电路服务，其可靠性与传输速率都比 PSTN 强得多。

5.3.2 ISDN 综合业务数字网接入

ISDN(Integrated Service Digital Network)的中文名称是综合业务数字网。

ISDN 是数字传输和数字交换综合而成的数字电话网。它能实现用户端的数字信号进网，并且能提供端到端的数字连接，从而可以用同一个网络承载各种语音和非语音业务。

ISDN 基本速率接口包括两个能独立工作的 64kbps 的 B 信道和一个 16kbps 的 D 信道，选择 ISDN 2B+D 端口一个 B 信道上网，速率可达 64kbps，比一般电话拨号方式快 2.2 倍(若 Modem 的传输速率为 28.8kbps)。若两个 B 信道通过软件结合在一起使用时，通信速率则可达到 128kbps。

中国电信将其俗称为"一线通"。它是 20 世纪 80 年代末在国际上兴起的新型通信方式。一对普通电话线过去只能接一部电话机，所以拨号上网就意味着这个时候不能打电话。而申请了 ISDN 后，通过一个称为 NT 的转换盒，就可以同时使用数个终端，可一边在 Internet 上冲浪，一边打电话或进行其他数据通信。虽然仍是普通电话线，NT 的转换盒可以提供给用户的却是两个标准的 64kbps 数字信道，即所谓的 2B+D 接口。一个 TA 口接电话机，一个 NT 口接计算机。它允许的最大传输速率是 128kbps，是普通 Modem 的 3～4 倍。

5.3.3 ADSL 接入

ADSL 是英文 Asymmetric Digital Subscriber Loop(非对称数字用户线)的缩写，ADSL 技术是运行在原有普通电话线上的一种新的高速宽带技术，它利用现有的一对电话铜线，为用户提供上、下行非对称的传输速率(带宽)。

非对称主要体现在上行速率(最高 640kbps)和下行速率(最高 8Mbps)的非对称性上。

上行(从用户到网络)为低速的传输,可达 640kbps;下行(从网络到用户)为高速传输,可达 8Mbps。

它最初主要是针对视频点播业务开发的,随着技术的发展,逐步成为一种较方便的宽带接入技术,为电信部门所重视。

ADSL 是目前 DSL 技术系列中最适合宽带上网的技术,因为 ADSL 上、下行速率的非对称特性,能提供的速率以及传输距离特别符合现阶段互联网接入的要求,而且能与普通电话共用接入线。ADSL 的标准化很完善,产品的互通性很好,价格也在大幅下降,而且 ADSL 接入能提供 QoS,确保用户独享一定的带宽。

DSL(Digital Subscriber Line,数字用户线)技术是基于普通电话线的宽带接入技术,它在同一铜线上分别传送数据和语音信号,数据信号并不通过电话交换机设备,减轻了电话交换机的负载。并且不需要拨号,一直在线,属于专线上网方式。DSL 包括 ADSL、RADSL、HDSL 和 VDSL 等。

VDSL(Very-high-bit-rate Digital Subscriber Loop)是高速数字用户环路,简单地说,VDSL 就是 ADSL 的快速版本。使用 VDSL,短距离内的最大下载速率可达 55Mbps,上传速率可达 19.2Mbps,甚至更高。

在采用 ADSL 接入时,过去使用比较普遍的是基于 ATM 的 DSLAM,便于业务管理和服务质量的保障,但需要依赖 ATM 传送网。新的发展趋势是使用 IP DSLAM,直接采用以太网上连,从而摆脱对 ATM 网的依赖,更好地适应电信网络 IP 化的大趋势。

对于 ADSL 接入,目前最广泛采用的用户认证方式还是传统的 PPPoE,该方式可以很好地支撑宽带网的计费、安全和管理等要求。

5.3.4　DDN 数字数据网专线接入

DDN(Digital Data Network,数字数据网)即平时所说的专线上网方式。它是利用数字信道提供永久性连接电路,用来传输数据信号的数字传输网络。可提供速率为 $N \times 64$kbps($N=1,2,3,\cdots,31$)和 $N \times 2$Mbps 的国际、国内高速数据专线业务。可提供的数据业务接口有 V.35、RS232、RS449、RS530、X.21、G.703、X.50 等。

DDN 专线接入如图 5.10 所示。

主要由 6 个部分组成:光纤或数字微波通信系统;智能节点或集线器设备;网络管理系统;数据电路终端设备;用户环路;用户端计算机或终端设备。

它的主要作用是向用户提供永久性和半永久性连接的数字数据传输信道,既可用于计算机之间的通信,也可用于传送数字化传真、数字语音、数字图像信号或其他数字化信号。

中国公用数字数据骨干网于 1994 年正式开通,并已通达全国地市以上城市及部分经济发达县城。它由中国电信经营的、向社会各界提供服务的公共信息平台。

DDN 作为计算机数据通信联网传输的基础,提供

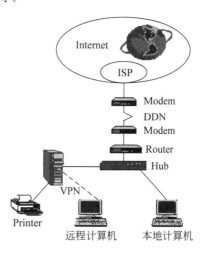

图 5.10　DDN 专线接入

点对点、点对多点的大容量信息传送通道。如利用全国 DDN 组成的海关、外贸系统网络。又如通过 DDN 将银行的自动提款机（ATM）连接到银行系统大型计算机主机。银行一般租用 64kbps DDN 线路把各个营业点的 ATM 机进行全市乃至全国联网。在用户提款时，对用户的身份验证、提取款额、余额查询等工作都是由银行主机来完成的。这样就形成一个可靠、高效的信息传输网络。

5.3.5　Cable Modem 接入

Cable Modem（电缆调制解调器）又名线缆调制解调器，它是近几年随着网络应用的扩大而发展起来的，主要用于有线电视网进行数据传输。

HFC 网络（混合光纤同轴电缆网络）是从有线电视（CATV）网发展起来的。有线电视网经过近年来的升级改造，正逐步从传统的同轴电缆网升级到以光纤为主干的双向 HFC 网络。利用 HFC 网络大大提高了网络传输的可靠性、稳定性，而且扩展了网络传输带宽。HFC 数字通信系统通过电缆调制解调器（Cable Modem）系统实现 Internet 的高速接入。

有线电视公司一般从 42~750MHz 电视频道中分离出一条 6MHz 的信道用于下行传送数据。通常下行数据采用 64QAM（正交调幅）调制方式，最高速率可达 27Mbps，如果采用 256QAM，最高速率可达 36Mbps。上行数据一般通过 5~42MHz 的一段频谱进行传送，为了有效抑制上行噪声积累，一般选用 QPSK 调制，QPSK 比 64QAM 更适合噪声环境，但速率较低。上行速率最高可达 10Mbps。

目前，Cable Modem 接入技术在全球尤其是北美的发展势头很猛，每年用户数以超过 100% 的速度增长，在中国，已有广东、深圳、南京等省市开通了 Cable Modem 接入。它是电信公司 xDSL 技术最大的竞争对手。

在未来，电信公司阵营鼎力发展的基于传统电话网络的 xDSL 接入技术与广电系统有线电视厂商极力推广的 Cable Modem 技术将在接入网市场（特别是高速 Internet 接入市场）展开激烈的竞争。

在中国，广电部门在有线电视（CATV）网上开发的宽带接入技术已经成熟并进入市场。CATV 网的覆盖范围广，入网户数多；网络频谱范围宽，起点高，大多数新建的 CATV 网都采用混合光纤同轴电缆网络（HFC 网络），使用 550MHz 以上频宽的邻频传输系统，极适合提供宽带功能业务。电缆调制解调器技术就是基于 CATV 网的网络接入技术。

Cable Modem 彻底解决了由于声音、图像的传输而引起的阻塞，其速率已达 10Mbps 以上，下行速率则更高。传统的 Modem 虽然已经开发出了速率 56kbps 的产品，但其理论传输极限为 64kbps，再想提高已不大可能。Cable Modem 也是组建城域网的关键设备，混合光纤同轴电缆网络主干线用光纤，光节点小区内用树状总线同轴电缆网连接用户，其传输频率可高达 550/750MHz。在 HFC 网中传输数据就需要使用 Cable Modem。

5.3.6　光纤接入网（以太网宽带接入）

光纤接入网（OAN）是采用光纤传输技术的接入网，即用户通过本地交换局进行互联网接入时全部或部分采用光纤传输的通信系统。光纤具有宽带、远距离传输能力强、保密性好、抗干扰能力强等优点,是未来接入网的主要实现技术。

目前,有很多种光纤接入方式。例如,FTTB(光纤到办公大楼)、FTTC(光纤到路边)、FTTZ(光纤到用户小区)、FTTH(光纤到用户家庭)。

FTTx+LAN 接入方式是一种利用光纤加 5 类网络线方式实现的宽带接入方案,实现千兆光纤到小区(大楼)中心交换机,中心交换机和楼道交换机以百兆光纤或 5 类网络线相连,楼道内采用综合布线,用户上网速率可达 10Mbps,网络可扩展性强,投资规模小。FTTx 接入方式可满足不同用户的需求。

FTTx+LAN 方式采用星状网络拓扑,用户共享带宽。在光纤到大楼或小区后采用以太网接入(即 FTTx+LAN)是被广泛看好而又争议不断的宽带接入手段。以太网接入采用 5 类非屏蔽双绞线(UTP)作为接入线路,需要在楼内进行综合布线。

以太网在局域网中几乎一统天下,将以太网引入到接入网甚至城域网后,从用户桌面、接入网到核心网就可以完全采用同一技术,避免了协议转换带来的问题。以太网接入有扩展性好、价格便宜、接入速率高、技术成熟简单等优势,能向用户提供 10/100Mbps 的终端接入速率。尤其是对于高密度用户群,以太网接入的经济性也非常好,我国由于城市居民的居住密度大,正好适合以太网接入的这一特性。

5.3.7 SDH 数字专线点对点接入

SDH(Synchronous Digital Hierarchy,即同步数字体系)专线,是利用光纤、数字微波、卫星等数字电路开放的数据传输业务。

它是采用数字传输信道传输数据信号的通信网,可提供点对点、点对多点透明传输的数据专线出租电路,为用户传输数据、图像、语音等信息。

SDH 是一种将复接、线路传输及交换功能融为一体,并由统一网络管理系统操作的综合信息传送网,是美国贝尔通信技术研究所提出来的同步光纤网(SONET)。它可实现网络有效管理、实时业务监控、动态网络维护、不同厂商设备间的互通等多项功能,能大大提高网络资源利用率、降低管理及维护费用、实现灵活可靠和高效的网络运行与维护,因此是当今世界信息领域在传输技术方面的发展和应用的热点,受到人们的广泛重视。

SDH 作为新一代理想的传输体系,具有路由自动选择能力,上下电路方便,维护、控制、管理功能强,标准统一,便于传输更高速率的业务等优点,能很好地适应通信网飞速发展的需要。迄今,SDH 得到空前的应用与发展。

5.3.8 WLAN 无线局域网接入

无线局域网(Wireless Local Area Networks,WLAN)是相当便利的数据传输系统,它利用射频(Radio Frequency,RF)技术,取代了双绞铜线(Coaxial)所构成的局域网。但无线局域网不是用来取代有线局域网,而是用来弥补有线局域网的不足,以达到网络延伸的目的,下列情形可能需要无线局域网。

(1) 无固定工作场所的使用者。

(2) 有线局域网络架设受环境限制。

(3) 作为有线局域网络的备用系统。

WLAN 接入的关键技术是无线局域网存取技术。目前,厂商在设计无线局域网产品时,有多种存取设计方式,大致可分为 3 大类:窄频微波(Narrowband Microwave)技术、扩频(Spread Spectrum)技术,以及红外线(Infrared)技术,每种技术皆有其优缺点和限制条件。

需要使用的硬件设备如下。

1)无线网卡

无线网卡的作用和以太网中的网卡的作用基本相同,它作为无线局域网的接口,能够实现无线局域网各客户机间的连接与通信。

2)无线 AP

AP 是 Access Point 的简称,无线 AP 就是无线局域网的接入点、无线网关,它的作用类似于有线网络中的集线器。

3)无线天线

当无线网络中各网络设备相距较远时,随着信号的减弱,传输速率会明显下降以致无法实现无线网络的正常通信,此时就要借助于无线天线对所接收或发送的信号进行增强。

5.3.9 卫星宽带接入

目前,常见的 Internet 卫星宽带接入系统主要有 DirecPC 和 InSAT,其中 DirecPC 用户较多。

DirecPC 是把卫星通信系统与地面电话网络结合起来,即电话网络作为上行通道,卫星通道作为 Internet 的下行链路来实现 Internet 的高速接入。与一般以电话传送的最大区别是:DirecPC 不是完全通过卫星做双向传送,用户的接收天线只能下载文件,不能替用户发出指令,因此卫星 Internet 用户需要通过本地 ISP,才可以把指令发出,不过所有发出的指令,都附带文件下载的卫星 Internet IP 地址(用户计算机上的 PC 卡有专用 IP 地址)。卫星宽带接入系统如图 5.11 所示。

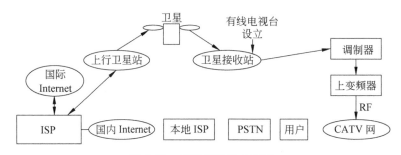

图 5.11　卫星宽带接入系统

DirecPC 卫星直拨网络业务的工作过程:拨号上网时,用户计算机内的 DirecPC 软件会同时告知因特网服务供应商(ISP),把上网的要求转到 DirecPC 网络操作中心(NOC),如果用户所要访问的站点在 NOC 的超高速缓存区内,中心会把网页内容调出立即通过卫星直接传给用户。

如果用户所要访问的站点不在 NOC 的超高速缓存区内,中心立即从目标信息所在的网络主机获取用户所需资料,然后通过卫星通道把信息传给用户。可见卫星通道代替了目标信息所在网络至本地网间传输通道及本地网至用户间的电话线路,传输速率得到很大提高。

如一个 2MB 的文件,利用 33.6kbps 的 Modem 下载要 9min,通过卫星以 400kbps 下载只要 40s。对于用户来说,要通过卫星上网,除个人计算机外,需配备一块卫星适配卡,一副碟形天线,一套 DirecPC 软件。将适配卡插入计算机,安装 DirecPC 软件,连接天线,就可以上网了。

毫无疑问,上面的 DirecPC 卫星直拨网络业务,实际上是一个单向的"有效的宽频带网络",主要是用卫星来解决电话线解决不了的高速数据下载问题,用户仍需依赖地面电话网络。对于现在还不能够实现用电话线入网的地方,则可充分发挥卫星接入系统通信距离远、费用与距离无关、覆盖面积大且不受地理条件限制的特点,采用双向卫星传输(即 InSAT)访问 Internet,从而实现无处不在的 Internet 服务。

双向卫星传输可以采用 VSAT 来实现。例如,现在的 TDM/TDMA 制式的数据 VSAT 系统,可以认为本来就是基本按客户机/服务器的模式设计的,其双向通信量相差 10 倍以上。当然其他 VSAT 制式,如 TDMA 或 SCPC 都可以采用。要根据实际应用的需要来选用,对现有的 VSAT 系统最好能加以改进,以适合 Internet 通信的需要。VSAT 系统如图 5.12 所示。

图 5.12　VSAT 系统

5.3.10　互联网接入应用案例讨论

1. 某矿务局 Internet 接入应用案例

某矿务局有家属区和办公区两地,其中家属区约有 400 人,办公区约有 200 人,这两地间相距约 1.6km,两地需要接入 Internet,而且办公区要能访问到家属区,但出于安全考虑,家属区不能访问到办公区。两地间相互访问已做好,采用光纤连接,而且两地的局域网已建好。现以 ADSL 接入 Internet,后期可能会改为 DDN 上网。

要求:能对用户上网进行控制,如用户能否上网、不能访问哪些网站、能否用浏览器以外的软件上网,有灵活的设置功能,友好的操作界面。最好能提供局域网内部 E-mail 系统。

为了很好地利用网络的优越性,请推荐一款办公软件,两地都能访问到,这样不管在家属区还是在办公区,都能访问到办公软件系统。办公系统需采用 Browser/Server 结构,有较先进的设计思想,有强大的管理能力,信息实时沟通,为以后的模块扩充留有强大的接口。

2. 应用方案拓扑图说明

在两地各安装一台 HP 互联网接入服务器,其中家属区选用 HP 互联网接入服务器Ⅲ型(以下简称 A 机),办公区选用 HP 互联网接入服务器Ⅱ型(以下简称 B 机)。在 A 机上安装 HP 互联网接入服务器的扩展模块——网上办公系统,这是 HP 互联网接入服务器可选的扩展模块,可以和 HP 互联网接入服务器无缝结合。在 B 机上启用 DNS 功能,A 机上启用 E-Mail。HP 互联网接入服务器已集成了 DNS 和 E-Mail 功能。方案拓扑图如图 5.13所示。

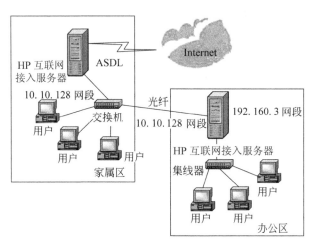

图 5.13　某矿务局 Internet 接入应用方案拓扑图

HP 互联网接入服务器支持国内大多数接入方式,如 DDN、ADSL、ISDN、Cable Modem、专线接入、拨号等。HP 互联网接入服务器预先集成的服务有 E-mail、DNS、DHCP、防火墙、代理服务器,它通过浏览器对其进行完全管理,用户不必再担心会出现软件不好用、不会用的问题,而且当用户的接入服务器在互联网上有真实的 IP 时,还可以实现远程操作。

3. 具体应用说明

家属区为 10.10.128 网段,办公区为 192.160.3 网段。在 A 机上安装办公、开启 DNS 服务,将 DNS 的邮件 MX 记录指向 B 机的与家属区相连的 IP 地址,将家属区用户的默认网关指向 A 机,DNS 指向 A 机。B 机启用 E-Mail 服务和 DNS 服务,将 DNS 的邮件 MX 记录指向本机,将 B 机的默认网关指向 B 机,再将用户机的默认网关指向 B 机,DNS 指向 A 机。

在 A 机的代理服务器中,添加可能上网用户的 IP 地址,其他全部默认拒绝上网(注意:不能将 B 机的 IP 地址拒绝上网,否则办公网的用户将不能上网)。将其默认代理服务器缓存设为 100MB,这样可以大大提高用户的上网速度。

在 B 机的防火墙中,添加一个输入规则,屏蔽到 UDP 的 8000 端口,使用户不能上 QQ。

5.4　互联网提供的应用服务

5.4.1　电子邮件

电子邮件(Electronic Mail,E-mail)是一种用电子手段提供信息交换的通信方式。选择@符号作为用户名与地址的间隔,因为这个符号比较生僻,不会出现在任何一个人的名字当中,而且这个符号的读音也有"在"的含义。

电子邮件是 Internet 应用最广的服务:通过网络的电子邮件系统,用户可以用非常低廉的价格(不管发送到哪里,都只需负担电话费和网费即可),以非常快速的方式(几秒钟之内可以发送到世界上任何指定的目的地),与世界上任何一个角落的网络用户联系,这些电子邮件可以是文字、图像、声音等各种方式。同时,用户可以得到大量免费的新闻、专题邮件,并实现轻松的信息搜索。

1. 电子邮件的起源

据《互联网周刊》报道,世界上第一封电子邮件是由计算机科学家 Leonard. K 教授发给他同事的一条简短消息(时间应该是 1969 年 10 月),这条消息只有两个字母:LO。Leonard. K 教授因此被称为电子邮件之父。

Leonard. K 教授解释:"当年我试图通过一台位于加利福尼亚大学的计算机和另一台位于旧金山附近斯坦福研究中心的计算机联系。我们所做的事情就是从一台计算机登录到另一台计算机。当时登录的办法就是输入 L-O-G,于是我方输入 L,然后问对方:'收到 L 了吗?'对方回答:'收到了。'然后依次输入 O 和 G,但还未收到对方收到 G 的确认回答,系统就瘫痪了。所以第一条网上信息就是 LO,意思是'你好! 我完蛋了。'"

2. 原理

1)电子邮件的发送和接收

电子邮件在 Internet 上发送和接收的原理可以很形象地用人们日常生活中邮寄包裹来形容:当要寄一个包裹的时候,首先要找到任何一个有这项业务的邮局,在填写完收件人姓名、地址等之后包裹就寄出;而到了收件人所在地的邮局,对方取包裹的时候就必须去这个邮局才能取出。同样,当发送电子邮件的时候,这封邮件是由邮件发送服务器发出,并根据收信人的地址判断对方的邮件接收服务器而将这封信发送到该服务器上,收信人要收取邮件也只能访问这个服务器才能够完成。

2)电子邮件地址的构成

电子邮件地址的格式是 USER@SERVER. COM,它由 3 部分组成。第 1 部分 USER 代表用户信箱的账号,对于同一个邮件接收服务器来说,这个账号必须是唯一的;第 2 部分是@分隔符;第 3 部分 SERVER. COM 是用户信箱的邮件接收服务器域名,用于标识其所在的位置。

3. 工作过程

(1)电子邮件系统是一种新型的信息系统,是通信技术和计算机技术结合的产物。

电子邮件的传输是通过电子邮件简单传输协议(Simple Mail Transfer Protocol,SMTP)这一系统软件来完成的,它是 Internet 下的一种电子邮件通信协议。

（2）电子邮件的基本原理，是在通信网上设立电子信箱系统，它实际上是一个计算机系统。

系统的硬件是一个高性能、大容量的计算机。硬盘作为信箱的存储介质，在硬盘上为用户分配一定的存储空间作为用户的"信箱"，每位用户都有属于自己的一个电子信箱，并确定一个用户名和用户可以自己随意修改的口令。存储空间包含存放所收信件、编辑信件以及信件存档3部分空间，用户使用口令开启自己的信箱，并进行发信、读信、编辑、转发、存档等各种操作。系统功能主要由软件实现。

（3）电子邮件的通信是在信箱之间进行的。

用户首先开启自己的信箱，然后通过输入命令的方式将需要发送的邮件发到对方的信箱中。邮件在信箱之间进行传递和交换，也可以与另一个邮件系统进行传递和交换。接收方在取信时，使用特定账号从信箱提取。

电子邮件的工作过程遵循客户/服务器模式。每份电子邮件的发送都要涉及发送方与接收方，发送方构成客户端，而接收方构成服务器，服务器含有众多用户的电子信箱。发送方通过邮件客户程序，将编辑好的电子邮件向邮局服务器（SMTP服务器）发送。邮局服务器识别接收者的地址，并向管理该地址的邮件服务器（POP3服务器）发送消息。邮件服务器将消息存放在接收者的电子信箱内，并告知接收者有新邮件到来。接收者通过邮件客户程序连接到服务器后，就会看到服务器的通知，进而打开自己的电子信箱来查收邮件。

通常Internet上的个人用户不能直接接收电子邮件，而是通过申请ISP主机的一个电子信箱，由ISP主机负责电子邮件的接收。一旦有用户的电子邮件到来，ISP主机就将邮件移到用户的电子信箱内，并通知用户有新邮件。因此，当发送一条电子邮件给另一个客户时，电子邮件首先从用户计算机发送到ISP主机，然后到Internet，再到收件人的ISP主机，最后到收件人的个人计算机。

ISP主机起着"邮局"的作用，管理着众多用户的电子信箱。每个用户的电子信箱实际上就是用户所申请的账号名。每个用户的电子信箱都要占用ISP主机一定容量的硬盘空间，由于这一空间是有限的，因此用户要定期查收和阅读电子信箱中的邮件，以便腾出空间来接收新的邮件。

4. 电子邮件协议

常见的电子邮件协议有以下几种：SMTP（简单邮件传输协议）、POP3（邮局协议）、IMAP（Internet邮件访问协议）。这几种协议都是由TCP/IP协议族定义的。

SMTP（Simple Mail Transfer Protocol）：主要负责底层的邮件系统如何将邮件从一台机器传至另外一台机器。

POP（Post Office Protocol）：目前的版本为POP3，POP3是把邮件从电子邮箱中传输到本地计算机的协议。

IMAP（Internet Message Access Protocol）：目前的版本为IMAP4，是POP3的一种替代协议，提供了邮件检索和邮件处理的新功能，这样用户可以完全不必下载邮件正文就看到邮件的标题摘要，从邮件客户端软件就可以对服务器上的邮件和文件夹目录等进行操作。IMAP增强了电子邮件的灵活性，同时也减少了垃圾邮件对本地系统的直接危害，相对节省了用户查看电子邮件的时间。除此之外，IMAP可以记忆用户在脱机状态下对邮件的操作（例如移动邮件、删除邮件等），在下一次打开网络连接的时候会自动执行。

当前的两种邮件接收协议和一种邮件发送协议都支持安全的服务器连接。在大多数流行的电子邮件客户端程序里面都集成了对 SSL 连接的支持。

除此之外,很多加密技术也应用到电子邮件的发送、接收和阅读过程中。它们可以提供 128~2048 位不等的加密强度。无论是单向加密还是对称密钥加密也都得到了广泛支持。

5.4.2　Web 浏览

Web 的本意是蜘蛛网和网的意思,现广泛译为网络、互联网等。目前,该词汇又引申为"环球网",而且在不同的领域,有不同的含义。

就拿"环球网"的释义来说,对于普通的用户来说,Web 仅仅只是一种环境——互联网的使用环境、氛围、内容等;而对于网站制作、设计者来说,它是一系列技术的复合总称(包括网站的前台布局、后台程序、美工、数据库领域等技术概括性的总称)。其表现为 3 种形式,即超文本(Hypertext)、超媒体(Hypermedia)、超文本传输协议(HTTP)。

1) 超文本

超文本是一种全局性的信息结构,是超级文本的简称。它将文档中的不同部分通过关键字建立链接,使信息得以用交互方式搜索,如图 5.14 所示。

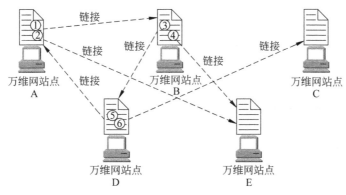

图 5.14　超文本

2) 超媒体

超媒体是超文本和多媒体在信息浏览环境下的结合,是超级媒体的简称。用户不仅能从一个文本跳到另一个文本,而且可以激活一段声音,显示一个图形,甚至可以播放一段动画。

3) 超文本传输协议

超文本传输协议即超文本在互联网上的传输协议。

Internet 采用超文本和超媒体的信息组织方式,将信息的链接扩展到整个 Internet 上。Web 就是一种超文本信息系统,Web 的一个主要的概念就是超文本链接,它使得文本不再像一本书一样是固定的、线性的,而是可以从一个位置跳到另外的位置,可以从中获取更多的信息,可以转到别的主题上。想要了解某一个主题的内容只要在这个主题上点一下,就可以跳转到包含这一主题的文档上。正是由于这种多连接性才把它称为 Web。

1. Web 的起源

最早的网络构想可以追溯到遥远的 1980 年蒂姆·伯纳斯-李(Tim Berners-Lee)构建的

ENQUIRE 项目。这是一个类似维基百科的超文本在线编辑数据库。尽管这与人们现在使用的万维网大不相同,但是它们有许多相同的核心思想,其至还包括一些伯纳斯-李的万维网之后的下一个项目——语义网中的构想。如图 5.15 所示为第一个 Web 服务器。

图 5.15　第一个 Web 服务器

蒂姆·伯纳斯-李的另一个突破是将超文本嫁接到因特网上。他发明了一个全球网络资源唯一认证的系统:统一资源标识符。

2. Web 的特点

1) Web 是图形化的和易于导航的

Web 非常流行的一个很重要的原因就在于它可以在一页上同时显示色彩丰富的图形和文本。在 Web 之前,Internet 上的信息只有文本形式。Web 可以提供将图形、音频、视频信息集合于一体的特性。同时,Web 是非常易于导航的,只需要从一个链接跳到另一个链接,就可以在各页、各站点之间进行浏览了。

2) Web 与平台无关

无论系统平台是什么,都可以通过 Internet 访问 WWW。浏览 WWW 对系统平台没有任何限制。无论 Windows 平台还是 UNIX 平台、Macintosh 平台等都可以访问 WWW。对 WWW 的访问是通过一种叫作浏览器(Browser)的软件实现的,如 Netscape 的 Navigator、Firefox、Microsoft 的 Explorer 等。

3) Web 是分布式的

大量的图形、音频和视频信息会占用相当大的磁盘空间,人们其至无法预知信息的多少。对于 Web 没有必要把所有信息都放在一起,信息可以放在不同的站点上。只需要在浏览器中指明这个站点就可以了。使在物理上并不一定在一个站点的信息在逻辑上一体化,从用户来看这些信息是一体的。

4) Web 是动态的

最后,由于各 Web 站点的信息包含站点本身的信息,信息的提供者可以经常对站上的信息进行更新。如某个协议的发展状况、公司的广告等。一般各信息站点都尽量保证信息的时间性。所以,Web 站点上的信息是动态的、经常更新的。这一点是由信息的提供者保证的。

5) Web 是交互的

Web 的交互性首先表现在它的超链接上,用户的浏览顺序和所到站点完全由他自己决定。另外,通过 FORM 的形式可以从服务器方获得动态的信息。用户通过填写 FORM 可以向服务器提交请求,服务器可以根据用户的请求返回相应信息。

3. 工作原理

当想进入万维网上的一个网页,或者其他网络资源的时候,通常要先在浏览器上输入想访问网页的统一资源定位符(Uniform Resource Locator),或者通过超链接方式链接到那个网页或网络资源。这之后的工作首先是 URL 的服务器名部分,被名为域名系统的分布于全球的因特网数据库解析,并根据解析结果决定进入到哪一个 IP 地址(IP Address)。

接下来的步骤是为所要访问的网页,向在那个 IP 地址工作的服务器发送一个 HTTP

请求。在通常情况下,HTML 文本、图片和构成该网页的一切其他文件很快会被逐一请求并发送回用户。

网络浏览器接下来的工作是把 HTML、CSS 和其他接收到的文件所描述的内容,加上图像、链接和其他必需的资源,显示给用户。这些就构成了人们所看到的网页。

大多数的网页自身包含有超链接指向其他相关网页,可能还有下载、源文献、定义和其他网络资源。像这样通过超链接,把有用的相关资源组织在一起的集合,就形成了一个所谓的信息的"网"。这个网在因特网上被方便使用,就构成了最早在 20 世纪 90 年代初蒂姆·伯纳斯-李所说的万维网。

4. Web 浏览器

网络浏览器或网页浏览器,简称浏览器,英文名称是 Web Browser。

浏览器是显示网页服务器或文件系统内的 HTML 文件,并让用户与这些文件互动的一种软件。个人计算机上常见的网页浏览器包括微软的 Internet Explorer、Mozilla 的 Firefox、Opera 和 Safari。浏览器是最经常使用到的客户端程序,全球信息网是全球最大的文件网络文库。

1) Web 浏览器简史

蒂姆·伯纳斯-李是第一个使用超文本来分享信息的人,他于 1990 年发明了首个网页浏览器——World Wide Web。在 1991 年 3 月,他把这个发明介绍给了他在 CERN 工作的朋友。从那时起,浏览器的发展就和网络的发展联系在了一起。

NCSA Mosaic 促进了互联网的迅速发展。它先是一个在 UNIX 上运行的图像浏览器,很快便发展到在 Apple Macintosh 和 Microsoft Windows 上也能运行。1993 年 9 月发表了 1.0 版本。NCSA 中 Mosaic 项目的负责人 Marc Andreessen 辞职并建立了网景通信公司。

网景公司在 1994 年 10 月发布了它们的旗舰产品 Navigator(导航者)。但第二年网景的优势就被削弱了。错失了互联网浪潮的微软在这个时候仓促地购入了 Spyglass 公司的技术,改成 Internet Explorer,掀起了软件巨头微软和网景之间的浏览器大战,这同时也加快了全球信息网的发展。

2003 年,微软公司宣布不会再推出独立的 Internet Explorer,但会变成 Windows 平台的一部分,同时也不会再推出任何 Macintosh 版本的 Internet Explorer。不过,2005 年初微软却改变了计划,并宣布将会为 Windows XP、Windows Server 2003 和 Windows Vista 操作系统推出 Internet Explorer 7,随后又推出了 Internet Explorer 8。

2) 协定和标准

网页浏览器主要通过 HTTP 连接网页服务器而取得网页,HTTP 允许网页浏览器送交资料到网页服务器并且获取网页。目前,最常用的 HTTP 是 HTTP/1.1。HTTP/1.1 有其一套 Internet Explorer 并不完全支持的标准,然而许多其他当代的网页浏览器则完全支持这些标准。

网页的位置以 URL(统一资源定位符)指示,此乃网页的地址,以"http:"开首的便是通过 HTTP 登录。很多浏览器同时支持其他类型的 URL 及协议,例如"ftp:"是 FTP(文件传送协议),"gopher:"是 Gopher,"https:"是 HTTPS(以 SSL 加密的 HTTP)。

网页通常使用 HTML 文件格式,并在 HTTP 内以 MIME 内容形式来定义。大部分浏览器均支持许多 HTML 以外的文件格式,例如 JPEG、PNG 和 GIF 图像格式,还可以利用外挂程序来支持更多文件类型。在 HTTP 内容类型和 URL 协议结合下,网页设计者便可以把图像、动画、视频、声音和流媒体包含在网页中,或让人们通过网页而取得它们。

有一些浏览器还载入了一些附加组件,如 Usenet 新闻组、IRC(互联网中继聊天)和电子邮件。支持的协议包括 NNTP(网络新闻传输协议)、SMTP(简单邮件传输协议)、IMAP(交互邮件访问协议)和 POP(邮局协议)。

5. Web 2.0

2001 年秋天,互联网公司(dot-com)泡沫的破灭标志着互联网的一个转折点。许多人断定互联网被过分炒作,事实上网络泡沫和相继而来的股市大衰退看起来像是所有技术革命的共同特征。

Web 2.0 的概念开始于一个会议中,互联网先驱和 O'Reilly 公司副总裁戴尔·多尔蒂(Dale Dougherty)注意到,同所谓的"崩溃"迥然不同,互联网比其他任何时候都更重要,令人激动的新应用程序和网站正在以令人惊讶的规律性涌现出来。更重要的是,那些幸免于当初网络泡沫的公司,看起来有一些共同之处。互联网公司那场泡沫的破灭标志了互联网的一种转折,Web 2.0 的概念由此诞生。

6. Web 各版本之间的区别

1) Web 1.0:任何人都可以交易

Web 1.0 是来自一些主要的公司(如 eBay、Amazon.com、Google)的杀手级应用。人们一直认为它们仅仅是网站,但它们实际上是一些令人惊讶的应用程序。功能丰富,容易上手,扩展性强,这些特性以前很少被普通消费者看到过。交易,不仅仅是针对货物的,还有知识的,变得普遍和即时。效率、透明,这个曾经是全球金融市场的领域,现在被个人消费者和商业者占领。Web 1.0 在今天依旧是很大的推动力并会在将来持续很长时间。

2) Web 2.0:任何人都可以参与

Web 2.0 是关于互联网上的下一代应用程序,特点是用户产生内容,合作化、社区化,任何人都可以参与到内容的创建中。在抖音上上传一个视频,在 Flickr 上上传参加聚会的照片,所有这些都不需要专门技术,仅仅需要连接上互联网。参与改变了人们对于内容的理解:内容不是固定在内容提供商那里,它是活动在任何地方的。Google 的 AdSense 带来了一个即时的商业模式,例如那些博客作者的博客作品的即时发布,还有视频共享网站也已经重写了流行文化和内容过滤的规则。

3) Web 3.0:任何人都可以创新

Web 3.0 通过改变传统软件行业的技术和经济基础来改变现有的一切。新的 Web 3.0 强调的是任何人,在任何地点都可以创新。代码编写、协作、调试、测试、部署、运行都在云上完成。当创新从时间和资本的约束中解脱出来,它就可以欣欣向荣。

云计算(Cloud Computing)是一种基于互联网的计算新方式,通过互联网上异构、自治的服务为个人和企业用户提供按需即取的计算。由于资源是在互联网上,而在计算机流程图中,互联网常以一个云状图案来表示,因此可以形象地类比为云,云同时也是对底层基础设施的一种抽象,如图 5.16 所示。

云计算的资源是动态易扩展而且虚拟化的,通过互联网提供。终端用户不需要了解云中基础设施的细节,不必具有相应的专业知识,也无须直接进行控制,只需关注自己真正需

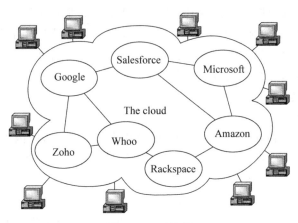

图 5.16　云计算

要什么样的资源以及如何通过网络来得到相应的服务。

云计算可以认为包括以下几个层次的服务：基础设施即服务(IaaS)、平台即服务(PaaS)和软件即服务(SaaS)。云计算服务通常提供通用的通过浏览器访问的在线商业应用，软件和数据可存储在数据中心。

对于企业来说，Web 3.0 意味着 SaaS 程序可以比传统的 C/S 软件更快、更高效地开发、部署和升级。

对于开发者来说，Web 3.0 意味着他们要创建一个理想的应用程序，需要的仅仅是一个想法，一个浏览器。世界上的每一个开发人员都可以访问强大的云计算，而 Web 3.0 是全球经济的推动力。

对于独立软件开发商，Web 3.0 意味着他们可以花费更多的时间专注于提供给客户的核心价值上，而不是支持它的基础架构。代码生长在云上，全球的精英可以为它做贡献。由于它运行在云上，所以全球的市场都可以把它作为服务来订阅。

5.4.3　搜索引擎

搜索引擎(Search Engine)是指根据一定的策略、运用特定的计算机程序搜集互联网上的信息，在对信息进行组织和处理后，并将处理后的信息显示给用户，是为用户提供检索服务的系统。

1. 搜索引擎的发展

1990 年，加拿大麦吉尔大学(University of McGill)计算机学院的师生想到了开发一个可以用文件名查找文件的系统，开发出 Archie。当时，万维网还没有出现，人们通过 FTP 来共享交流资源。Archie 能定期搜集并分析 FTP 服务器上的文件名信息，提供查找分布在各个 FTP 主机中的文件。用户必须输入精确的文件名进行搜索，Archie 告诉用户哪个 FTP 服务器能下载该文件。虽然 Archie 搜集的信息资源不是网页(HTML 文件)，但和搜索引擎的基本工作方式是一样的：自动搜集信息资源、建立索引、提供检索服务。所以，Archie 被公认为现代搜索引擎的鼻祖。

由于 Archie 深受欢迎，受其启发，人们于 1993 年又开发了一个 Gopher(Gopher FAQ)搜索工具。

互联网发展早期,以雅虎为代表的网站分类目录查询非常流行。网站分类目录由人工整理维护,精选互联网上的优秀网站,并简要描述,分类放置到不同目录下。用户查询时,通过一层层点击来查找自己想找的网站。也有人把这种基于目录的检索服务网站称为搜索引擎,但从严格意义上讲,它并不是搜索引擎。

2. 搜索引擎分类

1)全文搜索引擎

全文搜索引擎是名副其实的搜索引擎,国外代表有 Google,国内则有著名的百度搜索。它们从互联网提取各个网站的信息(以网页文字为主),建立数据库,并能检索与用户查询条件相匹配的记录,按一定的排列顺序返回结果。

根据搜索结果来源的不同,全文搜索引擎可分为两类:一类拥有自己的检索程序(Indexer),俗称"蜘蛛"(Spider)程序或"机器人"(Robot)程序,能自建网页数据库,搜索结果直接从自身的数据库中调用,前面提到的 Google 和百度就属于此类;另一类则是租用其他搜索引擎的数据库,并按自定的格式排列搜索结果,如 Lycos 搜索引擎。

2)目录索引

目录索引虽然有搜索功能,但严格意义上不能称为真正的搜索引擎,只是按目录分类的网站链接列表而已。用户完全可以按照分类目录找到所需的信息,不依靠关键词(Keywords)进行查询。目录索引中最具代表性的莫过于大名鼎鼎的雅虎、新浪分类目录搜索。

3)元搜索引擎

元搜索引擎(META Search Engine)接受用户查询请求后,同时在多个搜索引擎上搜索,并将结果返回给用户。著名的元搜索引擎有 InfoSpace、Dogpile、Vivisimo 等。在搜索结果排列方面,有的直接按来源排列搜索结果,如 Dogpile;有的则按自定的规则将结果重新排列组合,如 Vivisimo。

4)其他非主流搜索引擎形式

① 集合式搜索引擎。该搜索引擎类似元搜索引擎,区别在于它并非同时调用多个搜索引擎进行搜索,而是由用户从提供的若干搜索引擎中选择。

② 门户搜索引擎。AOL Search、MSN Search 等虽然提供搜索服务,但自身既没有分类目录也没有网页数据库,其搜索结果完全来自其他搜索引擎。

③ 免费链接列表(Free For All Links,FFA)。一般只简单地滚动链接条目,少部分有简单的分类目录,不过规模要比雅虎等目录索引小很多。

3. 搜索引擎工作原理

1)抓取网页

每个独立的搜索引擎都有自己的网页抓取程序(Spider)。Spider 顺着网页中的超链接,连续地抓取网页。被抓取的网页被称为网页快照。由于互联网中超链接的应用很普遍,理论上,从一定范围的网页出发,就能搜集到绝大多数的网页。

2)处理网页

搜索引擎抓到网页后,还要做大量的预处理工作,才能提供检索服务。其中,最重要的就是提取关键词,建立索引文件。其他还包括去除重复网页、分析超链接、计算网页的重要度。

3）提供检索服务

用户输入关键词进行检索,搜索引擎从索引数据库中找到匹配该关键词的网页。为了用户便于判断,除了网页标题和 URL 外,还会提供一段来自网页的摘要以及其他信息。

4. 搜索引擎组成

搜索引擎一般由搜索器、索引器、检索器和用户接口 4 部分组成。

（1）搜索器。其功能是在互联网中漫游、发现和搜集信息。

（2）索引器。其功能是理解搜索器所搜索到的信息,从中抽取出索引项,用于表示文档以及生成文档库的索引表。

（3）检索器。其功能是根据用户的查询在索引库中快速检索文档,进行相关度评价,对将要输出的结果排序,并能按用户的查询需求合理反馈信息。

（4）用户接口。其作用是接纳用户查询、显示查询结果、提供个性化查询项。

5. 全文搜索引擎

在搜索引擎分类部分提到过全文搜索引擎从网站提取信息建立网页数据库的概念。搜索引擎的自动信息搜集功能分两种：一种是定期搜索,即每隔一段时间（如 Google 一般是 28 天）,搜索引擎主动派出"蜘蛛"程序,对一定 IP 地址范围内的互联网站进行检索,一旦发现新的网站,它会自动提取网站的信息和网址加入自己的数据库;另一种是提交网站搜索,即网站拥有者主动向搜索引擎提交网址,它在一定时间内（两天到数月不等）定向向你的网站派出"蜘蛛"程序,扫描网站并将有关信息存入数据库,以备用户查询。由于近年来搜索引擎索引规则发生了很大变化,主动提交网址并不保证网站能进入搜索引擎数据库,因此目前最好的办法是多获得一些外部链接,让搜索引擎有更多机会找到你并自动将你的网站收录。

当用户以关键词查找信息时,搜索引擎会在数据库中进行搜寻,如果找到与用户要求内容相符的网站,便采用特殊的算法（通常根据网页中关键词的匹配程度,出现的位置/频次、链接质量等）,计算出各网页的相关度及排名等级,然后根据关联度高低,按顺序将这些网页链接返回给用户。

这种引擎的特点是搜全率比较高。

6. 目录索引

与全文搜索引擎相比,目录索引有许多不同之处。

（1）搜索引擎属于自动网站检索,而目录索引则完全依赖手工操作。用户提交网站后,目录编辑人员会亲自浏览你的网站,然后根据一套自定的评判标准甚至编辑人员的主观印象,决定是否接纳你的网站。

（2）搜索引擎收录网站时,只要网站本身没有违反有关的规则,一般都能登录成功。而目录索引对网站的要求则高得多,有时即使登录多次也不一定成功。尤其像 Yahoo 这样的超级索引,登录更是困难。

（3）在登录搜索引擎时,一般不用考虑网站的分类问题,而登录目录索引时则必须将网站放在一个最合适的目录（Directory）。

（4）搜索引擎中各网站的有关信息都是从用户网页中自动提取的,所以从用户的角度看,人们拥有更多的自主权;而目录索引则要求必须手工另外填写网站信息,而且还有各种各样的限制。更有甚者,如果工作人员认为你提交网站的目录、网站信息不合适,他可以随时对其进行调整,当然事先是不会和你商量的。

目录索引,顾名思义就是将网站分门别类地存放在相应的目录中,因此用户在查询信息时,可选择关键词搜索,也可按分类目录逐层查找。如以关键词搜索,返回的结果跟搜索引擎一样,也是根据信息关联程度排列网站,只不过其中人为因素要多一些。如果按分层目录查找,某一目录中网站的排名则是由标题字母的先后顺序决定(也有例外)。

目前,搜索引擎与目录索引有相互融合渗透的趋势。原来一些纯粹的全文搜索引擎现在也提供目录搜索,如 Google 就借用 Open Directory 目录提供分类查询。而像 Yahoo 这些老牌目录索引则通过与 Google 等搜索引擎合作扩大搜索范围。在默认搜索模式下,一些目录类搜索引擎首先返回的是自己目录中匹配的网站,如国内搜狐、新浪、网易等;而另外一些则默认的是网页搜索,如 Yahoo。这种引擎的特点是查找的准确率比较高。

7. 商务模式

在搜索引擎发展早期,多是作为技术提供商为其他网站提供搜索服务,网站付钱给搜索引擎。后来,随着 2001 年互联网泡沫的破灭,大多转向为竞价排名方式。

现在搜索引擎的主流商务模式(百度的竞价排名、Google 的 AdWords)都是在搜索结果页面放置广告,通过用户的点击向广告主收费。这种模式最早是比尔·格罗斯(Bill Gross)提出的,他于 1998 年 6 月创立 GoTo 公司(后于 2001 年 9 月更名为 Overture),实施这种模式,取得了很大的成功,并且申请了专利。这种模式有两个特点:一是点击付费(Pay Per Click),用户不点击则广告主不用付费;二是竞价排序,根据广告主的付费多少排列结果。

Google 于 2003 年推出一种新的广告方式——AdSense,使各种规模的第三方网页发布者进入 Google 庞大的广告商网络。Google 在这些第三方网页放置与网页内容相关的广告,当浏览者点击这些广告时,网页发布者能获得收入。AdSense 在 blogger 中很受欢迎。

8. 搜索技巧

1)在类别中搜索

许多搜索引擎(如 Yahoo)都显示类别,如计算机和 Internet、商业和经济。如果单击其中一个类别,然后再使用搜索引擎,将可以选择搜索整个 Internet 还是搜索当前类别。显然,在一个特定类别下进行搜索所耗费的时间较少,而且能够避免大量无关的 Web 站点。

2)使用具体的关键字

如果想要搜索以鸟为主题的 Web 站点,可以在搜索引擎中输入关键字 bird。但是,搜索引擎会返回大量无关信息,如谈论高尔夫的小鸟球(birdie)或烹饪 game birds 不同方法的 Web 站点。为了避免这种问题的出现,应使用更为具体的关键字,如 ornithology(鸟类学,动物学的一个分支)。所提供的关键字越具体,搜索引擎返回无关 Web 站点的可能性就越小。

3)使用多个关键字

还可以通过使用多个关键字来缩小搜索范围。例如,如果想要搜索有关佛罗里达州迈阿密市的信息,则输入两个关键字 Miami 和 Florida。如果只输入其中一个关键字,搜索引擎就会返回诸如 Miami Dolphins 足球队或 Florida Marlins 棒球队的无关信息。一般而言,提供的关键字越多,搜索引擎返回的结果越精确。

4）使用布尔运算符

许多搜索引擎都允许在搜索中使用两个不同的布尔运算符：AND 和 OR。

如果想搜索所有同时包含单词 hot 和 dog 的 Web 站点,只需要在搜索引擎中输入关键字：hot AND dog,搜索将返回以热狗（hot dog）为主题的 Web 站点,但还会返回一些奇怪的结果,如谈论如何在一个热天（hot day）让一只狗（dog）凉快下来的 Web 站点。如果想要搜索所有包含单词 hot 或单词 dog 的 Web 站点,只需要输入关键字：hot OR dog,搜索会返回与这两个单词有关的 Web 站点,这些 Web 站点的主题可能是热狗（hot dog）、狗（dog）,也可能是不同的空调在热天（hot day）使人凉爽、辣酱（hot chilli sauces）或狗粮等。

5）留意搜索引擎返回的结果

搜索引擎返回的 Web 站点顺序可能会影响人们的访问,所以为了增加 Web 站点的点击率,一些 Web 站点会付费给搜索引擎,以在相关 Web 站点列表中显示在靠前的位置。好的搜索引擎会鉴别 Web 站点的内容,并据此安排它们的顺序,但其他搜索引擎大都不会这么做。

此外,因为搜索引擎经常对最为常用的关键字进行搜索,所以许多 Web 站点在自己的网页中隐藏了同一关键字的多个副本。这使得搜索引擎不再去查找 Internet,以返回与关键字有关的更多信息。

正如读报纸、听收音乐或看电视新闻一样,应留意所获得的信息的来源。搜索引擎能够帮助用户找到信息,但无法验证信息的可靠性,因为任何人都可以在网上发布信息。

9. 搜索引擎的技术发展趋势

搜索引擎经过几年的发展和摸索,越来越贴近人们的需求,搜索引擎的技术也得到了很大的发展。搜索引擎的最新技术发展包括以下几个方面。

（1）提高搜索引擎对用户检索提问的理解。

为了提高搜索引擎对用户检索提问的理解,必须有一个好的检索提问语言,为了克服关键词检索和目录查询的缺点,现在已经出现了自然语言智能答询。用户可以输入简单的疑问句,例如"how can kill virus of computer?"搜索引擎在对提问进行结构和内容的分析之后,或直接给出提问的答案,或引导用户从几个可选择的问题中进行再选择。自然语言的优势在于,一是使网络交流更加人性化,二是使查询变得更加方便、直接、有效。就以上面的例子来讲,如果用关键词查询,多半人会用 virus 这个词来检索,结果中必然会包括各类病毒的介绍、病毒是怎样产生的等许多无效信息,而用"how can kill virus of computer?",搜索引擎会将怎样杀病毒的信息提供给用户,提高了检索效率。

（2）对检索结果进行处理。

① 基于链接评价的搜索引擎。基于链接评价的搜索引擎的优秀代表是 Google（http://www.google.com）,它独创的"链接评价体系"是基于这样一种认识：一个网页的重要性取决于它被其他网页链接的数量,特别是一些已经被认定是"重要"的网页的链接数量。这种评价体制与《科技引文索引》的思路非常相似,但是由于互联网是在一个商业化的环境中发展起来的,一个网站的被链接数量还与它的商业推广有着密切的联系,因此这种评价体制在某种程度上缺乏客观性。

② 基于访问大众性的搜索引擎。基于访问大众性的搜索引擎的代表是 direct hit,它的

基本理念是多数人选择访问的网站就是最重要的网站。根据以前成千上万的网络用户在检索结果中实际所挑选并访问的网站和他们在这些网站上花费的时间来统计确定有关网站的重要性排名,并以此来确定哪些网站最符合用户的检索要求。因此,具有典型的趋众性特点。这种评价体制与基于链接评价的搜索引擎有同样的缺点。

③ 去掉检索结果中附加的多余信息。有调查指出,过多的附加信息加重了用户的信息负担,为了去掉这些过多的附加信息,可以采用用户定制、内容过滤等检索技术。

(3) 确定搜索引擎信息搜集范围,提高搜索引擎的针对性。

① 垂直主题搜索引擎。网上的信息浩如烟海,网络资源以 10 倍速增长,一个搜索引擎很难收集全所有主题的网络信息,即使信息主题收集得比较全面,由于主题范围太宽,很难将各种主题都做得精确而又专业,使得检索结果垃圾太多。这样一来,垂直主题的搜索引擎以其高度的目标化和专业化在各类搜索引擎中占据了一席之地,如股票、天气、新闻等这类搜索引擎,具有很高的针对性,用户对查询结果的满意度较高。所以,垂直主题有着极大的发展空间。

② 非 WWW 信息的搜索。提供 FTP 等类信息的检索。

③ 多媒体搜索引擎。多媒体检索主要包括声音、图像、视频的检索。

(4) 将搜索引擎的技术开发重点放在对检索结果的处理上,提供更优化的检索结果。

① 纯净搜索引擎。这类搜索引擎没有自己的信息采集系统,利用别人现成的索引数据库,主要关注检索的理念、技术和机制等。

② 元搜索引擎。现在出现了许多搜索引擎,其收集信息的范围、搜索机制、算法等都不同,用户不得不去学习多个搜索引擎的用法。每个搜索引擎平均只能涉及整个 WWW 资源的 $30\% \sim 50\%$(Search Engine Watch 数据),这样导致同一个搜索请求在不同搜索引擎中获得的查询结果的重复率不足 34%,而每一个搜索引擎的查准率不到 45%。

元搜索引擎是将用户提交的检索请求到多个独立的搜索引擎上去搜索,并将检索结果集中统一处理,以统一的格式提供给用户,因此有搜索引擎之上的搜索引擎之称。它的主要精力放在提高搜索速度、智能化处理搜索结果、个性搜索功能的设置和用户检索界面的友好性上,查全率和查准率都比较高。目前,比较成功的元搜索引擎有 MetAcrawler、Dopile、Ixquick、搜客等。

③ 集成搜索引擎。集成搜索引擎(All-in-One Search Page)也称为多引擎同步检索系统(如百度 http://www.baidu.com),是在一个 WWW 页面上链接若干种独立的搜索引擎,检索时需点选或指定搜索引擎,一次检索输入,多引擎同时搜索,用起来相当方便。

集成搜索引擎无自建数据库,不需要研发支持技术,当然也不能控制和优化检索结果。但集成搜索引擎制作与维护技术简单,可随时对所链接的搜索引擎进行增删调整和及时更新,尤其是大规模专业(如 Flash、MP3 等)搜索引擎集成链接,深受特定用户群欢迎。

④ 垂直搜索引擎。垂直搜索引擎是相对通用搜索引擎的信息量大、查询不准确、深度不够等提出来的新的搜索引擎服务模式,通过针对某一特定领域、某一特定人群或某一特定需求提供的有一定价值的信息和相关服务。其特点就是"专、精、深",且具有行业色彩,相比通用搜索引擎的海量信息无序化,垂直搜索引擎则显得更加专注、具体和深入。

5.4.4 即时通信

即时通信(Instant Messenger,IM)是指能够即时发送和接收互联网消息等的业务。

自 1998 年面世以来,特别是近几年的迅速发展,即时通信的功能日益丰富,逐渐集成了电子邮件、博客、音乐、电视、游戏和搜索等多种功能。即时通信不再是一个单纯的聊天工具,它已经发展成集交流、信息、娱乐、搜索、电子商务、办公协作和企业客户服务等为一体的综合化信息平台,是一种终端连往即时通信网络的服务。

即时通信不同于 E-mail 之处在于它的交谈是即时的。大部分的即时通信服务提供了状态信息的特性——显示联络人名单,联络人是否在线和能否与联络人交谈。

1. 概要

IM 是几个以色列青年最早于 1996 年创始的,取名叫 ICQ。1998 年,当 ICQ 注册用户数达到 1200 万时,被 AOL 看中,以 2.87 亿美元的天价买走。

即时通信是一个终端服务,允许两人或多人使用网络即时地传递文字信息、文件、语音与视频交流。分为手机即时通信和网站即时通信,手机即时通信的代表是短信,网站、视频即时通信如 QQ、MSN 等应用形式。

在早期的即时通信程序中,使用者输入的每一个字元都会即时显示在双方的屏幕上,且每一个字元的删除与修改都会即时地反映在屏幕上。这种模式比起使用 E-mail 更像是电话交谈。现在的即时通信程序中,交谈中的一方通常只要在本地端按下送出键(Enter 或是 Ctrl+Enter)就会看到信息。

近年来,许多即时通信服务开始提供视讯会议的功能,网络电话(VoIP)与网路会议服务开始整合为兼有影像会议与即时信息的功能。于是,这些媒体的区别变得越来越模糊。

2. 即时通信软件

最早的即时通信软件是 ICQ,ICQ 是英文 I seek you 的谐音,意思是我找你。4 名以色列青年于 1996 年 7 月成立 Mirabilis 公司,并在同年 11 月发布了最初的 ICQ 版本,在 6 个月内有85 万用户注册使用。

早期的 ICQ 很不稳定,尽管如此还是受到大众的欢迎,雅虎也推出 Yahoo! pager,美国在线也将具有即时通信功能的 AOL 包装在 Netscape Communicator 中,微软更将 Windows Messenger 内建于 Microsoft Windows XP 系统中。

腾讯公司推出的腾讯 QQ 和微信也迅速成为中国最大的即时消息软件。即时消息软件也面临着互连互通、免费或收费问题的困扰。

3. 即时通信的行业应用

1) 个人即时通信

个人即时通信,主要是以个人用户使用为主,开放式的会员资料,非营利目的,方便聊天、交友、娱乐,如 QQ 等。此类软件以网站为辅、软件为主,免费使用为辅、增值收费为主。

2) 商务即时通信

此处商务泛指买卖关系为主。商务即时通信,以阿里旺旺贸易通、惠聪 TM、QQ(拍拍网)、MSN、Skype 为代表。

商务即时通信的主要功用,是实现了寻找客户资源或便于商务联系,以低成本实现商务交流或工作交流。此类以中小企业、个人实现买卖为主,外国企业以跨地域工作交流为主。

3）企业即时通信

企业即时通信，一种是以企业内部办公为主，建立员工交流平台；另一种是以即时通信为基础、系统整合为目的。

4）行业即时通信

主要局限于某些行业或领域使用的即时通信软件，不被大众所知，如盛大圈圈（游戏客服即时通信系统）主要在游戏圈内小范围使用。也包括行业网站所推出的即时通信软件，如化工网或类似网站推出的即时通信软件。

行业即时通信软件，主要依赖于购买或定制软件。使用单位一般不具备开发能力。

5）泛即时通信

一些软件带有即时通信软件的基本功能，但以其他使用为主，如视频会议。

即时通信利用的是互联网线路，通过文字、语音、视频、文件的信息交流与互动，有效节省了沟通双方的时间与经济成本；即时通信系统不但成为人们的沟通工具，还成了人们利用其进行电子商务、工作、学习等交流的平台。

4. QQ 即时通信

QQ 是由深圳市腾讯计算机系统有限公司开发的一款基于 Internet 的即时通信软件，可以使用 QQ 和好友进行交流，即时发送和接收信息、自定义图片或相片，语音视频面对面聊天，功能非常全面。此外，QQ 还具有与手机聊天、聊天室、点对点断点续传传输文件、共享文件、QQ 邮箱、楚游、网络收藏夹、发送贺卡等功能。

QQ 以前是模仿 ICQ 来的，ICQ 是国际上的一个聊天工具，OICQ 模仿它在 ICQ 前加了一个字母 O，意为 opening I seek you，意思是"开放的 ICQ"，但是遭到了控诉说它侵权，QQ 本来是网友对 OICQ 的一种昵称，不料一夜之间却成了 OICQ 正式的新名字。除了名字，腾讯 QQ 的标志却一直没有改，一直是小企鹅。因为标志中的小企鹅很可爱，用英语来说就是 cute，因为 cute 和 Q 是谐音，所以小企鹅配 QQ 也是很好的一个名字。

QQ 不仅仅是简单的即时通信软件，它与全国多家寻呼台、移动通信公司合作，实现传统的无线寻呼网、GSM 移动电话的短消息互连，是国内流行功能最强的即时通信软件。

腾讯 QQ 支持在线聊天、即时传送视频、语音和文件等多种多样的功能。同时，QQ 还可以与移动通信终端、IP 电话网、无线寻呼等多种通信方式相连，使 QQ 不仅仅是单纯意义的网络虚拟呼机，而且是一种方便、实用、高效的即时通信工具。

QQ 可能是目前在中国被使用次数最多的通信工具。随着时间的推移，根据 QQ 所开发的附加产品越来越多，如 QQ 宠物、QQ 音乐、QQ 空间等，受到 QQ 用户的青睐。

1）QQ 号码

QQ 号码为腾讯 QQ 的账号，全部由数字组成，QQ 号码在用户注册时由系统随机选择。1999 年免费注册的 QQ 账号为 5 位数，目前的 QQ 号码长度已经达到 10 位数。普通 QQ 号码 3 个月内若没有登录记录或付费号码没有及时续费，QQ 号码将被回收。

2）QQ 群

QQ 群是腾讯 QQ 的一种附加服务，是一个聚集一定数量 QQ 用户的长期稳定的公共聊天室。团体成员可以互相通过语音、文字、视频等方式互相交流信息。

3）QQ 邮箱

QQ 邮箱是腾讯公司推出的向用户提供安全、稳定、快速、便捷电子邮件服务的邮箱产品,目前已为超过1亿的邮箱用户提供免费和增值邮箱服务。QQ邮箱和QQ即时通信软件已成为中国网民网上通信的主要方式。

4）腾讯即时通信

腾讯即时通信（Tencent Messenger,TM）是腾讯公司针对成熟办公用户,推出的具有办公特色的即时通信软件。其具备安全实用的在线企业、电子名片、TM小秘书、视频语音、消息加密传输等强大功能,是一款办公IM,风格上又符合办公环境,应该是白领和办公人群用的IM工具。

5）手机QQ

手机QQ将QQ聊天软件搬到手机上,满足用户随时随地免费聊天的欲望。新版手机QQ更引入了语音视频、拍照、传文件等功能,与计算机端无缝连接。音乐试听、手机影院等功能,让用户边聊边玩,填补旅途、课间的每一秒空闲时间。

5.4.5 网络社区（BBS论坛/电子公告板）

网络社区是指包括BBS论坛、贴吧、公告栏、群组讨论、在线聊天、交友、个人空间、社交网站、无线增值服务等形式在内的网上交流空间,同一主题的网络社区集中了具有共同兴趣的访问者。网络社区用户指登录社区浏览帖子或者发表言论的网络社区的网民。

网络社区的发展从1997年开始,1999—2000年和2006—2007年是互联网网站及社区数增幅最大的两个年度时期,也是中国互联网发展最快的两个时间段。

1. BBS论坛/电子公告板

1）概述

BBS的英文全称是Bulletin Board System,翻译为中文就是"电子公告板"。BBS最早是用来公布股市价格等类信息的,当时BBS甚至连文件传输的功能都没有,而且只能在苹果计算机上运行。

早期的BBS与一般街头和校园内的公告板的性质相同,只不过是通过计算机来传播或获得消息而已。一直到个人计算机开始普及之后,有些人尝试将苹果计算机上的BBS转移到个人计算机上,BBS才开始渐渐普及开来。近些年来,由于爱好者们的努力,BBS的功能得到很大扩充。

BBS最初是为了给计算机爱好者提供一个互相交流的地方。20世纪70年代后期,计算机用户数目很少且用户之间相距很远。因此,BBS系统（当时全世界一共不到100个站点）提供了一个简单方便的交流方式,用户通过BBS可以交换软件和信息。到了今天,BBS的用户已经扩展到各行各业,除原先的计算机爱好者外,商用BBS操作者、环境组织及其他利益团体也加入了这个行列。目前,通过BBS系统可随时取得国际最新的软件及信息,也可以通过BBS来和别人讨论计算机软件、硬件、Internet、多媒体、程序设计以及医学等各种有趣的话题,更可以利用BBS系统来刊登一些"征友""廉价转让"及"公司产品"等启事,而且这个园地就在你我的身旁。只要浏览一下世界各地的BBS,就会发现它几乎就像地方电视台一样,花样非常多。

一个BBS网站是否受欢迎,不仅与架设者有关,更与参与BBS活动的用户素质有关。参与BBS活动的最核心内容就是"交流"。这种双向的交流大量地是发生在用户与用户之间。时间长了以后,有的BBS站台会汇集一批忠实的用户。许多业余BBS站,站台软件并不见得如何先进,但却非常著名,就与此相关。

2) 当前中国主要 BBS 及简介

① 水木社区(http://www.newsmth.net)。源自清华大学,社会 BBS,主要讨论技术类话题,面向社会开放注册。

② 北邮人论坛 BBS(http://bbs.byr.edu.cn)。源自北京邮电大学,高校 BBS,主要是该校生交流,面向社会开放注册。

③ 新一塌糊涂 BBS(http://bbs.newytht.net)。源自北京大学,社会 BBS,主要讨论人文社科、经验信息类话题,面向社会开放注册。

④ 观海听涛 BBS(http://bbs.ghtt.net)。源自哈尔滨工业大学(威海),高校 BBS,哈尔滨工业大学(威海)"观海听涛"BBS 列 2005 年全国高校社团 BBS 人气排名第一。

其他在线成员较多的 BBS 还有:缥缈云水间(bbs.freecity.cn)、饮水思源 BBS(bbs.sjtu.edu.cn)、兵马俑 BBS(bbs.xjtu.edu.cn)、蓝色星空站(bbs.scu.edu.cn)、五色土(bbs.cau.edu.cn)、大话西游 BBS(bbs.zixia.net)、论坛之家(lunhuahome.cn)、沁水青山 BBS(bbs.wust.edu.cn)等。

3) BBS 名句集锦

"大学这 4 年里,我一直认为自己是个人才,可是我错了,我不是! 我竟然是一个天才!!!"

"铁饭碗的真正含义不是在一个地方吃一辈子饭,而是一辈子到哪儿都有饭吃。"

4) BBS 管理人员简介

一般 BBS 的管理人员由版务、站务组成,有些 BBS 还有区务。

站务是"站级事务管理人员"的简称,负责一个 BBS 站点的管理工作。此外还有仲裁、立法会等站级事务协调或负责人员,他们不负责具体的管理事务,但也是站级负责人。在不同的 BBS,仲裁、立法会可能是站务的一部分,也可能是独立的职务。在大多数 BBS,都有一名站务是总负责的角色,被称作站长或站务总管等。

版务是"版面事务管理人员"的简称,负责一个或多个版面的管理工作。此外,还有版主等说法,具体如下。

版主和版务最初是有区别的。版务是指一个版面所有的"版面事务管理人员"。版主则是单指版面第一个版务,也就是版大。版大、版二、版三就是他们在版务中的排序,通常是按照任命时间。但现在一般不再做这个区分了。如无特别说明,版务等于版主。

5) 国内主流论坛程序

如今国内外最常用的 3 种动态网页语言是 PHP(Personal Home Page)、ASP(Active Server Page)和 JSP(Java Server Page)。PHP 可以在 Windows、UNIX、Linux 的 Web 服务器上正常执行,支持 IIS 和 Apache 等一般的 Web 服务器。微软开发的 ASP 功能强大,简单易学,但是只能在 Windows 系统下运行。JSP 基于平台和服务器的互相独立,支持来自广泛的、专门的工具包,服务器组件和数据库产品由开发商提供。这 3 种语言各有优缺点,根据 BBS 的用途不同,可以选择合适的语言来开发。

① Discuz。论坛软件系统也称电子公告板(BBS)系统,它伴随社区 BBS 的流行而成为互联网最重要的应用之一,也逐渐成为网站核心竞争力的标志性体现。

Crossday Discuz! Board 是康盛创想(北京)科技有限公司(英文简称 Comsenz)推出的

一套通用的社区论坛软件系统,用户可以在不需要任何编程的基础上,通过简单的设置和安装,在互联网上搭建起具备完善功能、很强负载能力和可高度定制的论坛服务。Discuz!的基础架构采用世界上最流行的 Web 编程组合 PHP＋MySQL 实现,是一个经过完善设计,适用于各种服务器环境的高效论坛系统解决方案。

自 2001 年 6 月面世以来,Discuz!已拥有 18 年以上的应用历史和几十万网站用户案例,是全球成熟度最高、覆盖率最大的论坛软件系统之一。

② PHPWind。PHPWind 是一套采用 PHP＋MySQL 数据库方式运行并可生成 HTML 页面的全新完善的强大系统,是一个开源共享的软件。

PHPWind 除了具备多重子板块和后台用户组权限可以自由组合外,还具备分板块控制生成 HTML 页面、可选的所见即所得编辑器、防止图片和附件防盗链、多附件上传下载、输入图片 URL 直接显示图片、板块主题分类、板块积分控制与板块内的用户组权限控制、主题与回复审核功能、自定义积分与自定义等级提升系统、论坛用户宣传接口、帖子加密隐藏出售、分论坛二级目录/域名等一些特色功能,从而减轻了大部分论坛程序中都需要的诸多工作。

5.4.6 贴吧

1. 概述

百度贴吧是百度产品之一,于 2003 年 11 月 26 日创建,当时创建这一想法的缘由:结合搜索引擎建立一个在线的交流平台,让那些对同一个话题感兴趣的人聚集在一起,方便地展开交流和互相帮助。贴吧的创意来自百度首席执行官李彦宏。

贴吧是一种基于关键词的主题交流社区。它与搜索紧密结合,准确把握用户需求,通过用户输入的关键词,自动生成讨论区,使用户能立即参与交流,发布自己所拥有的其所感兴趣话题的信息和想法。这意味着,如果有用户对某个主题感兴趣,那么他立刻可以在百度贴吧上建立相应的讨论区。

2. 贴吧的意义

在餐厅等菜的时候,当暂时无法上网的时候,可以随时随地用手机连通百度贴吧,查看关心的话题、最新的回复信息(文字及图片)、曾经发表的感言……

贴吧从诞生以来逐渐成为世界上最大的中文交流平台,提供了一个表达和交流思想的自由网络空间。按照如今 Web 2.0 的发展思潮定义,贴吧完全是一种用户驱动的网络服务,强调用户的自主参与、协同创造及交流分享,也正是因为这些特性,百度贴吧有最广泛的讨论主题,聚集了各种庞大的兴趣群体进行交流。

3. 使用方法

贴吧的使用方法非常简单,用户输入关键词后即可生成一个讨论区,称为××吧。如果该吧已被创建,则可直接参与讨论;如果尚未被建立,则可直接发表主题建立该吧。

4. 贴吧的特点

1) 人工信息聚合方式对搜索引擎的补充

对于那些基于信息搜索的需求而找到贴吧的人来说,获得某个主题的信息往往是他们的一个基本目标。但搜索引擎目前还难以高质量地满足这方面的需求。贴吧可以使人们从机器的搜索过渡到人工的信息整合中。拥有不同资源的人们,在这里实现信息的分享,而且信息需求与供给关系更明确,这样获得的信息针对性往往更强。贴吧成为对百度这样的搜索引擎的一个有益补充。

2）共同兴趣爱好者的快捷聚集

尽管网上有难以数清的由兴趣爱好者组成的社区,但是如何找到它们却并不是一件容易的事,找到一个有代表性的社区更困难。百度贴吧最重要的特点就在于,它利用自己在搜索引擎领域的知名度与地位,为各种兴趣爱好者的聚集提供了一种最便捷的方式。只要知道百度,就可以通过关键字找到同道者。

3）封闭式交流话题带来的深度互动

与很多社区不同的是,贴吧创造的社区往往是一个话题非常封闭的社区。某一个明星、某一部影视作品其至某一首歌曲。虽然理论上这些社区也可以有更开放的讨论主题,但是多数贴吧的成员更愿意围绕一个封闭的主题来展开交流,这就促进了互动深度的不断挖掘。

4）"粉丝文化"的催化剂

百度贴吧的迅速走红,是与"粉丝"及"粉丝文化"的流行紧密相关的。在"粉丝文化"的发展过程中,百度贴吧也起到了重要作用。

"粉丝"来自英文 Fans,意为"迷",在中国,主要指某个明星(或平民偶像)的崇拜者。"粉丝"现象是随着湖南电视台的"超级女声"及其他电视选秀节目的影响力日增而不断发展起来的。粉丝文化主要表现在以下5个方面。

第一是粉丝群体的团队精神。第二是粉丝们那种喜欢就勇敢表达出来并鲜明支持的率真精神。第三是粉丝积极主动、甘于付出的奉献精神。这种奉献和付出,不只是表现在感情上,还有金钱和时间精力上。第四是粉丝与喜爱对象患难与共的忠诚精神。第五是粉丝面对压力和困难敢于挑战和奋争的"PK 精神"。

从总体来看,近年来的粉丝文化与以前的"追星族"的一个重要区别,就是它的团队特点。粉丝们不再是离散的追星个体,而是一个有组织的团队。由分散的"粉丝"到"粉丝"群体,再发展出"粉丝文化",已经越来越离不开网络。粉丝间相互分享所追捧的明星的信息,是粉丝间交流的一种重要方式,贴吧恰好为此提供了一个主要的渠道。

5）文化研究的新途径

由于贴吧话题的封闭性特点,网民的深度互动实际上为文化产品、文化现象的研究提供了一种非常直接的渠道。例如,对于影视剧的创作者来说,贴吧中丰富的来自观众的"现身说法",真实而生动地展示了观众对于作品的解读方式及其动因。虽然这些观众未必总是能代表全体观众,但是他们的体会仍然能在一定程度上反映影视作品在接受哪一段所起的作用。观众喜欢什么样的角色,喜欢什么样的情节以及细节处理,喜欢什么样的题材,如此等等,常常都可以在贴吧中找到答案。贴吧不仅为了解作品的传播效果提供了一种反馈渠道,更是为未来的创作提供了一种有益的启发。

5.4.7 社交网站 SNS

社交网站 SNS(Social Network Site)即社会性网络服务,专指旨在帮助人们建立社会性网络的互联网应用服务。1967 年,哈佛大学的心理学教授 Stanley Milgram 创立了六度分隔理论,简单地说:"你和任何一个陌生人之间所间隔的人不会超过六个,也就是说,最多通过六个人你就能够认识任何一个陌生人。"按照六度分隔理论,每个个体的社交圈都不断放大，最后成为一个大型网络。这是社会性网络的早期理解。后来有人根据这种理论，创立了面向社会性网络的互联网服务，通过“熟人的熟人”来进行网络社交拓展。

早期在互联网上多维持着很多提供用户互动支持的服务，例如BBS、新闻组等。早期社交网络的服务网站呈现为在线社区的形式。用户多通过聊天室进行交流。随着Blog等新的网上交际工具的出现，用户可以通过网站上建立的个人主页来分享喜爱的信息。2002—2004年，世界上三大最受欢迎的社交网络服务类网站是Friendster、MySpace、Bebo。在2005年之际MySpace成为世上最巨大的社交网络服务类网站。传闻当时其页面访问量超越了作为著名搜索引擎的Google。2006年第三方被允许开发基于Facebook的网站API的应用，使得Facebook随后一跃成为全球用户量增长最快的网站。众多网站随后开始仿效开发自己网站的API。

社交服务类网站最早出现商业盈利目的是在2005年3月雅虎对雅虎360°的推出。在2005年6月新闻集团成功收购MySpace。随后在2005年12月，英国ITV购得Friends Reunited。此后在世界的各地涌现出各种不同语言的社交网络服务类网站。

在中国主要的社交服务类网站是QQ空间，截至2016年5月，中国SNS社交网站排名如图5.17所示。

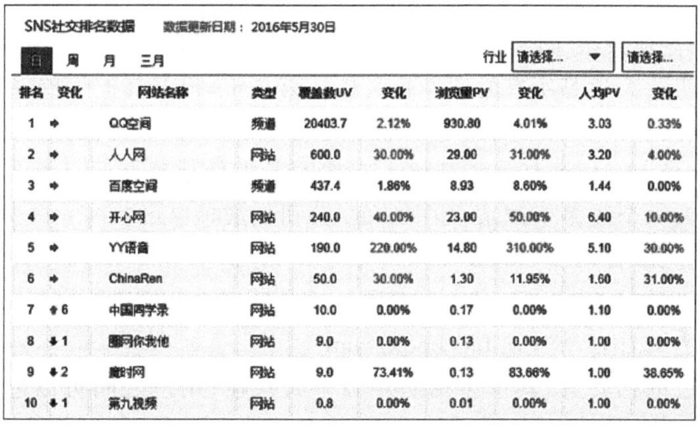
SNS社交排名数据　数据更新日期：2016年5月30日

日　周　月　三月　　行业 请选择...　请选择...

排名	变化	网站名称	类型	覆盖数UV	变化	浏览量PV	变化	人均PV	变化
1	→	QQ空间	频道	20403.7	2.12%	930.80	4.01%	3.03	0.33%
2	→	人人网	网站	600.0	30.00%	29.00	31.00%	3.20	4.00%
3	→	百度空间	频道	437.4	1.86%	8.93	8.60%	1.44	0.00%
4	→	开心网	网站	240.0	40.00%	23.00	50.00%	6.40	10.00%
5	→	YY语音	网站	190.0	220.00%	14.80	310.00%	5.10	30.00%
6	→	ChinaRen	网站	50.0	30.00%	1.30	11.95%	1.60	31.00%
7	↑6	中国同学录	网站	10.0	0.00%	0.17	0.00%	1.10	0.00%
8	↓1	圈网你我他	网站	9.0	0.00%	0.13	0.00%	1.00	0.00%
9	↓2	魔时网	网站	9.0	73.41%	0.13	83.66%	1.00	38.65%
10	↓1	第九视频	网站	0.8	0.00%	0.01	0.00%	1.00	0.00%

图5.17　中国SNS社交网站排名

注1：覆盖数UV＝平均每百万名Alexa安装用户中的访问人数(人/百万人)；

注2：浏览量PV＝Alexa安装用户平均每百万次浏览页面中的访问页面数(页数/百万浏览)；

注3：人均PV＝每百万名Alexa安装用户平均每人日均访问页面数(页数)；

注4：每日公布前30日的平均数据；

注5：本页所有数据都来自alexa，仅供用户参考。

由此可见，真实身份下的真实情感交流已经成为SNS网站吸引用户注册的核心优势。通过SNS网站，用户和许多现实中的朋友交流变得更紧密。SNS网站凭借不断创新的互联网应用为网民构建了一个真实的人际关系网络，解决了现代网民人际关系维护的困惑，这是SNS网站得以生存并能够不断吸引新用户注册的关键因素。

原来的社交网站(SNS)都基本以娱乐为主，现在新涌现出以浙商网为代表的一些以商务社交为主线的商务社交平台。

1. Facebook

网站的名字Facebook来自传统的纸质花名册。通常美国的大学和预科学校把这种印有学校社区所有成员的花名册发放给新入学或入职的学生和教职员,协助大家认识学校内其他成员。哈佛大学的师生广泛使用"脸谱"一词形容任何可以"有组织地"显示师生面孔的论文或电子书。Facebook 首页如图 5.18 所示。

图 5.18 Facebook 首页

Facebook 是美国的一个大学生社交网站,创建于 2004 年 2 月 4 日,由哈佛大学的几位学生创建,它几乎提供了大学生需要的所有日常生活体验。Facebook 列出了最酷的人、最怪异的想法以及最流行的音乐,它就像是一个不断变换的年鉴。

最初,网站的注册仅限于哈佛大学的学生。在随后的两个月内,注册扩展至麻省理工学院、斯坦福大学、纽约大学等所有的常春藤名校。第二年,很多其他学校也被邀请加入进来。最终,在全球范围内有一个大学后缀电子邮箱的人(如.edu、.ac 等)都可以注册。

从 2006 年 9 月 11 日起,任何用户输入有效电子邮件地址和自己的年龄段,即可加入。用户可以选择加入一个或多个网络,如中学的、公司的或地区的。

2015 年 8 月 28 日,Facebook CEO 马克·扎克伯格(Mark Zuckerberg)在个人 Facebook 账号上发布消息称,Facebook 本周一的单日用户数突破 10 亿。

其网站地址为 http://www.facebook.com/。

用户建立自己的档案页,其中包括照片和个人兴趣;用户之间可以进行公开或私下留言;用户还可以加入其他朋友的小组。用户详细的个人信息只有同一个社交网络(如学校或公司)的用户或被认证了的朋友才可以查看。

2. QQ 空间

QQ 空间(Qzone)是腾讯公司于 2005 年开发出来的一个具有个性空间,具有博客(blog)的功能,自问世以来受到众多人的喜爱。在 QQ 空间上可以书写日志,写说说,上传用户个人的图片,听音乐,写心情,通过多种方式展现自己。除此之外,用户还可以根据个人的喜爱设定空间的背景、小挂件等,从而使每个空间都有自己的特色。

当然,QQ 空间还为精通网页的用户提供了高级的功能:可以通过编写各种各样的代码来打造个人主页。

QQ 空间分为主页、说说、日志、音乐盒、相册、个人档案、个人中心、分享、好友秀、好友来访、投票、城市达人、秀世界、视频、游戏等。

2015 年 11 月中旬,腾讯公司公布的 2015 年第三季度财报显示,QQ 空间月活跃账户数达到 6.53 亿,其中移动端月活跃账户数达到 5.77 亿。这个数字遥遥领先于中国绝大多数社交网站。

同时,据 QQ 空间发布的数据,2015 年 9 月,QQ 空间活跃用户中 51％为 90 后(1990 年以后出生的人)用户,32％为 95 后(1995 年以后出生的人)用户。换算一下,QQ 空间有 3 亿多 25 岁以下的活跃用户,近 2 亿名 20 岁以下的活跃用户。

5.4.8 个人信息发布(Blog 博客、MicroBlog 微博、微信)

1. 博客

"博客"一词是从英文单词 Blog 音译而来。Blog 是 Weblog 的简称,而 Weblog 则是由 Web 和 Log 两个英文单词组合而成的。Weblog 原意是指在网络上发布和阅读的流水记录,通常称为"网络日志",简称为"网志"。现在是指一种通常由个人管理、不定期张贴新的文章的网站。

1) 概述

Blogger 即指撰写 Blog 的人。Blogger 在很多时候也被翻译成为"博客"一词,而撰写 Blog 这种行为,有时候也被翻译成"博客"。因而,中文"博客"一词,既可作为名词,分别指代了两种意思: Blog(网志)和 Blogger(撰写网志的人);也可作为动词,意思为撰写网志这种行为,只是在不同的场合分别表示不同的意思罢了。

Blog 是一个网页,通常由简短且经常更新的帖子构成。帖子(Post)作为动词,表示张贴的意思;作为名词,指张贴的文章。这些帖子一般是按照年份和日期倒序排列的。作为 Blog 的内容,它可以是纯粹个人的想法和心得,包括对时事新闻、国家大事的个人看法,或者对一日三餐、服饰打扮的精心料理等,也可以是在基于某一主题的情况下或是在某一共同领域内由一群人集体创作的内容。

它并不等同于"网络日记"。作为网络日记是带有很明显的私人性质的,而 Blog 则是私人性和公共性的有效结合,它绝不仅仅是纯粹个人思想的表达和日常琐事的记录,它所提供的内容可以用来进行交流和为他人提供帮助,是可以包容整个互联网的,具有极高的共享精神和价值。

Blog 是继 E-mail、BBS、ICQ 之后出现的第 4 种网络交流方式,是网络时代的个人"读者文摘",是以超级链接为武器的网络日记,代表着新的生活方式和新的工作方式,更代表着新的学习方式。具体说来,博客这个概念解释为使用特定的软件,在网络上出版、发表和张贴个人文章的人。

目前,国内优秀的中文博客网有新浪博客、搜狐博客、中国博客网、腾讯博客、品品米、老年博客、博客中国等。

2) 分类

博客主要可以分为以下几大类。

① 基本的博客。Blog 中最简单的形式。单个的作者对于特定的话题提供相关的资源,发表简短的评论。这些话题几乎可以涉及人类的所有领域。

② 微博。即微型博客,目前是全球最受欢迎的博客形式,博客的作者不需要撰写很复杂的文章,而只需要抒写 140 字内的心情文字即可。

③ 亲朋之间的博客(家庭博客)。这种类型博客的成员主要由亲属或朋友构成,他们是一种生活圈、一个家庭或一群项目小组的成员(如布谷小区网)。

④ 协作式的博客。与小组博客相似,其主要目的是通过共同讨论使得参与者在某些方

法或问题上达成一致,通常把协作式的博客定义为允许任何人参与、发表言论、讨论问题的博客日志。

⑤ 公共社区博客。公共出版在几年以前曾经流行过一段时间,但是因为没有持久有效的商业模式而销声匿迹了。廉价的博客与这种公共出版系统有着同样的目标,但是使用更方便,所花的代价更小,所以也更容易生存。

⑥ 商业、企业、广告型的博客。对于这种类型博客的管理类似于通常网站的 Web 广告管理。商业博客分为 CEO 博客、企业博客、产品博客、"领袖"博客等。以公关和营销传播为核心的博客应用已经被证明将是商业博客应用的主流。

⑦ 知识库博客,或者叫 K-LOG。基于博客的知识管理将越来越广泛,使得企业可以有效地控制和管理那些原来只是由部分工作人员拥有的、保存在文件或者个人计算机中的信息资料。知识库博客提供给了新闻机构、教育单位、商业企业和个人一种重要的内部管理工具。

⑧ 按照博客主人的知名度、博客文章受欢迎的程度,可以将博客分为名人博客、一般博客、热门博客等。

⑨ 按照博客内容的来源、知识版权还可以将博客分为原创博客、非商业用途的转载性质的博客以及二者兼而有之的博客。

3)博客的作用

博客主要有 3 大作用。

① 个人自由表达和出版。

② 知识过滤与积累。

③ 深度交流沟通的网络新方式。

2. 微博

微博,即微博客(MicroBlog)的简称,用户可以通过 Web、WAP 以及各种客户端组建个人社区,以 140 字左右的文字更新信息,并实现即时分享。最早也是最著名的微博是美国的 Twitter。2009 年 8 月中国最大的门户网站新浪网推出"新浪微博"内测版,成为门户网站中第一家提供微博服务的网站,微博正式进入中文上网主流人群视野。

1)微博的 3 大特性

微博的草根性更强,且广泛分布在桌面、浏览器、移动终端等多个平台上,有多种商业模式并存,或形成多个垂直细分领域的可能。

① 便捷性:平民和莎士比亚一样。

在微博上,140 字的限制将平民和莎士比亚拉到了同一水平线上,这一点导致大量原创内容爆发性地被生产出来。"沉默的大多数"在微博客上找到了展示自己的舞台。

② 背对脸:创新交互方式。

与博客上面对面的表演不同,微博上是背对脸的 follow(跟随),就好比你在计算机前打游戏,路过的人从你背后看着你怎么玩,而你并不需要主动和背后的人交流。当你 follow 一个自己感兴趣的人时,两三天就会上瘾。移动终端提供的便利性和多媒体化,使得微博用户体验的黏性越来越强。

③ 原创性:演绎实时现场的魅力。

微博网站现在的即时通信功能非常强大,通过 QQ 和 MSN 直接书写,在没有网络的地方,只要有手机也可即时更新自己的内容,哪怕就在事发现场。一些大的突发事件或引起全球关注的大事,如果有微博在场,利用各种手段在微博上发表出来,其实时性、现场感以及快捷性,甚至超过所有媒体。

2) 微博与手机的结合

微博的主要发展运用平台应该是以手机用户为主,微博以计算机为服务器,以手机为平台,把每个手机用户用无线的手机连在一起,让每个手机用户不用使用计算机就可以发表自己的最新信息,并和好友分享自己的快乐。

微博之所以要限定 140 个字符,就是源于从手机发短信最多的字符就是 140 个(微博进入中国后普遍默认为 140 个汉字)。微博对互联网的重大意义就在于建立手机和互联网应用的无缝连接,培养手机用户使用手机上网的习惯,增强手机端同互联网端的互动,从而使手机用户顺利过渡到无线互联网用户。目前手机和微博应用的结合有 3 种形式。

① 通过短信和彩信。短信和彩信形式是同移动运营商合作,用户所花的短彩信费用由运营商支收取,这种形式覆盖的人群比较广泛,只要能发短信就能更新微博,但对用户来说更新成本太大,并且彩信限制 50KB 的弊端严重影响了所发图片的清晰度。最关键的是这个方法只能提供更新,而无法看到其他人的更新,这种单向的信息传输方式大大降低了用户的参与性和互动性,让手机用户只体验到一个半吊子的微博。

② 通过 WAP 版网站。各微博网站基本都有自己的 WAP 版,用户可以通过登录 WAP或通过安装客户端连接到 WAP 版。这种形式只要手机能上网就能连接到微博,可以更新也可以浏览、回复和评论,所需费用就是浏览过程中用的流量费。

③ 通过手机客户端。手机客户端分为两种:一种是微博网站开发的基于 WAP 的快捷方式版。用户通过客户端直接连接到经过美化和优化的 WAP 版微博网站。这种形式的用户行为主要靠主动来实现,也就是用户想起更新和浏览微博的时候才打开客户端,其实也就相当于在手机端增加了一个微博网站快捷方式,使用操作上的利弊同 WAP 网站也基本相同。另一种是利用微博网站提供的 API 开发的第三方客户端。这种客户端在国内还比较少,国际上比较有名的是 Twitter 的客户端 Gravity 和 Hesine。

相对于短彩信和 WAP 形式,客户端的形式更符合无线互联网的发展趋势。

3) 微博的应用

Twitter 是国外的一个社交网络及微博服务的网站,它利用无线网络、有线网络、通信技术,进行即时通信,是微博的典型应用。它允许用户将自己的最新动态和想法以短信息的形式发送给手机和个性化网站群,而不仅仅是发送给个人。用户无须输入自己的手机号码,而可以通过即时信息服务和个性化 Twitter 网站接收和发送信息。

① 产品及服务。Twitter 是一个可让用户播报短消息给其朋友或 followers(跟随者)的一个在线服务,它也同样可允许用户指定想跟随的 Twitter 用户,这样可以在一个页面上就能读取他们发布的信息。

Twitter 最初计划是在手机上使用,并且与计算机一样方便使用。所有的 Twitter 消息都被限制在 140 个字符之内,因此每一条消息都可以作为一条 SMS 短消息发送。这就是Twitter 迷人之处的一部分。另外还有很重要的一点就是,Twitter 是完全免费的。

② 使用方式。进入 Twitter.com 单击 Join for free。最好是利用真实姓名或常用 ID来注册,否则你的朋友无法容易地找到你,另外上传一张照片同样有所帮助。当你拥有一个

Twitter 账号后,就可把用户名告诉你的朋友,或者发送你位于 Twitter 的个人页面链接给他们。当然,所有的用户都会有自己的个人页面。

③ 手机与 IM。假如当你没有使用计算机或没有浏览网页的时候,Twitter 服务依然是可以为你工作的。一旦注册,就可通过手机或 IM 账号与 Twitter 连接。

3. 微信

微信(WeChat)是腾讯公司于 2011 年 1 月 21 日推出的一个为智能终端提供即时通信服务的免费应用程序,微信支持跨通信运营商、跨操作系统平台通过网络快速发送免费(需消耗少量网络流量)语音短信、视频、图片和文字。同时,也可以使用通过共享流媒体内容的资料和基于位置的社交插件,如"摇一摇""漂流瓶""朋友圈""公众平台""语音记事本"等。

微信可以通过 QQ 号直接登录注册或者通过邮箱账号注册,微信符号如图 5.19 所示。

截至 2015 年第一季度,微信已经覆盖中国 90% 以上的智能手机,月活跃用户达到 5.49 亿,用户覆盖 200 多个国家、超过 20 种语言。此外,各品牌的微信公众账号总数已经超过 800 万个,移动应用对接数量超过 85 000 个,微信支付用户则达到了 4 亿左右。

图 5.19 微信符号

微信提供公众平台、朋友圈、消息推送等功能,用户可以通过"摇一摇""搜索号码""附近的人"、扫二维码方式添加好友和关注公众平台,同时微信将内容分享给好友以及将用户看到的精彩内容分享到微信朋友圈。

注册用户量已经突破 6 亿,是亚洲地区最大用户群体的移动即时通信软件。为了给更多的用户提供微信支付电商平台,微信服务号申请微信支付功能将不再收取 2 万元保证金,开店门槛已降低。

1) 发展历程

微信由深圳腾讯控股有限公司于 2010 年 10 月筹划启动,由腾讯广州研发中心产品团队打造。该团队经理张小龙所带领的团队曾成功开发过 Foxmail、QQ 邮箱等互联网项目。腾讯公司总裁马化腾在产品策划的邮件中确定了这款产品的名称叫作"微信"。

微信作为时下最热门的社交信息平台,也是移动端的一大入口,正在演变成为一大商业交易平台,其对营销行业带来的颠覆性变化开始显现。微信商城的开发也随之兴起,微信商城是基于微信而研发的一款社会化电子商务系统,消费者只要通过微信平台,就可以实现商品查询、选购、体验、互动、订购与支付的线上线下一体化服务模式。

2) 功能服务

① 基本功能。

- 聊天。支持发送语音短信、视频、图片(包括表情)和文字,是一种聊天软件,支持多人群聊。

- 添加好友。微信支持查找微信号(具体步骤:单击微信界面下方的朋友们→添加朋友→搜号码,然后输入想搜索的微信号码,然后单击查找即可)、查看 QQ 好友添加好友、查看手机通讯录和分享微信号添加好友、摇一摇添加好友、二维码查找添加好友和漂流瓶接受好友等 7 种方式。

- 实时对讲机功能。用户可以通过语音聊天室和一群人语音对讲,但与在群里发语音不同的是,这个聊天室的消息几乎是实时的,并且不会留下任何记录,在手机屏幕关闭的情况下也仍可进行实时聊天。

② 微信支付。

微信支付是集成在微信客户端的支付功能,用户可以通过手机完成快速的支付流程。微信支付向用户提供安全、快捷、高效的支付服务,以绑定银行卡的快捷支付为基础。

支持支付场景:微信公众平台支付、App(第三方应用商城)支付、二维码扫描支付、刷卡支付,用户展示条码,商户扫描后,完成支付。

用户只需在微信中关联一张银行卡,并完成身份认证,即可将装有微信 App 的智能手机变成一个全能钱包,之后即可购买合作商户的商品及服务,用户在支付时只需在自己的智能手机上输入密码,无须任何刷卡步骤即可完成支付,整个过程简便流畅。

③ 其他功能。

- 朋友圈:用户可以通过朋友圈发表文字和图片,同时可通过其他软件将文章或者音乐分享到朋友圈。用户可以对好友新发的照片进行"评论"或"赞",用户只能看相同好友的评论或赞。
- 语音提醒:用户可以通过语音告诉你提醒打电话或是查看邮件。
- 通讯录安全助手:开启后可上传手机通讯录至服务器,也可将之前上传的通讯录下载至手机。
- QQ 邮箱提醒:开启后可接收来自 QQ 邮箱的邮件,收到邮件后可直接回复或转发。
- 私信助手:开启后可接收来自 QQ 微博的私信,收到私信后可直接回复。
- 漂流瓶:通过扔瓶子和捞瓶子来匿名交友。
- 查看附近的人:微信将会根据用户的地理位置找到在用户附近同样开启本功能的人(LBS 功能)。
- 语音记事本:可以进行语音速记,还支持视频、图片、文字记事。
- 微信摇一摇:它是微信推出的一个随机交友应用,通过摇手机或单击按钮模拟摇一摇,可以匹配到同一时段触发该功能的微信用户,从而增加用户间的互动和微信黏度。
- 群发助手:通过群发助手把消息发给多个人。
- 微博阅读:可以通过微信来浏览腾讯微博内容。
- 流量查询:微信自身带有流量统计的功能,可以在设置里随时查看微信的流量动态。
- 游戏中心:可以进入微信玩游戏(还可以和好友比高分),例如飞机大战。
- 微信公众平台:通过这一平台,个人和企业都可以打造一个微信的公众号,可以群发文字、图片、语音 3 个类别的内容,目前有 200 万公众账号。
- 微信在 iPhone、Android、Windows Phone、Symbian、BlackBerry 等手机平台上都可以使用,并提供有多种语言界面。
- 账号保护:微信与手机号进行绑定。

3)系统服务

微信公众平台主要有实时交流、消息发送和素材管理。用户可以对公众账户的粉丝分组管理、实时交流,同时也可以使用高级功能——编辑模式和开发模式对用户信息进行自动回复。

微信公众平台关注数超过 500 时,就可以去申请认证的公众账号。用户可以通过查找公众平台账户或者扫一扫二维码关注公共平台。

此外,微信还开放了部分高级接口和开放者问答系统。

微信还发布了货币型基金理财产品——理财通,被称为微信版"余额宝"。

① 微信网页版。微信网页版指通过手机微信的二维码识别功能在网页上登录微信,微信网页版能实现和好友聊天、传输文件等功能,但不支持查看附近的人以及摇一摇等功能。

QQ 浏览器微信版的登录方式保留了网页版微信通过二维码登录的方式,但是微信界面将不再占用单独的浏览器标签页,而是变成左侧的边栏。这样方便用户浏览网页的同时使用微信。

② 微信大明星。从 2015 年 6 月开始,腾讯旗下的娱乐频道推出一档"微信大明星"栏目,陆续将黄晓明、杨幂等约 60 位娱乐明星邀请进入微信,并大力推广。

③ 微信支付。随着移动应用接入开放,公众平台推出 9 大接口能力,微信支付面世,微信开放体系初步成形,尤其是移动支付前景最受外界期待。微信支付页面如图 5.20 所示。

④ 拦截系统。微信已为抵制谣言建立了技术拦截、举报人工处理、辟谣工具这 3 大系统。在相关信息被权威机构判定不实,或者接到用户举报并核实举报内容属实后,微信会积极提供协助阻断信息的进一步传播。

在日常运营中,腾讯有一支专业的队伍负责处理用户的举报内容。根据用户的举报,查证后一旦确认存在涉及侵权、泄密、造谣、骚扰、广告及垃圾信息等违反国家法律法规、政策及公序良俗、社会公德等,微信团队会视情况严重程度对相关账号予以处罚。

图 5.20　微信支付页面

⑤ 声音锁。微信 iOS 最新版增加了声音登录功能,微信团队将其命名为"声音锁"。想要使用的用户,需要在设置里开启该功能,按系统要求读出随机数字若干次,在微信提取声音特征参数后,退出再登录。念出相应数字就能解锁登录。

⑥ 行业解决方案。该解决方案分为线上、线下两类。线上解决方案就是 B2C 电商。线下解决方案包括快递、售货机、百货、餐厅、便利店、超市、票务、酒店、景区、医院、停车场。

⑦ 城市服务。微信官方宣布,"城市服务"正式接入北京市。用户只要定位在北京,即可通过"城市服务"入口,轻松完成社保查询、个税查询、水电燃气费缴纳、公共自行车查询、路况查询、12369 环保举报等多项政务民生服务。

5.4.9　个人视音频广播(Podcasts 播客、拍客)

1. Podcasts 播客

"播客"又被称作"有声博客",是 Podcast 的中文直译。用户可以利用"播客"将自己制作的"广播节目"上传到网上与广大网友分享。Podcasting 这个词来源自苹果计算机的 iPod

与"广播"(broadcast)的合成词,指的是一种在互联网上发布文件并允许用户订阅自动接收新文件的方法,或用此方法来制作的电台节目。这种新方法在 2004 年下半年开始在互联网上流行以用于发布音频文件。

播客所录制的是网络广播或类似的声讯节目,网友可将网上的广播节目下载到自己的 iPod、MP3 播放器中随身收听,不必端坐在计算机前,也不必实时收听,可享受随时随地的自由。更有意义的是,还可以自己制作声音节目,并将其上传到网上与广大网友分享。可以将播客简单地视为个人的网络广播。

Podcasting 与其他音频内容传送的区别在于其订阅模式,它使用 RSS 2.0 文件格式传送信息。该技术允许个人进行创建与发布,这种新的传播方式使得人人可以说出他们想说的话。

订阅 Podcasting 节目可以使用相应的 Podcasting 软件。这种软件可以定期检查并下载新内容,并与用户的便携型音乐播放器同步内容。Podcasting 并不强求使用 iPod 或 iTunes,任何数字音频播放器或拥有适当软件的计算机都可以播放 Podcasting 节目。相同的技术也可用来传送视频文件。

就像博客颠覆了被动接受文字信息的方式一样,播客颠覆了被动收听广播的方式,使听众成为主动参与者。有人说,播客很可能会像博客(Blog)一样,带来大众传媒的又一场革命。

国内知名播客网站有爱听网、QQvideo、新浪播客、Mofile TV 等。

2. 拍客

在互联网传统图文时代,拍客常常用来称谓用各类相机、手机和数码设备拍摄图文影像的人群。近几年来,拍客的含义在发生悄然而深远的变化,即从图文影像到视频影像的过渡。可以说,视频拍客的诞生,代表了一种新的社会流行文化的盛行。

拍客的概念在中国最早起源于视频网站,原本所指的是"DV 一族"。早年间的拍客大多接受过相关的教育,其中的优秀者随后进入正规的电影电视领域,被称为"第 N 代导演"。主流门户网站出于不同的考虑,开始力挺这一概念,因为随着手机和 DV 的结合,越来越多的人有机会用他们随身携带的设备记录下一些存在于身边而经常被错过的突发事件,并通过视频网站传播出去。

国内知名拍客网站如下。

拍客天下   http://www.fzone.cn

优酷网   http://www.youku.com

酷六网   http://www.ku6.com

5.4.10　信息聚合技术(RSS 阅读器、Atom)

1. 基本简介

RSS 阅读器是一种软件或者说是一个程序,这种软件可以自由读取 RSS 和 Atom 两种规范格式的文档。如目前流行的有 RSSReader、Feeddemon、SharpReader 等。

RSS 的英文原意是 Really Simple Syndication,即"真正简单的聚合"。把新闻标题、摘要(Feed)、内容按照用户的要求,"送"到用户的桌面就是 RSS 的目的。

因此,要彻底明白 RSS 阅读器带来的从"拉(Pull)"到"推(Push)"的网页浏览方式的变革,关键是要搞清楚让人犯晕的 RSS 和 Atom。可以说 RSS 和 Atom 目前还是少数人用的

"高新技术",对于不搞技术的人来说,这些字母的英文原文和类似名词解释式的定义,根本不能让这些甚至连技术名词都难以理解的使用者明白。下面以举例和类比的方式进行解释。

如果一个人每天通常要浏览 30 个网站获得各种所需信息,以现在浏览网页的方式,就需要登录 30 个不同站点搜寻每天可能发布的新信息,因为作为终端用户很难获知这些网站何时进行新信息的发布。在访问时,如果某个网站暂时没有新内容,那么这个人可能就要在一天内多次访问某些网站。这种访问方式获取信息的效率较低,随机性大。但如果将这 30 个网站放到一个浏览器或页面下,当某个网站有了新信息的发布,这个浏览器就能发出通知,显示更新内容,这样用户就不用登录很多网站,多次查找信息,节约了时间,也不会错过新信息,提高了信息的获取效率。

打个比方,可以读取 RSS 和 Atom 文档的 RSS 阅读器就如同一份自己定制的报纸。每个人可以将自己感兴趣的网站和栏目地址集中在一个页面,这个页面就是 RSS 阅读器的界面。通过这个页面就可浏览和监视这些网站的情况,一旦哪个网站有新内容发布就随时报告,显示新信息的标题和摘要(Feed),甚至全文。这些信息可以是文本,还可以是图片、音乐、视频。另一种意义上,RSS 阅读器就像一个临时标签,能够时时记录个人浏览的历史记录。它以每个使用者的阅读历史判断信息的新旧,用户阅读过的就被认定为旧信息,未被阅读的被当作新信息。因此,这些网站上每一次更新的记录(未读的)都不会被错过,即使用户好几天才有机会上一次网。

目前,流行的 RSS 阅读器有适用于 Windows 系统下的 RssReader 和 Free Demon,用于 Mac OS X 系统(苹果机)下的 Net News Wire,还有用于掌上计算机等移动无线设备的 Bloglines 等。

RSS 阅读器将新信息带到了用户的桌面,而无须用户去各个网站一遍遍地搜索,用户只要打开设置好的 RSS 阅读器,就可以等着信息"找上门来"。现在 RSS 阅读器的各种软件都是免费的,除了在 www. Rssreader. com 网站下载最新版本的阅读器外,一般提供 RSS 新闻聚合服务的网站也提供各种阅读器的下载。

刚刚安装好的 RSS 阅读器并没有那么多链接,除了一个默认的空目录外一无所有。这就需要用户自己添加感兴趣的链接,进行符合自己阅读习惯的设置,为自己订制"一份新的报纸"。通过顶上"Add+"等功能键可以建立自己的目录和类,并进行目录的管理和属性设置。每个 RSS 阅读器都提供如何使用和设置的帮助文件及使用指导。

为了方便用户,一些 RSS 阅读器直接在软件中预存入了一部分 RSS 信息源,可以通过"Add+(添加)"按钮中的 directory(目录)选择列表中推荐的 URL。这里需要说明的是,XML 是支持 RSS 和 Atom 技术的互联网编程语言,所以在 RSS 阅读器中添加的 URL 地址必须以. xml 结尾。

由于 RSS 提供自定义式的个性化服务,可以很好地将广告和推销置之门外,也避免了订阅邮件时带来的垃圾邮件,所以 RSS 阅读器受到了很多人的欢迎,但那些需要靠广告来盈利的商业网站,却在不同程度地排斥 RSS 技术,所以至今就世界范围而言提供 RSS 服务的网站并不多。

2. RSS 阅读器在中国

尽管 RSS 技术在美国已进入互联网主流领域,Amazon. com、eBay. com 等巨头纷纷把自己的新闻、产品信息等转换成 RSS 格式,以满足快速增长的 RSS 用户需求,但在中国 RSS 才出现,除了一些博客外,到目前为止大多数人对 RSS 还并不熟悉。

博客中国 www. blogchina. com 在 2006 年 3 月底首先推出了 XML 访问的方式,提供包括博客焦点、热点话题、专栏文章、博客文章等在内的 15 个频道的 RSS 服务。2006 年 8 月 9 日,新华网推出了 RSS 聚合新闻,提供的聚合新闻栏目有"国内新闻""国际新闻""财经新闻""体育新闻""文娱新闻""军事新闻""IT 新闻""科技新闻""教育新闻""法治新闻"共 10 个新闻栏目,新华网称其为"试运行"。

国内知名的新闻类主要网站 RSS 源地址如下。

百度 RSS 新闻订阅:http://www. baidu. com/search/rss. html。

网易 RSS 订阅中心:http://www. 163. com/rss。

新浪 RSS 频道聚合:http://rss. sina. com. cn/index. shtml。

腾讯 RSS 频道聚合:http://rss. qq. com/。

凤凰网 RSS 订阅中心:http://news. ifeng. com/rss/。

搜狐 RSS 内容中心:http://rss. news. sohu. com/。

早报网 RSS 新闻:http://www. zaobao. com/rss/rss。

路透中文 RSS:http://cn. reuters. com/tools/rss/。

新华网 RSS 订阅中心:http://www. xinhuanet. com/rss. htm。

3. RSS 阅读器分类

RSS 阅读器分为在线阅读器和离线阅读器。

在线阅读器的优点:不受机器限制,只要联网通过浏览器就可以使用;速度比较快,阅读内容可以实时同步,不需要安装软件;可以分析用户阅读习惯;还可以获取一定的统计,相应增值服务比较多;强大的搜索比较方便。

离线阅读器的优点:可以将文章下载到本地,离线阅读;不受浏览器限制,方便操作管理。

RSS 除了在 PC 上使用以外,还可以通过手机的 RSS 阅读软件订阅一些电子媒体、Blog、新闻等,专门在手机上使用的 RSS 阅读器是手机 RSS 阅读器。

4. 代表软件

① Google Reader。使用范围最大的 RSS 阅读器,被认为是最纯粹的 RSS 阅读器。

② 鲜果。国内最好的 RSS 阅读器之一。

③ 抓虾。

④ 周伯通。国内最早的阅读器。

⑤ 看天下。

⑥ 新浪点点通。

⑦ QQ 邮箱的阅读空间。

5. Atom

就本质而言,RSS 和 Atom 是一种信息聚合的技术,都是为了提供一种更为方便、高效的互联网信息的发布和共享,用更少的时间分享更多的信息。同时,RSS 和 Atom 又是实现信息聚合的两种不同规范。

1997 年,Netscape(网景)公司开发了 RSS,"推"技术的概念随之诞生。然而 RSS 的风行却是近两年的事,由于 Blog 技术的迅速普及和 Useland 等大牌公司的支持,2003 年 RSS 曾被吹捧成可以免除垃圾邮件干扰的替代产品,一时形成了新技术的某种垄断。这时 Google 为了打破这种垄断,支持了 IBM 软件工程师 SamRuby 于 2003 年研发的 Atom 技术,由于 Google 的加入,Atom 迅速蹿红。Useland 公司的戴夫·温那(Dave Winner)也迅速将 RSS 升级到 2.0 版本,形成了两大阵营的对峙。但为了方便用户使用和市场实际的双重压力,两种标准有统一的可能,现在多数版本的阅读器都可以同时支持这两种标准。

Atom 是另一种订阅网志的格式,是一个新的网志摘要格式以解决目前 RSS 存在的问题。它与 RSS 相比,有更大的弹性。Atom 基于 XML 的文档格式和 HTTP,它被站点和客户工具等用来聚合网络内容,包括 Weblog 和新闻标题等,它借鉴了各种版本 RSS 的使用经验。Atom 正走在通往 IETF 标准的路上,在这之前 Atom 的最后一个版本是 Atom 0.3,并且已经被相当广泛的聚合工具使用在发布和使用(consuming)上。值得一提的是,Blogger 和 Gmail 这两个由 Google 提供的服务正在使用 Atom。

5.4.11　网上百科全书

Wiki 一词来源于夏威夷语的 wee kce wee kee,发音 wiki,原本是"快点快点"的意思,被译为"维基"或"维客",是一种多人协作的写作工具。Wiki 站点可以由多人(甚至任何访问者)维护,每个人都可以发表自己的意见,或者对共同的主题进行扩展或者探讨。Wiki 也指一种超文本系统。这种超文本系统支持面向社群的协作式写作,同时也包括一组支持这种写作的辅助工具。Wiki 的发明者是 Smalltalk 程序员沃德·坎宁安(Ward Cunningham)。

1. 简介

维基百科(维基媒体基金会的商标)是一个基于 Wiki 技术的多语言百科全书协作计划,也是一部用不同语言写成的网络百科全书,其目标及宗旨是为全人类提供自由的百科全书——用他们所选择的语言来书写而成的,是一个动态的、可自由访问和编辑的全球知识体,也被称做"人民的百科全书"。

维基百科全书自 2001 年 1 月 15 日正式成立,由维基媒体基金会负责维持,截至 2015 年 11 月 1 日,维基百科条目数第一的英文维基百科已有 500 万个条目。全球所有 280 种语言的独立运作版本共突破 3700 万个条目,总登记用户也超越 5900 万人,而总编辑次数更是超过 21 亿次。中文的大部分页面都可以由任何人使用浏览器进行阅览和修改,英文维基百科的普及也促成了其他计划成形。

2. 维基特点

http://www.wikIPedia.org 是维基百科多语言入口页,这里列出所有的维基百科语言版本。维基百科本身有 3 个引人注意的特点。正是这些特点使维基百科与传统的百科全书有所区别。

首先,维基百科将自己定位为一个包含人类所有知识领域的百科全书,而不是一本词典,在线的论坛或其他任何东西。其次,计划本身也是一个 Wiki,这允许了大众的广泛参与。维基百科是第一个使用 Wiki 系统进行百科全书编撰工作的协作计划。

还有一个重要的特点,那就是维基百科是一部内容开放的百科全书,内容开放的材料允许任何第三方不受限制地复制、修改,它方便不同行业的人士寻找知识,而使用者也可以不断增加自己的知识从而充实自己。

3. 参与人员

百科是由全球无数志愿学者、玩家、学生等有知识的人共同建筑的。计划的参与者叫作维基百科人。参与者的人数在不断增加,特别是受到良好教育的人士。

百科计划中没有所谓的主编。两个创立维基百科的人,吉米·威尔士(Jimmy Wales,一个小型互联网公司 Bomis 的 CEO)和拉里·桑格(Larry Sanger)喜欢将自己看作是负责防止计划走回头路的普通参与者。

4. 审核机制

通常大部分的内容,由一般的维基人讨论、修改,通常为民主的形式。维基百科的系统里同时有资深的维基人担当管理员,负责清除破坏及封锁恶意破坏者的账户。非常敏感的议题,则由吉米·威尔士最后把关。

5. 维基与博客的区别

维基(Wiki)站点一般都有着一个严格的共同关注,Wiki 的主题一般是明确的、坚定的。Wiki 站点的内容要求高度相关性。Wiki 的协作是针对同一主题做外延式和内涵式的扩展,将同一个问题谈得很充分很深入。博客(Blog)是一个简易便捷地发布自己的心得,关注个性问题的展示与交流的综合性平台。一般的 Blog 站点都会有一个主题,凡是这个主旨往往都是很松散的,而且一般不会去刻意地控制内容的相关性。

Wiki 非常适合于做一种 All about something 的站点。个性化在这里不是最重要的,信息的完整性和充分性以及权威性才是真正的目标。Wiki 由于其技术实现和含义的交织和复杂性,如果漫无主题地去发挥,最终连建立者自己都会很快地迷失。

Blog 注重的是个人的思想(不管多么不成熟,多么匪夷所思),个性化是 Blog 的最重要特色。Blog 注重交流,一般是小范围的交流,通过访问者对一些或者一篇 Blog 文章的评论和交互。

Wiki 使用最多也最合适的就是去共同进行文档的写作或者文章、书籍的写作。特别是技术相关的(尤以程序开发相关的)FAQ,更多地以 Wiki 来展现。

Blog 也有协作的意思,但是协作一般是指多人维护,而维护者之间可能着力于完全不同的内容。这种协作在内容而言是比较松散的。任何人、任何主体的站点,都可以以 Blog 方式展示,都有它的生机和活力。

从目前的情况看,Wiki 的运用程度不如 Blog 广,但以后会怎样,还有待观察,毕竟 Wiki 是一个共享社区。

6. 目前国内著名的维客网站

维基百科　　　　http://zh.wikIPedia.org/(最强大的多语言版本)

百度百科　　　　http://baike.baidu.com/

中华百科　　　　http://www.wikichina.com/

互动在线　　　　http://www.hoodong.com/

IT Wiki　　　　http://wiki.ccw.com.cn/

网络天书　　　　http://www.cnic.org/

维库　　　　　　http://www.wikilib.com/

CookBus Wiki　　http://www.cookbus.com/wiki

天下维客　　　　http://www.allwiki.com/

生活说明书　　　　http://www.wikish.net/

EVEWIKI　　　　　http://wiki.eve-online.com.cn/

5.4.12　文件传输协议

FTP 是 File Transfer Protocol(文件传输协议)的英文简称,用于控制 Internet 上的文件的双向传输。同时,它也是一个应用程序(Application)。用户可以通过它把自己的 PC 与世界各地所有运行 FTP 的服务器相连,访问服务器上的大量程序和信息。

1. FTP 的作用

正如其名,FTP 的主要作用就是让用户连接上一个远程计算机查看远程计算机有哪些文件,然后把文件从远程计算机复制到本地计算机,或把本地计算机的文件传送到远程计算机。

FTP 主要用于下载公共文件,如共享软件、各公司技术支持文件等。Internet 上有成千上万台匿名 FTP 主机,这些主机上存放着数不清的文件,供用户免费复制。实际上,几乎所有类型的信息,所有类型的计算机程序都可以在 Internet 上找到。这是 Internet 吸引人们的重要原因之一。

Internet 中有数目巨大的匿名 FTP 主机以及更多的文件,那么到底怎样才能知道某一特定文件位于哪个匿名 FTP 主机上的哪个目录中呢? 这正是 Archie 服务器所要完成的工作。Archie 将自动在 FTP 主机中进行搜索,构造一个包含全部文件目录信息的数据库,使用户可以直接找到所需文件的位置信息。

2. FTP 的工作原理

以下载文件为例,当启动 FTP 从远程计算机复制文件时,事实上启动了两个程序:一个是本地机上的 FTP 客户程序,它向 FTP 服务器提出复制文件的请求;另一个是启动在远程计算机上的 FTP 服务器程序,它响应用户的请求把用户指定的文件传送到用户的计算机中。FTP 采用客户机/服务器方式,用户端需要在自己的本地计算机上安装 FTP 客户程序。FTP 客户程序有字符界面和图形界面两种。字符界面的 FTP 命令复杂繁多。图形界面的 FTP 客户程序,操作上要简洁方便得多,如图 5.21 所示。

1) FTP(文件传输协议)的概念

一般来说,用户联网的首要目的就是实现信息共享,文件传输是信息共享非常重要的内容之一。Internet 上早期实现传输文件,并不是一件容易的事,Internet 是一个非常复杂的计算机环境,有 PC、工作站、大型计算机。据统计,连接在 Internet 上的计算机已有上千万台,而这些计算机可能运行不同的操作系统,有运行 UNIX 的服务器,也有运行 DOS、Windows 的 PC 和运行 Mac OS 的苹果机等,而各种操作系统之间的文件交流问题,需要建立一个统一的文件传输协议,这就是所谓的 FTP。基于不同的操作系统有不同的 FTP 应用程序,而所有这些应用程序都遵守同一种协议,这样用户就可以把自己的文件传送给别人,或者从其他的用户环境中获得文件。

在 FTP 的使用当中,用户经常遇到两个概念:下载(Download)和上传(Upload)。下载文件就是从远程主机复制文件至自己的计算机上;上传文件就是将文件从自己的计算机中复制至远程主机上。用 Internet 语言来说,用户可通过客户机程序向(从)远程主机上传(下载)文件。

使用 FTP 时首先必须登录,在远程主机上获得相应的权限以后,才可下载或上传文件。

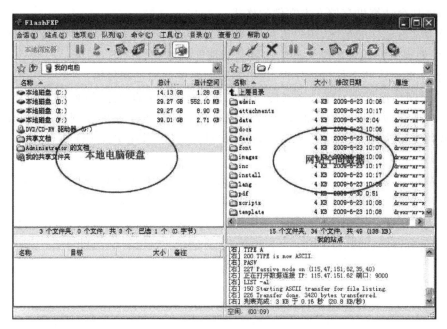

图 5.21　图形界面的 FTP 客户程序

也就是说,要想同哪一台计算机传送文件,就必须具有哪一台计算机的适当授权。换言之,除非有用户 ID 和口令,否则便无法传送文件。这种情况违背了 Internet 的开放性,Internet 上的 FTP 主机何止千万台,不可能要求每个用户在每一台主机上都拥有账号。匿名 FTP 就是为解决这个问题而产生的。

匿名 FTP 是这样一种机制,用户可通过它连接到远程主机上,并从其下载文件,而无须成为其注册用户。系统管理员建立了一个特殊的用户 ID,名为 anonymous,Internet 上的任何人在任何地方都可使用该用户 ID。

通过 FTP 程序连接匿名 FTP 主机的方式同连接普通 FTP 主机的方式差不多,只是在要求提供用户标识 ID 时必须输入 anonymous,该用户 ID 的口令可以是任意的字符串。习惯上,用自己的 E-mail 地址作为口令,使系统维护程序能够记录下来谁在存取这些文件。值得注意的是,匿名 FTP 不适用于所有 Internet 主机,它只适用于那些提供了这项服务的主机。

作为一种安全措施,大多数匿名 FTP 主机都允许用户从其下载文件,而不允许用户向其上传文件,也就是说,用户可将匿名 FTP 主机上的所有文件全部复制到自己的机器上,但不能将自己机器上的任何一个文件复制至匿名 FTP 主机上。

2) FTP

TCP/IP 中,FTP 标准命令 TCP 的端口号为 21,Port 方式数据端口号为 20。FTP 的任务是从一台计算机将文件传送到另一台计算机,它与这两台计算机所处的位置、连接的方式,甚至是否使用相同的操作系统都无关。

FTP 的传输有两种方式:ASCII 传输方式和二进制数据传输方式。

① ASCII 传输方式。假定用户正在复制的文件包含简单的 ASCII 码文本,如果在远程机器上运行的不是 UNIX,当文件传输时 FTP 通常会自动地调整文件的内容以便于把文件

解释成另外那台计算机存储文本文件的格式。

但是常常有这样的情况,用户正在传输的文件包含的不是文本文件,它们可能是程序、数据库、字处理文件或者压缩文件。在复制任何非文本文件之前,用 binary 命令告诉 FTP 逐字复制,不要对这些文件进行处理,这也是下面要讲的二进制传输。

② 二进制传输方式。在二进制传输方式中,保存文件的位序,以便原始和复制的是逐位一一对应的。即使目的地机器上包含位序列的文件是没意义的。例如,Macintosh 以二进制方式传送可执行文件到 Windows 系统,在对方系统上,此文件不能执行。

3) FTP 和网页浏览器

大多数最新的网页浏览器和文件管理器都能和 FTP 服务器建立连接。这使得在 FTP 上通过一个接口就可以操控远程文件,如同操控本地文件一样。这个功能通过给定一个 FTP 的 URL 实现,形如 ftp://〈服务器地址〉(如 ftp://ftp.gimp.org)。是否提供密码是可选择的,如果有密码,则形如@ftp://〈login〉:〈password〉@〈ftpserveraddress〉。大部分网页浏览器要求使用被动 FTP 模式,然而并不是所有的 FTP 服务器都支持被动模式。

3. 通过 FTP 传输文件的一般步骤

需要进行远程文件传输的计算机必须安装和运行 FTP 客户程序。在 Windows 操作系统的安装过程中,通常都安装了 TCP/IP 软件,其中就包含了 FTP 客户程序。但是该程序是字符界面而不是图形界面,这就必须以命令提示符的方式进行操作,很不方便。

常用 FTP 命令如下。

① FTP 服务器的登录。

匿名用户以 FTP 口令: FTP。

用户以 anonymous 口令: 任何电子邮件。

② 显示文件信息: DIR/IS。

③ 下载文件: GET 文件名(下载到当前目录)。

④ 上传文件: PUT 文件名。

⑤ 多文件下载: MGET。

⑥ 多文件上传: MPUT。

⑦ 退出: BYE。

⑧ 帮助: HELP。

启动 FTP 客户程序工作的另一途径是使用 IE 浏览器,用户只需要在 IE 地址栏中输入如下格式的 URL 地址: ftp://[用户名:口令@]ftp 服务器域名[:端口号]。

通过 IE 浏览器启动 FTP 的方法尽管可以使用,但是速度较慢,还会将密码暴露在 IE 浏览器中而不安全。因此,一般都安装并运行专门的 FTP 客户程序。

① 在本地计算机上登录到国际互联网。

② 搜索有文件共享的主机或者个人计算机。

③ 当与远程主机或者对方的个人计算机建立连接后,用对方提供的用户名和口令登录到该主机或对方的个人计算机。

④ 在远程主机或对方的个人计算机登录成功后,就可以上传想跟别人分享的文件或者下载别人授权共享的文件。

⑤ 完成工作后关闭 FTP 下载软件,切断连接。

4. FTP 工具

CuteFTP 是小巧但功能强大的 FTP 工具之一,具有友好的用户界面,稳定的传输速度。LeapFTP 与 FlashFXP、CuteFTP 堪称 FTP 三剑客。

FlashFXP 传输速度比较快,但有时对于一些教育网 FTP 站点却无法连接。

LeapFTP 传输速度稳定,能够连接绝大多数 FTP 站点(包括一些教育网站点)。

CuteFTP 虽然相对来说比较庞大,但其自带了许多免费的 FTP 站点,资源丰富。

FTP 工具推荐使用 CuteFTP,可以在 http://www.onlinedown.net/soft/3065.htm 下载。

5.4.13 远程登录

远程登录(Telnet)是 Internet 的远程登录协议的意思,它让用户坐在自己的计算机前通过 Internet 登录到另一台远程计算机上,这台计算机可以在隔壁的房间里,也可以在地球的另一端。当登录上远程计算机后,用户的计算机就仿佛是远程计算机的一个终端,这样就可以用自己的计算机直接操纵远程计算机,享受远程计算机本地终端同样的权利。可在远程计算机中启动一个交互式程序,可以检索远程计算机的某个数据库,也可以利用远程计算机强大的运算能力对某个方程式求解。

设想有一台 CPU(中央处理器)功能不算太强的 PC,但需要做有关天气预报的复杂计算。这时,可以通过 Telnet 连接到中央办公室强有力的超级计算机上,它的 CPU 能在几秒内帮你完成你的计算机要几十分钟甚至几小时才能完成的计算。

使用 Telnet 服务,必须在你的计算机上运行一个特殊的 Telnet 程序。该程序通过 Internet 连接指定的计算机。一旦连接成功,Telnet 就作为你与另一台计算机之间的中介而工作。你用键盘录入的所有东西都将传给另一台计算机,而另一台计算机显示的一切东西也将送到你的计算机并在屏幕上显示出来。其结果是,你的键盘及屏幕似乎与远程计算机直接连在一起。

在 Telnet 术语中,你的计算机叫作“本地计算机”(本地机),而 Telnet 程序所连接的另一台计算机叫作“远程计算机”(远程机)。无论另一台计算机的实际距离有多远,无论是在同一间办公室还是横跨世界,都使用这些术语。所以,利用 Telnet 术语,可以说 Telnet 程序的功能就是将本地机与一台远程 Internet 主机连接。

多数 Telnet 应用程序都是模仿 DEC 的 VT100 终端。在 20 世纪 80 年代早期,VT100 取得了惊人的成功,为了使用大型的中央处理机,必须有一台 VT100。今天,大多数人是在一台灵巧的计算机上运行终端仿真的应用程序,而不是用专门的哑终端,不过模仿的对象还是 VT100。

1. 远程登录的基本概念

分时系统允许多个用户同时使用一台计算机,为了保证系统的安全和记账方便,系统要求每个用户有单独的账号作为登录标识,系统还为每个用户指定了一个口令。用户在使用该系统之前要输入标识和口令,这个过程被称为“登录”。

远程登录是指用户使用 Telnet 命令,使自己的计算机暂时成为远程主机的一个仿真终端的过程。仿真终端等效于一个非智能的机器,它只负责把用户输入的每个字符传递给主机,再将主机输出的每个信息回显在屏幕上。

当使用 Telnet 登录进入远程计算机系统时,事实上启动了两个程序:一个叫 Telnet 客户程序,运行在本地机上;另一个叫 Telnet 服务器程序,运行在要登录的远程计算机上。本地机上的客户程序要完成如下功能。

① 建立与服务器的 TCP 连接。

② 从键盘上接收输入的字符。

③ 把输入的字符串变成标准格式并送给远程服务器。

④ 从远程服务器接收输出的信息。

⑤ 把该信息显示在本地机的屏幕上。

远程计算机的"服务"程序接到请求,它马上活跃起来,并完成如下功能。

① 通知本地计算机,远程计算机已经准备好了。

② 等候输入命令。

③ 对命令做出反应(如显示目录内容,或执行某个程序等)。

④ 把执行命令的结果送回给本地计算机。

⑤ 重新等候命令。

2. Telnet 协议

Telnet 服务器软件是人们最常用的远程登录服务器软件,是一种典型的客户机/服务器模型的服务,它应用 Telnet 协议来工作。

Telnet 协议是 TCP/IP 族中的一员,是 Internet 远程登录服务的标准协议。应用 Telnet 协议能够把本地用户所使用的计算机变成远程主机系统的一个终端。

3. 远程登录的工作过程

使用 Telnet 协议进行远程登录时需要满足以下条件:在本地计算机上必须安装包含 Telnet 协议的客户程序;必须知道远程主机的 IP 地址或域名;必须知道登录标识与口令。

Telnet 远程登录服务分为以下 4 个过程。

① 本地与远程主机建立连接。该过程实际上是建立一个 TCP 连接,用户必须知道远程主机的 IP 地址或域名。

② 将本地终端上输入的用户名和口令及以后输入的任何命令或字符以 NVT(Net Virtual Terminal)格式传送到远程主机。该过程实际上是从本地主机向远程主机发送一个 IP 数据报。

③ 将远程主机输出的 NVT 格式的数据转化为本地所接受的格式送回本地终端,包括输入命令回显和命令执行结果。

④ 本地终端对远程主机进行撤销连接。该过程是撤销一个 TCP 连接。

4. 利用 Windows 实现远程登录

Windows 的 Telnet 客户程序是属于 Windows 的命令行程序中的一种。在安装 Microsoft TCP/IP 时,Telnet 客户程序会被自动安装到系统上。利用 Windows 的 Telnet 客户程序进行远程登录,步骤如下。

① 连接到 Internet。

② 选择"开始"菜单中的"运行",或者是选择"程序"菜单下的"MS-DOS 提示方式"便可转换至命令提示符下。

③ 在命令提示符下,按下列两种方法中的任意一种与 Telnet 连接。

一种方法是,输入 Telnet 命令、空格以及相应的 Telnet 的主机地址。如果主机提示输入一个端口号,则可在主机地址后加上一个空格,再紧跟上相应的端口号,然后按回车键。

另一种方法是,输入 Telnet 命令并按回车键,打开 Telnet 主窗口。在该窗口中,选择"连接"下的"远程系统",如有必要,可以在随后出现的对话框中输入主机名和端口号,然后单击"连接"按钮。

④ 与 Telnet 的远程主机连接成功后,计算机会提示输入用户名和密码,若连接的是一个 BBS、Archie、Gopher 等免费服务系统,则可以通过输入 bbs、archie 或 gopher 作为用户名,就可以进入远程主机系统。接下来就可以完全依照远程主机的命令行事了。

一切有益的工具都可以为股民所用,互联网更不例外。或许可以从一个案例中了解当代股民的互联网应用状态。这天早晨,股民 Tim 像往常一样打开某行情软件,却发现沪指在逐渐下跌,顿时紧张不已,马上在 Message 上询问"参谋"是否考虑"减仓",得到的回答是"继续持股等待"。结果第二天,沪指大幅反弹,Tim 这才安下心来。Tim 对股市并不了解,也几乎没去过证券公司的交易大厅,每天在证券公司工作的朋友都会给她当在线参谋,买什么股、什么时候抛,都听这位参谋的。Tim 偶尔也会去一些股票论坛逛逛,看看某些炒股名博,看看财经新闻以让自己多了解一点。

或许这就是一个典型的互联网股民的一天,这种状态已经持续了很多年,不同的只是网络股民人数的增加,那么股民就没有更好的应用工具了吗?

微博的出现或将改变股民的一些习惯,随着国外 Twitter 的影响不断扩大,国内微博网站也层出不穷。新浪、搜狐等门户网站相继推出了综合性微博,让股民兴奋的是,投资理财行业也出现优秀的微博,主要有推哦网、中金微博等。再来看另一个案例。

股民"风云"为互联网业内人士,在新浪微博上线不久就注册了账号,不久前,通过推哦网的朋友邀请建立了推哦网账号。这天早晨,"风云"和往常一样打开推哦网,看到在推哦网的个人首页显示沪指大跌,旁边自选股栏目显示几只个股下跌,"风云"马上发表微博向博友求救,几秒钟就有不少博友回复,其中博友 Alexa 为公认的股神,根据博友回复情况,"风云"对几只股分别做了处理。同时,"风云"在自己的个人首页也看到了很多博友推荐的股票,他分别做了加减仓。个人首页上各种股票新闻、各种股市动态不断出现,偶尔"风云"会对博友的微博进行评论,发表自己对股市看法的微博。"风云"对建筑行业研究的分享较多,关注"风云"的博友经常对他表示感谢,这让"风云"很有满足感。

有人说,微博的出现拉近了人与人之间的距离,在 Web 1.0 时代,互联网是人与机器的关系;Web 2.0 时代,互联网是人与人的关系;而微博时代,互联网是人与众的关系,并且这种关系的传递变得容易、迅速而易维护。

5.5 网站组建技术

网站建设是网站策划师、网络程序员、网页设计师等相互合作,应用各种网络程序开发技术和网页设计技术,为企事业单位、公司或个人在全球互联网上建设站点,并包含域名注册和主机托管等服务的总称。其作用为展现公司形象,加强客户服务,完善网络业务。网站建设要突出个性,注重浏览者的综合感受,令其在众多的网站中脱颖而出。

5.5.1　网站基本概念

网站建设是一个建设网站的完整过程,其中包括域名注册、空间租用、网站风格设计、网站代码制作4个部分,这个过程需要网站策划人员、美术设计人员、Web程序员共同完成。网站可以分为政府、事业单位网站、商业网站、个人网站及门户网站等。

网站是企业展示自身形象、发布产品信息、联系网上客户的新平台、新天地,进而可以通过电子商务开拓新的市场,以极少的投入获得极大的收益和利润。

网站建设分为8步:申请域名(域名备案)、申请空间、定位网站、分析网站功能和需求(网站策划)、网站风格设计、网站代码制作、测试网站、FTP上传网站。

1. 网站的分类

网站分为静态网站与动态网站两类,而静态网页与动态网页主要根据网页制作的语言来区分。

静态网页使用语言:HTML(超文本标记语言)或XML(可扩展标记语言)。

动态网页使用语言:HTML + ASP 或 HTML + ASP. NET 或 HTML + PHP 或 HTML+JSP等。

1) 静态网页与动态网页的区别

程序是否在服务器端运行,是重要标志。

在服务器端运行的程序、网页、组件,属于动态网页,它们会随不同客户、不同时间,返回不同的网页,如ASP、PHP、JSP、ASP. NET、CGI等。

运行于客户端的程序、网页、插件、组件,属于静态网页,例如 HTML 页、Flash、JavaScript、VBScript等,它们是永远不变的。

静态网页和动态网页各有特点,网站采用动态网页还是静态网页主要取决于网站的功能需求和网站内容的多少,如果网站功能比较简单,内容更新量不是很大,采用纯静态网页的方式会更简单,反之一般要采用动态网页技术来实现。

静态网页是网站建设的基础,静态网页和动态网页之间也并不矛盾,为了网站适应搜索引擎检索的需要,即使采用动态网站技术,也可以将网页内容转化为静态网页发布。

动态网站也可以采用静动结合的原则,适合采用动态网页的地方用动态网页,如果需要使用静态网页,则可以考虑用静态网页的方法来实现,在同一个网站上,动态网页内容和静态网页内容同时存在也是很常见的事情。

2) 静态网页

在网站设计中,纯粹HTML格式的网页通常被称为静态网页,早期的网站一般都是由静态网页制作的。

静态网页的网址形式通常是以htm、html、shtml、xml等为扩展名的。在 HTML 格式的网页上,也可以出现各种动态的效果,如 gif 格式的动画、Flash、滚动字母等,这些"动态效果"只是视觉上的,与下面将要介绍的动态网页是不同的概念。

静态网页的特点简要归纳如下。

① 静态网页每个网页都有一个固定的 URL,且网页 URL 以 htm、html、shtml 等常见形式为扩展名,而不含有"?"。

② 网页内容一经发布到网站服务器上,无论是否有用户访问,每个静态网页的内容都

是保存在网站服务器上的。也就是说,静态网页是实实在在保存在服务器上的文件,每个网页都是一个独立的文件。

③ 静态网页的内容相对稳定,因此容易被搜索引擎检索。

④ 静态网页没有数据库的支持,在网站制作和维护方面工作量较大,因此当网站信息量很大时完全依靠静态网页制作方式比较困难。

⑤ 静态网页的交互性,在功能方面有较大的限制。

静态网页是相对于动态网页而言的,是指没有后台数据库、不含程序和不可交互的网页。编的是什么它显示的就是什么,不会有任何改变。静态网页更新起来相对比较麻烦,适用于一般更新较少的展示型网站。

另外,如果扩展名为 asp 但却没有连数据库,完全是静态的页面,那也是静态网站。与 asp 扩展名无关。

3）动态网页

动态网页是与静态网页相对应的,也就是说,网页 URL 的扩展名不是 htm、html、shtml、xml 等静态网页的常见形式,而是以 aspx、asp、jsp、php、perl、cgi 等形式为扩展名,并且在动态网页网址中有一个标志性的符号"?",如有一个动态网页的地址为 http://www.pagehome.cn/IP/index.asp?id=1,这就是一个典型的动态网页 URL 形式。

这里说的动态网页,与网页上的各种动画、滚动字幕等视觉上的"动态效果"没有直接关系,动态网页也可以是纯文字内容的,也可以是包含各种动画的内容,这些只是网页具体内容的表现形式,无论网页是否具有动态效果,采用动态网站技术生成的网页都称为动态网页。

从网站浏览者的角度来看,无论是动态网页还是静态网页,都可以展示基本的文字和图片信息,但从网站开发、管理、维护的角度来看就有很大的差别。

动态网页的一般特点简要归纳如下。

① 动态网页一般以数据库技术为基础,可以大大降低网站维护的工作量。

② 采用动态网页技术的网站可以实现更多的功能,如用户注册、用户登录、在线调查、用户管理、订单管理等。

③ 动态网页实际上并不是独立存在于服务器上的网页文件,只有当用户请求时服务器才返回一个完整的网页。

④ 动态网页中的"?"对搜索引擎检索存在一定的问题,搜索引擎一般不可能从一个网站的数据库中访问全部网页,或者出于技术方面的考虑,搜索蜘蛛不去抓取网址中"?"后面的内容,因此采用动态网页的网站在进行搜索引擎推广时需要做一定的技术处理才能适应搜索引擎的要求。

2. 网站建设需要考虑的因素

1）网站风格/创意

风格(Style)是抽象的,是指站点的整体形象给浏览者的综合感受。整体形象包括站点的版面布局、色彩、字体、浏览方式等。例如,我们觉得迪士尼是生动活泼的,而 IBM 则是专业严肃的。每一个网站都会给人们留下不同的感受。这里需要做到的是根据网站的定位做出网站特有的风格。

除此之外,还需要在风格的统一上把握一下,其实这个风格的统一和传统的印刷出版物没什么区别。网页上所有的图像、文字,包括背景颜色、区分线、字体、标题、注脚等,都要统一风格,贯穿全站。这样用户看起来舒服、顺畅,会对网站留下一个"很专业"的印象。而企业网站设计师往往就缺乏这一点,没有全局意识。

创意就是不拘一格吗?某些设计师在做创意的时候大费周章,做出来确实不可否认很有创意、很别致,但往往行业网站的客户不能接受。此时不要太责怪客户的不识货,应该反思,抓住客户的需求。其实做行业网站不需要很多大的创意,也不要浪费过多的时间去追求如何个性、如何好看,只需要一点小小的创意贯穿全站,也许会使网站更生动、更具有吸引力、更有思想。

2)网站 Logo

Logo 顾名思义就是站点的标志图案,Logo 最重要的就是用图形化的方式传递网站的定位和经营理念,同时便于人们识别。网站 Logo 的设计过程一般有以下 3 种思路。

① 直接以网站网址作为 Logo。

② 根据网站提供的产品/服务特点展开 Logo 设计。

③ 以传递网站运营商的经营理念为特色。

3)视觉流程

人们在阅读某种信息时,视觉总有一种自然的流动习惯,先看什么,后看什么,再看什么。心理学的研究表明,一般的浏览习惯是从上到下、从左到右。在一个平面上,上松下稳。同样,平面上是左松右稳。所以平面的视觉影响力上方强于下方,左侧强于右侧。这样平面的上部和中上部被称为"最佳视域",也就是最优选的地方。在网页设计中一些突出或推荐的信息通常都放在这个位置。在网页设计中,灵活而合理地运用直接影响传达信息的准确与有效性。

4)网页框架与布局

网页布局大致可分为"国"字型、拐角型、综合框架型、Flash 型、变化型,最重要的是抓住客户的需求,把握网站的定位做合理的框架布局。

① 分辨率。网页的整体宽度可分为 3 种设置形式:百分比、像素、像素+百分比。通常在网站建设中以像素形式最为常用,行业网站也不例外。在设计网页的时候必定会考虑分辨率的问题,通常用的是 1024×768 和 800×600 的分辨率,现在网络上很多都是用 778 个像素的宽度,在 800 的分辨率下面往往使整个网页很压抑,有种不透气的感觉,其实这个宽度是指在 800×600 的分辨率上网页的最宽宽度,不代表最佳视觉,不妨试试 760~770 的像素,不管在 1024 还是 800 的分辨率下都可以达到较佳的视觉效果。

② 合理广告。目前,一些网站的广告(弹出广告、浮动广告、大广告、banner 广告、通栏广告等)让人觉得很烦琐,根本就不愿意看,有时连这个网站都不上了,这样一来网站就受到严重的影响,广告也没达到广告的目的。这些问题都是在设计网站之前需要考虑、需要规划的内容之一。

③ 空间的合理利用。很多网页都具有一个特点,用一个字来形容,那就是"塞",它将各种各样的信息如文字、图片、动画等不加考虑地塞到页面上,有多少挤多少,不加以规范,导致浏览时会遇到很多的不方便,主要就是页面主次不分,喧宾夺主,要不就是没有重点,没有很好地归类,整体就像个大杂烩,让人难以找到需要的东西。有的则是一片空白失去平衡,

也可以用个"散"字来形容。

④ 文字编排。在网页设计中,字体的处理与颜色、版式、图形化等其他设计元素的处理一样非常关键。

文字图形化就是将文字用图片的形式来表现,这种形式在页面的子栏目里面最常用,因为它比较突出,同时又美化了页面,使页面更加人性化,加强了视觉效果,是文字无法达到的。对于通用性的网站弊端就是扩展性不强。

如果将个别文字作为页面的诉求重点,则可以通过加粗、加下画线、加大号字体、加指示性符号、倾斜字体、改变字体颜色等手段有意识地强化文字的视觉效果,使其在页面整体中显得出众而夺目。这些方法实际上都是运用了对比的法则。

5) 网站配色

① 用一种色彩。这里是指先选定一种色彩,然后调整透明度或者饱和度(说得通俗些就是将色彩变淡或加深),产生新的色彩用于网页。这样的页面看起来色彩统一,有层次感。

② 用两种色彩。先选定一种色彩,然后选择它的对比色(在 Photoshop 里按 Ctrl+Shift+I)再进行微小的调整。整个页面应色彩丰富但不花哨。

③ 用一个色系。简单地说就是用一个感觉的色彩,如淡蓝、淡黄、淡绿,或者土黄、土灰、土蓝。也就是在同一色系里面采用不同的颜色使网页增加色彩,而又不花,色调统一。这种配色方法在网站设计中最为常用。

④ 灰色在网页设计中又称为"万能色",其特点是可以和任何颜色搭配,但在使用时要把握量,避免网页变灰。

在网页配色中,尽量控制在 3 种色彩以内,以避免网页花、乱,没有主色的显现。背景和前文的对比尽量要大(绝对不要用花纹繁复的图案作为背景),以便突出主要文字内容。

5.5.2　网页技术

1. 静态网页技术

HTML(HyperText Markup Language)即超文本标记语言,是目前网络上应用最广泛的语言,也是构成网页文件的主要语言。HTML 文本是由 HTML 命令组成的描述性文本,HTML 命令可以说明文字、图形、动画、声音、表格、链接等。HTML 的结构包括头部(Head)、主体(Body)两大部分,其中头部描述浏览器所需的信息,而主体则包含所要说明的具体内容。

2. 动态网页技术

网络技术日新月异,细心的网友会发现许多网页文件扩展名不再只是 htm,还有 php、asp 等,这些都是采用动态网页技术制作出来的。

早期的动态网页主要采用 CGI(Common Gateway Interface,公用网关接口)技术。可以使用不同的程序编写合适的 CGI 程序,如 C/C++ 等。虽然 CGI 技术已经发展成熟而且功能强大,但由于编程困难、效率低下、修改复杂,所以有逐渐被新技术取代的趋势。

下面介绍几种目前颇受关注的新技术。

1) PHP

PHP 即 Hypertext Preprocessor(超文本预处理器),PHP 是一种 HTML 内嵌式的语

言，是一种在服务器端被执行的嵌入 HTML 文件的脚本语言，语言的风格类似于 C 语言，被广泛地运用。它是当今 Internet 上最为火热的脚本语言，其语法借鉴了 C、Java、Perl 等语言，但只需要很少的编程知识就能使用 PHP 建立一个真正交互的 Web 站点。

它与 HTML 具有非常好的兼容性，使用者可以直接在脚本代码中加入 HTML 标签，或者在 HTML 标签中加入脚本代码从而更好地实现页面控制。PHP 提供了标准的数据库接口，数据库连接方便，兼容性强；扩展性强；可以进行面向对象编程。

2）ASP

ASP 即 Active Server Pages，它是微软公司开发的一种类似 HTML（超文本标记语言）、Script（脚本）与 CGI（公用网关接口）的结合体，它没有提供自己专门的编程语言，而是允许用户使用许多已有的脚本语言编写 ASP 的应用程序。ASP 的程序编制比 HTML 更方便且更有灵活性。它是在 Web 服务器端运行，运行后再将运行结果以 HTML 格式传送至客户端的浏览器。因此，ASP 与一般的脚本语言相比，要安全得多。

ASP 的最大好处是可以包含 HTML 标签，也可以直接存取数据库及使用无限扩充的 ActiveX 控件，因此在程序编制上要比 HTML 方便而且更富有灵活性。通过使用 ASP 的组件和对象技术，用户可以直接使用 ActiveX 控件，调用对象方法和属性，以简单的方式实现强大的交互功能。

但 ASP 技术也并非完美无缺，由于它基本上是局限于微软公司的操作系统平台之上，主要工作环境是微软公司的 IIS 应用程序结构，又因 ActiveX 对象具有平台特性，所以 ASP 技术不能很容易地实现在跨平台 Web 服务器上工作。

3）JSP

JSP 即 Java Server Pages，它是由 Sun Microsystem 公司于 1999 年 6 月推出的新技术，是基于 Java Servlet 以及整个 Java 体系的 Web 开发技术。

JSP 和 ASP 在技术方面有许多相似之处，不过两者来源于不同的技术规范组织，以至 ASP 一般只应用于 Windows NT/2000 平台，而 JSP 则可以在 85％ 以上的服务器上运行，而且基于 JSP 技术的应用程序比基于 ASP 的应用程序易于维护和管理，所以被许多人认为是未来最有发展前途的动态网站技术。

虽然以上 3 种新技术在制作动态网页上各有特色，但目前仍都在发展中，不够普及。对于广大个人主页的爱好者、制作者来说，建议尽量少用难度大的 CGI 技术。如果对微软公司的产品情有独钟，采用 ASP 技术会比较得心应手；如果是 Linux 的追求者，运用 PHP 技术在目前是最明智的选择。当然，不要忽略了 JSP 技术。

5.5.3　Web 网站规划

网站规划一般按如下流程进行，即提出需求→设计建站方案→查询申办域名→网站系统规划→网站内容整理→网页设计、制作、修改→网站确认并发布→网站推广维护。

网站建设流程如图 5.22 所示。

网站建设牵涉比较多的网页开发技术和数据库知识，这里分几个要点来说。

首先，选定需要使用的动态脚本，这一步非常关键。相信现在很少有网址会全部采用纯静态 HTML 页面，如果要实现互动论坛、调查查询这样的高级功能，必须通过动态脚本＋数据库的方式。动态脚本无非就是 CGI、ASP、ASP. NET、JSP、PHP 这几种，CGI 已经非常

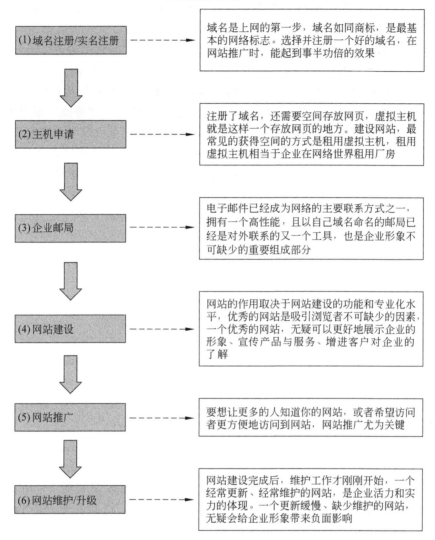

网站建设六步曲

(1) 域名注册/实名注册	域名是上网的第一步,域名如同商标,是最基本的网络标志。选择并注册一个好的域名,在网站推广时,能起到事半功倍的效果
(2) 主机申请	注册了域名,还需要空间存放网页,虚拟主机就是这样一个存放网页的地方。建设网站,最常见的获得空间的方式是租用虚拟主机,租用虚拟主机相当于企业在网络世界租用厂房
(3) 企业邮局	电子邮件已经成为网络的主要联系方式之一,拥有一个高性能,且以自己域名命名的邮局已经是对外联系的又一个工具,也是企业形象不可缺少的重要组成部分
(4) 网站建设	网站的作用取决于网站建设的功能和专业化水平,优秀的网站是吸引浏览者不可缺少的因素,一个优秀的网站,无疑可以更好地展示企业的形象、宣传产品与服务、增进客户对企业的了解
(5) 网站推广	要想让更多的人知道你的网站,或者希望访问者更方便地访问到网站,网站推广尤为关键
(6) 网站维护/升级	网站建设完成后,维护工作才刚刚开始,一个经常更新、经常维护的网站,是企业活力和实力的体现。一个更新缓慢、缺少维护的网站,无疑会给企业形象带来负面影响

图 5.22　网站建设流程

过时了,开发难度也很大,现在的新站点基本都不会再使用这种脚本。

ASP 是应用最广泛的,因为 Windows 集成的 IIS 直接就提供了对 ASP 的支持,而且 ASP 开发难度比较低,不过功能比较有限,安全性也不好,于是微软公司推出了功能非常强大同时安全性也大大提高的 ASP. NET。至于 JSP 和 PHP,都是效率比较高的脚本语言,当然其最大的特点是可移植性好,在 Windows 或 Linux/UNIX 系统下都可以得到较好的支持,使用这种语言开发的网站系统在日后切换操作系统时仍然可以正常使用,节省开发费用。

所以,如果选择的是 ASP 或者 ASP. NET 脚本,那么平台基本上就是 Windows Server 2003 或者 Windows 2000 Advanced Server,管理就比较容易,不过安全隐患较多;如果选择 PHP 或者 JSP,那么使用 Linux 系统则效率更高,稳定性和安全性也更好,不过管理设置不如 Windows 系统方便。

数据库方面,选择 ASP 的话一般都是搭配 Access 比较方便,无须安装,使用简单方便,不过效率比较差,稍微大型的应用一般会选择微软公司的 SQL Server 数据库,不过服务器上要先安装这套软件;如果是选择 PHP 或者 JSP,最好是跟 MySQL 搭配,MySQL 是完全免费的,PHP、JSP、MySQL 环境需要在服务器端先安装一些相关软件。

网站页面系统的开发可以找网页程序员完成,也可以向一些专门承接网站开发的公司购买已经开发好的现成代码或请他们拿一套系统按照需要进行一些修改。很多程序员团体或软件公司都有已经开发好的各种专类应用的页面系统,在网上可以下载到源代码,不过需要进行注册,像这类代码注册费用都非常低,平均 200 元左右,不过开发者会把代码卖给很多人,因此使用这类系统容易跟别人的站点风格重复,而且安全性不好保证,不过价格非常实惠。例如,国内著名的动网论坛就是这样一套系统,可以免费下载使用,不过一些高级功能或升级支持需要进行购买;还有一些软件开发公司就专门为别人进行这类代码的修改或拼装,可以定制出客户需要的站点,安全性也较前者可靠,开发费用视项目规模的大小而定,小则几百元,多可几万元,例如 andsky.com 就提供了大量的免费站点系统可供下载,客户看中哪一套代码可以先试用然后再联系作者协商进行修改。

解决了页面的问题,还需要让网友可以访问这些代码生成的页面,通常先采用虚拟主机的方式,待到网站逐步发展壮大后,再考虑租用或托管整台服务器。

虚拟主机(Virtual Host/Virtual Server)是使用特殊的软硬件技术,把一台计算机主机分成一台台虚拟的主机,每一台虚拟主机都具有独立的域名和 IP 地址(或共享的 IP 地址),具有完整的 Internet 服务器功能。在同一台硬件、同一个操作系统上,运行着为多个用户打开的不同的服务器程序,互不干扰;而各个用户拥有自己的一部分系统资源(IP 地址、文件存储空间、内存、CPU 时间等)。

虚拟主机的访问速度由下述因素决定:服务器的硬件配置(包括服务器的类型、CPU、硬盘速度、内存大小、网卡速率等);服务器所在的网内环境与速率;服务器所在的网络环境与 Internet 骨干网相连的速率;CHINANET 的国际出口速率;访问者的 ISP(Internet 接入服务提供商)与 CHINANET 之间的专线速率;访问者的 ISP(Internet 接入服务提供商)向客户端开放的端口接入速率;访问者计算机的配置、Modem 的速率、电话线路的质量等。

了解以上问题后,就可以根据自己的业务类型和需求选择一种合适的虚拟主机了,建议找能提供免费试用的虚拟主机服务商,注意一定要试用他们的正式空间,例如像"正式空间免费试用,不满意不付款"的主机服务商应该是首先考虑的对象。切记,如果遇到只提供专用测试空间的服务商,就不必试了。

5.5.4　网页制作与编辑

1. HTML 简介

HTML 是网络的通用语言,一种简单、通用的全置标记语言。它允许网页制作人建立文本与图片相结合的复杂页面,这些页面可以被网上任何其他人浏览,无论使用的是什么类型的计算机或浏览器。

HTML 只不过是组合成一个文本文件的一系列标签。HTML 标签通常是英文词汇的全称（如块引用为 blockquote）或缩略语（如 p 代表 Paragraph），但它们与一般文本又有所区别，因为它们放在单书名号里。故 Paragragh 标签是〈p〉，块引用标签是〈blockquote〉。有些标签说明页面如何被格式化（如开始一个新段落），其他则说明这些词如何显示（如〈b〉使文字变粗），还有一些其他标签提供在页面上不显示的信息——例如标题。

关于标签，需要记住的是，它们是成对出现的。每当使用一个标签——如〈blockquote〉，则必须以另一个标签〈/blockquote〉将它关闭。注意 blockquote 前的斜线，那就是关闭标签与打开标签的区别。但是也有一些标签例外，比如〈input〉标签就不需要。

基本 HTML 页面以 DOCTYPE 开始，它声明文档的类型，且它之前不能有任何内容（包括换行符和空格），否则将使文档声明无效，接着是〈html〉标签，以〈/html〉结束。在它们之间，整个页面有两部分——标题和正文。

标题词——夹在〈head〉和〈/head〉标签之间——这个词语在打开页面时出现在屏幕底部最小化的窗口中。正文则夹在〈body〉和〈/body〉之间——所有页面的内容所在。页面上显示的任何东西都包含在这两个标签之中。

首先看一个简单的范例。第一步，当然是要建立一个新的文本文件（记住，如果在使用比较复杂的文字处理器，就应该用"纯文本"或"普通文本"来保存），将它命名为"××××.html"（随便起一个什么名字，扩展名也可是 htm）。然后可以用浏览器将它打开，会看见最简单的自己做的页面。

2. HTML 基本结构

一个 HTML 文档是由一系列的元素和标签组成的。元素名不区分大小写。HTML 用标签来规定元素的属性和它在文件中的位置。

HTML 超文本文档分为文档头和文档体两部分。在文档头里，对这个文档进行了一些必要的定义，文档体中才是要显示的各种文档信息。

下面是一个最基本的 HTML 文档的代码：

```
〈HTML〉--------------------------------------------开始标签
〈HEAD〉-------------------------------------
〈TITLE〉一个简单的 HTML 示例〈/TITLE〉|头部标签
〈/HEAD〉-------------------------------------
〈BODY〉--------------------------------------
〈CENTER〉|
〈H1〉欢迎光临我的主页〈/H1〉|
〈BR〉|
〈HR〉|文件主体
〈FONT SIZE=7 COLOR=red〉|
这是我第一次做主页|
〈/FONT〉|
〈/CENTER〉|
〈/BODY〉----------------------------------------
〈/HTML〉--------------------------------------结尾标签
```

〈HTML〉〈/HTML〉在文档的最外层，文档中的所有文本和 HTML 标签都包含在其中，它表示该文档是以超文本标记语言（HTML）编写的。事实上，现在常用的 Web 浏览器都可以自动识别 HTML 文档，并不要求有〈HTML〉标签，也不对该标签进行任何操作，但是为了使 HTML 文档能够适应不断变化的 Web 浏览器，还是应该养成不省略这对标签的良好习惯。

〈HEAD〉〈/HEAD〉是 HTML 文档的头部标签，在浏览器窗口中，头部信息是不被显示在正文中的，在此标签中可以插入其他标记，用于说明文件的标题和整个文件的一些公共属性。若不需要头部信息则可省略此标记，良好的习惯是不省略。

〈TITLE〉和〈/TITLE〉是嵌套在〈HEAD〉头部标签中的，标签之间的文本是文档标题，它被显示在浏览器窗口的标题栏。

〈BODY〉和〈/BODY〉标记一般不省略，标签之间的文本是正文，是在浏览器中要显示的页面内容。

上面的这几对标签在文档中都是唯一的，HEAD 标签和 BODY 标签是嵌套在 HTML 标签中的。

3．常用的 HTML 编辑软件

1）Dreamweaver

Dreamweaver 是美国 Adobe 公司开发的集网页制作和管理网站于一身的所见即所得的网页编辑器，它是第一套针对专业网页设计师特别发展的视觉化网页开发工具，利用它可以轻而易举地制作出跨平台限制和跨浏览器限制的充满动感的网页。它是优秀的代码编辑器，有代码加亮、代码提示等丰富功能，提供各种示例代码，并支持 JavaScript、PHP、ASP、JSP 等多种脚本语言。

2）FrontPage

Microsoft 公司出品的 FrontPage 是制作表单式网页的常用工具。FrontPage 是 Microsoft 公司推出的大型套装软件 Office 中的一个重要组件。

FrontPage 2000 相对于前面的版本在网页向导、网页编辑、表单与框架页技术、音频与视频插件、动态 HTML 技术、数据库连接等方面进行了重大的改进，从而增强了网页制作的功能。如果服务器安装了 FrontPage 扩展组件，还可以支持 FrontPage 的站点计数器等功能。它从 2007 版的 Office 开始更名为 Sharepoint Designer。

3）EclIPse

EclIPse 是一个开放源代码的、基于 Java 的可扩展开发平台。就其本身而言，它只是一个框架和一组服务，用于通过插件组件构建开发环境。幸运的是，EclIPse 附带了一个标准的插件集，包括 Java 开发工具（Java Development Tools，JDT）。

4）UltraEdit

UltraEdit 是能够满足一切编辑需要的编辑器。UltraEdit 是一套功能强大的文本编辑器，可以编辑文本、十六进制、ASCII 码，完全可以取代记事本，内建英文单词检查、C++ 及 VB 指令突显，可同时编辑多个文件，而且即使开启很大的文件速度也不会慢。软件附有 HTML 标签颜色显示、搜寻替换以及无限制的还原功能，一般大家喜欢用其来修改 EXE 或 DLL 文件。

5.5.5 网站组建案例讨论

计算机网络应用不断扩大,远程教育和虚拟大学的出现等,使得基于 Web 的在线考试系统成为现实。基于 Web 的在线考试系统可以发挥网络的优势,建立大型、高效、共享的题库和实现随时随地的考试,降低考试成本,减少人为干扰,减轻教师负担,节约人力、物力和财力。

根据考试管理的实际要求,结合试卷管理的工作流程,系统应实现以下功能。

① 掌握本考试范围内所有考生的基本情况,包括学号、姓名、成绩等。

② 试卷的自动生成,答题完成后,系统对照正确答案,给出试卷分数。

③ 对试题库进行增加、删除、修改等更新操作。

1. 系统构架

1) 基于 B/S 体系

整个系统采用 Browser/Web/DataBase 的 3 层体系结构。在 Browser/Server(B/S)系统中,用户可以通过浏览器向分布在网络上的服务器发出请求,服务器对浏览器的请求进行处理,将用户所需信息返回到浏览器。B/S 结构简化了客户机的工作,客户机上只配置 Web 浏览器即可。服务器将担负更多的工作,对数据库的访问和应用程序的执行将在服务器上完成。浏览器发出请求,而其余如数据请求、加工、结果返回以及动态网页生成等工作全部由 Web Server 完成。

在 Browser/Server 3 层体系结构下,表示层、功能层、数据层被分成 3 个相对独立的单元。

① 第一层(表示层):Web 浏览器。

② 第二层(功能层):具有应用程序扩展功能的 Web 服务器。

③ 第三层(数据层):数据库服务器。

Browser/Server 3 层体系结构,如图 5.23 所示。

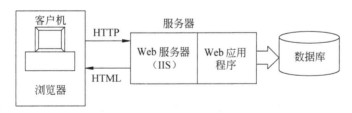

图 5.23　Browser/Server 3 层体系结构

2) 系统总体框架图

在线考试系统总体框架图,如图 5.24 所示。

系统主要分为前端、后端两大管理系统,包括 4 大功能模块,如图 5.25 所示。

① 用户类型。系统用户分为两类:学生类用户和管理员(教师)类用户。

不同用户的管理功能不同。管理员类用户可以创建试卷、策划每期考试题型及分数、对试题库进行维护、批准补考、查询学生以往考试成绩等功能。考生类用户可以参加考试,完成答卷。

② 后台考试管理模块。此模块只对管理员(教师)类用户开放。管理员(教师)类用户

前端应用管理系统 B/S 结构	
用户资料系统	考试系统
后端应用管理系统 B/S 结构	
管理员资料系统	考试管理系统
IIS	
SQL Server 2000	
Windows 7/NT/XP	

图 5.24　在线考试系统总体框架

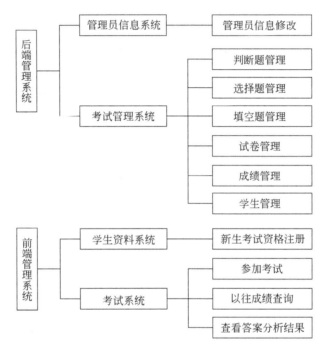

图 5.25　功能模块

可以对题库(包括判断题、选择题和填空题)进行增加、删除、修改等操作。不仅可以对策划试卷的题型、分数等进行创建、修改和删除操作,而且可以对考试成绩进行查询,根据实际情况对具有补考资格的学生批准补考,还可以对学生资料进行查找和删除。

③ 考试管理模块。此模块对学生类用户开放。学生类用户可以浏览自己以往的学习成绩,也可以参加考试,对创建的试卷中的题目进行回答。答题完毕,系统自动对照数据库正确答案算出分数,即将学生考试的成绩提交到成绩库中。

2. 系统主要工作流程

1)管理员(教师)在线考试后台管理

管理员(教师)在线考试后台管理程序流程如图 5.26 所示。

2)学生在线考试

学生在线考试前台管理程序流程如图 5.27 所示。

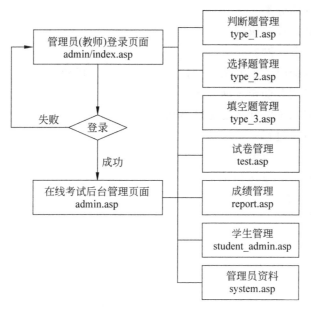

图 5.26 管理员(教师)在线考试后台管理程序流程

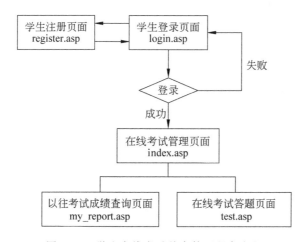

图 5.27 学生在线考试前台管理程序流程

习 题 5

1. 互联网、因特网、万维网三者的区别是什么?
2. 提供互联网服务的主要有哪两类企业?
3. 什么是 TCP/IP 参考模型?
4. 简述 OSI 参考模型和 TCP/IP 参考模型的比较。
5. 简述传输控制协议(TCP)的工作原理。
6. 什么是互联网协议(IP)?
7. 什么是 IP 地址?

8. 简述 IP 地址的分类。

9. 简述特殊 IP 地址的应用。

10. 为什么要划分子网？

11. 什么是子网掩码？如何用子网掩码得到网络/主机地址？

12. 如何划分子网及确定子网掩码？

13. 什么是域名系统？什么是地址解析？

14. 简述域名解析过程。

15. 互联网接入方式有哪几种？

16. 简述电子邮件的发送和接收工作过程。

17. 什么是 Web 2.0？

18. 简述搜索引擎的分类。

19. 简述搜索引擎的工作原理。

20. 简述 FTP(文件传输协议)的概念。

21. 什么是远程登录(Telnet)？

22. 简述静态网页与动态网页的区别,静态网页与动态网页分别使用了哪些技术？

23. 网站建设需要考虑的因素有哪些？

24. 如何进行 Web 网站规划？

25. 简述 HTML 语言,常用的 HTML 编辑软件有哪些。

设计练习：学生社团门户网站设计。

第6章 物 联 网

教学要求：

通过本章的学习，学生应该掌握物联网的概念、物联网的用途与应用领域及物联网的技术基础。

掌握射频识别技术（RFID）、传感器网络、EPC 产品电子代码与 EPC 网络等相关专业技术。

了解物联网的技术标准与应用案例。

物联网就是"物物相连的互联网"。这有两层意思：第一，物联网的核心和基础仍然是互联网，是在互联网基础之上延伸和扩展的一种网络；第二，其用户端延伸和扩展到了任何物品与物品之间，进行信息交换和通信。

从网络结构上看，物联网就是通过 Internet 将众多 RFID 应用系统连接起来并在广域网范围内对物品身份进行识别的分布式系统。互联网则是借助物联网协议将互联网的边界延伸到世间万物。

6.1 物联网的概念

物联网的概念是在 1999 年提出的。当时基于互联网、RFID 技术、EPC 标准，在计算机互联网的基础上，利用射频识别技术、无线数据通信技术等，构造了一个实现全球物品信息实时共享的实物互联网，即 Internet of things（简称物联网），如图 6.1 所示。

6.1.1 物联网的定义及组成

1. 物联网的定义

目前较为公认的物联网的定义：通过射频识别（RFID）装置、红外感应器、全球定位系统、激光扫描器等信息传感设备，按约定的协议，把任何物品与互联网相连接，进行信息交换和通信，以实现智能化识别、定位、跟踪、监控和管理的一种网络。当每个而

图 6.1 物联网

不是每种物品能够被唯一标识后，利用识别、通信和计算等技术，在互联网基础上，构建的连接各种物品的网络。

2. 物联网的组成

物联网的发展跟互联网是分不开的，主要有两个层面的意思：第一，物联网的核心和基础仍然是互联网，它是在互联网基础上的延伸和扩展；第二，物联网是比互联网更为庞大的网络，其网络连接延伸到了任何的物品和物品之间，这些物品可以通过各种信息传感设备与

互联网络连接在一起,进行更为复杂的信息交换和通信。

所以,从技术上看,物联网是各类传感器和现有的互联网相互衔接的一种新技术,它现在不仅仅只与网络信息技术有关,同时还涉及了现代控制领域的相关技术。一个物联网的构成融合了网络、信息技术、传感器、控制技术等各个方面的知识和应用。

物联网的框架结构如图 6.2 所示。

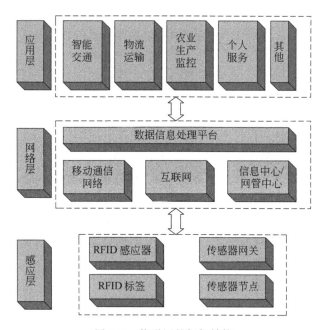

图 6.2　物联网的框架结构

从物联网的功能来说,应该具备 3 个特征:一是全面感知能力,即利用 RFID、传感器、二维码等随时随地获取被控/被测物体的信息;二是数据信息的可靠传递,通过各种电信网络与互联网的融合,将物体的信息实时准确地传递出去;三是可以智能处理,利用现代控制技术提供的智能计算方法,对大量数据和信息进行分析和处理,对物体实施智能化的控制。

综上所述,在一定程度上,可以认为物联网的一个最大特点就是引入了各种各样的传感器,在已有互联网的基础上构成了一个庞大的传感网。可见传感器对物联网的发展起到了重要的作用。

3. 物联网认识方面的误区

目前,关于物联网的认识还有很多误区,这也直接影响人们理解物联网对物流业发展的影响,因此有必要首先辨误,厘清人们的思路。

误区之一:把传感网或 RFID 网等同于物联网。事实上传感技术也好,RFID 技术也好,都仅仅是信息采集技术之一。除传感技术和 RFID 技术外,GPS、视频识别、红外、激光、扫描等所有能够实现自动识别与物物通信的技术都可以成为物联网的信息采集技术。传感网或者 RFID 网只是物联网的一种应用,但绝不是物联网的全部。

误区之二:把物联网当成互联网的无边无际的无限延伸,把物联网当成所有物的完全开放、全部互连、全部共享的互联网平台。实际上物联网绝不是简单的全球共享互联网的无限延伸。

物联网既可以是平常意义上的互联网向物的延伸,也可以根据现实需要及产业应用组成局域网、专业网。现实中没必要也不可能使全部物品联网;也没必要使专业网、局域网都必须连接到全球互联网共享平台。今后的物联网与互联网会有很大不同,类似智慧物流、智能交通、智能电网等专业网,智能小区等局域网才是最大的应用空间。

误区之三:认为物联网就是物物互连的无所不在的网络,因此认为物联网是空中楼阁,是目前很难实现的技术。事实上物联网是实实在在的,很多初级的物联网应用早就在为人们服务着。物联网理念就是在很多现实应用基础上推出的聚合型集成的创新,是对早就存在的具有物物互连的网络化、智能化、自动化系统的概括与提升,它从更高的角度升级了人们的认识。

误区之四:把物联网当成个筐,什么都往里装;基于自身认识,把仅仅能够互动、通信的产品都当成物联网应用。例如,仅仅嵌入了一些传感器,就成了所谓的物联网家电;把产品贴上了 RFID 标签,就成了物联网应用等。

6.1.2 物联网的发展背景与前景

过去在中国,物联网被称为传感网。中国科学院早在 1999 年就启动了传感网的研究,并已取得了一些科研成果,建立了一些适用的传感网。

1999 年,在美国召开的移动计算和网络国际会议提出了"传感网是下一个世纪人类面临的又一个发展机遇"。

2003 年,美国《技术评论》提出传感网络技术将是未来改变人们生活的十大技术之首。

2005 年 11 月 17 日,在突尼斯举行的信息社会世界峰会(WSIS)上,国际电信联盟(ITU)发布了《ITU 互联网报告 2005:物联网》,正式提出了"物联网"的概念。报告指出,无所不在的物联网通信时代即将来临,世界上所有的物体,从轮胎到牙刷、从房屋到纸巾都可以通过因特网主动进行交换。射频识别技术(RFID)、传感器技术、纳米技术、智能嵌入技术将得到更加广泛的应用。

2009 年 1 月 28 日,奥巴马就任美国总统后,与美国工商业领袖举行了一次"圆桌会议",作为仅有的两名代表之一,IBM 首席执行官彭明盛首次提出"智慧地球"这一概念,建议新政府投资新一代的智慧型基础设施,他认为 IT 产业下一阶段的任务是把新一代 IT 技术充分运用在各行各业之中。具体地说,就是把感应器嵌入和装备到电网、铁路、桥梁、隧道、公路、建筑、供水系统、大坝、油气管道等各种物体中,并且被普遍连接,形成物联网。

IBM 前首席执行官郭士纳曾提出一个重要的观点,认为计算模式每隔 15 年发生一次变革。这一判断像摩尔定律一样准确,人们把它称为"15 年周期定律"。1965 年前后发生的变革以大型计算机为标志,1980 年前后以个人计算机的普及为标志,而 1995 年前后则发生了互联网革命。每一次这样的技术变革都引起企业间、产业间甚至国家间竞争格局的重大动荡和变化。

物联网产业链可以细分为标识、感知、处理和信息传送 4 个环节,每个环节的关键技术分别为 RFID、传感器、智能芯片和电信运营商的无线传输网络。未来物联网的发展将经历 4 个阶段,2010 年之前 RFID 被广泛应用于物流、零售和制药领域,2010—2015 年物体互连,2016—2020 年物体进入半智能化,2020 年之后物体进入全智能化。

6.1.3 物联网的用途与应用领域

1. 物联网的用途

物联网的用途广泛,遍及智能交通、环境保护、政府工作、公共安全、平安家居、智能消防、工业监测、老人护理、个人健康、花卉栽培、水系监测、食品溯源、敌情侦查和情报搜集等多个领域。

国际电信联盟于 2005 年的一份报告曾描绘物联网时代的图景:当司机出现操作失误时汽车会自动报警;公文包会提醒主人忘带了什么东西;衣服会"告诉"洗衣机对颜色和水温的要求等。亿博物流咨询生动地介绍了物联网在物流领域内的应用,如一家物流公司应用了物联网系统的货车,当装载超重时,汽车会自动告诉司机超载了,并且超载多少,但空间还有剩余,告诉司机轻重货怎样搭配。

物联网把新一代 IT 技术充分运用在各行各业之中,具体地说就是把感应器嵌入和装备到电网、铁路、桥梁、隧道、公路、建筑、供水系统、大坝、油气管道等各种物体中,然后将物联网与现有的互联网整合起来,实现人类社会与物理系统的整合,在这个整合的网络当中,存在能力超级强大的中心计算机群,能够对整合网络内的人员、机器、设备和基础设施实施实时的管理和控制。在此基础上,人类以更加精细和动态的方式管理生产和生活,达到"智慧"状态,提高资源利用率和生产力水平,改善人与自然间的关系。

2. 物联网在我国的主要应用领域

我国的物联网应用领域主要有智能交通、环境保护、政府工作、公共安全、平安家居、智能消防、工业监测、机械制造等。目前典型的应用如下。

① 智能交通。电子标签收费系统(Electronic Toll Collection System,ETC),如图 6.3 所示。

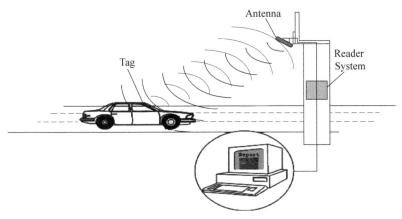

图 6.3　物联网智能交通管理

② 食品安全。广西农产品质量追溯升级,柑橘有了"身份证"。

广西农垦源头农场建立农产品质量追溯系统,将安全信息条码贴在出场的柑橘上,源头农场按照"生产可记录、信息可查询、流向可跟踪、责任可追究"的总体要求,实现产品的可追溯制度,并严格按照绿色食品 A 级产品的生产标准进行标准化种植和加工,实现了规范化、标准化生产管理,大大提高了柑橘的质量。设立专人统一收集果农的生产记录档案和发放质量追溯编码,实行计算机化管理,并将数据及时上传到互联网,以便消费者查询。通过柑橘产品质量追溯体系,可识别出发生问题的根本原因,为产品召回或撤销,获得更具可信度的信息。

③ 机械制造。三一重工使用 M2M(Machine to Machine)技术提高企业信息化。

三一重工在其销往全球各地的工程机械(关键部位或关键部件)上加装数据采集终端,机械的运行数据通过电信运营商网络汇总到三一集团 ECC(Enterprise Control Center,企业控制中心),实现对工程设备作业状况的实时监控。ECC 随时发现设备运行中存在的问题,要求实现吊车上的智能设备控制器检测到的油温、转速、工作压力等运行数据信息通过通信网络实时发送至 ECC,一旦发现异常情况,ECC 立即指导客户排除故障或派出维修人员上门服务。

如果必须通过现场服务排除设备故障时,ECC 立刻通过定位系统搜寻客户故障设备的确切位置以及最近的服务车辆,并计算出最佳路线,派一线服务工程师迅速赶往故障现场,并将最佳路线图发送至工程师和司机的手机上。ECC 还可以通过定位系统实时跟踪服务车辆运行轨迹,以确定服务人员是否在最短时间内到达客户现场实现对客户的快速反应。

通过提高产品的信息化和智能化,三一重工销往全球各地的设备实现远程的服务能力,一方面形成新的服务产品,给企业创造了新的收入;另一方面也提高了品牌形象和客户满意度。

6.2 物联网技术

物联网技术的核心和基础仍然是互联网技术,是在互联网技术基础上延伸和扩展的一种网络技术。其用户端延伸和扩展到了任何物品和物品之间,进行信息交换和通信。

6.2.1 物联网技术概述

物联网技术主要涉及射频识别、传感器、智能技术、纳米技术、PML、EPC、Savant 中间件、EPC 网络及云计算方面的技术,现分别简述如下。

1. 射频识别

RFID 是 Radio Frequency Identification 的缩写,即射频识别。它通过射频信号自动识别目标对象并获取相关数据,识别工作无须人工干预,可工作于各种恶劣环境。RFID 技术可识别高速运动物体并可同时识别多个标签,操作快捷方便。基本的 RFID 系统由标签(Tag)、阅读器(Reader)、天线(Antenna)构成。RFID 技术有着广阔的应用前景,物流仓储、零售、制造业、医疗等领域都是 RFID 的潜在应用领域。另外,RFID 由于其快速读取与难以伪造的特性,一些国家正在开展的电子护照项目都采用了 RFID 技术。

随着一些关键技术如射频标签和无线传感网络的应用,用户与周边物体之间的实时通信和自由交流已不再是科学幻想了。在发展中国家,RFID 和相关技术能在减少贫困,缩小数字鸿沟方面发挥重要作用。

2. 传感器

传感器的英文名称是 Transducer/Sensor,从定义上说,传感器是一种检测装置,能感受到被测量的信息,并能将检测感受到的信息,按一定规律变换成为电信号或其他所需形式的信息输出,以满足信息的传输、处理、存储、显示、记录和控制等要求。它是实现自动检测和自动控制的首要环节。

人们为了从外界获取信息,必须借助于感觉器官。而单靠人们自身的感觉器官,在研究自然现象和规律以及生产活动中它们的功能就远远不够了。为了适应这种情况,就需要传感器。因此可以说,传感器是人类五官的延伸。

新技术革命的到来,世界开始进入信息时代。在利用信息的过程中,首先要解决的就是要获取准确可靠的信息,而传感器是获取自然和生产领域中信息的主要途径与手段。在现代工业生产尤其是自动化生产过程中,要用各种传感器来监视和控制生产过程中的各个参数,使设备工作在正常状态或最佳状态,并使产品达到最好的质量。因此可以说,没有众多的优良的传感器,现代化生产也就失去了基础。

3. 智能技术

智能技术在其应用中主要体现在计算机技术、精密传感技术、GPS 定位技术的综合应用。随着产品市场竞争的日趋激烈,产品智能化优势在实际操作和应用中得到了非常好的运用,其主要表现在:大大改善操作者作业环境,减轻了工作强度;提高了作业质量和工作效率;一些危险场合或重点施工应用得到解决;环保、节能;提高了机器的自动化程度及智能化水平;提高了设备的可靠性,降低了维护成本;故障诊断实现了智能化等。

4. 纳米技术

纳米是一种几何尺寸的度量单位,1 纳米等于百万分之一毫米。纳米技术是一门交叉性很强的综合学科,研究的内容涉及现代科技的广阔领域。纳米材料的制备和研究是整个纳米科技的基础。纳米物理学和纳米化学是纳米技术的理论基础,而纳米电子学是纳米技术最重要的内容。

从迄今为止的研究来看,关于纳米技术分为 3 种概念。

第一种概念是 1986 年美国科学家德雷克斯勒博士在《创造的机器》一书中提出的分子纳米技术。根据这一概念,可以使组合分子的机器实用化,从而可以任意组合所有种类的分子,可以制造出任何种类的分子结构。这种概念的纳米技术还未取得重大进展。

第二种概念是把纳米技术定位为微加工技术的极限,也就是通过纳米精度的"加工"来人工形成纳米大小的结构的技术。这种纳米级的加工技术,也使半导体微型化即将达到极限。现有技术即使发展下去,从理论上讲终将会达到限度,这是因为如果把电路的线幅逐渐变小,将使构成电路的绝缘膜变得极薄,这样将破坏绝缘效果。此外,还有发热和晃动等问题。为了解决这些问题,研究人员正在研究新型的纳米技术。

第三种概念是从生物的角度出发而提出的。本来生物在细胞和生物膜内就存在纳米级的结构。DNA 分子计算机、细胞生物计算机的开发,成为纳米生物技术的重要内容。

当前纳米技术的研究和应用主要在材料和制备、微电子和计算机技术、医学与健康、航天和航空、环境和能源、生物技术和农产品等方面。用纳米材料制作的器材重量更轻、硬度更强、寿命更长、维修费更低、设计更方便。利用纳米材料还可以制作出特定性质的材料或自然界中不存在的材料,制作出生物材料和仿生材料。

5. PML

物联网中的信息载体采用 PML(物理标记语言),同其他任何语言一样,PML 不是一个单一的标准语言,用于人及机器都可使用的自然物体的描述标准,是物联网网络信息存储、交换的标准格式,它应随着时代的变化而发展。可以看出 PML 最主要的作用是作为 EPC 系统中各个不同部分的一个公共接口,即 Savant、第三方应用程序(如 ERP、MES)、存储商品相关数据的 PML 服务器之间的共同通信语言。PML 的应用随着 EPC 的发展将会非常广泛,进入所有行业领域,如图 6.4 所示。

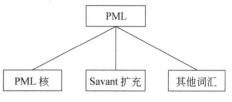

图 6.4　PML 结构图

6. EPC

物联网是叠加在互联网上的一层通信网络,其核心是电子产品码(Electronic Product Code, EPC)和基于射频技术的电子标签。

电子产品码是 Auto-ID 研究中心为每一件产品分配的一个唯一的、可识别的标识码,它用一串数字代表产品制造商和产品类别,同时附上产品的系列号以唯一标识每一个特定的产品,产品电子码存储在电子标签中,如图 6.5 所示。

XX .	XXXXXXX .	XXXXXX .	XXXXXXXXX
版本号	域名管理	对象分类	序列号
8位	28位	24位	36位

图 6.5　EPC(EPC-96 I 型)

EPC 是长度为 64 位、96 位和 256 位的 ID 编码,出于成本的考虑,现在主要采用 64 位和 96 位两种编码。EPC 编码分为 4 个字段,分别为:①头部,标识编码的版本号,这样就可使电子产品编码采用不同的长度和类型;②产品管理者,如产品的生产商;③产品所属的商品类别;④单品的唯一编号。

7. Savant 中间件

Savant 是一个物联网系统的中间件,用来处理从一个或多个解读器发出的标签流或传感器数据,为企业应用提供一系列计算功能,之后将处理过的数据发往特定的请求方。它的首要任务是减少从阅读器传往企业应用的数据量,对阅读器读取的标签数据进行过滤、汇集、计算等操作,同时 Savant 还提供与 ONS,PML 服务器、其他 Savant 互操作功能。

高度网络化的 EPC 物联网系统,意在构造一个全球统一标识的物品信息系统,它将在超市、仓储、货运、交通、溯源跟踪、防伪防盗等诸多领域和行业中获得广泛的应用和推广。

8. EPC 网络

以简单 RFID 系统为基础,结合已有的网络技术、数据库技术、中间件技术等,构筑一个由大量联网的阅读器和无数移动的标签组成的,比 Internet 更为庞大的物联网成为技术发展的趋势。在这个网络中,系统可以自动地、实时地对物体进行识别、定位、追踪、监控并触发相应事件,如图 6.6 所示。

应用比较多的分布式网络集成框架是 EPCglobal 提出的 EPC 网络。EPC 网络主要是针对物流领域,其目的是增加供应链的可视性(Visibility)和可控性(Control),使整个物流领域能够借助 RFID 技术获得更大的经济效益。

9. 云计算

云计算(Cloud Computing)是一种基于互联网的计算新方式,通过互联网上异构、自治的服务为个人和企业用户提供按需即取的计算。由于资源是在互联网上,而在计算机流程

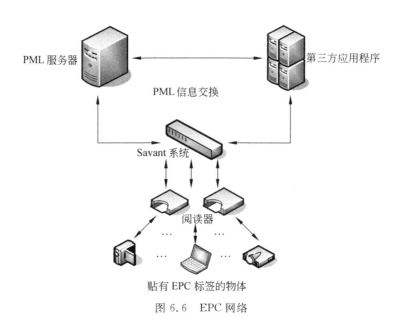

图 6.6　EPC 网络

图中,互联网常以一个云状图案来表示,因此可以形象地类比为云,如图 6.7 所示。"云"同时也是对底层基础设施的一种抽象概念。

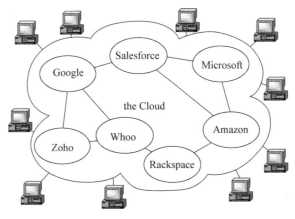

图 6.7　云计算

6.2.2　传感器感知层结构

从前述的物联网的体系结构中,我们已经知道物联网从上到下分为应用层、网络层和感应层。其中,应用层主要涉及物联网在各个行业(如物流、智能交通、工农业生产控制和个人服务)的实际应用,网络层主要涉及互联网、移动通信网络、网管中心和数据信息处理平台。

感应层是物联网发展和应用的基础,RFID 技术、传感和控制技术、短距离无线通信技术是感知层的主要技术。例如,RFID 技术作为一项先进的自动识别和数据采集技术,被公认为 21 世纪十大重要技术之一,已经成功应用到生产制造、物流管理、公共安全等各个领域。张贴在设备上的 RFID 标签和用来识别 RFID 信息的扫描仪、感应器都属于物联网的感知层。现在的高速公路不停车收费系统、超市仓储管理系统等都是基于这一类结构的物联网。

　　传感和控制技术的引入使得物联网日益壮大。感知层由传感器节点接入网关组成,智能节点感知信息(温度、湿度、图像等),并自行组网传递到上层网关接入点,由网关将收集到的感应信息通过网络层提交到后台处理。当后台对数据处理完毕时,发送执行命令到相应的执行机构,完成对被控/被测对象的控制参数调整,或发出某种提示信号以实现对它的一个远程监控。

　　这种传感器组成的感知结构如图 6.8 所示。

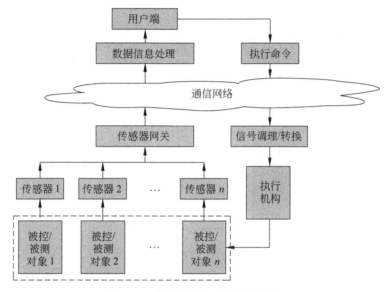

图 6.8　由传感器组成的感知结构

　　被监测对象物理信号的形式决定了传感器的类型。传感器网关的硬件部分主要由中央处理单元、存储单元、射频收发模块和通信模块组成。网关的中央处理单元主要用来处理从传感器节点采集到的数据以及完成一些控制功能。这种无线传感器的引入改变了传统的有线数据传输方式,而选择了无线通信的方式,既不同于以往传统的传感器控制系统,也使物联网实现了自己的扩展。

6.3　射频识别技术

　　射频识别技术的基本原理是电磁理论。射频识别是一种非接触式的自动识别技术,它通过射频信号自动识别目标对象并获取相关数据,识别工作无须人工干预,可工作于各种恶劣环境中。RFID 技术可识别高速运动物体并可同时识别多个标签,操作快捷方便。

6.3.1　射频识别技术的基本原理

　　无线射频识别技术是一种非接触的自动识别技术,其基本原理是利用射频信号和空间耦合(电感或电磁耦合)或雷达反射的传输特性,实现对被识别物体的自动识别。

RFID 是一种简单的无线系统,从前端器件级方面来说,只有两个基本器件,用于控制、检测和跟踪物体。系统由一个询问器(阅读器)和很多应答器(标签)组成,如图 6.9 所示。

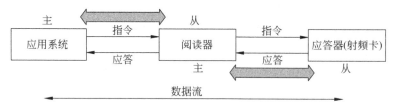

图 6.9　射频识别技术的基本原理

1. RFID 的分类

RFID 按使用频率的不同分为低频(LF)、高频(HF)、超高频(UHF)、微波(MW),相对应的代表性频率分别为低频 135kHz 以下,高频 13.56MHz,超高频 860～960MHz,微波 2.4GHz、5.8GHz。

RFID 按照能源的供给方式分为无源 RFID、有源 RFID,以及半有源 RFID。无源 RFID 读写距离近,价格低;有源 RFID 可以提供更远的读写距离,但是需要电池供电,成本要更高一些,适用于远距离读写的应用场合。

2. RFID 系统的基本组成部分

RFID 电子标签网络系统由标签、阅读器及数据传输和处理系统 3 部分组成,涉及的主要器件如下。

① 标签(Tag/Electric Signature)。由耦合元件及芯片组成,每个标签具有唯一的电子编码,附着在物体上标识目标对象。

② 天线(Antenna)。通常和标签组装在一起,在标签和读取器间传递射频信号,如图 6.10 所示。

③ 阅读器(Reader)。读取(有时还可以写入)标签信息的设备,可设计为手持式或固定式,如图 6.11 所示。

图 6.10　带有天线的标签

图 6.11　阅读器

最常见的是被动射频系统,当阅读器遇见 RFID 标签时,发出电磁波,周围形成电磁场,标签从电磁场中获得能量激活标签中的微芯片电路,芯片转换电磁波,然后发送给解读器,阅读器把它转换成相关数据,控制计算器就可以处理这些数据从而进行管理控制。在主动射频系统中,标签中装有电池在有效范围内活动。

6.3.2　RFID 射频电子标签

RFID 射频电子标签是射频识别的通俗叫法,标签也被称为电子标签或智能标签,它是内存带有天线的芯片,芯片中存储有能够识别目标的信息。RFID标签具有持久性、信息接收传播穿透性强、存储信息容量大、种类多等特点。有些RFID标签支持读写功能,目标物体的信息能随时被更新。

1. 各类标签

采用不同的天线设计和封装材料可制成多种形式的标签,如车辆标签、货盘标签、物流标签、金属标签、图书标签、液体标签、人员门禁标签、门票标签、行李标签等。客户可根据需要选择或定制相应的电子标签,如图6.12所示。

图6.12　各类标签

1) Inlay(镶嵌)

可封装成多种形式的电子标签,应用于大批量的OEM客户的标签生产。

2) Label(标签)

剥离底纸直接粘贴于纸质包装箱上,实现"即贴出货"的过程,适用于物流、供应链管理等。

3) 标准卡

PVC层压的标准卡,持在手中或挂于胸前,主要应用于人员管理、图书管理和车辆管理等。

4) 金属标签

可直接粘贴于带金属外壳的设备上,主要适用于机箱、板卡等资产管理领域。

5) 车辆标签

直接粘贴于汽车挡风玻璃上部内表面或插于标签卡座内,主要适用于汽车管理等领域。

6) 吊牌标签

吊附在待识别物品上,主要应用于高档服装管理和资产管理。

7) 动物标签

使用专用动物耳标签,将标签装于牲畜的耳朵上,主要用于种畜繁育、疫情防治、肉类检疫。

8) 托盘标签

使用时直接插入塑料托盘隙孔中或用钉子穿过定位孔将标签固定于木质托盘正中央。

9) 门票标签

持在手中或挂于胸前,适用于会议出入证明及门票管理等领域。

10) 行李标签

剥离底纸直接粘贴于被识别物体上,主要适用于航空行李管理、邮政包裹管理、物流跟踪管理。

11) 图书标签

直接粘贴于书内,主要应用于图书馆、书店等场所。

12) 珠宝标签

使用时将各类珠宝挂到标签的环上,既可正常使用,又便于珠宝行业对各类珠宝产品的管理。

2. 无源电子标签和有源电子标签

电子标签可以分为有源电子标签(Active Tag)和无源电子标签(Passive Tag)。有源电子标签内装有电池,无源电子标签没有内装电池。对于有源电子标签来说,根据标签内装电池供电情况不同又可细分为有源电子标签和半无源电子标签(Semi-passive Tag)。目前,市场上 80% 为无源电子标签,不到 20% 为有源电子标签。

电子标签的工作原理如下。

① 有源电子标签又称为主动标签,标签的工作电源完全由内部电池供给,同时标签电池的能量供应也部分地转换为电子标签与阅读器通信所需的射频能量。主动标签自身带有电池供电,读/写距离较远(100~1500m),体积较大,与被动标签相比成本更高,也称为有源标签,一般具有较远的阅读距离,能量耗尽后需更换电池。

② 无源电子标签(被动标签)没有内装电池,在阅读器的读出范围之外时,电子标签处于无源状态;在阅读器的读出范围之内时,电子标签从阅读器发出的射频能量中提取其工作所需的电源。无源电子标签一般均采用反射调制方式完成电子标签信息向阅读器的传送。

无源电子标签在接收到阅读器发出的微波信号后,将部分微波能量转化为直流电供自己工作,一般可做到免维护,成本很低并具有很长的使用寿命,比主动标签更小也更轻,读写距离则较近(1~30mm),也称为无源标签。相比有源系统,无源系统在阅读距离及适应物体运动速度方面略有限制。

③ 半无源射频标签也有内装电池,但标签内的电池供电仅对标签内要求供电维持数据的电路或者标签芯片工作所需电压的辅助支持,本身耗电很少的标签电路供电。

标签未进入工作状态前,一直处于休眠状态,相当于无源标签,标签内部电池能量消耗很少,因而电池可维持几年,甚至长达 10 年有效。

当标签进入阅读器的读出区域时,受到阅读器发出的射频信号激励,进入工作状态时,标签与阅读器之间信息交换的能量支持以阅读器供应的射频能量为主(反射调制方式),标签内部电池的作用主要在于弥补标签所处位置的射频场强不足,标签内部电池的能量并不能转换为射频能量。

6.3.3 RFID 阅读器

在射频识别系统中,阅读器又称为读出装置、扫描器、通信器或阅读器(取决于电子标签是否可以无线改写数据)。RFID 阅读器通过天线与 RFID 电子标签进行无线通信,可以实现对标签识别码和内存数据的读出或写入操作。典型的阅读器包含高频模块(发送器和接收器)、控制单元以及阅读器天线。

电子标签与阅读器之间通过耦合元件实现射频信号的空间(无接触)耦合、在耦合通道内,根据时序关系,实现能量的传递、数据的交换。

发生在阅读器和电子标签之间的射频信号的耦合类型有两种。

① 电感耦合。变压器模型,通过空间高频交变磁场实现耦合,依据的是电磁感应定律。

② 电磁反向散射耦合。雷达原理模型,发射出去的电磁波,碰到目标后反射,同时携带

回来目标信息,依据的是电磁波的空间传播规律。

电感耦合方式一般适合于中、低频工作的近距离射频识别系统。典型的工作频率有 125kHz、225kHz 和 13.56MHz。识别作用距离小于 1m,典型作用距离为 10～20cm。

电磁反向散射耦合方式一般适合于高频、微波工作的远距离射频识别系统。典型的工作频率有 433MHz、、915MHz、2.45GHz、5.8GHz。识别作用距离大于 1m,典型作用距离为 3～10m。

阅读器分为手持式和固定式两种,由发送器、接收仪、控制模块和收发器组成。收发器和控制计算机或可编程逻辑控制器(PLC)连接从而实现它的沟通功能。阅读器也有天线,用于接收和传输信息。数据传输和处理系统是指阅读器通过接收标签发出的无线电波接收读取数据,如图 6.13 所示。

图 6.13 手持式 RFID 阅读器

6.3.4 RFID 应用案例

下面以 RFID 仓储物流及托盘管理系统为例进行介绍。

1. 系统简介

目前,RFID 技术正在为供应链领域带来一场巨大的变革,以识别距离远、快速、不易损坏、容量大等条码无法比拟的优势,简化繁杂的工作流程,有效改善供应链的效率和透明度。

托盘是供应链中最基础也是最主要的货物单元,它已经广泛应用于生产、仓储、物流、零售等各个供应链环节,如图 6.14 所示。

图 6.14 RFID 仓储物流及托盘管理系统

2. 系统组成

系统主要包括托盘电子标签、阅读器、天线、移动式读写设备、后台管理软件。

3. 工作流程

① 成品货箱入库。带电子标签的空托盘进入托盘入口,由读写设备对电子标签进行读写测试,保证性能达到标准的电子标签进入流通环节。条码扫描系统对检验合格的成品货箱上的条码进行扫码、装垛,阅读器将经过压缩处理的整个托盘货箱条码信息写入电子标签中,实现条码与标签的关联,并将信息传给中央管理系统。

② 仓储环节进行托盘货箱变更或零散货箱拼装。采用 RFID 移动式读写设备把调整后的货箱数据与标签重新关联,将新的信息写入标签,同步更新中央数据库。

③ 托盘出库。通过固定式 RFID 读写设备及地埋式天线采集电子标签信息,并上传至中央管理系统,系统验证后将数据解压形成货箱条码信息,实现与商业到货扫描系统的对接。

④ 配送中心接收。托盘在阅读区停留 2～3s 就可以完成整个托盘上的货箱的扫码,无须进行拆垛单件扫码再装垛。

4. 系统优点

本方案采用无源电子标签,具有寿命长、免维护、设计独特的优点,而且可以很好地嵌入塑质托盘,不易在托盘运输过程中受到碰撞、磨损。此外,电子标签可重复写入数据,有利于解决托盘货物调整、拼装等仓储物流问题,标签能循环使用,大幅度节约了用户成本。

系统实现远距离识别,读写快速可靠,能适应传送带运转等动态读取,并且适应卷烟生产厂等工业生产环境(如大件卷烟的堆垛),具有较好的抗金属干扰能力,可以克服卷烟金属箔包装对 RFID 识别的影响,符合现代化物流的需要。

在标签信息处理中采用了先进的数据压缩技术,使电子标签携带托盘载物信息(数据包),只需扫描托盘电子标签一次即可了解物品信息,免除拆托盘和重装托盘所需的人力、物力,节省时间,降低出错率和货物损坏概率,实现快捷准确的库存盘点,提高企业物流的整体透明度。

5. 系统实施效益

本方案采用远距离 RFID 技术,极大地提高了出入库读取编码的速度与准确性,提高了物流的运行效率,解决了拆托盘、装托盘带来的劳动力成本上升、现场控制困难等难题。

6.4 传感器网络

传感器网络是由许多在空间上分布的自动装置组成的一种计算机网络,这些装置使用传感器协作地监控不同位置的物理或环境状况(如温度、声音、压力、运动或污染物)。无线传感器网络的发展最初起源于战场监测等军事应用。而现今无线传感器网络被应用于很多民用领域,如环境与生态监测、健康监护、家庭自动化,以及交通控制等。无线传感器网络工作原理如图 6.15 所示。

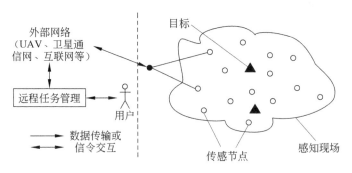

图 6.15　无线传感器网络工作原理图

无线传感器网络由低功耗、低速率、低成本、高密度的微型节点组成,节点通过中继多跳、无线通信的方式构成自组织网络。

传感器网络的每个节点除配备了一个或多个传感器之外,还装备了一个无线电收发器、一个很小的微控制器和一个能源(通常为电池)。单个传感器节点的尺寸大到一个鞋盒,小到一粒尘埃。传感器节点的成本也是不定的,从几百美元到几美分,这取决于传感器网络的规模以及单个传感器节点所需的复杂度。传感器节点尺寸与复杂度的限制决定了能量、存储、计算速度与频宽的受限。

传感器网络主要包括 3 个方面:感应、通信、计算(硬件、软件、算法)。其中的关键技术主要有无线数据库技术,例如使用在无线传感器网络的查询,以及用于和其他传感器通信的网络技术,特别是多次跳跃路由协议。

6.4.1　无线网络传感器

2010 年,全球传感器市场可达 600 亿美元以上。调查显示,一些传感器如压力传感器、温度传感器、流量传感器、水平传感器已表现出成熟市场的特征。流量传感器、压力传感器、温度传感器的市场规模最大,分别占到整个传感器市场的 21%、19% 和 14%。传感器市场的主要增长来自于无线传感器、微机电系统传感器、生物传感器、光纤传感器、智能传感器和金属氧化传感器等新兴传感器。

无线网络传感器是一种集传感器、控制器、计算能力、通信能力于一身的嵌入式设备,如图 6.16 所示。它们跟外界物理环境交互,将收集到的信息通过传感器网络传送给其他的计算设备,如传统的计算机等。随着传感器技术、嵌入式计算技术、通信技术和

图 6.16　无线网络传感器

半导体与微机电系统制造技术的飞速发展,制造微型、弹性、低功耗的无线网络传感器已经逐渐变为现实。

无线网络传感器一般集成一个低功耗的微控制器(MCU)以及若干存储器、无线电/光通信装置、传感器等组件,通过传感器、动臂机构,以及通信装置和它们所处的外界物理环境交互。一般说来,单个传感器的功能是非常有限的,但是当它们被大量地分布到物理环境中,并组织成一个传感器网络,再配置以性能良好的系统软件平台,就可以完成强大的实时跟踪、环境监测、状态监测等功能。

传感器节点是一种非常小型的计算机,一般由以下几部分组成。

(1) 处理器和内存(一般能力都比较有限)。

(2) 各类传感器(温度、湿度、声音、加速度、全球定位等)。

(3) 通信设备(一般是无线电收发器或光学通信设备)。

(4) 电池(一般是干电池,也有使用太阳能电池的)。

(5) 其他设备,包括各种特定用途的芯片,串行接口和并行接口等。

无线网络传感器的研究起始于 20 世纪 90 年代末期,其巨大的商业军事应用价值,吸引了世界上许多国家的关注。但随着研究工作的不断广泛和深入,目前民用系统占据了绝大部分,并已经在包括动植物监测、自然环境观测和预报、保健医疗等方面进行了试探性的应

用研究。

无线网络传感器面临的主要技术挑战是在资源受限的条件下完成感知、通信和控制功能。这些限制主要包括有限的能量供应、有限的计算能力、有限的存储空间和有限的通信能力。目前,最缺少的关键技术是系统软件对管理和操作这类设备的支持,支持网络传感器系统的操作系统是无线网络传感器的核心。

因此,支持网络传感器系统的操作系统有如下发展趋势:①低能耗,超微小内核;②实时并发;③专用特制;④对多种无线网络互连方式的支持。随着无线网络传感器应用的日益发展与不断深入,支持无线网络传感器的超微型嵌入式操作系统的研究将成为未来无线网络传感器的发展趋势和热点。

6.4.2　传感器网络

无线传感器网络(Wireless Sensor Networks,WSN)是由大量部署在作用区域内的、具有无线通信与计算能力的微小传感器节点通过自组织方式构成的能根据环境自主完成指定任务的分布式智能化网络系统。传感网络的节点间距离很短,一般采用多跳(Multi-hop)的无线通信方式进行通信。传感器网络可以在独立的环境下运行,也可以通过网关连接到Internet,使用户可以远程访问。

传感器网络综合了传感器技术、嵌入式计算技术、现代网络及无线通信技术、分布式信息处理技术等,能够通过各类集成化的微型传感器协作地实时监测、感知和采集各种环境或监测对象的信息,通过嵌入式系统对信息进行处理,并通过随机自组织无线通信网络以多跳中继方式将所感知信息传送到用户终端。从而真正实现“无处不在的计算”理念。

无线传感器网络就是由部署在监测区域内大量的廉价微型传感器节点组成,通过无线通信方式形成的一个多跳的自组织的网络系统,其目的是协作地感知、采集和处理网络覆盖区域中被感知对象的信息,并发送给观察者。传感器、感知对象和观察者构成了无线传感器网络的3个要素。

1. 无线传感器网络的体系结构

WSN的发展是随着传感器技术的发展而逐渐发展起来的,20世纪70年代出现了将传感器点对点的传输信号,连接至传感器控制器构成传感器网络的雏形,称为第一代传感器网络。

随着智能化传感器、MEMS/NEMS传感器的问世,传感器具有了获取多种信息的综合处理能力,通过与传感器控制器相连,构成了有综合处理能力的网络,称为第二代传感器网络。

从20世纪末开始,现场总线技术开始应用于传感器,并用其组建智能化传感器网络,大量应用多功能传感器、数字技术,使用无线技术连接等,形成了无线传感器网络。

无线传感器网络是一种由大量小型传感器所组成的网络。这些小型传感器一般称作Sensor Node(传感器节点)或者Mote(灰尘)。此种网络中一般也有一个或几个基站(Sink)用来集中从小型传感器收集的数据。

无线传感器网络结构如图6.17所示。传感器网络系统通常包括传感器节点、汇聚节点和任务管理节点。大量传感器节点随机部署在监测区域内部或附近,能够通过自组织方式构成网络。传感器节点监测的数据沿着其他传感器节点逐跳进行传输,在传输过程中,监测数据可能被多个节点处理,经过多跳后路由到汇聚节点,最后通过互联网或卫星到达任务管理节点。用户通过任务管理节点对传感器网络进行配置和管理,发布监测任务以及收集监测数据。

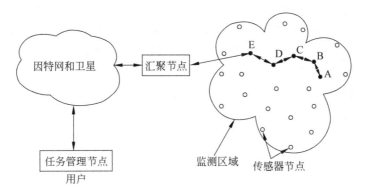

图 6.17　无线传感器构成自组织网络

2. 传感器节点

传感器节点由传感器模块、处理器模块、无线通信模块和能量供应模块 4 部分组成。此外,可以选择的其他功能单元包括定位系统、运动系统以及发电装置等,如图 6.18 所示。

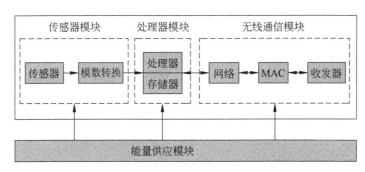

图 6.18　无线传感器节点

传感器模块由传感器和模数转换功能模块组成,负责监测区域内信息的采集和数据转换。

处理器模块由嵌入式系统构成,包括 CPU、存储器、嵌入式操作系统等,负责控制整个传感器节点的操作,存储和处理本身采集的数据以及其他节点发来的数据。

无线通信模块负责与其他传感器节点进行无线通信,交换控制信息和收发采集数据。

能量供应模块为传感器节点提供运行所需的能量,通常采用微型电池。

每个节点由数据采集模块、数据处理和控制模块、通信模块以及电池模块组成,内置形式多样的传感器协作地感知、采集和处理网络覆盖区域的热、红外、雷达和地震波等信号,从而探测众多人们感兴趣的物理现象。

在传感器网络中,节点通过各种方式大量部署在被感知对象内部或者附近。这些节点通过自组织方式构成无线网络,以协作的方式感知、采集和处理网络覆盖区域中特定的信息,可以实现对任意地点信息在任意时间的采集、处理和分析。一个典型的传感器网络的结构包括分布式传感器节点(群)、Sink 节点、互联网和用户界面等。

传感器节点之间可以相互通信,自己组织成网并通过多跳的方式连接至 Sink 节点,Sink 节点收到数据后,通过网关(Gateway)完成和公用 Internet 的连接。整个系统通过任务管理器来管理和控制这个系统。传感器网络的特性使其有非常广泛的应用前景,无处不在的特点使其在不远的未来成为人们生活中不可缺少的一部分。

3. 传感器网络协议栈

随着传感器网络的深入研究,研究人员提出了多个传感器节点上的协议栈。协议栈包括物理层、数据链路层、网络层、传输层和应用层,与互联网协议栈的 5 层协议相对应,如

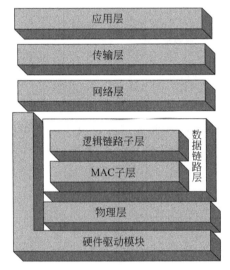

图 6.19 传感器网络协议栈

图 6.19 所示。另外,协议栈还包括能量管理平台、移动管理平台和任务管理平台。这些管理平台使得传感器节点能够按照能源高效的方式协同工作,在节点移动的传感器网络中转发数据,并支持多任务和资源共享。

1) 物理层

物理层研究主要集中在传输介质的选择上。目前,传输介质主要有无线电、红外线和光波 3 种;传输频段选择为通用频段 ISM:4.33MHz、915MHz 和 2.44GHz;调制方式为二元调制和多元调制。

2) 数据链路层

数据链路层研究主要集中在 MAC(Media Access Control,媒体访问控制协议),该协议是保证 WSN 高效通信的关键协议之一,传感器网络的性能如吞吐量、延迟性完全取决于网络的 MAC 协议,与传统的 MAC 协议不同,WSN 的协议首先考虑能量节省问题。

3) 网络层

网络层负责路由的发现和维护,遵照路由协议将数据分组,从源节点通过网络转发到目的节点,即寻找源节点和目的节点之间的优化路径,然后将数据分组沿着优化路径正确转发。

4) 传输层

传输层主要负责将 WSN 的数据提供给外部网络,由于 WSN 的能量受限,节点命名机制以数据为中心特征会使得传输控制很困难。在实际应用时,通常会采用特殊节点作为网关。然而引入特殊的节点可能会影响到传感器节点的随机部署特性,给 MAC 协议和路由协议的设计带来新的难题。网关通过通信卫星、移动通信网络或其他通信介质与外部网络通信。

5) 应用层

应用层是传感器网络和用户(包括人、组织和其他系统)的接口,它与行业需求结合,实现传感器网络的智能应用。

4．无线传感器网络的特征

无线自组网(Mobile Ad-hoc Network)是一个由几十到上百个节点组成的、采用无线通信方式、动态组网的多跳的移动性对等网络。其目的是通过动态路由和移动管理技术传输具有服务质量要求的多媒体信息流。通常节点具有持续的能量供给。

传感器网络虽然与无线自组网有相似之处,但同时也存在很大的差别。传感器网络是集成了监测、控制以及无线通信的网络系统,节点数目更为庞大(上千甚至上万),节点分布更为密集。由于环境影响和能量耗尽,节点更容易出现故障,环境干扰和节点故障易造成网络拓扑结构的变化。

通常情况下,大多数传感器节点是固定不动的。另外,传感器节点具有的能量、处理能力、存储能力和通信能力等都十分有限。传统无线网络的首要设计目标是提供高服务质量和高效带宽利用,其次才考虑节约能源。传感器网络的首要设计目标是能源的高效利用,这也是传感器网络和传统网络最重要的区别之一。

无线传感器网络的特征如下。

1)无线传感器网络包括了大面积的空间分布

例如,在军事应用方面,可以将无线传感器网络部署在战场上跟踪敌人的军事行动,智能化的终端可以被大量地装在宣传品、子弹或炮弹壳中,在目标地点撒落下去,形成大面积的监视网络。

2)能源受限制

网络中每个节点的电源都是有限的,网络大多工作在无人区或者对人体有伤害的恶劣环境中,更换电源几乎是不可能的事,这势必要求网络功耗要小以延长网络的寿命,而且要尽最大可能地节省电源消耗。

3)网络自动配置,自动识别节点

包括自动组网、对入网的终端进行身份验证、防止非法用户入侵。相对于那些布置在预先指定地点的传感器网络而言,无线传感器网络可以借鉴 Ad hoc 方式来配置,当然前提是要有一套合适的通信协议保证网络在无人干预情况下自动运行。

4)网络的自动管理和高度协作性

在无线传感器网络中,数据处理由节点自身完成,这样做的目的是减少无线链路中传送的数据量,只有与其他节点相关的信息才在链路中传送。以数据为中心的特性是无线传感器网络的又一个特点,由于节点不是预先计划的,而且节点位置也不是预先确定的,这样就有一些节点由于发生较多错误或者不能执行指定任务而被中止运行。为了在网络中监视目标对象,配置冗余节点是必要的,节点之间可以通信和协作,并且共享数据,这样可以保证获得被监视对象比较全面的数据。

对用户来说,向所有位于观测区内的传感器发送一个数据请求,然后将采集的数据送到指定节点处理,可以用一个多播路由协议把消息送到相关节点,这需要一个唯一的地址表,对于用户而言,不需要知道每个传感器的具体身份号,所以可以用以数据为中心的组网方式。

5．无线传感器网络中的关键技术

1)网络拓扑控制

传感器网络拓扑控制目前研究的主要问题是在满足网络覆盖度和连通度的前提下,

通过功率控制和骨干网节点选择,删除节点之间不必要的无线通信链路,产生一个高效的数据转发的网络拓扑结构。拓扑控制可以分为节点功率控制和层次型拓扑结构形成两个方面。

2)网络协议

由于传感器网络节点的硬件资源有限和拓扑结构的动态变化,网络协议不能太复杂但又要高效。目前,研究的重点是网络层协议和数据链路层协议。网络层的路由协议决定检测信息的传输路径,为此提出了多种类型的协议,如多个能量感知的路由协议等。数据链路层的介质访问控制用来构建底层的基础结构,控制传感器节点的通信过程和工作模式。

3)时间同步

时间同步是需要协同工作的传感器网络系统的一个关键机制。目前,已提出了多个时间同步机制。

4)定位技术

位置信息是传感器节点采集数据中不可缺少的部分,没有位置信息的检测消息通常毫无意义。确定事件发生的位置或采集数据的节点位置是传感器网络最基本的功能之一。目前的定位技术有基于距离的定位算法和与距离无关的定位算法等。

5)数据融合

传感器网络存在能量约束。减少传输的数据量就能够有效地节省能量,因此在从各个节点收集数据的过程中,可利用节点的本地计算和存储能力处理数据的融合,去除冗余信息,从而达到节省能量的目的。由于节点的易失效性,传感器网络也需要数据融合技术对多份数据进行综合,提高信息的准确度。但融合技术会牺牲其他方面的性能,如延迟和鲁棒性的代价。

6)嵌入式操作系统

传感器节点是一个微型的嵌入式系统,携带非常有限的硬件资源,需要操作系统能够节能高效地使用其有限的内存、处理器和通信模块,且能够对各种特定应用提供最大的支持。在面向无线传感器网络的操作系统的支持下,多个应用可以并发地使用系统的有限资源。美国加州大学伯克利分校研发了 TinyOS 操作系统,在科研机构的研究中得到了比较广泛的使用,但目前仍然存在不足之处。

6. 传感器网络应用实例

1)战场监测与指挥

无线传感器网络的研究直接推动了以网络技术为核心的新军事革命,诞生了网络中心战的思想和体系。传感器网络将会成为战场监测与指挥系统不可或缺的一部分。系统的目标是利用先进的高科技技术,为未来的现代化战争设计一个集命令、控制、通信、计算、智能、监视、侦察和定位于一体的战场指挥系统,受到了军事发达国家的普遍重视。战场环境侦查如图 6.20 所示。

因为传感器网络是由密集型、低成本、随机分布的节点组成的,自组织性和容错能力使其不会因为某些节点在恶意攻击中的损坏而导致整个系统的崩溃,这一点是传统的传感器技术所无法比拟的,也正是这一点,使传感器网络非常适合应用于恶劣的战场环境中,包括监控我军兵力、装备和物资,监视冲突区,侦察敌方地形和布防,定位攻击目标,评估损失,侦察和探测核、生物和化学攻击。

在战场上,指挥员往往需要及时准确地了解部队、武器装备和军用物资供给的情况,铺设的传感器将采集相应的信息,并通过汇聚节点将数据送至指挥所,再转发到指挥部,最后融合来自各战场的数据形成我军完备的战区态势图。在战争中,对冲突区和军事要地的监视也是至关重要,当然,也可以直接将传感器节点撒向敌方阵地,在敌方还未来得及反应时迅速收集利于作战的信息。战场监测与指挥如图 6.21 所示。

图 6.20　战场环境侦查

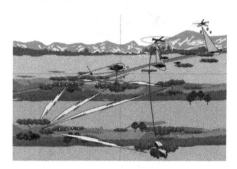

图 6.21　战场监测与指挥

传感器网络也可以为火控和制导系统提供准确的目标定位信息。在生物和化学战中,利用传感器网络及时、准确地探测爆炸中心将会为我军提供宝贵的反应时间,从而最大可能地减小伤亡。传感器网络也可避免核反应部队直接暴露在核辐射的环境中。

在军事应用中,与独立的卫星和地面雷达系统相比,传感器网络的潜在优势表现在以下几个方面。

① 分布节点中多角度和多方位信息的综合有效地提高了信噪比,这一直是卫星和雷达这类独立系统难以克服的技术问题之一。

② 传感器网络低成本、高冗余的设计原则为整个系统提供了较强的容错能力。

③ 传感器节点与探测目标的近距离接触大大消除了环境噪声对系统性能的影响。

④ 节点中多种传感器的混合应用有利于提高探测的性能指标。

⑤ 多节点联合,形成覆盖面积较大的实时探测区域。

⑥ 借助于个别具有移动能力的节点对网络拓扑结构的调整能力,可以有效地消除探测区域内的阴影和盲点。

2) 医疗健康护理系统

基于无线传感器网络的医疗健康护理系统主要由 UbiCell 无线医疗传感器节点(体温、脉搏、血氧等传感器节点)、若干具有路由功能的无线节点、基站、PDA、具有无线网卡的笔记本、PC 等组成。基站负责连接无线传感器网络与无线局域网和以太网,负责无线传感器节点和设备节点的管理。传感器节点和路由节点自主形成一个多跳的网络。

佩戴在监护对象身上的体温、脉搏、血氧等传感器节点通过无线传感器网络向基站发送数据。基站负责体温、脉搏、血氧等生理数据的实时采集、显示和保存。条件允许,其他的监护信息如监护图像、安全设备状态等也可以传输到基站或服务器。医院监控中心和医生可以通过移动终端(PDA、接入网络的笔记本等)登录基站服务器查看被护理者的生理信息,也可以远程控制无线传感器网络中的传感器和其他无线设备,从而在被监护病人出现异常时,能够及时监测并采取抢救措施。一个用于医疗健康护理的无线传感器网络体系结构如图 6.22 所示。

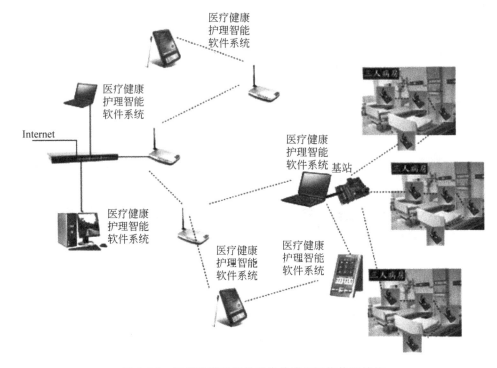

图 6.22　医疗健康护理的无线传感器网络体系结构

医疗应用一般需要非常小的、轻量级的和可穿戴的传感器节点。为此专门为医疗健康护理开发了专用的 UbiCell 可穿戴医疗传感器节点,如图 6.23 所示。

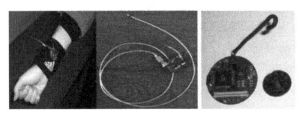

图 6.23　UbiCell 可穿戴医疗传感器节点

基站软件系统接收无线传感器网络采集的医疗健康护理数据,提供向无线传感器网络发布查询和管理命令的功能。医疗健康护理数据的实时动态图形化显示,提供历史健康护理传感数据的查询与变化趋势分析。当数据超出正常范围时,生成报警信息,向主管医生报警。通过无线网络和移动终端设备(PDA 等)进行交互,完成数据的实时共享和无线传感器网络的远程控制。维护和管理 PDA 终端、医疗健康护理传感器节点、护理对象及用户等信息。医疗健康护理基站软件系统实时护理数据显示页面如图 6.24 所示。

7. 传感器网络与 RFID、物联网、泛在网等的关系

1) 传感器与 RFID 的关系

RFID 技术和传感器具有不同的技术特点,传感器网络可以监测感应到各种信息,但

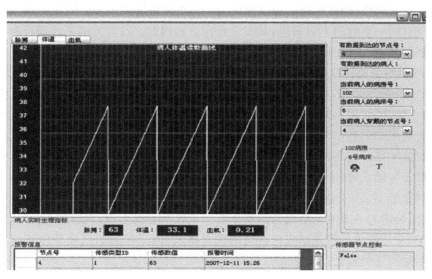

图 6.24 医疗健康护理基站软件系统实时护理数据显示页面

缺乏对物品的标识能力,而 RFID 技术恰恰具有强大的标识物品能力。尽管 RFID 也经常被描述成一种基于标签的,并用于识别目标的传感器,但是相对于通常意义上的传感器,RFID 阅读器还是有很多缺点。因为一个标签所能存储的仅仅是一个唯一的识别码,并不能实时感应当前环境的改变,而且 RFID 系统抗干扰性较差,其读写范围受到阅读器与标签之间距离的影响。所以,提高 RFID 系统的感应能力,扩大 RFID 系统的覆盖能力是亟待解决的问题,而传感器网络较长的有效距离将会拓展 RFID 技术的应用范围。传感器网络和 RFID 技术的融合与系统集成将极大地推动两项技术的应用,其应用前景不可估量。

2) 传感器网络与物联网的关系

物联网的概念最早提出于 1999 年,其定义很简单,即把所有物品通过射频识别和条码等信息传感设备与互联网连接起来,实现智能化识别和管理。在早期的概念中,物联网实质上等于 RFID 技术加互联网。RFID 标签可谓是早期的物联网最为关键的技术与产品环节,当时认为物联网最大规模、最有前景的应用就是在零售和物流领域,利用 RFID 技术,通过计算机互联网实现物品(商品)的自动识别和信息的共享。

随着传感器技术和网络技术的进步,现在的物联网概念和应用领域早已超出了原有的范围,但对最早沿用 Internet of Things 一词的欧洲和美国来说,物联网所指代的习惯上仍然是 RFID 标签通过互联网构成的物物相连的网络,并且在实际研究中更加关注于 RFID 技术本身,绝大部分的业务仍然会是数据采集应用的扩展,难以实现更加"智能",难以实现"物与物对话"的"真正物联网"。

最新的物联网概念应该具备 3 个特征:一是全面感知,即利用 RFID、传感器、二维码等随时随地获取物体的信息;二是可靠传递,通过各种电信网络与互联网的融合,将物体的信息实时准确地传递出去;三是智能处理,利用云计算、模糊识别等各种智能计算技术,对海量的数据和信息进行分析和处理,对物体实施智能化的控制。

从以上特征可见,现在的物联网概念其实是传统物联网和无线通信技术的结合,等同于广义上的传感器网络(即传感网),可以理解为:物联网是从产业和应用角度,传感器网络是从技术角度对同一事物的不同表述,其实质是完全相同的。在官方的正式场合和文件中,大多使用传感器网络这一表述。

3)传感器网络与泛在网的关系

泛在(Ubiquitous)网,即广泛存在的网络,以"无所不在""无所不包""无所不能"为基本特征,即在任何时间、任何地点、任何人、任何物都能顺畅地通信。从泛在的内涵来看,首先关注的是人与周边的和谐交互,强调网络的无所不在,服务的随处可得,各种感知设备与无线网络不过是手段。最终的泛在网形态上,既有互联网的部分,也有物联网的部分,同时还有一部分属于智能系统(推理、情境建模、上下文处理、业务触发)范畴。

泛在网是把不属于电信范畴的技术,如传感器技术、标签技术等各种近距离通信技术纳入其中,从而构建起一个范畴更大的网络体系。从这个意义上说,现有的 FTTH、IPv6、4G、WiFi、RFID、蓝牙技术等都是组成泛在网的重要技术,而泛在网的基础是传感网,传感网试点的不断增加对于构建泛在网是有力的支持。

4)传感器网络与智慧地球的关系

智慧地球提出"把感应器嵌入和装备到电网、铁路、桥梁、隧道、公路、建筑、供水系统、大坝、油气管道等各种物体中,并且被普遍连接,形成所谓物联网。并通过超级计算机和云计算将物联网整合起来,实现人类社会与物理系统的整合。"由此可见,智慧地球的理念与广义的传感器网络基本一致,体现的也是互联网和传感的融合:信息革命的迅速发展使任何系统都可以实现数字量化和互连;同时计算能力的高度发展,使爆炸式的信息量得到高速有效的处理,并实现智慧的判断、处理和决策。智慧地球更强调决策和处理过程的智能化。

6.5 EPC 产品电子代码与 EPC 网络

物联网是叠加在互联网上的一层通信网络,其核心是电子产品码(Electronic Product Code,EPC)和基于射频技术的电子标签。

EPC 网络主要是针对物流领域,其目的是增加供应链的可视性(Visibility)和可控性(Control),使整个物流领域能够借助 RFID 技术获得更大的经济效益。在 EPC 网络中,所有有关商品的信息都以物理标记语言(PML)来描述,是 EPC 网络信息存储和交换的标准格式。PML 是 Savant、EPCIS、应用程序、ONS 之间相互表述和传递 EPC 相关信息的共同语言,它定义了在 EPC 物联网中所有的信息传输方式。

6.5.1 EPC 产品电子代码

物联网的最终目标是为每一个单件物品建立全球的、开放的标识标准,它的发展不仅能够对货品进行实时跟踪,而且能够通过优化整个供应链,给每个用户提供支持,从而推动自动识别技术的快速发展并能够大幅度提高全球消费者的生活质量。

EPC 的载体是 RFID 电子标签,并借助互联网来实现信息的传递。EPC 旨在为每一件单品建立全球的、开放的标识标准,实现全球范围内对单件产品的跟踪与追溯,从而有效提高供应链管理水平、降低物流成本。EPC 是一个完整的、复杂的、综合的系统。

EPC 编码是 EPC 系统的重要组成部分,它是对实体及实体的相关信息进行代码化,通过统一规范化的编码建立全球通用的信息交换语言。EPC 编码 AN.UCC 是在原有全球统一编码体系基础上提出的新的全球统一标识的编码体系,是对现行编码体系的一个补充。EPC 编码是使用在商品标签上的专业编码系统。

　　目前,EPC 代码有 64 位、96 位和 256 位 3 类,共 7 种类型,分别为 EPC-64 Ⅰ、EPC-64 Ⅱ、EPC-64 Ⅲ、EPC-96 Ⅰ、EPC-256 Ⅰ、EPC-256 Ⅱ、EPC-256 Ⅲ。为了保证所有物品都有一个 EPC 代码并使其载体——标签成本尽可能降低,建议采用 96 位,这样其数目可以为 2.68 亿个公司提供唯一标识,每个生产厂商可以有 1600 万个对象种类,并且每个对象种类可以有 680 亿个序列号,这对未来世界所有产品已经非常够用了。现以 EPC-96 Ⅰ 型为例,如图 6.25 所示。

XX .	XXXXXXX .	XXXXXX .	XXXXXXXXX
版本号	域名管理	对象分类	序列号
8 位	28 位	24 位	36 位

图 6.25　EPC 编码

　　EPC-96 Ⅰ 型的设计目的是成为一个公开的物品标识代码。它的应用类似于目前的统一产品代码(UPC),或者 UCC.EAN 的运输集装箱代码。

　　如图 6.25 所示,生产厂商即域名管理,负责在其范围内维护对象分类代码和序列号。域名管理必须保证对 ONS 可靠的操作,并负责维护和公布相关的产品信息。域名管理的区域占据 28 位,允许大约 2.68 亿家制造商。这超出了 UPC-12 的 10 万个和 EAN-13 的 100 万个的制造商容量。

　　对象分类字段在 EPC-96 代码中占 24 位。这个字段能容纳当前所有的 UPC 库存单元的编码。

　　序列号字段则是单一货品识别的编码。EPC-96 序列号对所有的同类对象提供 36 位的唯一辨识号,其容量为 $2^{28}=68\,719\,476\,736$。与产品代码相结合,该字段将为每个制造商提供 1.1×10^{28} 个唯一的项目编号。这超出了当前所有已标识产品的总容量。

6.5.2　EPC 网络

　　较为成型的分布式网络集成框架是 EPCglobal 提出的 EPC 网络。

　　EPC 系统是一个先进的、综合性很强的复杂系统,是以大量联网的阅读器和无数移动的标签组成的简单的 RFID 系统为基础,并结合已有的计算机互联网网络技术、数据库技术、中间件技术等,构建出一个可以覆盖全球万事万物的网络。通过 Internet,全球的计算机可以进行互连,实现信息资源共享和协同工作,而在 RFID 和 Internet 的基础上,物联网可以将数量更为庞大的物品建立起信息连接,可以为商业、物流、仓储、生产、家庭等提供更为先进的信息化管理手段。EPC 系统的最终目标是为每一件单品建立全球性与开放的标识标准。

1. 系统构成

　　EPC 系统由 EPC 编码体系、射频识别系统和信息网络系统构成,主要包括 6 个方面,如表 6.1 所示。

表 6.1 EPC 系统的构成

系 统 构 成	名 称	说 明
EPC 编码体系	EPC 编码标准	识别目标的特定代码
射频识别系统	EPC 标签	识读 EPC 标签
	射频读写器	信息网络系统
信息网络系统	Savant(神经网络软件、中间件)	EPC 系统的软件支持系统
	对象名解析服务(Object Naming Service,ONS)	类似于互联网 DNS 功能,定位产品信息存储位置
	物理标记语言	提供描述实物体、动态环境的标准。供软件开发、数据存储和数据分析之用

EPC 系统构成如图 6.26 所示。

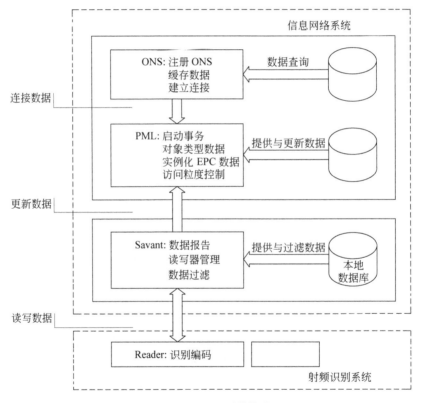

图 6.26 EPC 系统构成

EPC 网络的关键技术包括如下。

(1) EPC 编码。长度为 64 位、96 位和 256 位的 ID 编码,出于成本的考虑,现在主要采用 64 位和 96 位两种编码。EPC 编码分为 4 个字段,分别为:①版本号,标识编码的版本号,这样就可使电子产品编码采用不同的长度和类型;②产品管理者,如产品的生产厂商;③对象分类,产品所属的商品类别;④序列号,单品的唯一编号。

(2) Savant 中间件。介于阅读器与企业应用之间的中间件,为企业应用提供一系列计算功能。它的首要任务是减少从阅读器传往企业应用的数据量,对阅读器读取的标签数据进行过滤、汇集、计算等操作,同时 Savant 还提供与 ONS、PML 服务器、其他 Savant 互操作的功能。

(3) 对象名字服务。类似于域名服务器(DNS),ONS 提供将 EPC 编码解析为一个或一组 URLs 的服务,通过 URLs 可获得与 EPC 相关产品的进一步信息。

(4) 信息服务。以 PML 格式存储产品相关信息,可供其他的应用进行检索,并以 PML 的格式返回。存储的信息可分为两大类:一类是与时间相关的历史事件记录,如原始的 RFID 阅读事件(记录标签在什么时间,被哪个阅读器阅读),高层次的活动记录如交易事件(记录交易涉及的标签)等;另一类是产品固有属性信息,如产品生产时间、过期时间、体积、颜色等。

(5) PML。物联网中的信息载体采用 PML。PML 是在 XML 的基础上扩展而来,被视为描述所有自然物体、过程和环境的统一标准。PML 不是一个单一的标准语言,用于人及机器都可使用的自然物体的描述标准,是物联网网络信息存储、交换的标准格式,它是作为 EPC 系统中各个不同部分的一个公共接口,即 Savant、第三方应用程序(如 ERP、MES 等)、存储商品相关数据的 PML 服务器之间的共同通信语言。

2. 信息网络系统

1) Savant

Savant 是一个物联网系统的中间件,用来处理从一个或多个解读器发出的标签流或传感器数据,之后将处理过的数据发往特定的请求方。

Savant 中间件的体系结构及与外界的接口如图 6.27 所示。

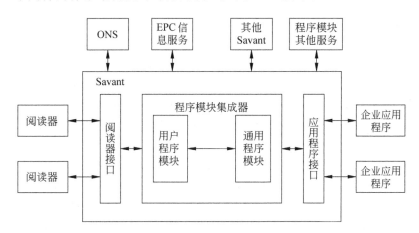

图 6.27 Savant 中间件的体系结构及与外界的接口

EPC 物联网 Savant 中间件的功能主要是通过使用物理标记语言来描述 Savant 中间件对电子标签上所包含的信息,以及对数据库中相关的信息的处理,并对这些信息进行相应的计算操作,如图 6.28 所示。

Savant 中间件对信息进行相应的计算操作包括以下内容。

① 处理数据对。通过使用阅读器从外部对电子标签上所包含的信息进行读取,获得每个产品上的信息,了解产品的类型,Savant 系统收到 EPC 代码后,生产一个 PML 文件,则

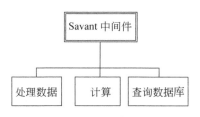

图 6.28　Savant 中间件的功能结构

Savant 中间件可以对这些产品的数据进行处理,提取有用数据。

② 对数据进行计算。使用 PML 获取有用信息后,可以对信息进行所需要的操作,按一定的要求来计算读取到的数据,或可以通过获取的信息及时地调整生产计划等。

③ 查询数据库。通过 PML 描述产品的信息,这样可直接对数据库进行操作,查看数据库中相关的产品信息,来支持 Savant 中间件的一系列功能。数据库中记录了很多产品所有的信息,通过对数据库的读写才可以即时地完成关于产品信息的查询、计算、安排等功能。

2) 对象名解析服务

EPC 标签对于一个开放式的、全球性的追踪物品的网络需要一些特殊的网络结构。因为标签中只存储了产品电子代码,计算机还需要一些将产品电子代码匹配到相应商品信息的方法。这个角色就由对象名称解析服务(Object Naming Service,ONS)担当,它是一个自动的网络服务系统,类似于域名解析服务(DNS),DNS 是将一台计算机定位到万维网上的某一个具体地点的服务。

3. EPC 网络应用流程

如图 6.29 所示,EPC 物联网中的信息流是使用阅读器从外部对电子标签上所包含的信息进行读取。在由 EPC 标签、解读器、Savant 服务器、Internet、ONS 服务器、PML 服务器以及众多数据库组成的 EPC 物联网中,解读器读出的 EPC 只是一个信息参考(指针),该信息经过网络传到 ONS 服务器,找到该 EPC 对应的 IP 地址并获取该地址中存放的相关物品信息。而采用分布式 Savant 软件系统处理和管理由解读器读取的一连串 EPC 信息,Savant 将 EPC 传给 ONS,ONS 指示 Savant 到一个保存着产品文件的 PML 服务器中查找,该文件可由 Savant 复制,因而文件中的产品信息就能传到供应链上。

从信息流的过程可以看到,整个 EPC 物联网的系统运作流程中的关键部分如下。

产品电子码用一串数字代表产品制造商和产品类别,类似条形码,但不同的是 EPC 还外加了第 3 组数字,是每一件产品所特有的。存储在 RFID 标签微型晶片中的唯一信息就是这些数字。EPC 还可以与数据库里的大量数据相联系,包括产品的生产地点和日期、有效日期等。而且,随着产品的转移或变化,这些数据可以实时更新,这是和条形码最大的不同。

解读器(有时也称为询问器)也是一个至关重要的组成部分。解读器发送电磁波为 RFID 标签提供电源,使其能够将存储在微型晶片上的数据传回。当世界上每件产品都加上 RFID 标签之后,在产品的生产、运输和销售过程中,解读器将不断收到一连串的产品电子代码。

整个过程中最为重要,同时也是最困难的环节就是传送和管理这些数据,自动识别产品

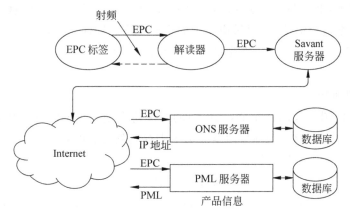

图 6.29　EPC 物联网中的信息流

技术中心利用 Savant 软件技术完成这些功能。当 Savant 接收到装载货站或商店货架上的解读器发出的产品电子代码后,该代码进入公司局域网或互联网上的对象解析服务,检索与该 EPC 相关的产品。ONS 是类似于 Internet 的域名解析服务。ONS 的作用是把 Savant 引入存储该产品信息的企业数据库中。

　　每个产品的部分数据(其基本特点及所属大类)将用一种新的物理标记语言存储,这种语言基于流行的 XML(可扩展标记语言)。使用 PML,就可以执行一些常用的企业任务。例如,在一个存货数据库中搜寻所有的水果饮料,或是对某种规格的笔记本的价格进行比较。

6.6　物联网应用案例

6.6.1　上海世界博览会物联网会展系统

1. 购票简易省事,入园快捷实用

　　手持世界博览会(以下简称"世博")门票,只需在离读写设备 10cm 处轻轻一刷,20s 便可轻松进入世博园。在票务后台,系统则会马上统计、更新入园人数。拥有"世博芯"的世博门票,把 RFID 技术的应用体现得淋漓尽致。

　　作为一项先进的自动识别和数据采集技术,RFID 技术被公认为 21 世纪十大重要技术之一,在上海世博会上展现了无穷的魅力。在世博园里,看似遥不可及的 RFID 技术其实就在身边。使用手机门票的观众一进园区,手机上就能收到一份游览路线建议图。随着参观的进行,观众随时能知道最近的公交站、餐饮点的位置。融合 RFID 和 SIM 卡技术的世博手机门票,使用户足不出户即能完成世博会门票的选购,省去送票或取票的麻烦。同时,还可查询购票、退票、领取纪念票等信息。手机门票成为上海世博会的一大亮点。

2. 食品信息可查

　　RFID 技术在世博园区的食品安全及车辆安全保障等方面也起到关键性作用。据估算,世博会期间 85% 的参观者将在园区内用餐,日均用餐人数超过 30 万人次。RFID 技术,担当起"食品卫士"这个重任。目前,世博园区内的每一件食品,都拥有 RFID 标签。通过这

种非接触识别技术,手持办公终端移动设备的执法人员可以现场对进园食品的生产、加工、存储和销售进行全过程追踪,确保供应渠道的安全可靠。即使是一棵青菜,都有 RFID 电子标签作为"身份证",生产日期、保质期、来源地等重要信息一查即知,出问题保证"追"到上家。

3.进园车辆可控

对于进出世博园区大门的车辆,大门前的探头将会使用 RFID 技术对车辆上的双卡进行识别,车卡对应汽车的车牌号码,而驾驶员卡则存有驾驶者的相应信息。在与后台数据库比对后,如果信息不符,就绝不放行。

由于 RFID 的灵敏特性,其读取距离最大可达 25m,车辆即使以 180km/h 的速度行驶,RFID 也能读出相关内容。如在世博园区有违章信息,芯片还会记录在案并列入黑名单,拒其入园。

6.6.2 上海浦东机场智能围界防入侵系统

智能围界防入侵系统基于现代电子防入侵手段,采用多种技术协同综合探测、融合报警及声光、视频联动等,构建立体化园区防入侵体系。可应用于大型机场、园区安防、重要区域布防等,如图 6.30 所示。

图 6.30 智能围界防入侵系统

系统工作时确保不干扰地空、地面无线电通信联络的畅通,以机场正常通信为准则,有中心集中报警和手机移动报警两种模式。

被动隐蔽式的防入侵系统,能够适应各种地形不留死角,无生命危害,功能强大,防破坏能力强,靠近、翻越都能触发报警,上位机采用友好界面,并结合三维 GIS,对防区实时在线监控,在停电的情况下系统能继续工作,具有交、直流断电保护功能,具有高度的可靠性和最小的维护要求。

上海浦东国际机场防入侵系统铺设了 3 万多个传感器节点,覆盖了地面、栅栏和低空探测。在地面和边界隔离网上布上传感器节点,多种传感手段组成一个协同系统后,可以防止人员的翻越、偷渡、恐怖袭击等攻击性入侵。低空 30～50m、地下 20m 范围内一旦有物体靠近就会唤醒周边的节点,人们在监控室就能感知到目标是什么、在哪里、在干什么,网络还会依据现场情况发出预警或报警。

习 题 6

1. 什么是物联网？
2. 什么是 RFID？简述射频识别技术的基本原理。
3. 什么是 EPC 编码？
4. 什么是云计算？
5. 简述无线传感器网络的体系结构。
6. 无线传感器网络的特征是什么？
7. 传感器网络与 RFID、物联网的关系是什么？
8. 简述 EPC 系统的构成。
9. 简述 Savant。
10. 请举出两个物联网的应用案例。

第7章 网络中心构建和网络管理

教学要求：

通过本章的学习，了解网络中心构建和网络管理的技术基础。

掌握网络服务器、网络存储、网络操作系统、网络数据库及网络管理系统的相关技术。

了解网络中心构建和网络管理的应用案例。

7.1 网络服务器

服务器作为硬件来说，通常是指那些具有较高计算能力，能够提供给多个用户使用的计算机。服务器与 PC 的不同点有许多，如 PC 在一个时刻通常只为一个用户服务，而服务器为多个用户服务。服务器与主机不同，主机是通过终端给用户使用的，服务器是通过网络给客户端用户使用的。

服务器可以用来搭建网页服务（人们平常上网所看到的网页页面的数据就是存储在服务器上供人访问的）、邮件服务（人们发的所有电子邮件都需要经过服务器的处理、发送与接收）、文件共享和打印共享服务、数据库服务等。而这所有的应用都有一个共同的特点，它们面向的都不是一个人，而是众多的人，同时处理的是众多的数据。所以服务器与网络是密不可分的。可以说离开了网络，就没有服务器；服务器是为提供服务而生，只有在网络环境下它才有存在的价值。

7.1.1 网络服务器组成和分类

1. 服务器

根据不同的计算能力，服务器（见图 7.1）分为工作组级服务器、部门级服务器和企业级服务器。服务器操作系统是指运行在服务器硬件上的操作系统。服务器操作系统需要管理和充分利用服务器硬件的计算能力，并提供给服务器硬件上的软件使用。

目前，市场上有很多为服务器做平台的操作系统。类 UNIX 操作系统由于是 UNIX 的后代，大多都有较好的服务器平台功能。常见的类 UNIX 服务器操作系统有 Linux、Solaris 等。微软公司也出版了 Microsoft Windows 服务器版本。

图 7.1 服务器

2. 服务器软件

服务器软件的定义如前面所述，服务器软件工作在客户端/服务器或浏览器/服务器的方式下，有很多形式的服务器，常用的包括如下。

文件服务器：如 Novell 的 NetWare。

数据库服务器：如 Oracle 数据库服务器、MySQL、Microsoft SQL Server 等。

邮件服务器：如 Sendmail、Qmail、Microsoft Exchange、Lotus Domino 等。

网页服务器：如 Apache、微软公司的 IIS 等。

FTP 服务器：如 Pureftpd、Proftpd、Serv-U 等。

应用服务器：如 Bea 公司的 WebLogic、JBoss；Sun 公司的 GlassFish 等。

代理服务器：如 Squid cache。

计算机名称转换服务器：如微软公司的 WINS 等。

3. 网络服务器的分类

1）按体系架构来区分

目前，按照体系架构来区分，服务器主要分为以下两类。

非 x86 服务器：包括大型计算机、小型计算机和 UNIX 服务器。它们是使用 RISC（精简指令集计算机）或 EPIC 处理器，并且主要采用 UNIX 和其他专用操作系统的服务器，精简指令集处理器主要有 IBM 公司的 Power 和 PowerPC 处理器，Sun 与富士通公司合作研发的 SPARC 处理器；EPIC 处理器主要是 HP 与 Intel 合作研发的安腾处理器等。这种服务器价格昂贵、体系封闭，但是稳定性好、性能强，主要用在金融、电信等大型企业的核心系统中。

x86 服务器：又称 CISC（复杂指令集计算机）架构服务器，即通常所讲的 PC 服务器。它是基于 PC 体系结构，使用 Intel 或其他兼容 x86 指令集的处理器芯片和 Windows 操作系统的服务器，如 IBM 公司的 System x 系列服务器、HP 公司的 Proliant 系列服务器等。价格便宜、兼容性好，但稳定性差、不安全，主要用在中小企业和非关键业务中。从当前的网络发展状况看，以小、巧、稳为特点的 x86 架构的 PC 服务器得到了更为广泛的应用。

2）按应用层次划分

按应用层次划分通常也称为按服务器档次划分或按网络规模划分，是服务器最为普遍的一种划分方法，它主要是根据服务器在网络中应用的层次（或服务器的档次）来划分的。要注意的是，这里所指的服务器档次并不是按服务器 CPU 主频高低来划分，而是依据整个服务器的综合性能，特别是所采用的一些服务器专用技术来衡量的。按这种划分方法，服务器可分为入门级服务器、工作组级服务器、部门级服务器、企业级服务器。

① 入门级服务器。入门级服务器是最基础的一类服务器，也是最低档的服务器。随着 PC 技术的日益提高，这类服务器所包含的服务器特性并不是很多，通常只具备以下几方面特性。

- 有一些基本硬件的冗余，如硬盘、电源、风扇等，但不是必需的。
- 通常采用 SCSI 接口硬盘，现在也有采用 SATA 串行接口的。
- 部分部件支持热插拔，如硬盘、内存等，这些也不是必需的。
- 通常只有一个 CPU，但不是绝对，如 Sun 的入门级服务器有的就可支持两个处理器。
- 内存容量也不会很大，一般在 1GB 以内，但通常会采用带 ECC 纠错技术的服务器专用内存。

这类服务器主要采用 Windows 或者 NetWare 网络操作系统，可以充分满足办公室的中小型网络用户的文件共享、数据处理、Internet 接入及简单数据库应用的需求。

这种服务器与一般的 PC 很相似，有很多小型公司干脆就用一台高性能的品牌 PC 作为服务器，所以这种服务器无论在性能上还是价格上，都与一台高性能 PC 品牌机相差无几。

入门级服务器所连的终端比较有限(20 台左右),而且稳定性、可扩展性以及容错冗余性能较差,仅适用于没有大型数据库数据交换、日常工作网络流量不大,无须长期不间断开机的小型企业。

这种服务器一般采用 Intel 的专用服务器 CPU 芯片,是基于 Intel 架构(俗称 IA 结构)的,当然这并不是一种硬性的标准规定,而是由于服务器的应用层次需要和价位的限制。

② 工作组级服务器。工作组级服务器是一个比入门级高一个层次的服务器,但仍属于低档服务器之类。从这个名字也可以看出,它只能连接一个工作组(50 台左右),网络规模较小,服务器的稳定性也不像企业级服务器那样高的应用环境。工作组级服务器具有以下几方面的主要特点。

- 通常仅支持单或双 CPU 结构的应用服务器(Sun 的工作组级服务器有能支持多达 4 个处理器的工作组级服务器,当然这类型的服务器价格方面也就有些不同了)。
- 可支持大容量的 ECC 内存和增强服务器管理功能的 SM 总线。
- 功能较全面,可管理性强且易于维护。
- 采用 Intel 服务器 CPU 和 Windows、NctWare 网络操作系统,但也有一部分是采用 UNIX 系列操作系统的。
- 可以满足中小型网络用户的数据处理、文件共享、Internet 接入及简单数据库应用的需求。

工作组服务器较入门级服务器来说性能有所提高,功能有所增强,有一定的可扩展性,但容错和冗余性能仍不完善,也不能满足大型数据库系统的应用,但价格比前者贵许多,一般相当于 2~3 台高性能的 PC 品牌机总价。

③ 部门级服务器。部门级服务器是属于中档服务器之列,一般都是支持双 CPU 以上的对称处理器结构,具备比较完全的硬件配置,如磁盘阵列、存储托架等。部门级服务器的最大特点就是,除了具有工作组服务器的全部服务器特点外,还集成了大量的监测及管理电路,具有全面的服务器管理能力,可监测如温度、电压、风扇、机箱等状态参数,结合标准服务器管理软件,使管理人员及时了解服务器的工作状况。它是企业网络中分散的各基层数据采集单位与最高层的数据中心保持顺利连通的必要环节,一般为中型企业的首选,也可用于金融、邮电等行业。

部门级服务器一般采用 IBM、Sun 和 HP 各自开发的 CPU 芯片,这类芯片一般是 RISC 结构,所采用的操作系统一般是 UNIX 系列操作系统,现在的 Linux 也在部门级服务器中得到了广泛应用。

部门级服务器可连接 100 个左右的计算机用户,适用于对处理速度和系统可靠性高一些的中小型企业网络,其硬件配置相对较高,可靠性比工作组级服务器要高一些,当然其价格也较高(通常为 5 台左右高性能 PC 价格总和)。由于这类服务器需要安装比较多的部件,所以机箱通常较大,采用机柜式的。

④ 企业级服务器。企业级服务器是属于高档服务器行列,企业级服务器最起码是采用 4 个以上 CPU 的对称处理器结构,有的高达几十个。另外,一般还具有独立的双 PCI 通道和内存扩展板设计,具有高内存带宽、大容量热插拔硬盘和热插拔电源、超强的数据处理能力和群集性能等。

这种企业级服务器的机箱一般为机柜式的。企业级服务器最大的特点就是它还具有高度的容错能力、优良的扩展性能、故障预报警功能、在线诊断以及具有热插拔性能的 RAM 存储器、PCI 总线插卡、CPU 中央处理器等。这类服务器所采用的芯片也都是由几大服务器生产厂商自己开发的独有 CPU 芯片,所采用的操作系统一般也是 UNIX(Solaris)或 Linux。目前在全球范围内能生产高档企业级服务器的厂商只有 IBM、HP、Sun 等几家,绝大多数国内外厂家的企业级服务器都只能算是中、低档企业级服务器。

企业级服务器适合运行在需要处理大量数据、高处理速度和对可靠性要求极高的金融、证券、交通、邮电、通信或大型企业。企业级服务器用于联网计算机在数百台以上、对处理速度和数据安全要求非常高的大型网络。企业级服务器的硬件配置最高,系统可靠性也最强。

7.1.2 网络服务器专业技术

服务器的构成与微型计算机基本相似,有处理器、硬盘、内存、系统总线等,它们是针对具体的网络应用特别制定的,因而相对于普通 PC 来说,服务器在稳定性、安全性、性能等方面都要求更高,因此 CPU、芯片组、内存、磁盘系统、网络等硬件和普通 PC 有所不同。

1. 服务器硬件

对于一台服务器来讲,服务器的性能设计目标是如何平衡各部分的性能,使整个系统的性能达到最优。如果一台服务器有每秒处理 1000 个服务请求的能力,但网卡只能接受 200 个请求,硬盘只能负担 150 个,各种总线的负载能力仅能承担 100 个请求,那台服务器的处理能力只能是每秒 100 个请求,有超过 80% 的处理器计算能力浪费了。

所以,设计一个好服务器的最终目的就是通过平衡各方面的性能,使得各部分配合得当,并能够充分发挥能力。现在的 Web 服务器必须能够同时处理上千个访问,同时每个访问的响应时间要短,而且这个 Web 服务器不能停机,否则这个 Web 服务器就会造成访问用户的流失。

为达到上面的要求,作为服务器硬件必须具备如下特点:性能,使服务器能够在单位时间内处理相当数量的服务器请求,并保证每个服务的响应时间;可靠性,使得服务器能够不停机;可扩展性,使服务器能够随着用户数量的增加不断提升性能。所以我们说不能把一台普通的 PC 作为服务器来使用,因为 PC 远远达不到上面的要求。在信息系统中,服务器主要应用于数据库和 Web 服务,而 PC 主要应用于桌面计算和网络终端,设计根本出发点的差异决定了服务器应该具备比 PC 更可靠的持续运行能力、更强大的存储能力和网络通信能力、更快捷的故障恢复功能和更广阔的扩展空间。同时,对数据相当敏感的应用还要求服务器提供数据备份功能。PC 在设计上则更加重视人机接口的易用性、图像和 3D 处理能力及其他多媒体性能。

2. 服务器内存

如今常用的服务器内存主要有 SDRAM 和 DDR 两类,还有另一种 RAMBUS 内存,是一种高性能、芯片对芯片接口技术的新一代存储产品。兴起时间不长的 DDR2,也逐渐延伸到服务器内存。而从技术层面来说,它之所以与普通内存有区别,是因为应用于计算机指令中使用的 ECC(Error Checking and Correcting)内存纠错。ECC 实际上可以纠正绝大多数错误。经过内存的纠错,计算机的操作指令才可以继续执行。这在无形中也就保证了服务器系统的稳定可靠。但 ECC 技术只能纠正单比特的内存错误,当有多比特错误发生的时候,ECC 内存会生成一个不可隐藏的中断(Non-maskable Interrupt),系统将会自动中止运行。

对于一般内存而言,用户很注重它们的参数,如带宽、内存总线速度、等待周期、CAS 的延迟时间等参数。但对于服务器而言,考虑的往往是内存的制作工艺。服务器内存一般都采用 8 层 PCB,完美的电源层和布线层完全体现着稳定性的差距。内存的封装技术,它不仅能够给内存带来体积的理想性、容量的扩展性,更重要的是解决了散热、可靠性和密度的问题。在这些方面做得比较好的厂商产品,比如目前全球最大、最专业的内存制造厂商生产的 Kingston 服务器内存。

3. 服务器 CPU

目前,服务器的 CPU 仍按 CPU 的指令系统来区分,通常分为 CISC 型 CPU 和 RISC 型 CPU 两类,后来又出现了一种 64 位的 VLIW(Very Long Instruction Word,超长指令集架构)指令系统的 CPU。

1) CISC 型 CPU

CISC 是英文 Complex Instruction Set Computer 的缩写,中文意思是复杂指令集计算机,它是指 Intel 生产的 x86(Intel CPU 的一种命名规范)系列 CPU 及其兼容 CPU(其他厂商如 AMD、VIA 等生产的 CPU),它是基于 PC 体系结构的。这种 CPU 一般都是 32 位的结构,所以也把它称为 IA-32 CPU(Intel Architecture,IA,Intel 架构)。CISC 型 CPU 目前主要有 Intel 的服务器 CPU 和 AMD 的服务器 CPU 两类。

2) RISC 型 CPU

RISC 是英文 Reduced Instruction Set Computer 的缩写,中文意思是精简指令集计算机。它是在 CISC 指令系统基础上发展起来的,相对于 CISC 型 CPU,RISC 型 CPU 不仅精简了指令系统,还采用了一种叫作超标量和超流水线结构,架构在同等频率下采用 RISC 架构的 CPU 比 CISC 架构的 CPU 性能高很多,这是由 CPU 的技术特征决定的。RISC 型 CPU 与 Intel 和 AMD 的 CPU 在软件和硬件上都不兼容。

4. 机架式服务器

机架式服务器的外形看起来不像计算机,而像交换机,有 1U(1U=1.75 英寸=4.45cm)、2U、4U 等规格。机架式服务器安装在标准的 19 英寸机柜里面。这种结构的多为功能型服务器,如图 7.2 所示。

对于信息服务企业(如 ISP/ICP/ISV/IDC)而言,选择服务器时首先要考虑服务器的体积、功耗、发热量等物理参数,因为信息服务企业通常使用大型专用机房统一部署和管理大量的服务器资源,机房通常设有严密的保安措施、良好的冷却系统、多重备份的供电系统,其机房的造价相当昂贵。

图 7.2　机架式服务器

如何在有限的空间内部署更多的服务器直接关系企业的服务成本,通常选用机械尺寸符合 19 英寸工业标准的机架式服务器。通常 1U 的机架式服务器最节省空间,但性能和可扩展性较差,适合一些业务相对固定的使用领域。4U 以上的产品性能较高,可扩展性好,一般支持 4 个以上的高性能处理器和大量的标准热插拔部件,管理也十分方便,厂商通常提供相应的管理和监控工具,适合大访问量的关键应用,但体积较大,空间利用率不高。

5. 刀片式服务器

所谓刀片式服务器是指在标准高度的机架式机箱内可插装多个卡式的服务器单元,实现高可用和高密度。每一块"刀片"实际上就是一块系统主板。它们可以通过"板载"硬盘启动自己的操作系统,如 Windows NT/2000、Linux 等,类似于一个个独立的服务器。在这种模式下,每一块母板运行自己的系统,服务于指定的不同用户群,相互之间没有关联。不过,管理员可以使用系统软件将这些母板集合成一个服务器集群。在集群模式下,所有的母板可以连接起来提供高速的网络环境,并同时共享资源,为相同的用户群服务。在集群中插入新的"刀片",就可以提高整体性能。而由于每块"刀片"都是热插拔的,所以系统可以轻松地进行替换,并且将维护时间减少到最小。刀片式服务器如图 7.3 所示。

6. 机柜式服务器

在一些高档企业服务器中由于内部结构复杂,内部设备较多,有的还具有许多不同的设备单元或几个服务器都放在一个机柜中,这种服务器就是机柜式服务器,如图 7.4 所示。

图 7.3　刀片式服务器　　　　　　　　图 7.4　机柜式服务器

对于证券、银行、邮电等重要企业,则应采用具有完备的故障自修复能力的系统,关键部件应采用冗余措施,对于关键业务使用的服务器也可以采用双机热备份高可用系统或者是高性能计算机,这样的系统可用性就可以得到很好的保证。

7.1.3　容错和集群

1. 容错技术概况

简单地说,容错就是当由于种种原因在系统中出现了数据、文件损坏或丢失时,系统能够自动将这些损坏或丢失的文件和数据恢复到发生事故以前的状态,使系统能够连续正常运行的一种技术。

容错(Fault Tolerant,FT)技术一般利用冗余硬件交叉检测操作结果,随着处理器速度的加快和价格的下跌而越来越多地转移到软件中。未来容错技术将完全在软件环境下完成,那时它和高可用性技术之间的差别也就随之消失了。

局域网的核心设备是服务器。用户不断从文件服务器中大量存取数据,文件服务器集中管理系统共享资源。如果文件服务器或文件服务器的硬盘出现故障,数据就会丢失,所以,在这里讲解的容错技术是针对服务器、服务器硬盘和供电系统的。

1) 双重文件分配表和目录表技术

硬盘上的文件分配表和目录表存放着文件在硬盘上的位置和文件大小等信息,如果它们出现故障,数据就会丢失或误存到其他文件中。通过提供两份同样的文件分配表和目录表,把它们存放在不同的位置,一旦某份出现故障,系统将做出提示,从而达到容错的目的。

2）快速磁盘检修技术

这种方法是在把数据写入硬盘后,马上从硬盘中把刚写入的数据读出来与内存中的原始数据进行比较。如果出现错误,则利用在硬盘内开设的一个被称为热定位重定区的位置,将硬盘损坏区域记录下来,并将已确定的在坏区中的数据用原始数据写入热定位重定区上。

3）磁盘镜像技术

磁盘镜像是在同一存储通道上装有成对的两个磁盘驱动器,分别驱动原盘和副盘,两个盘串行交替工作,当原盘发生故障时,副盘仍然可以正常工作,从而保证了数据的正确性。

4）双工磁盘技术

它是在网络系统上建立起两套同样的且同步工作的文件服务器,如果其中一个出现故障,另一个将立即自动投入系统,接替发生故障的文件服务器的全部工作。

5）网络操作系统具有完备的事务跟踪系统

这是针对数据库和多用户软件的需要而设计的,用于保证数据库和多用户应用软件在全部处理工作还没有结束时或工作站或服务器发生突然损坏的情况下,能够保持数据的一致。其工作方式:对指定的事务(操作)要么一次完成,要么什么操作也不进行。

6）UPS 监控系统

UPS 监控系统用于监控网络设备的供电系统,以防止供电系统电压波动或中断。

在工作中,我们选取的容错技术应根据实际情况而定(如资金、规模等)。

2. 计算机集群

计算机集群简称集群,是一种计算机系统,如图 7.5 所示,它通过一组松散集成的计算机软件和(或)硬件连接起来高度紧密地协作完成计算工作。在某种意义上,它们可以被看作是一台计算机。集群系统中的单个计算机通常称为节点,通常通过局域网连接,但也有其他的可能连接方式。集群计算机通常用来改进单个计算机的计算速度和可靠性。一般情况下集群计算机比单个计算机的性价比高得多。

集群分为同构与异构两种,它们的区别在于:组成集群系统的计算机之间的体系结构是否相同。集群计算机按功能和结构可以分成以下几类。

图 7.5　计算机集群

1）高可用性集群(High-availability(HA) Clusters)

一般是指当集群中有某个节点失效的情况下,其任务会自动转移到其他正常的节点上;还指可以将集群中的某节点进行离线维护然后再上线,该过程并不影响整个集群的运行。

2）负载均衡集群(Load Balancing Clusters)

负载均衡集群运行时一般通过一个或者多个前端负载均衡器将工作负载分发到后端的一组服务器上,从而达到整个系统的高性能和高可用性。这样的计算机集群有时也称为服务器群(Server Farm)。一般高可用性集群和负载均衡集群会使用类似的技术,或同时具有高可用性与负载均衡的特点。

3）高性能计算集群（High-performance Clusters，HPC）

高性能计算集群采用将计算任务分配到集群的不同计算节点而提高计算能力，因而主要应用在科学计算领域。HPC集群特别适合于在计算中各计算节点之间发生大量数据通信的计算作业，例如一个节点的中间结果影响其他节点计算结果的情况。

4）网格计算（Grid Computing）

网格计算或网格集群是一种与集群计算非常相关的技术。网格与传统集群的主要差别在于网格是连接一组相关并不信任的计算机，它的运作更像一个计算公共设施而不是一个独立的计算机。另外，网格通常比集群支持更多不同类型的计算机集合。

网格计算是针对有许多独立作业的工作任务做优化，在计算过程中作业间无须共享数据。网格主要服务于管理在独立执行工作的计算机间的作业分配。资源如存储可以被所有节点共享，但作业的中间结果不会影响在其他网格节点上作业的进展。

3. 常用容错和集群技术方案——双机热备

集群技术是通过多台计算机完成同一个工作，以达到更高的效率。而且是两机或多机内容、工作过程等完全一样。如果一台死机，另一台可以起作用。双机热备在概念上分为广义与狭义两种。

从广义上讲，就是对于重要的服务，使用两台服务器，互相备份，共同执行同一服务。当一台服务器出现故障时，可以由另一台服务器承担服务任务，从而在不需要人工干预的情况下，自动保证系统能持续提供服务。

从狭义上讲，双机热备特指基于 Active/Standby 方式的服务器热备。服务器数据包括数据库数据同时往两台或多台服务器写，或者使用一个共享的存储设备。在同一时间内只有一台服务器运行。当其中运行着的一台服务器出现故障无法启动时，另一台备份服务器会通过软件诊测（一般是通过心跳诊断）将 Standby 机器激活，保证应用在短时间内完全恢复正常使用，如图 7.6 所示。

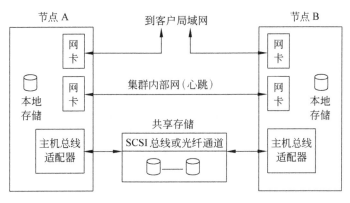

图 7.6　双机热备

双机热备针对的是服务器的故障。服务器的故障可能由各种原因引起，如设备故障、操作系统故障、软件系统故障等。一般情况下，技术人员在现场的情况下，恢复服务器正常可能需要 10 分钟、几小时甚至几天。从实际经验上看，除非是简单地重启服务器（可能隐患仍然存在），否则往往需要几小时以上。如果技术人员不在现场，则恢复服务的时间就更长了。

对于一些重要系统而言,用户是很难忍受这样长时间的服务中断的。因此,就需要通过双机热备,来避免长时间的服务中断,保证系统长期、可靠的服务。

决定是否使用双机热备,正确的方法是要分析一下系统的重要性以及对服务中断的容忍程度,以此决定是否使用双机热备,即你的用户(如银行系统)能容忍多长时间恢复服务,如果服务不能恢复会造成多大的影响。

可以通过典型的双机热备软件 PCL HA 来看一下双机热备的典型模式:Active/Active 模式、Active/Standby 模式。

实际上,双机热备可能会扩展为多机的集群——多机集群模式。

双机热备一般都是用于有数据库或其他数据的应用,而对于数据之前的应用服务器(或其他没有写数据操作的服务),则应该归入负载均衡领域。

7.2 网 络 存 储

网络存储技术(Network Storage Technologies)是基于数据存储的一种通用网络术语。网络存储结构大致分为 3 种:直连式存储(Direct Attached Storage,DAS)、网络附加存储(Network Attached Storage,NAS)和存储区域网络(Storage Area Network,SAN),如图 7.7 所示。

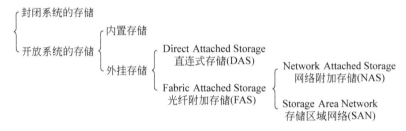

图 7.7 网络存储技术分类

7.2.1 直连式存储

1. 直连式存储概述

这是一种直接与主机系统相连接的存储设备,如作为服务器的计算机内部硬件驱动。到目前为止,DAS 仍是计算机系统中最常用的数据存储方法。顾名思义,在这种方式中,存储设备是通过电缆(通常是 SCSI 接口电缆)直接到服务器的。I/O(输入输出)请求直接发送到存储设备。它依赖于服务器,其本身是硬件的堆叠,不带有任何存储操作系统。

DAS 的适用环境如下。

(1) 当服务器在地理分布上很分散,通过 SAN(存储区域网络)或 NAS(网络附加存储)在它们之间进行互连非常困难时(商店或银行的分支便是一个典型的例子)。

(2) 存储系统必须被直接连接到应用服务器上时。

(3) 包括许多数据库应用和应用服务器在内的应用,它们需要直接连接到存储器上,群件应用和一些邮件服务也包括在内。

2. 磁盘阵列

磁盘阵列(Redundant Arrays of Inexpensive Disks,RAID)有"价格便宜且多余的磁盘阵列"之意。其原理是利用数组方式来做磁盘组,配合数据分散排列的设计,提升数据的安全性。磁盘阵列主要针对硬盘在容量及速度上无法跟上 CPU 及内存的发展所提出的改善方法。

磁盘阵列是由很多便宜、容量较小、稳定性较高、速度较慢的磁盘组合成一个大型的磁盘组,利用个别磁盘提供数据所产生的加成效果来提升整个磁盘系统的效能。同时,在储存数据时,利用这项技术,将数据切成许多区段,分别存放在各个硬盘上。磁盘阵列还能利用同位检查(Parity Check)的观念,在数组中任一个硬盘发生故障时,仍可读出数据,在数据重构时,将故障硬盘内的数据,经计算后重新置入新硬盘中。

磁盘阵列的样式有 3 种:一是外接式磁盘阵列柜,二是内接式磁盘阵列卡,三是利用软件来仿真。外接式磁盘阵列柜通常被用于大型服务器上,具有可热交换(Hot Swap)的特性,不过这类产品的价格都很贵。内接式磁盘阵列卡,因为价格便宜,但需要较高的安装技术,适合技术人员使用操作。利用软件仿真的方式,由于会拖累机器的速度,不适合大数据流量的服务器。

由上述可知,现在通常采用 IDE 磁盘阵列的道理:IDE 接口硬盘的稳定度与效能表现已有很大的提升,加上成本考量,所以采用 IDE 接口硬盘来作为磁盘阵列的解决方案,可以说是最佳的方式。

在网络存储中,磁盘阵列是一种把若干硬磁盘驱动器按照一定要求组成一个整体,整个磁盘阵列由阵列控制器管理系统。而磁带库是像自动加载磁带机一样的基于磁带的备份系统,磁带库由多个驱动器、多个槽、机械手臂组成,并可由机械手臂自动实现磁带的拆卸和装填。它能够提供同样的基本自动备份和数据恢复功能,同时具有更先进的技术特点。

磁盘阵列作为独立系统在主机外直连或通过网络与主机相连。磁盘阵列有多个端口可以被不同主机或不同端口连接。一个主机连接阵列的不同端口可提升传输速率。在应用中,部分常用的数据是需要经常读取的,磁盘阵列根据内部的算法,查找出这些经常读取的数据,存储在缓存中,加快主机读取这些数据的速度,而对于其他缓存中没有的数据,主机要读取,则由阵列从磁盘上直接读取传输给主机。对于主机写入的数据,只写在缓存中,主机可以立即完成写操作,然后由缓存再慢慢写入磁盘。

3. 磁盘阵列的优点

RAID 的采用为存储系统带来巨大利益,其中提高传输速率和提供容错功能是最大的优点。

RAID 通过同时使用多个磁盘,提高了传输速率。RAID 通过在多个磁盘上同时存储和读取数据来大幅提高存储系统的数据吞吐量(Throughput)。在 RAID 中,可以让很多磁盘驱动器同时传输数据,而这些磁盘驱动器在逻辑上又是一个磁盘驱动器,所以使用 RAID 可以达到单个磁盘驱动器几倍、几十倍甚至上百倍的速率。这也是 RAID 最初想要解决的问题。因为当时 CPU 的速度增长很快,而磁盘驱动器的数据传输速率无法大幅提高,所以需要有一种方案解决二者之间的矛盾。RAID 最后成功了。

通过数据校验,RAID 可以提供容错功能。这是使用 RAID 的第二个原因,因为普通磁盘驱动器无法提供容错功能,如果不包括写在磁盘上的 CRC(循环冗余校验)码的话。RAID 容错建立在每个磁盘驱动器的硬件容错功能之上,所以它提供更高的安全性。在很多 RAID 模式中都有较为完备的相互校验/恢复的措施,甚至是直接相互的镜像备份,从而大大提高了 RAID 系统的容错度,增加了系统的稳定冗余性。

4. 磁盘阵列常用的等级

磁盘阵列(Disk Array)是由一个硬盘控制器来控制多个硬盘的相互连接,使多个硬盘的读写同步、减少错误、增加效率和可靠度的技术。RAID 是磁盘阵列在技术上实现的理论标准,其目的在于减少错误、提高存储系统的性能与可靠度。常用的等级有 0、1、3、5 级等。

1) RAID Level 0

RAID Level 0 是 Data Striping(数据分割)技术的实现,它将所有硬盘构成一个磁盘阵列,可以同时对多个硬盘做读写动作,但是不具备备份及容错能力,它价格便宜,硬盘使用效率最佳,但是可靠度是最差的。

以两个硬盘组成的 RAID Level 0 磁盘阵列为例,它把数据的第 1 位和第 2 位写入第一个硬盘,第 3 位和第 4 位写入第二个硬盘……以此类推,所以叫"数据分割",因为各盘数据的写入动作是同时的,所以它的存储速度可以比单个硬盘快几倍。

但是,万一磁盘阵列上有一个硬盘坏了,由于它把数据拆开分别存到了不同的硬盘上,坏了一个等于中断了数据的完整性,如果没有整个磁盘阵列的备份磁带的话,所有的数据是无法挽回的。因此,尽管它的效率很高,但是很少有人会冒着数据丢失的危险采用这项技术。

2) RAID Level 1

RAID Level 1 使用的是 Disk Mirror(磁盘映射)技术,就是把一个硬盘的内容同步备份复制到另一个硬盘里,所以具备了备份和容错能力,这样做的使用效率不高,但是可靠性高。

3) RAID Level 3

RAID Level 3 采用 Byte-interleaving(数据交错存储)技术,硬盘在 SCSI 控制卡下同时动作,并将用于奇偶校验的数据储存到特定硬盘机中,它具备了容错能力,硬盘的使用效率是安装几个就减掉一个,它的可靠度较佳。

4) RAID Level 5

RAID Level 5 使用的是 Disk Striping(硬盘分割)技术,与 Level 3 的不同之处在于它把奇偶校验数据存放到各个硬盘里,各个硬盘在 SCSI 控制卡的控制下平行动作,有容错能力,跟 Level 3 一样,它的使用效率也是安装几个再减掉一个。

5) 热插拔硬盘

热插拔硬盘英文名为 Hot-Swappable Disk。在磁盘阵列中,如果使用支持热插拔技术的硬盘,在有一个硬盘坏掉的情况下,服务器可以不用关机,直接抽出坏掉的硬盘,换上新的硬盘。一般的商用磁盘阵列在硬盘坏掉的时候,会自动鸣叫提示管理员更换硬盘。

7.2.2 网络附加存储

NAS 按字面简单说就是连接在网络上,具备资料存储功能的装置,因此也称为网络存储器或者网络磁盘阵列。

NAS 是一种专业的网络文件存储及文件备份设备,它是基于 LAN(局域网)的,按照 TCP/IP 进行通信,以文件的 I/O(输入输出)方式进行数据传输。在 LAN 环境下,NAS 已经完全可以实现异构平台之间的数据级共享,例如 NT、UNIX 等平台的共享。

一个 NAS 系统包括处理器、文件服务管理模块和多个硬盘驱动器(用于数据的存储)。 NAS 可以应用在任何的网络环境当中。主服务器和客户端可以非常方便地在 NAS 上存取任意格式的文件。典型的 NAS 的网络结构如图 7.8 所示。

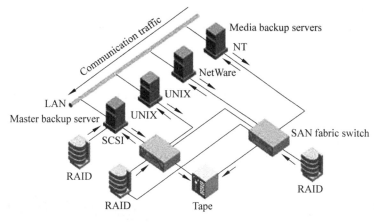

图 7.8　网络附加存储(NAS)

7.2.3　存储区域网络

SAN 是一种通过光纤集线器、光纤路由器、光纤交换机等连接设备将磁盘阵列、磁带等存储设备与相关服务器连接起来的高速专用子网。SAN 是指存储设备相互连接且与一台服务器或一个服务器群相连的网络。

1. 存储区域网络的基本构成

SAN 由 3 个基本的组件构成:接口(如 SCSI、光纤通道、ESCON 等)、连接设备(如交换设备、网关、路由器、集线器等)和通信控制协议(如 IP 和 SCSI 等)。这 3 个组件再加上附加的存储设备和独立的 SAN 服务器,就构成一个 SAN 系统。SAN 提供一个专用的、高可靠性的基于光通道的存储网络,SAN 允许独立地增加它们的存储容量,也使得管理及集中控制更加简化。而且,光纤接口提供了 10km 的连接长度,这使得物理上分离的远距离存储变得更容易。

2. 存储区域网络的适用范围

具有以下业务数据特性的企业环境中适宜采用 SAN 技术。

(1) 对数据安全性要求高、数据在线性要求高、具有本质上物理集中、逻辑上又彼此独立的数据管理特点的企业。

典型行业:电信、金融和证券、商业网站。典型业务:银行的业务集中、电子商务。

(2) 对数据存储性能要求高的企业。

典型行业:电视台、交通部门和测绘部门。典型业务:音频/视频、石油测绘和地理信息系统等。

（3）在系统级方面具有很强的容量（动态）可扩展性和灵活性的企业。

典型行业：各中大型企业。典型业务：ERP 系统、CRM 系统和决策支持系统。

（4）具有超大型海量存储特性的企业。

典型行业：图书馆、博物馆、税务和石油。典型业务：资料中心和历史资料库。

3. 存储区域网络的设备类型

在 SAN 里所指的主要设备包括光纤通道卡和光纤通道交换机。

1）光纤通道卡

光纤通道是高性能的连接标准，用于服务器、海量存储子网、外设间通过集线器、交换机和点对点连接进行双向、串行数据通信。光纤通道卡如图 7.9 所示。

对于需要有效地在服务器和存储介质之间传输大量资料而言，光纤信道卡提供远程连接和高速带宽，光纤通道卡的全双工传输速率达 2000Mbps。它是适于存储局域网、集群计算机和其他资料密集计算设施的理想技术介质。

2）光纤通道交换机

光纤通道交换机在逻辑上是 SAN 的核心，它连接着主机和存储设备，如图 7.10 所示。

图 7.9　光纤通道卡

图 7.10　光纤通道交换机

光纤通道交换机往往根据其功能和特点被分为不同的类别。通常硬件可能都是基于相同的基本架构或者相同的 ASIC 芯片，只是软件的功能不同，光纤通道交换机的价格是根据它所能满足的需求来制定的。

① 入门级交换机。入门级交换机的应用主要集中于 8～16 个端口的小型工作组，它适合低价格、很少需要扩展和管理的场合。入门级交换机提供有限级别的端口级联能力。如果用户单独使用这类低端设备时，可能会遇到一些可管理性问题。

② 工作组级光纤交换机。工作组级光纤交换机应用最多的领域是小型 SAN。这类交换机可以通过交换机间的互连线路连接在一起提供更多的端口数量。交换机间的互连线路可以在光纤通道交换机上的任意端口上创建。

③ 核心级光纤交换机。核心级光纤交换机一般位于大型 SAN 的中心，使若干边缘交换机相互连接，形成一个具有上百个端口的 SAN。核心级光纤交换机通常提供很多端口，从 64 口到 128 口或更多。它使用非常宽的内部连接，以最大的带宽路由数据帧。使用这些交换机的目的是为了建立覆盖范围更大的网络和提供更大的带宽，它们被设计成为在多端口间以尽可能快的速度用最短的延迟路由帧信号。另外，核心光纤交换机往往采用基于"刀片式"的热插拔电路板：只要在机柜内插入交换机插板就可以添加需要的新功能，也可以做在线检修，还可以做到在线的分阶段按需扩展。

4. 光纤通道交换机设备选型与技术参数

1) 端口数量

端口数量通常是对固定端口光纤交换机而言。一般的光纤通道交换机具有 4 口、8 口、16 口、32 口、64 口等数量。相对而言,入门级光纤交换机具有的端口数量较少,工作组光纤交换机和核心光纤交换机都具有较多的端口和高可用的带宽。

2) 端口类型

在光纤连接的 SAN 结构中,一共有 5 种端口类型: N 型、NL 型、F 型、FL 型和 E 型。其中前两种是主机和存储设备需要具备的工作机制,后 3 种是光纤交换机需要提供的连接机制。现在,一些光纤交换机提供一种叫作 G 型端口的工作方式,其实,这个 G 就是 Global 的意思。即指这个端口可以提供 F 型、FL 型和 E 型 3 种类型的工作方式,而且可以完全自动侦测环境,动态调整工作方式,完全无须人工干预。

3) 传输速率

传输速率通常是指光纤交换机的端口传输速度或光纤通道卡的传输速率。一般这个速率都在 100Mbps、200Mbps、400Mbps 或者 1Gbps 以上。

5. 网络存储通信中使用的相关技术和协议

网络存储通信中使用到的相关技术和协议包括 SCSI、RAID、iSCSI 以及光纤信道。

SCSI 支持高速、可靠的数据存储。RAID(独立磁盘冗余阵列)指的是一组标准,提供改进的性能和/或磁盘容错能力。光纤信道是一种提供存储设备相互连接的技术,支持高速通信(将来可以达到 10Gbps)。光纤信道也支持较远距离的设备相互连接。

iSCSI 技术支持通过 IP 网络实现存储设备间双向的数据传输。其实质是使 SCSI 连接中的数据连续化。通过 iSCSI,网络存储器可以应用于包含 IP 的任何位置。

SAN 是储存资料所流通的网域,如图 7.11 所示。SAN 的基础根源于 LAN 的技术,LAN 与 SAN 较大的差别:LAN 对 Server 是 Front-end 的网络,而 SAN 对 Server 来说是 Back-end 的网络,即局域网是处于服务器的前端的网络,而存储区域网络是处于服务器的后端的网络。

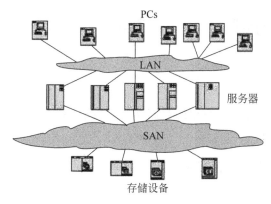

图 7.11　存储区域网络是服务器后端的网络

以往技术人员常常为了 SCSI 的信号不稳定及长度限制所困扰,无法满足储存资料量的增长速度,SAN 正好可以解决这些问题,SAN 架构在光纤通道之上,所使用的是 Fibre Channel 标准协议,一个 Loop 速率即可达 100Mbps,长度可延伸至 30km,一个 Loop 可连接的装置多达 127 个,在不用关机的状况下即可进行硬盘数组的储存容量扩充。

SAN 的支撑技术是光纤通道(Fibre Channel,FC)技术,这是 ANSI 为网络和通道 I/O 接口建立的一个标准集成。它的最大特性是将网络和设备的通信协议与传输物理介质隔离开。这样一来,多种协议可在同一个物理连接上同时传送。FC 使用全双工串行通信原理传输数据,传输速率高达 1062.5Mbps,光纤通道的数据传输速率为 100Mbps,双环可达 200Mbps,使用同轴线传输距离为 30m,使用单模光纤传输距离可达 10km 以上。

6. SAN 解决方案

SAN 以数据存储为中心,采用可伸缩的网络拓扑结构,通过具有较高传输速率的光纤通道连接方式,提供 SAN 内部任意节点之间的多路可选择的数据交换,并且将数据存储管理集中在相对独立的存储区域网内。

SAN 是独立出一个数据存储网络,网络内部的数据传输率很快,但操作系统仍停留在服务器端,用户不是在直接访问 SAN 的网络,因此这就造成 SAN 在异构环境下不能实现文件共享。为了很好地理解 SAN,可以通过图 7.12 来看其结构。

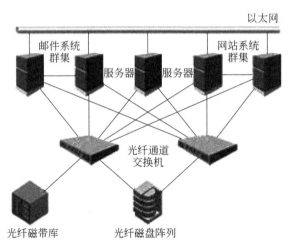

图 7.12　SAN 解决方案

可以看到,SAN 的特点是将数据的存储移到了后端,采用一个专门的系统来完成,并进行 RAID 数据保护。

7.2.4　当前各类存储技术的优缺点

至少有 3 个比较全面的存储方案值得考虑:直连式存储(DAS)、网络附加存储(NAS)和存储区域网络(SAN)。每个选项都会满足特定的需要,并且每个选项都会有自己的优点和缺点,在做出决定之前需要权衡利弊。

1. 直连式存储

DAS 是一种将存储介质直接安装在服务器上或者安装在服务器外的存储方式。例如，将存储介质连接到服务器的外部 SCSI 通道上也可以认为是一种直连存储方式。

这种存储方式在磁盘系统和服务器之间具有很快的传输速率，因此虽然在一些部门中一些新的 SAN 设备已经开始取代 DAS，但是在要求快速磁盘访问的情况下，DAS 仍然是一种理想的选择。更进一步地，在 DAS 环境中，运转大多数的应用程序都不会存在问题，所以没有必要担心应用程序问题。

对于那些对成本非常敏感的客户来说，在很长一段时间内，DAS 将仍然是一种比较便宜的存储机制。对于那些非常小的不再需要其他存储介质的环境来说，这也是一种理想的选择。

2. 网络附加存储

有时候，必须将一些可以让很多用户来访问的存储空间放在网络中，并且他们有可能每天都要访问这些存储空间。那么，可以使用网络附加存储这种解决方案。

通常可以使用的 DAS 设备最大容量可以达到 2TB，但是网络附加存储设备却可以扩展到 200TB 的容量。除了少数例外情况，对于那些仅仅需要将存储空间放在网络中来解决问题的情形来说，一个 NAS 是非常完美的选择。

NAS 设备非常适合于网页服务和文件服务，这两种应用都需要大量的磁盘空间，但是很少要求直接对服务器进行数据访问。通过这两种类型的存储访问的大多数数据都是通过网络来实现的。

网络附加存储不适合于数据库存储和 Exchange 存储。数据库存储和 Exchange 存储在这种方式的通信过程中存在很多问题，而且在拥有相同的存储空间时，它的成本比 DAS 要高很多。

3. 存储区域网络

作为存储解决方案中的重要一员，SAN 是最昂贵的存储选项，同时也是最复杂的选项。SAN 解决方案通常会采取以下两种形式：光纤通道以及 iSCSI 或者基于 IP 的 SAN。光纤通道是 SAN 解决方案中大家最熟悉的类型，但是最近一段时间以来，基于 iSCSI 的 SAN 解决方案开始大量出现在市场上，与光纤通道技术相比较而言，这种技术具有良好的性能，而且价格低廉。

SAN 有两个较大的缺陷：成本和复杂性，特别是在光纤通道中这些缺陷尤其明显。

4. SAN 与 NAS 的比较

SAN 和 NAS 最大的区别就在于 NAS 有文件操作和管理系统，而 SAN 却没有这样的系统功能，其功能仅仅停留在文件管理的下一层，即数据管理。同时，SAN 和 NAS 相比不具有资源共享的特征。

SAN 和 NAS 并不是相互冲突的，是可以共存于一个系统网络中的，但 NAS 通过一个公共的接口实现空间的管理和资源共享，SAN 仅仅是为服务器存储数据提供一个专门的快速后方通道，在空间的利用上，SAN 和 NAS 也有截然不同之处，SAN 是只能独享的数据存储池，NAS 是共享与独享兼顾的数据存储池。因此，NAS 与 SAN 的关系也可以这样表述：NAS 是网络外挂式（Network-attached），而 SAN 是通道外挂式（Channel-attached）。SAN 与 NAS 的连接如图 7.13 所示。

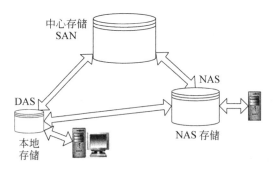

图 7.13　SAN 与 NAS 的连接

7.3　网络操作系统

网络操作系统是网络上各计算机能方便而有效地共享网络资源,为网络用户提供所需的各种服务的软件和有关规程的集合。

7.3.1　网络操作系统的概念

网络操作系统(NOS)是网络的心脏和灵魂,是向网络计算机提供服务的特殊的操作系统。它在计算机操作系统下工作,使计算机操作系统增加了网络操作所需要的能力。网络操作系统运行在称为服务器的计算机上,并由联网的计算机用户共享,这类用户称为客户。

网络操作系统与运行在工作站上的单用户操作系统或多用户操作系统由于提供的服务类型不同而有差别。一般情况下,网络操作系统是以网络相关特性最佳为目的的,如共享数据文件、软件应用以及共享硬盘、打印机、调制解调器、扫描仪和传真机等。一般计算机的操作系统,如 DOS 和 OS/2 等,其目的是让用户与系统在此操作系统上运行的各种应用之间的交互作用最佳。

由于网络计算的出现和发展,现代操作系统的主要特征之一就是具有上网功能,因此人们一般不再特指某个操作系统为网络操作系统。

7.3.2　流行的网络操作系统

Windows 类操作系统的配置在整个局域网配置中是最常见的,但由于它对服务器的硬件要求较高,但稳定性能不是很高,所以微软公司的网络操作系统一般只是用在中低档服务器中,高端服务器通常采用 UNIX、Linux 或 Solaris 等非 Windows 操作系统。

目前,局域网中主要存在以下几类网络操作系统。

1. Windows 类

在局域网中,微软公司的网络操作系统主要有 Windows NT 4.0 Server、Windows 2000 Server/Advanced Server,以及 Windows Server 2003/Advanced Server 等,工作站系统可以采用任何 Windows 或非 Windows 操作系统,包括个人操作系统。

服务器的重要版本有 Windows NT Server 4.0、Windows 2000 Server、Windows Server 2003、Windows Server 2003 R2、Windows Server 2008、Windows Server 2008 R2、Windows

Server 2012、Windows Server 2016。

2. NetWare 类

NetWare 操作系统在局域网中早已失去了当年雄霸一方的气势,但是 NetWare 操作系统仍以对网络硬件的要求较低,而受到一些设备比较落后的中小型企业,特别是学校的青睐。其应用环境与 DOS 相似,经过长时间的发展,具有相当丰富的应用软件支持,技术完善、可靠。常用的版本有 3.11、3.12、4.10、4.11 和 5.0 等中英文版本,NetWare 服务器对无盘工作站及游戏的支持较好,常用于教学网和游戏厅。

目前,这种操作系统的市场占有率呈急剧下降趋势,在市场上已经罕见,这部分的市场主要被 Windows NT/2000 和 Linux 系统瓜分了。

3. UNIX 系统

常用的 UNIX 系统版本主要有 UNIX SUR 4.0、HP-UX 11.0 和 Sun 的 Solaris 8.0 等。支持网络文件系统服务,提供数据等应用,功能强大,由 AT&T 和 SCO 公司推出。这种网络操作系统稳定,安全性能非常好,但由于它多数是以命令方式来进行操作的,不容易掌握,特别是初级用户。正因为如此,小型局域网基本不使用 UNIX 作为网络操作系统,UNIX 一般用于大型的网站或大型的企事业局域网中。

UNIX 网络操作系统历史悠久,其良好的网络管理功能已为广大网络用户所接受,拥有丰富的应用软件的支持。UNIX 本是针对小型计算机主机环境开发的操作系统,是一种集中式分时多用户体系结构。因其体系结构不够合理,UNIX 的市场占有率呈下降趋势。

4. Linux

这是一种新型的网络操作系统,它的最大特点就是源代码开放,可以免费得到许多应用程序。常用的中文版本的 Linux,如 REDHAT(红帽子)等,在国内得到了用户充分的肯定,主要体现在它的安全性和稳定性方面。它与 UNIX 有许多类似之处。但目前,这类操作系统仍主要应用于中高档服务器中。

总地来说,对特定计算环境的支持使得每一个操作系统都有适合于自己的工作场合,这就是系统对特定计算环境的支持。例如,Windows 2000 Professional 适用于桌面计算机,Linux 目前较适用于小型的网络,而 Windows 2000 Server 和 UNIX 则适用于大型服务器应用程序。因此,对于不同的网络应用,需要有目的地选择合适的网络操作系统。

7.4 网络数据库

7.4.1 网络数据库的基本概念

数据和资源共享这两种方式结合在一起即成为今天广泛使用的网络数据库(Web 数据库),它以后台(远程)数据库为基础,加上一定的前台(本地计算机)程序,通过浏览器完成数据存储、查询等操作的系统。

网络数据库(Network Database)的含义有 3 个。

(1) 在网络上运行的数据库。

(2) 网络上包含其他用户地址的数据库。

（3）信息管理中,数据记录可以以多种方式相互关联的一种数据库。

网络数据库是跨越计算机在网络上创建、运行的数据库。网络数据库中的数据之间的关系不是一一对应的,可能存在一对多的关系,这种关系也不是只有一种路径的涵盖关系,而可能会有多种路径或从属的关系。

7.4.2　网络数据库系统产品选型

在网络数据库系统产品选型方面,一般趋势是大公司使用 Oracle,中型企业使用 SQL Sever,一般的应用使用 Access。

现在国内用得最多的就是 SQL Server 数据库,其次是 MySQL 数据库,以及 Access 数据库。大型企业级应用的都是 SQL Server 2005 或者 SQL Server 2008,小型网站一般都是用 MySQL 数据库(免费)。一些小型的内网,或者单机形式的应用,以 Access 居多,无须安装,十分方便。

1. Informix Universal Server

Informix 属于 IBM 公司出品的关系数据库管理系统(RDBMS)家族。作为一个集成解决方案,它被定位为 IBM 在线事务处理(OLTP)旗舰级数据服务系统。

主要特点:支持较多的数据类型管理,企业级的数据处理能力,极高的稳定性和高性能,提供了 Intranet 所需要的数据库功能。

2. Oracle Universal Server

Oracle 是殷墟出土的甲骨文(Oracle Bone Inscriptions)的英文翻译的第一个单词,在英语里是"神谕"的意思。Oracle 是世界领先的信息管理软件开发商,因其复杂的关系数据库产品而闻名。Oracle 的关系数据库是世界上第一个支持 SQL 的数据库。Oracle 数据库产品为财富排行榜上的前 1000 家公司所采用,许多大型网站也选用了 Oracle 系统。

主要特点:支持任何的数据类型,支持广泛的平台,支持广泛的网络协议,稳固及可靠的文件存储与管理,支持大量的数据存取,内建 Web 服务器。

3. Microsoft SQL Server

SQL(Structured Query Language,结构化查询语言)的主要功能是同各种数据库建立联系,进行沟通。SQL 语言可以用来执行各种各样的操作,如更新数据库中的数据,从数据库中提取数据等。绝大多数流行的关系数据库管理系统都采用了 SQL 语言标准。SQL Server 是一个关系数据库管理系统。

主要特点:价格低廉,处理速度快,异构数据库的集成,与 Web 服务器的连接,与 Microsoft 系列产品的结合性。

4. Sybase SQL Server

Sybase 是美国 Sybase 公司研制的一种关系数据库系统,是一种典型的 UNIX 或 Windows NT 平台上客户机/服务器环境下的大型数据库系统。

Sybase 提供了一套应用程序编程接口和库,可以与非 Sybase 数据源及服务器集成,允许在多个数据库之间复制数据。Sybase 通常与 Sybase SQL Anywhere 用于客户机/服务器环境,前者作为服务器数据库,后者为客户机数据库,采用该公司研制的 PowerBuilder 为开发工具,在我国大中型系统中具有广泛的应用。

主要特点:支持非常大的数据量,支持平行备份,特别设计增加要求资料的性能。

5. IBM DB2

DB2 是 IBM 公司研制的一种关系数据库系统，主要应用于大型应用系统，具有较好的可伸缩性，可支持从大型机到单用户环境，应用于 OS/2、Windows 等平台下。

DB2 提供了小规模到大规模应用程序的执行能力，具有与平台无关的基本功能和 SQL 命令。

DB2 采用了数据分级技术，能够使大型机数据很方便地下载到 LAN 数据库服务器，使得客户机/服务器用户和基于 LAN 的应用程序可以访问大型计算机数据，并使数据库本地化及远程连接透明化。DB2 具有很好的网络支持能力，每个子系统可以连接十几万个分布式用户，可同时激活上千活动线程，对大型分布式应用系统尤为适用。

主要特点：支持多媒体类型的数据，支持多种平台，支持多 CPU 以及并行处理，支持 Java 以及 JDBC。

6. Access

Access 是由微软公司发布的关联式数据库管理系统。它结合了 Microsoft Jet Database Engine 和图形用户界面两项特点，是 Microsoft Office 的成员之一。

Microsoft Access 在很多地方得到广泛使用，例如小型企业、大公司的部门和喜爱编程的开发人员专门利用它来制作处理数据的桌面系统。它也常被用来开发简单的 Web 应用程序。这些应用程序都利用 ASP 技术在 Internet Information Services 上运行。比较复杂的 Web 应用程序则使用 PHP/MySQL 或者 ASP/Microsoft SQL Server。

它的使用方便程度和强大的设计工具为初级程序员提供许多功能。可是如果是通过网络存取数据，Access 的可扩放性并不高。因此，当程序被较多使用者使用时，他们的选择多会倾向于一些客户端/服务器为本的方案，例如 Oracle、DB2、Microsoft SQL Server、Windows、MySQL、Alpha Five、Max DB 或者 Filmmaker。

主要特点：存储方式单一，面向对象，界面友好、易操作，能处理多种数据信息。

Access 支持 ODBC（Open DataBase Connectivity，开放数据库互连），可以在数据表中嵌入位图、声音、Excel 表格、Word 文档，还可以建立动态的数据库报表和窗体等。

7.5 网络管理系统

计算机网络的管理，可以说是伴随着 1969 年世界上第一个计算机网络——ARPANET 的产生而产生的。当时，ARPANET 有一个相应的管理系统。随后的一些网络结构，如 IBM 的 SNA、DEC 的 DNA、Apple 的 AppleTalk 等，也都有相应的管理系统。

随着网络的发展，规模增大、复杂性增加，以前的网络管理技术已不能适应网络的迅速发展。特别是以往的网络管理系统往往是厂商在自己的网络系统中开发的专用系统，很难对其他厂商的网络系统、通信设备软件等进行管理。这种状况很不适应网络异构互连的发展趋势。20 世纪 80 年代初期，Internet 的出现和发展更使人们意识到了这一点。

到 1987 年年底，Internet 的核心管理机构（Internet Activities Board，IAB）意识到需要在众多的网络管理方案中进行选择，以便集中对网络管理的研究。IAB 要选择适合于 TCP/IP 网络，特别是 Internet 的管理方案。

相关的工作组随后推出了简单网络管理协议(Simple Network Management Protocol, SNMP)。SNMP 一经推出,就得到了广泛的应用和支持。当 ISO 的网络管理标准终于趋向成熟时,SNMP 已经得到了数百家厂商的支持,其中包括 IBM、HP 等大公司和厂商。目前,SNMP 已成为网络管理领域中事实上的工业标准,并被广泛支持和应用,大多数网络管理系统和平台都是基于 SNMP 的。

7.5.1 网管技术概述

网络管理是遵守开放的网络系统的体系结构,并能够对不同厂商的软硬件产品进行管理。

1. 网络管理系统

网络管理系统是一个软硬件结合以软件为主的分布式网络应用系统,其目的是管理网络,使网络高效正常运行。

2. 网络管理功能

网络管理功能一般分为性能管理、配置管理、安全管理、计费管理和故障管理 5 大管理功能。

3. 网络管理对象

网络管理对象一般包括路由器、交换机、集线器等。近年来,网络管理对象有扩大化的趋势,即把网络中几乎所有的实体网络设备、应用程序、服务器系统、辅助设备,如 UPS 电源等都作为被管对象。给网络系统管理员提供一个全面系统的网络视图。

4. 设备的可管理性

被管对象(Managed Object,MO)的可管理性,即 MO 是否提供管理接口,是否内嵌有代理(Agent)程序。现在网络上有各种网络设备,这就意味着实现对各种硬件平台、各种软件操作系统中运行程序的统一管理不太可能。实际上,对这些程序的管理无非就是需要向它们发送命令和数据,以及从它们那里取得数据和状态信息。这样,系统需要一个管理者的角色和被管对象。由于一般程序都有多种对象需要被管理(对应一组不同的网络资源),因此可用一个程序作为代理(Agent),将这些被管理对象全部包装起来,实现对管理者的统一交互。

7.5.2 网络管理的主要功能

国际标准化组织(ISO)定义了网络管理的 5 大功能,并被广泛接受。这 5 大功能如下。

1. 故障管理

故障管理(Fault Management)是网络管理中最基本的功能之一。用户都希望有一个可靠的计算机网络。当网络中某个组成失效时,网络管理器必须迅速查找到故障并及时排除。网络故障管理包括故障检测、隔离和纠正 3 方面。

对网络故障的检测依据对网络组成部件状态的监测。不严重的简单故障通常被记录在错误日志中,并不做特别处理;严重一些的故障则需要通知网络管理器,即所谓的"警报"。一般网络管理器应根据有关信息对警报进行处理,排除故障。当故障比较复杂时,网络管理器应能执行一些诊断测试来辨别故障原因。

2. 计费管理

计费管理(Accounting Management)记录网络资源的使用,目的是控制和监测网络操作的费用和代价。它对一些公共商业网络尤为重要。它可以估算出用户使用网络资源可能需要的费用和代价,以及已经使用的资源。网络管理员还可规定用户可使用的最大费用,从而控制用户过多占用和使用网络资源。这也从另一方面提高了网络的效率。另外,当用户为了一个通信目的需要使用多个网络中的资源时,计费管理可计算总费用。

3. 配置管理

配置管理(Configuration Management)同样相当重要。它初始化网络,并配置网络,以使其提供网络服务。配置管理是一组对辨别、定义、控制和监视组成一个通信网络的对象所必要的相关功能,目的是为了实现某个特定功能或使网络性能达到最优。

4. 性能管理

性能管理(Performance Management)估价系统资源的运行状况及通信效率等系统性能。其能力包括监视和分析被管网络及其所提供服务的性能机制。性能分析的结果可能会触发某个诊断测试过程或重新配置网络以维持网络的性能。性能管理收集分析有关被管网络当前状况的数据信息,并维持和分析性能日志。

5. 安全管理

大多数的实用系统都能管理网络硬件的安全性能。例如,管理用户登录,在特定的路由器或网桥上进行各种操作,有些系统还有检测、警报和提示功能,例如在连接中断时发出警报以提醒操作员。

7.5.3 简单网络管理协议

SNMP 的目标是管理互联网上众多厂家生产的软硬件平台,因此,SNMP 受 Internet 标准网络管理框架的影响也很大。

1. SNMP 网络管理模型

SNMP 已经成为网络管理领域事实上的工业标准。SNMP 解决了不同厂商设备间的信息交换,支持开放的多厂商网络管理,实现简单,较易标准化,厂商也可以很自由地重构其现有的设备参数,建立网络管理信息库。综合 SNMP 和 RMON(远程监控)的管理技术,采用基于轮询的管理机制,管理者通过访问代理的 MIB。基于 SNMP 的代理/服务器网管方式称为 SNMP 网络管理模型。SNMP 的体系结构如图 7.14 所示。

基于 SNMP 的代理/服务器网管方式也称为 SNMP 网络管理模型,由网络管理站(网络管理器)、被管网络设备(网络管理代理 Agent)、被管网络信息库(Management Information Base,MIB)以及 SNMP 组成。

2. SNMP 网络管理模型的主要组成和作用

SNMP 网络管理模型主要由 3 部分组成。

(1) 网管代理。被管设备可以有多个,每个被管设备通过代理或服务器向网络管理站汇报被管设备的运行状态和接收网络管理站来的操作指令,并完成相应的操作。

(2) 网络管理站。网络管理站或网管工作站是指运行 SNMP,运行网管支持工具和网管应用软件的主机。

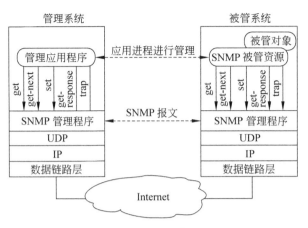

图 7.14　SNMP 的体系结构

（3）简单网络管理协议 SNMP。SNMP 用于网络管理站与被管设备的网络管理代理之间交互管理信息,网络管理站通过 SNMP 向被管设备的网络管理代理发出各种请求报文,网管代理则接受这些请求后完成相应的操作。

7.5.4　常见网络管理系统的选用

一款好的网管软件应该具有操作简便、全面监测网络中各种应用及其他设备、良好的开放式接口等特性,能够自动恢复各种标准及非标准故障,极大地降低网络管理员的工作强度,提高工作效率,使得 IT 投资的效用最大化。一套综合网管工具的选择应该有 5 大基本标准。

1. 提高工作效率

在选择网管工具的时候,产品的易用性是非常重要的。当然,由于网管员本身对信息化比较了解,所以网管工具通常比一些常见的应用软件要复杂一些。

2. 注重与业务系统的整合

网管软件不应该仅停留在设备管理层面,它应该能进一步深入地对服务器和应用系统进行监测和管理。

3. 采用 B/S 架构和非代理模式

成熟的网络管理软件一般采用友好的全中文 Web 浏览器界面,这样就可以远程协同维护和管理,实现分布式大规模网络的集中层级管理。现在非常流行的 Mocha BSM 软件,采用非代理模式,这样就避免了传统的 Agent 模式的烦琐和重复性劳动,而且便于实施和后期维护,极大地节省了工作时间和工作繁杂度,如图 7.15 所示。

4. 实现应用监测和拓扑图展示

网络管理软件必须做到对网络中每个关键应用的监测和管理。这样,管理人员可以迅速对其应用系统、服务器或设备进行定位,检测各关键应用、业务系统、办公系统、财务系统等运行是否正常。先进的网管软件还能提供美观的网络应用拓扑图,Mocha BSM 软件对应用系统的流程进行逐步监测,当系统异常时,通过颜色变化及时定位和提示应用系统故障,如图 7.16 所示。

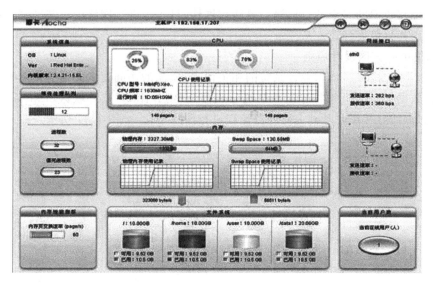

图 7.15　网络管理软件 Web 浏览器界面

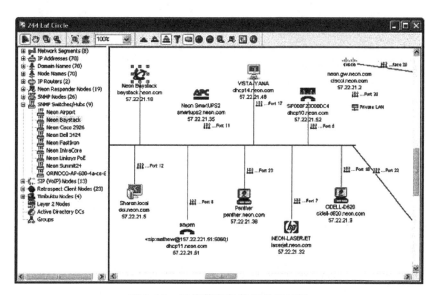

图 7.16　网络管理软件拓扑图展示

5. 主动式的网络管理

目前,对网络管理系统的需求最为强烈的用户一般都是网络规模比较大或者核心业务建立在网络上的企业,一旦网络出现了故障,对它们的影响和损失是非常大的。所以,网络管理系统如果仅仅达到了出现问题后及时发现并通知网络管理员的程度是远远不够的,这种被动式的管理必然会被淘汰,而主动式的网络管理是网管系统的发展方向。

7.5.5　网络中心应用案例讨论

通常来讲,用户的业务可分为多个子系统,彼此之间会有数据共享、业务互访、数据访问控制与隔离的需求,根据业务相关性和流程需要,需要采用模块化设计,实现低耦合、高内聚,保证系统和数据的安全性、可靠性、灵活扩展性、易于管理。网络中心基础网络设计原则为分区、分层和分级设计。

1. 网络中心分区设计原则

根据企业自身特点,依据业务系统的相关性、数据流的访问要求和系统安全控制的要求等,可以把数据中心的服务器与业务系统分成内网区(Intranet)、外联区(Extranet)和互联网区(Internet)等,并在此基础上对业务流程进行深入细化,如图 7.17 所示。

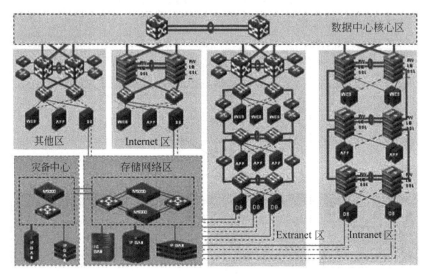

图 7.17　网络中心分区设计

Intranet 区:企业内部访问的数据中心区域,通常称为内网区,对外部网络不可见。

Extranet 区:企业提供给合作伙伴访问的数据中心区域,通常称为外联区;通过 VPN 接入实现对服务器群的访问和不同企业的隔离。

Internet 区:企业提供给 Internet 用户访问的数据中心区域,也常称为 DMZ 区,外部用户通过公网访问,一般就是放在企业门户网站的服务器群。

2. 网络中心分层设计原则

分层主要是根据内外部分流原则,把数据中心网络分成标准的核心层、汇聚层和接入层3 层结构。服务器与业务系统之间的流量大部分在单个功能分区内部,不需要经过核心;分区之间的流量才经过核心,而且在每个分区的汇聚层交换机上做互访控制策略会更容易、对核心的压力会更好、故障影响范围更小、故障恢复更快。网络中心分层设计如图 7.18 所示。

(1) 核心层。核心层提供多个数据中心汇聚模块互连,并连接园区网核心;要求其具有高交换能力和突发流量适应能力;大型数据中心核心要求多汇聚模块扩展能力,中小型数据中心共用园区核心;当前以 10GE 万兆以太网接口为主,当需要达到高性能要求时,可以使用 4~8 个 10GE 万兆以太网接口及相关光缆进行捆绑以便达到更高的传输速率。

(2) 汇聚层。为服务器群(Server Farm)对外提供高带宽出口;要求提供大密度 GE/10GE 端口实现接入层互连;具有较多槽位数提供增值业务模块部署。

(3) 接入层。支持高密度千兆接入、万兆接入;接入的总带宽和上行带宽存在收敛比、线速两种模式;基于机架考虑,1RU 更具灵活部署能力;支持堆叠,更具扩展能力;上行双链

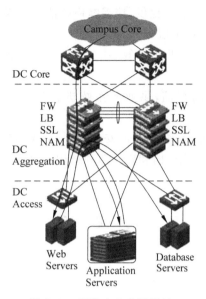

图 7.18 网络中心分层设计

路冗余能力。

业界主流做法是在汇聚层部署各类安全、应用优化业务,如在交换机上集成防火墙、负载均衡、应用加速板卡。

3. 服务器接入分级设计原则

目前,应用访问架构已经逐步由传统的客户机/服务器(C/S)架构向浏览器/服务器(B/S)变迁。B/S的应用访问架构要求采用3级的服务器架构,从整体来看包括3个层次,如图7.19所示。

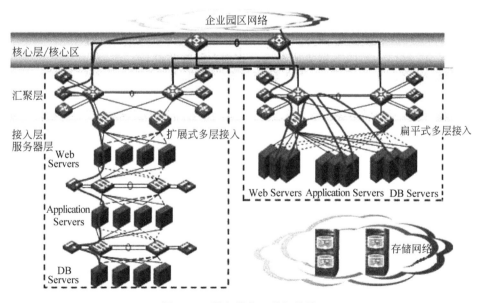

图 7.19 服务器接入分级设计

（1）Web 层。负责应用界面的提供，接受客户端请求并返回最终结果，是业务系统和数据的对外界面。例如 IIS、Apache 服务器等。

（2）Application 层。负责数据的计算、业务流程整合，如常见的 WebLogic、J2EE 等中间件技术。

（3）DB 层。负责数据的存储，供业务系统进行读写和随机调用。如 SQL Server、Oracle 11i、IBM DB2 等。

3 级之间通过交换网络的互连，层层的安全保护，形成结构清晰的易于部署的服务器接入架构。3 级之间的互连又分成纵向和扁平两种结构。纵向结构清晰、管理简单，扁平结构节省投资。

习　题　7

1. 服务器与微型计算机有什么区别？

2. 针对服务器、服务器硬盘和供电系统，有哪几类容错技术？

3. 什么是双机热备？

4. 有哪几种网络存储结构？

5. 简述磁盘阵列常用的等级。

6. 简述直连式存储（DAS）、网络附加存储（NAS）和存储区域网络（SAN）的适用范围。比较它们各自的优缺点。

7. 有哪几类流行的网络操作系统？

8. 如何进行网络数据库系统产品选型？

9. 网络管理的主要功能是什么？

10. 什么是网络管理？网络管理的主要功能有哪些？

11. 什么是 SNMP 网络管理模型？

设计练习：网络中心服务器集群与磁盘阵列存储系统设计。

第8章 网络安全

教学要求：

通过本章的学习，学生应该了解网络安全的技术基础。

掌握防火墙技术、入侵检测、身份验证和数据加密、病毒检测和防范、虚拟专网（VPN）相关技术，了解常见网络黑客攻击方法及防范措施。

了解网络安全系统应用案例。

网络安全是指网络系统的硬件、软件及其系统中的数据受到保护，不因偶然的或者恶意的原因而遭受到破坏、更改、泄露，系统连续可靠正常地运行，网络服务不中断。

网络安全从其本质上来讲就是网络上的信息安全。从广义来说，凡是涉及网络上信息的保密性、完整性、可用性、真实性和可控性的相关技术和理论都是网络安全的研究领域。网络安全是一门涉及计算机科学、网络技术、通信技术、密码技术、信息安全技术、应用数学、数论、信息论等多种学科的综合性学科。

威胁网络安全的因素包括：自然灾害和意外事故；计算机犯罪；人为行为，例如使用不当，安全意识差等；"黑客"的行为，由于黑客的入侵或侵扰，例如非法访问、拒绝服务计算机病毒、非法连接等；内部泄密；外部泄密；信息丢失；电子谍报，例如信息流量分析、信息窃取等；信息战；网络协议中的缺陷，例如 TCP/IP 的安全问题等。

8.1 网络安全概述

从网络运行和管理者角度来说，他们希望对本地网络信息的访问、读写等操作受到保护和控制，避免出现"陷门"、病毒、非法存取、拒绝服务和网络资源非法占用、非法控制等威胁，制止和防御网络黑客的攻击。对安全保密部门来说，它们希望对非法的、有害的或涉及国家机密的信息进行过滤和防堵，避免机要信息泄露，避免对社会产生危害，对国家造成巨大损失。从社会教育和意识形态角度来讲，网络上不健康的内容，会对社会的稳定和人类的发展造成阻碍，必须对其进行控制。

随着计算机技术的迅速发展，在系统处理能力提高的同时，系统的连接能力也在不断提高。但在连接能力、流通能力提高的同时，基于网络连接的安全问题也日益突出，整体的网络安全主要表现在网络的物理安全、网络拓扑结构安全、网络系统安全、应用系统安全和网络管理的安全等几个方面。

通常，系统安全与性能和功能是一对矛盾的关系。如果某个系统不向外界提供任何服务（断开），外界是不可能构成安全威胁的。但是，企业接入国际互联网络，提供网上商店和电子商务等服务，等于将一个内部封闭的网络建成了一个开放的网络环境，各种安全包括系统级的安全问题也随之产生。

构建网络安全系统，一方面由于要进行认证、加密、监听、分析、记录等工作，由此影响网络效率,并且降低客户应用的灵活性;另一方面也增加了管理费用。

但是,来自网络的安全威胁是实际存在的,特别是在网络上运行关键业务时,网络安全是首先要解决的问题。选择适当的技术和产品,制定灵活的网络安全策略,在保证网络安全的情况下,提供灵活的网络服务通道。采用适当的安全体系设计和管理计划,能够有效降低网络安全对网络性能的影响并降低管理费用。

8.1.1 网络安全威胁分析

1. 物理安全

网络的物理安全是整个网络系统安全的前提。在校园网工程建设中,由于网络系统属于弱电工程,耐压值很低。因此,在网络工程的设计和施工中,必须优先考虑保护人和网络设备不受电、火灾和雷击的侵害;考虑布线系统与照明电线、动力电线、通信线路、暖气管道及冷热空气管道之间的距离;考虑布线系统和绝缘线、裸体线以及接地与焊接的安全;必须建设防雷系统,防雷系统不仅考虑建筑物防雷,还必须考虑计算机及其他弱电耐压设备的防雷。

总体来说,物理安全的风险主要有地震、水灾、火灾等环境事故;电源故障;人为操作失误或错误;设备被盗、被毁;电磁干扰;线路截获;高可用性的硬件;双机多冗余的设计;机房环境及报警系统、安全意识等,因此要尽量避免网络的物理安全风险。

2. 网络结构的安全

网络拓扑结构设计也直接影响网络系统的安全性。假如在外部和内部网络进行通信时,内部网络的机器安全就会受到威胁,同时也影响在同一网络上的许多其他系统。通过网络传播,还会影响连上 Internet/Intranet 的其他网络;影响所及,还可能涉及法律、金融等安全敏感领域。

因此,在设计时有必要将公开服务器(Web、DNS、E-mail 等)和外网及内部其他业务网络进行必要的隔离,避免网络结构信息外泄;同时还要对外网的服务请求加以过滤,只允许正常通信的数据包到达相应主机,其他的请求服务在到达主机之前就应该遭到拒绝。

3. 系统的安全

所谓系统的安全是指整个网络操作系统和网络硬件平台是否可靠且值得信任。目前恐怕没有绝对安全的操作系统可以选择,无论是 Microsoft 的 Windows 操作系统或者其他任何商用 UNIX 操作系统,开发厂商必然有其后门(Back-Door)。因此,可以得出结论:没有完全安全的操作系统。不同的用户应从不同的方面对其网络做详尽的分析,选择安全性尽可能高的操作系统。因此,不但要选用尽可能可靠的操作系统和硬件平台,并对操作系统进行安全配置,而且,必须加强登录过程的认证,确保用户的合法性;其次应该严格限制登录者的操作权限,将其完成的操作限制在最小的范围内。

4. 应用系统的安全

应用系统的安全与具体的应用有关,它涉及面广。应用系统的安全是动态的、不断变化的。应用的安全性也涉及信息的安全性,包括很多方面。

(1)应用系统的安全是动态的、不断变化的。

应用的安全涉及方面很多,以目前 Internet 上应用最为广泛的 E-mail 系统来说,其解决方案有 Send Mail、Netscape Messaging Server、Office、Lotus Notes、Exchange Server、

Sun CIMS 等。其安全手段涉及 LDAP、DES、RSA 等各种方式。应用系统是不断发展且应用类型是不断增加的。在应用系统的安全性上,主要考虑尽可能建立安全的系统平台,而且通过专业的安全工具不断发现漏洞,修补漏洞,提高系统的安全性。

（2）应用的安全性涉及信息、数据的安全性。

信息的安全性涉及机密信息泄露、未经授权的访问、破坏信息完整性、假冒、破坏系统的可用性等。在某些网络系统中,涉及很多机密信息,如果一些重要信息遭到窃取或破坏,它的经济、社会影响和政治影响将是很严重的。因此,对用户使用计算机必须进行身份认证,对于重要信息的通信必须授权,传输必须加密。采用多层次的访问控制与权限控制手段,实现对数据的安全保护;采用加密技术,保证网上传输的信息（包括管理员口令与账户、上传信息等）的机密性与完整性。

5. 管理的安全风险

管理是网络安全中最重要的部分之一。责权不明、安全管理制度不健全及缺乏可操作性等都可能引起管理安全的风险。当网络出现攻击行为或网络受到其他一些安全威胁时（如内部人员的违规操作等）,无法进行实时的检测、监控、报告与预警。同时,事故发生后,也无法提供黑客攻击行为的追踪线索及破案依据,即缺乏对网络的可控性与可审查性。这就要求我们必须对站点的访问活动进行多层次的记录,及时发现非法入侵行为。

建立全新网络安全机制,必须深刻理解网络并能提供直接的解决方案,因此最可行的做法是制定健全的管理制度和严格管理相结合。保障网络的安全运行,使其成为一个具有良好的安全性、可扩充性和易管理性的信息网络便成了首要任务。一旦上述安全隐患成为事实,所造成的对整个网络的损失都是难以估计的。

8.1.2 网络安全服务的主要内容

1. 安全技术手段

（1）物理措施。例如,保护网络关键设备（如交换机、大型计算机等）,制定严格的网络安全规章制度,采取防辐射、防火以及安装不间断电源（UPS）等措施。

（2）访问控制。对用户访问网络资源的权限进行严格的认证和控制。例如,进行用户身份认证,对口令加密、更新和鉴别,设置用户访问目录和文件的权限,控制网络设备配置的权限等。

（3）数据加密。加密是保护数据安全的重要手段。加密的作用是保障信息被人截获后不能读懂其含义。防止计算机网络病毒,安装网络防病毒系统。

（4）其他措施。其他措施包括信息过滤、容错、数据镜像、数据备份和审计等。近年来,围绕网络安全问题提出了许多解决办法,例如数据加密技术和防火墙技术等。数据加密是对网络中传输的数据进行加密,到达目的地后再解密还原为原始数据,目的是防止非法用户截获后盗用信息。防火墙技术是通过对网络的隔离和限制访问等方法来控制网络的访问权限。

2. 安全防范意识

拥有网络安全意识是保证网络安全的重要前提。许多网络安全事件的发生都和缺乏安全防范意识有关。

8.1.3　Internet 安全隐患的主要体现

（1）Internet 是一个开放的、无控制机构的网络，黑客（Hacker）经常会侵入网络中的计算机系统，或窃取机密数据和盗用特权，或破坏重要数据，或使系统功能得不到充分发挥直至瘫痪。

（2）Internet 的数据传输是基于 TCP/IP 进行的，这些协议缺乏使传输过程中的信息不被窃取的安全措施。

（3）Internet 上的通信业务多数使用 UNIX 操作系统来支持，UNIX 操作系统中明显存在的安全脆弱性问题会直接影响安全服务。

（4）在计算机上存储、传输和处理的电子信息，还没有像传统的邮件通信那样进行信封保护和签字盖章。信息的来源和去向是否真实，内容是否被改动，以及是否泄露等，在应用层支持的服务协议中是凭着君子协定来维系的。

（5）电子邮件存在着被拆看、误投和伪造的可能性。使用电子邮件来传输重要机密信息会存在着很大的危险。

（6）计算机病毒通过 Internet 的传播给上网用户带来极大的危害，病毒可以使计算机和计算机网络系统瘫痪、数据和文件丢失。在网络上传播病毒可以通过公共匿名 FTP 文件传送，也可以通过邮件和邮件的附加文件传播。

8.1.4　网络安全攻击的形式

网络安全攻击主要有 4 种方式：截获、中断、篡改和伪造，如图 8.1 所示。

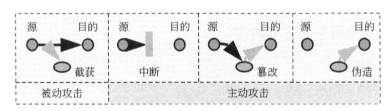

图 8.1　网络安全攻击的形式

截获是以保密性作为攻击目标，非授权用户通过某种手段获得对系统资源的访问。

中断是以可用性作为攻击目标，它毁坏系统资源，使网络不可使用。

篡改是以真实性作为攻击目标，非授权用户不仅获得访问而且对数据进行修改。

伪造是以真实性作为攻击目标，非授权用户将伪造的数据插入正常传输的数据中。

8.1.5　网络安全案例

1. 概况

随着计算机技术的飞速发展，信息网络已经成为社会发展的重要保证。有很多是敏感信息，甚至是国家机密，所以难免会吸引来自世界各地的各种人为攻击（如信息泄露、信息窃取、数据篡改、数据删改、计算机病毒等）。同时，网络实体还要经受诸如水灾、火灾、地震、电磁辐射等方面的考验。

计算机犯罪案件也急剧上升，计算机犯罪已经成为普遍的国际性问题。据美国联邦调查局的报告,计算机犯罪是商业犯罪中最大的犯罪类型之一,每笔犯罪的平均金额为 45 000 美元,每年计算机犯罪造成的经济损失高达 50 亿美元。

2. 国外

1996 年初,据美国旧金山的计算机安全协会与联邦调查局的一次联合调查统计,有 53%的企业受到过计算机病毒的侵害,42%的企业的计算机系统在过去的 12 个月被非法使用过。而五角大楼的一个研究小组称美国一年中遭受的攻击就达 25 万次之多。

1994 年末,俄罗斯黑客弗拉基米尔·利文与其伙伴从圣彼得堡的一家小软件公司的联网计算机上,向美国 CITYBANK 银行发动了一连串攻击,通过电子转账方式,从 CITYBANK 银行在纽约的计算机主机里窃取 1100 万美元。

1996 年 9 月 18 日,黑客又光顾美国中央情报局的网络服务器,将其主页由"中央情报局"改为"中央愚蠢局"。

1996 年 12 月 29 日,黑客侵入美国空军的全球网网址并将其主页肆意改动,其中有关空军介绍、新闻发布等内容被替换成一段简短的录像,且声称美国政府所说的一切都是谎言,迫使美国国防部一度关闭了其他 80 多个军方网址。

3. 国内

1996 年 2 月,刚开通不久的 CHINANET 受到攻击,且攻击得逞。

1997 年初,北京某 ISP 被黑客成功侵入,并在"水木清华"BBS 站的"黑客与解密"讨论区张贴有关如何免费通过该 ISP 进入 Internet 的文章。

1997 年 4 月 23 日,美国德克萨斯州内查德逊地区西南贝尔互联网络公司的某个 PPP 用户侵入中国互联网络信息中心的服务器,破译该系统的 shutdown 账户。

1996 年初,CHINANET 受到某高校的一个研究生的攻击;1996 年秋,北京某 ISP 和它的用户发生了一些矛盾,此用户便攻击该 ISP 的服务器,致使服务中断了数小时。

2010 年,Google 发布公告退出中国市场,而公告中称:造成此决定的重要原因是 Google 被黑客攻击。

2012 年 6 月 20 日,长沙侦破"5·25"攻击敲诈香港金融网站案。

2013 年,辽宁破获入侵韩国网站盗窃网民存款案;2013 年 5 月,徐州侦破"5·28"跨国网络赌博案。

2014 年 3 月 19 日,徐州侦破手机植入木马盗窃案;2014 年 8 月 28 日,浙江破获传播木马盗窃电信资费案。

2015 年 3 月 18 日,侦破安徽淮南"3·18"特大网上机票诈骗案。

8.2 防火墙技术

古时候,人们常在寓所之间砌起一道砖墙,一旦火灾发生,它能够防止火势蔓延到别的寓所。自然,这种墙被命名为防火墙。为安全起见,可以在本网络和 Internet 之间插入一个中介系统,阻断来自外部通过网络对本网络的威胁和入侵,这种中介系统叫作防火墙,如图 8.2 所示。

图 8.2 Cisco ACE Web 应用防火墙

8.2.1　防火墙的基本概念

防火墙是由软件、硬件构成的系统,是一种特殊编程的路由器,用来在两个网络之间实施接入控制策略。接入控制策略是由使用防火墙的单位自行制定的,为的是可以最适合本单位的需要。

Internet 防火墙是增强机构内部网络的安全性的系统,防火墙系统决定了哪些内部服务可以被外界访问;外界的哪些人可以访问内部的哪些服务,以及哪些外部服务可以被内部人员访问。要使一个防火墙有效,所有来自和去往 Internet 的信息都必须经过防火墙,接受防火墙的检查。防火墙只允许授权的数据通过,并且防火墙本身也必须能够免于渗透。

1. Internet 防火墙与安全策略的关系

防火墙不仅仅是路由器、堡垒主机或任何网络安全的设备的组合,还是安全策略的一个部分。

安全策略建立全方位的防御体系,包括:告诉用户应有的责任,公司规定的网络访问、服务访问、本地和远地的用户认证、拨入和拨出、磁盘和数据加密、病毒防护措施,以及雇员培训等。所有可能受到攻击的地方都必须以相应的安全级别加以保护。仅仅设立防火墙系统而没有全面的安全策略,那么防火墙就形同虚设。

通常,防火墙采用的安全策略有如下两个基本准则。

(1) 一切未被允许的访问就是禁止的。

(2) 一切未被禁止的访问就是允许的。

2. 防火墙的好处

防火墙负责管理 Internet 和机构内部网络之间的访问。在没有防火墙时,内部网络上的每个节点都暴露给 Internet 上的其他主机,极易受到攻击。这就意味着内部网络的安全性要由每一个主机的坚固程度来决定,并且安全性等同于其中最弱的系统。

3. 防火墙的作用

防火墙允许网络管理员定义一个中心"扼制点"来防止非法用户,比如防止黑客、网络破坏者等进入内部网络。禁止存在安全脆弱性的服务进出网络,并抗击来自各种路线的攻击。Internet 防火墙能够简化安全管理,网络的安全性是在防火墙系统上得到加固,而不是分布在内部网络的所有主机上。

1) 防火墙的功能

防火墙的功能有两个:阻止和允许。

"阻止"就是阻止某种类型的通信量通过防火墙(从外部网络到内部网络,或反过来)。

"允许"的功能与"阻止"恰好相反。

防火墙必须能够识别通信量的各种类型。不过在大多数情况下防火墙的主要功能是"阻止"。

2) 联网监控

在防火墙上可以很方便地监视网络的安全性,并产生报警。

注意:对一个与 Internet 相连的内部网络来说,重要的问题并不是网络是否会受到攻击,而是何时受到攻击? 谁在攻击? 网络管理员必须审计并记录所有通过防火墙的重要信息。如果网络管理员不能及时响应报警并审查常规记录,防火墙就形同虚设。

Internet 防火墙是审计和记录 Internet 使用量的一个最佳地方。网络管理员可以在此向管理部门提供 Internet 连接的费用情况,查出潜在的带宽瓶颈的位置,并根据机构的核算模式提供部门级计费。

4. 防火墙在互联网络中的位置

防火墙内的网络称为"可信赖的网络"(Trusted Network),而将外部的因特网称为"不可信赖的网络"(Untrusted Network),如图 8.3 所示。

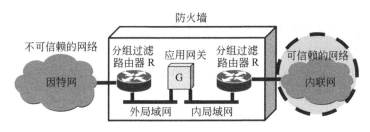

图 8.3 防火墙在互联网络中的位置

防火墙可用来解决内联网和因特网的安全问题。

8.2.2 防火墙的技术类别

防火墙大致可划分为 3 类:包过滤防火墙、代理服务器防火墙和状态监视器防火墙。

1. 包过滤防火墙

1)包过滤防火墙的工作原理

采用这种技术的防火墙产品,通过在网络中的适当位置对数据包进行过滤,根据检查数据流中每个数据包的源地址、目的地址、所有的 TCP 端口号和 TCP 链路状态等要素,然后依据一组预定义的规则,以允许合乎逻辑的数据包通过防火墙进入内部网络,而将不合乎逻辑的数据包加以删除。

2)包过滤防火墙的优缺点

优点:价格较低,对用户透明,对网络性能的影响很小,速度快,易于维护。

缺点:包过滤配置起来比较复杂、对 IP 欺骗式攻击比较敏感、没有用户的使用记录,这样就不能从访问记录中发现黑客的攻击记录。而攻击一个单纯的包过滤式的防火墙对黑客来说是比较容易的。

2. 代理服务器防火墙

1)代理服务器防火墙的工作原理

代理服务器运行在两个网络之间,它对于客户来说像是一台真的服务器一样,而对于外界的服务器来说,它又是一台客户机。当代理服务器接收到用户的请求后,会检查用户请求的站点是否符合公司的要求,如果公司允许用户访问该站点的话,代理服务器会像一个客户一样,去那个站点取回所需信息再转发给客户。

2)代理服务器防火墙的优缺点

优点:可以将被保护的网络内部结构屏蔽起来,增强网络的安全性;可用于实施较强的数据流监控、过滤、记录和报告等。

缺点:使访问速度变慢,因为它不允许用户直接访问网络;应用级网关需要针对每一个特定的 Internet 服务安装相应的代理服务器软件,这会带来兼容性问题。

3. 状态监视器防火墙

1)状态监视器防火墙的工作原理

这种防火墙安全特性较好,它采用了一个在网关上执行网络安全策略的软件引擎,称为检测模块。检测模块在不影响网络正常工作的前提下,采用抽取相关数据的方法对网络通信各层实施监测,抽取部分数据,即状态信息,并动态地保存起来作为以后制定安全策略的参考。

2)状态监视器防火墙的优缺点

优点:检测模块支持多种协议和应用程序,可以很容易地实现应用和服务的扩充;它会监测 RPC 和 UDP 之类的端口信息,而包过滤和代理网关都不支持此类端口;防范攻击比较坚固。

缺点:配置非常复杂,会降低网络的速度。

8.2.3 防火墙的结构

在防火墙与网络的配置上,有 3 种典型结构:双宿/多宿主机模式、屏蔽主机模式和屏蔽子网模式。

在介绍这几种结构前,先了解一下堡垒主机(Bastion Host)的概念。堡垒主机是一种配置了较为全面安全防范措施的网络上的计算机,从网络安全上来看,堡垒主机是防火墙管理员认为最强壮的系统。通常情况下,堡垒主机可作为代理服务器的平台。

1. 双宿/多宿主机模式

双宿/多宿主机防火墙(Dual-Homed/Multi-Homed Firewall)是一种拥有两个或多个连接到不同网络上的网络接口的防火墙,通常用一台装有两块或多块网卡的堡垒主机做防火墙,两块或多块网卡各自与受保护网和外部网相连。这种防火墙的特点是主机的路由功能是被禁止的,两个网络之间的通信通过应用层代理服务来完成。如果一旦黑客侵入堡垒主机并使其具有路由功能,那么防火墙将变得无用。

双重宿主主机体系结构是围绕具有双重宿主的主机计算机而构筑的,该计算机至少有两个网络接口。这样的主机可以充当与这些接口相连的网络之间的路由器;它能够从一个网络到另一个网络发送 IP 数据包。然而,实现双重宿主主机的防火墙体系结构禁止这种发送功能。因而,IP 数据包从一个网络(如外部网)并不是直接发送到其他网络(如内部的被保护的网络)。防火墙内部的系统能与双重宿主主机通信,同时防火墙外部的系统能与双重宿主主机通信,但是这些系统不能直接互相通信。它们之间的 IP 通信被完全阻止。

双重宿主主机的防火墙体系结构是相当简单的:双重宿主主机位于两者之间,并且被连接到外部网和内部网,如图 8.4 所示。

图 8.4 双重宿主主机体系结构

2. 屏蔽主机模式

屏蔽主机防火墙(Screened Firewall)由包过滤路由器和堡垒主机组成。在这种方式的防火墙中,堡垒主机安装在内部网络上,通常在路由器上设立过滤规则,并使这个堡垒主机成为外部网络唯一可直接到达的主机,这保证了内部网络不被未经授权的外部用户攻击。屏蔽主机防火墙实现了网络层和应用层的安全,因而比单独的包过滤或应用网关代理更安全。在这一方式下,过滤路由器是否配置正确是这种防火墙安全与否的关键,如果路由表遭到破坏,堡垒主机就可能被越过,使内部网络完全暴露。

双重宿主主机体系结构提供来自多个网络相连的主机的服务(但是路由关闭),而被屏蔽主机体系结构使用一个单独的路由器提供来自仅仅与内部的网络相连的主机的服务。在这种体系结构中,主要的安全由数据包过滤提供(如数据包过滤用于防止人们绕过代理服务器直接相连)。单地址堡垒主机与双地址堡垒主机如图 8.5 和图 8.6 所示。

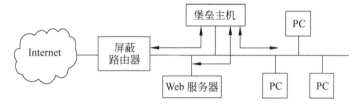

图 8.5　单地址堡垒主机

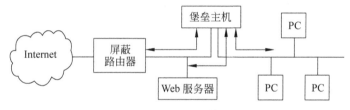

图 8.6　双地址堡垒主机

在多数情况下,被屏蔽的主机体系结构比双重宿主主机体系结构具有更好的安全性和可用性。

3. 屏蔽子网模式

屏蔽子网模式防火墙(Screened Subnet Mode Firewall)的配置如图 8.7 所示,采用了两个包过滤路由器和一个堡垒主机,在内外网络之间建立了一个被隔离的子网,定义为非军事区(Demilitarized Zone)网络,有时也称作周边网(Perimeter Network)。网络管理员将堡垒主机、Web 服务器、E-mail 服务器等公用服务器放在非军事区网络中。内部网络和外部网络均可访问屏蔽子网,但禁止它们穿过屏蔽子网通信。在这一配置中,即使堡垒主机被入侵者控制,内部网络仍受到内部包过滤路由器的保护。

屏蔽子网体系结构通过添加额外的安全层次到被屏蔽主机体系结构,即通过添加周边网络更进一步地把内部网络与 Internet 隔离开。在这种结构下,即使攻破了堡垒主机,也不能直接侵入内部网络(将仍然必须通过内部路由器)。

屏蔽子网体系结构最简单的形式:两个屏蔽路由器,每一个都连接到周边网络。一个位于周边网络与内部网络之间,另一个位于周边网络与外部网络之间(通常为 Internet)。

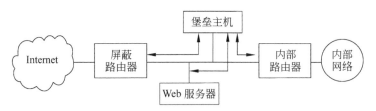

图 8.7　屏蔽子网模式防火墙的配置

为了侵入用这种类型的体系结构构筑的内部网络,侵袭者必须通过两个路由器。即使侵袭者设法侵入堡垒主机,他将仍然必须通过内部路由器。

建造防火墙时,一般很少采用单一的技术,通常是多种解决不同问题的技术的组合。这种组合主要取决于网络管理中心向用户提供什么样的服务,以及网络管理中心能接受什么等级的风险。采用哪种技术主要取决于经费、投资的多少或技术人员的技术、时间等因素。

通常建立防火墙的目的在于保护内部网免受外部网的侵扰,但内部网中每个用户所需要的服务和信息经常是不一样的,它们对安全保障的要求也不一样。例如,财务部分与其他部分分开,人事档案部分与办公管理分开等。还需要对内部网的部分站点再加以保护以免受内部的其他站点的侵袭,即在同一组织结构的两个部分之间,或者在同一内部网的两个不同组织结构之间再建立防火墙,也就是内部防火墙。许多用于建立外部防火墙的工具与技术也可用于建立内部防火墙。

8.2.4　防火墙产品的选购策略和使用

1. 常见防火墙产品

随着国内安全市场的兴旺,防火墙产品也层出不穷。国外产品较好的有 Checkpoint Firewall(美国知名品牌)、Net Screen(完全基于硬件)。国内产品中较好的有天融信网络卫士、东大阿尔派网眼(适用于交换路由双环境)、清华紫光 Unis Firewall(定位于大型 ISP)等。

2. 防火墙的选购策略

在购买防火墙时,要注意以下事项。

(1) 要知道防火墙的最基本性能。

(2) 选购防火墙前,还应认真制定安全政策,也就是要制订一个周密计划。

(3) 在满足实用性、安全性的基础上,还要考虑经济性。

3. 防火墙的使用

不同类型的防火墙,在不同网络系统中所起的作用也不同。一些防火墙在同一网络系统中的位置不同,作用也不同。所以,防火墙的安装要由软件提供商来指导,并对网络管理员进行培训,防火墙的部署如图 8.8 所示。

在日常的使用中,要注意实施定时的扫描和检查,发现系统有问题及时排除故障和恢复系统;保证系统监控及防火墙之间的通信线路能够畅通无阻;全天候对主机系统进行监控、管理和维护。

4. 防火墙技术的发展方向

目前,防火墙在安全性、效率和功能方面还存在一定矛盾。防火墙的技术结构,一般来

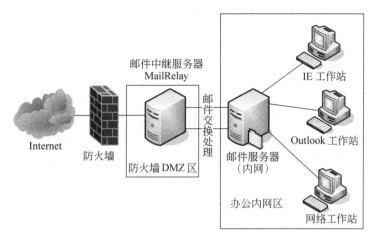

图 8.8　防火墙的部署

说安全性高的效率较低,或者效率高的安全性较差。未来的防火墙应该既有高安全性又有高效率。重新设计技术架构,例如在包过滤中引入鉴别授权机制、复变包过滤、虚拟专用防火墙、多级防火墙等将是未来可能发展的方向。

8.3　入　侵　检　测

入侵检测(Intrusion Detection)是对入侵行为的检测。它通过收集和分析网络行为、安全日志、审计数据、其他网络上可以获得的信息以及计算机系统中若干关键点的信息,检查网络或系统中是否存在违反安全策略的行为和被攻击的迹象。入侵检测作为一种积极主动的安全防护技术,提供了对内部攻击、外部攻击和误操作的实时保护,在网络系统受到危害之前拦截和响应入侵。常见的入侵检测系统设备如图 8.9 所示。

图 8.9　入侵检测系统设备

入侵检测被认为是防火墙之后的第二道安全闸门,在不影响网络性能的情况下能对网络进行监测。入侵检测是防火墙的合理补充,帮助系统对付网络攻击,扩展了系统管理员的安全管理能力(包括安全审计、监视、进攻识别和响应),提高了信息安全基础结构的完整性。它从计算机网络系统中的若干关键点收集信息,并分析这些信息,查看网络中是否有违反安全策略的行为和遭到袭击的迹象。

8.3.1　入侵检测技术

入侵检测技术是为保证计算机系统的安全而设计与配置的一种能够及时发现并报告系统中未授权或异常现象的技术,是一种用于检测计算机网络中违反安全策略行为的技术。进行入侵检测的软件与硬件的组合便是入侵检测系统。

入侵检测系统所采用的技术可分为特征检测与异常检测两种。

1. 特征检测

特征检测(Signature-based Detection)又称为 Misuse Detection ,这一检测假设入侵者

活动可以用一种模式来表示,系统的目标是检测主体活动是否符合这些模式。它可以将已有的入侵方法检查出来,但对新的入侵方法无能为力。其难点在于如何设计模式既能够表达"入侵"现象又不会将正常的活动包含进来。

2. 异常检测

异常检测(Anomaly Detection)的假设是入侵者活动异常于正常主体的活动。根据这一理念建立主体正常活动的"活动简档",将当前主体的活动状况与"活动简档"相比较,当违反其统计规律时,认为该活动可能是"入侵"行为。异常检测的难题在于如何建立"活动简档"以及如何设计统计算法,从而不把正常的操作作为"入侵"或忽略真正的"入侵"行为。

8.3.2 入侵防御系统

入侵检测系统(Intrusion Detection System,IDS)是一种对网络传输进行即时监视,在发现可疑传输时发出警报或者采取主动反应措施的网络安全设备。它与其他网络安全设备的不同之处便在于,IDS是一种积极主动的安全防护技术。

1. IDS是一个监听设备

IDS最早出现在1980年4月。当时,James P. Anderson为美国空军做了一份题为 *Computer Security Threat Monitoring and Surveillance* 的技术报告,其中提出了IDS的概念。20世纪80年代中期,IDS逐渐发展成为入侵检测专家系统(IDES)。1990年,IDS分化为基于网络的IDS和基于主机的IDS。后又出现分布式IDS。目前,IDS发展迅速,已有人宣称IDS可以完全取代防火墙。

做一个形象的比喻:假如防火墙是一幢大楼的门卫,那么IDS就是这幢大楼里的监视系统。一旦小偷爬窗进入大楼,或内部人员有越界行为,只有实时监视系统才能发现情况并发出警告。IDS以信息来源的不同和检测方法的差异分为几类。根据信息来源可分为基于主机的IDS和基于网络的IDS,根据检测方法又可分为异常入侵检测和滥用入侵检测。

不同于防火墙,IDS是一个监听设备,没有跨接在任何链路上,无须网络流量流经它便可以工作,如图8.10所示。因此,对IDS的部署,唯一的要求是:IDS应当挂接在所有所关注流量都必须流经的链路上。在这里,"所关注流量"指的是来自高危网络区域的访问流量

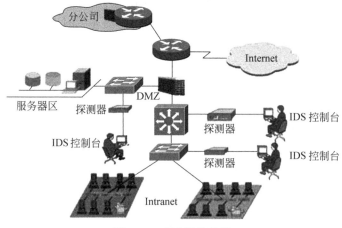

图8.10　IDS网络监听

和需要进行统计、监视的网络报文。在如今的网络拓扑中,已经很难找到以前的 Hub 式的共享介质冲突域的网络,绝大部分的网络区域都已经全面升级到交换式的网络结构。因此,IDS 在交换式网络中的位置一般选择在:

(1) 尽可能靠近攻击源。

(2) 尽可能靠近受保护资源。

这些位置通常是:

(1) 服务器区域的交换机上。

(2) Internet 接入路由器之后的第一台交换机上。

(3) 重点保护网段的局域网交换机上。

2. 系统组成

一个入侵检测系统分为 4 个组件:事件产生器(Event Generators)、事件分析器(Event Analyzers)、响应单元(Response Units)和事件数据库(Event Databases)。

事件产生器的目的是从整个计算环境中获得事件,并向系统的其他部分提供此事件。事件分析器分析得到的数据,并产生分析结果。响应单元则是对分析结果做出反应的功能单元,它可以做出切断连接、改变文件属性等强烈反应,也可以只是简单报警。事件数据库是存放各种中间和最终数据的地方的统称,它可以是复杂的数据库,也可以是简单的文本文件。

3. 系统分类

根据检测对象的不同,入侵检测系统可分为主机型和网络型。

8.3.3　入侵检测系统的工作步骤

对一个成功的入侵检测系统来讲,它不但可使系统管理员时刻了解网络系统(包括程序、文件和硬件设备等)的任何变更,还能给网络安全策略的制定提供指南。更为重要的一点是,它易于管理、配置简单,从而使非专业人员非常容易地获得网络安全。而且,入侵检测的规模还应根据网络威胁、系统构造和安全需求的改变而改变。入侵检测系统在发现入侵后,会及时做出响应,包括切断网络连接、记录事件和报警等。

1. 信息收集

入侵检测的第一步是信息收集,内容包括系统、网络、数据及用户活动的状态和行为。而且,需要在计算机网络系统中的若干不同关键点(不同网段和不同主机)收集信息,这除了尽可能扩大检测范围的因素外,还有一个重要的因素,就是从一个源点来的信息有可能看不出疑点,但从几个源点来的信息的不一致性却是可疑行为或入侵的最好标识。

当然,入侵检测很大程度上依赖于收集信息的可靠性和正确性。因此,很有必要只利用所知道的真正的和精确的软件来报告这些信息。因为黑客经常替换软件以搞混和移走这些信息,例如替换被程序调用的子程序、库和其他工具。黑客对系统的修改可能使系统功能失常并看起来跟正常的一样,而实际上不是。例如,UNIX 系统的 PS 指令可以被替换为一个不显示侵入过程的指令,或者是编辑器被替换成一个读取不同于指定文件的文件(黑客隐藏了初始文件并用另一版本代替)。这需要保证用来检测网络系统的软件的完整性,特别是入侵检测系统软件本身应具有相当强的坚固性,防止被篡改而收集到错误的信息。

1）系统和网络日志文件

黑客经常在系统日志文件中留下他们的踪迹。因此,充分利用系统和网络日志文件信息是检测入侵的必要条件。日志中包含发生在系统和网络上的不寻常和不期望活动的证据,这些证据可以指出有人正在入侵或已成功入侵了系统。通过查看日志文件,能够发现成功的入侵或入侵企图,并很快地启动相应的应急响应程序。日志文件中记录了各种行为类型,每种类型又包含不同的信息,例如记录"用户活动"类型的日志,就包含登录、用户 ID 改变、用户对文件的访问、授权和认证信息等内容。很显然,对用户活动来讲,不正常的或不期望的行为就是重复登录失败、登录到不期望的位置以及非授权地企图访问重要文件等。

2）目录和文件中的不期望的改变

网络环境中的文件系统包含很多软件和数据文件,包含重要信息的文件和私有数据文件经常是黑客修改或破坏的目标。目录和文件中的不期望的改变(包括修改、创建和删除),特别是那些正常情况下限制访问的,很可能就是一种入侵产生的指示和信号。黑客经常替换、修改和破坏他们获得访问权的系统上的文件,同时为了隐藏系统中他们的表现及活动痕迹,都会尽力去替换系统程序或修改系统日志文件。

3）程序执行中的不期望行为

网络系统上的程序执行一般包括操作系统、网络服务、用户启动的程序和特定目的的应用,例如数据库服务器。每个在系统上执行的程序由一到多个进程来实现。每个进程执行在具有不同权限的环境中,这种环境控制着进程可访问的系统资源、程序和数据文件等。一个进程的执行行为由它运行时执行的操作来表现,操作执行的方式不同,它利用的系统资源也就不同。操作包括计算、文件传输、设备和其他进程,以及与网络间其他进程的通信。

一个进程出现了不期望的行为可能表明黑客正在入侵系统。黑客可能会将程序或服务的运行分解,从而导致它失败,或者是以非用户或管理员意图的方式操作。

4）物理形式的入侵信息

这包括两个方面的内容:一是未授权的对网络硬件连接,二是对物理资源的未授权访问。黑客会想方设法去突破网络的周边防卫,如果他们能够在物理上访问内部网,就能安装他们自己的设备和软件。因此,黑客就可以知道网上的由用户加上去的不安全(未授权)设备,然后利用这些设备访问网络。例如,用户在家里可能安装 Modem 以访问远程办公室,与此同时,黑客正在利用自动工具来识别在公共电话线上的 Modem,如果一拨号访问流量经过了这些自动工具,那么这一拨号访问就成了威胁网络安全的后门。黑客就会利用这个后门来访问内部网,从而越过了内部网络原有的防护措施,然后捕获网络流量,进而攻击其他系统,并偷取敏感的私有信息等。

2. 信号分析

对上述 4 类收集到的有关系统、网络、数据及用户活动的状态和行为等信息,一般通过 3 种技术手段进行分析:模式匹配、统计分析和完整性分析。其中,前两种方法用于实时的入侵检测,而完整性分析则用于事后分析。

1）模式匹配

模式匹配就是将收集到的信息与已知的网络入侵和系统误用模式数据库进行比较,

从而发现违背安全策略的行为。该过程可以很简单（如通过字符串匹配以寻找一个简单的条目或指令），也可以很复杂（如利用正规的数学表达式来表示安全状态的变化）。一般来讲，一种进攻模式可以用一个过程（如执行一条指令）或一个输出（如获得权限）来表示。该方法的一大优点是只需收集相关的数据集合，显著减少系统负担，且技术已相当成熟。它与病毒防火墙采用的方法一样，检测准确率和效率都相当高。但是，该方法存在的弱点是需要不断地升级以对付不断出现的黑客攻击手法，不能检测到从未出现过的黑客攻击手段。

2）统计分析

统计分析方法首先给系统对象（如用户、文件、目录和设备等）创建一个统计描述，统计正常使用时的一些测量属性（如访问次数、操作失败次数和延时等）。测量属性的平均值将被用来与网络、系统的行为进行比较，任何观察值在正常值范围之外时，就认为有入侵发生。例如，统计分析可能标识一个不正常行为，因为它发现一个在晚八点至早六点没有登录的账户却在凌晨两点试图登录。其优点是可检测到未知的入侵和更为复杂的入侵，缺点是误报、漏报率高，且不适应用户正常行为的突然改变。具体的统计分析方法如基于专家系统的、基于模型推理的和基于神经网络的分析方法，目前正处于研究热点和迅速发展之中。

3）完整性分析

完整性分析主要关注某个文件或对象是否被更改，这经常包括文件和目录的内容及属性，它在发现被更改的、被病毒侵入的应用程序方面特别有效。完整性分析利用强有力的加密机制，称为消息摘要函数（如 MD5），能识别哪怕是微小的变化。其优点是不管模式匹配方法和统计分析方法能否发现入侵，只要是成功的攻击导致了文件或其他对象的任何改变，它都能够发现。缺点是一般以批处理方式实现，不用于实时响应。尽管如此，完整性检测方法还应该是网络安全产品的必要手段之一。例如，可以在每一天的某个特定时间内开启完整性分析模块，对网络系统进行全面的扫描检查。

8.3.4　入侵检测系统的典型代表

入侵检测系统的典型代表是 ISS 公司（国际互联网安全系统公司）的 Real Secure。由于入侵检测系统的市场在近几年中飞速发展，许多公司投入这一领域上来。Venustech（启明星辰）、Internet Security System（ISS）、思科、赛门铁克等公司都推出了自己的产品。它是计算机网络上自动实时的入侵检测和响应系统。它无妨碍地监控网络传输并自动检测和响应可疑的行为，在系统受到危害之前截取和响应安全漏洞和内部误用，从而最大限度地为企业网络提供安全。

入侵检测作为一种积极主动的安全防护技术，提供了对内部攻击、外部攻击和误操作的实时保护，在网络系统受到危害之前拦截和响应入侵。从网络安全立体纵深、多层次防御的角度出发，入侵检测理应受到人们的高度重视，这从国外入侵检测产品市场的蓬勃发展就可以看出。在国内，随着上网的关键部门、关键业务越来越多，迫切需要具有自主版权的入侵检测产品。但现状是入侵检测仅仅停留在研究和实验样品（缺乏升级和服务）阶段，或者是在防火墙中集成较为初级的入侵检测模块。可见，入侵检测产品仍具有较大的发展空间，从技术途径来讲，除了完善常规的、传统的技术（模式识别和完整性检测）外，应重点加强统计分析的相关技术研究。

8.4 身份验证和数据加密

8.4.1 基本概念

1. 身份验证

身份验证是指通过一定的手段,完成对用户身份的确认。

身份验证的目的是确认当前所声称为某种身份的用户,确实是所声称的用户。在日常生活中,身份验证并不罕见,例如通过检查对方的证件,一般可以确信对方的身份,但"身份验证"一词更多地被用在计算机、通信等领域。

身份验证的方法有很多,基本上可分为基于共享密钥的身份验证、基于生物学特征的身份验证和基于公开密钥加密算法的身份验证。不同的身份验证方法,安全性也各有高低。

1) 基于共享密钥的身份验证

基于共享密钥的身份验证是指服务器端和用户共同拥有一个或一组密码。当用户需要进行身份验证时,用户通过输入或通过保管有密码的设备提交由用户和服务器共同拥有的密码。服务器在收到用户提交的密码后,检查用户所提交的密码是否与服务器端保存的密码一致,如果一致,就判断用户为合法用户;如果用户提交的密码与服务器端所保存的密码不一致时,则判定身份验证失败。

使用基于共享密钥的身份验证的服务有很多,如绝大多数的网络接入服务、绝大多数的BBS以及维基百科等。

2) 基于生物学特征的身份验证

基于生物学特征的身份验证是指基于每个人身体上独一无二的特征,如指纹、虹膜等。

3) 基于公开密钥加密算法的身份验证

基于公开密钥加密算法的身份验证是指通信中的双方分别持有公开密钥和私有密钥,由其中的一方采用私有密钥对特定数据进行加密,而对方采用公开密钥对数据进行解密,如果解密成功,就认为用户是合法用户,否则就认为是身份验证失败。

使用基于公开密钥加密算法的身份验证的服务有 SSL、数字签名等。

2. 数据加密

数据加密是计算机系统对信息进行保护的一种最可靠的办法。它利用密码技术对信息进行交换,实现信息隐蔽,从而保护信息的安全。

考虑到用户可能试图使系统出现旁路的情况,如物理地取走数据库,在通信线路上窃听。对这样的威胁最有效的解决方法就是数据加密,即以加密格式存储和传输敏感数据。

数据加密的术语如下。

明文,即原始的或未加密的数据。通过加密算法对其进行加密,加密算法的输入信息为明文和密钥。

密文,即明文加密后的格式,是加密算法的输出信息。加密算法是公开的,而密钥则是不公开的。

8.4.2 访问控制和口令

1. 访问控制

按用户身份及其所归属的某预设的定义组限制用户对某些信息项的访问,或限制对某些控制功能的使用。访问控制通常用于系统管理员控制用户对服务器、目录、文件等网络资源的访问。

1)访问控制的功能

① 防止非法的主体进入受保护的网络资源。

② 允许合法用户访问受保护的网络资源。

③ 防止合法的用户对受保护的网络资源进行非授权的访问。

2)访问控制实现的策略

① 入网访问控制。

② 网络权限限制。

③ 目录级安全控制。

④ 属性安全控制。

⑤ 网络服务器安全控制。

⑥ 网络监测和锁定控制。

⑦ 网络端口和节点的安全控制。

⑧ 防火墙控制。

2. 访问控制的类型

访问控制可分为自主访问控制和强制访问控制两大类。

自主访问控制是指由用户有权对自身所创建的访问对象(文件、数据表等)进行访问,并可将对这些对象的访问权授予其他用户和从授予权限的用户收回其访问权限。

强制访问控制是指由系统(通过专门设置的系统安全员)对用户所创建的对象进行统一的强制性控制,按照规定的规则决定哪些用户可以对哪些对象进行什么样操作系统类型的访问,即使是创建者用户,在创建一个对象后,也可能无权访问该对象。

3. 口令

通过用户 ID 和口令进行认证是操作系统或应用程序通常采用的。如果非法用户获得合法用户身份的口令,他就可以自由访问未授权的系统资源,所以需要防止口令泄露。易被猜中的口令或默认口令也是一个很严重的问题,但一个更严重的问题是有的账号根本没有口令。实际上,所有使用弱口令、默认口令和没有口令的账号都应从系统中清除。

另外,很多系统有内置的或默认的账号,这些账号在软件的安装过程中通常口令是不变的。攻击者通常查找这些账号。因此,所有内置的或默认的账号都应从系统中移除。

目前,各类计算资源主要靠固定口令的方式来保护。这种以固定口令为基础的认证方式存在很多问题,对口令的攻击包括以下几种。

(1)网络数据流窃听(Sniffer)。攻击者通过窃听网络数据,如果口令使用明文传输,则可被非法截获。大量的通信协议如 Telnet、FTP、基本 HTTP 都使用明文口令,这意味着它们在网络上是以未加密格式传输于服务器端和客户端,而入侵者只需使用协议分析器就能查看到这些信息,从而进一步分析出口令,如图 8.11 所示。

Login:UserA Password:12345

监听

图 8.11　窃听

（2）认证信息截取/重放（Record/Replay）。有的系统会将认证信息进行简单加密后进行传输，如果攻击者无法用第一种方式推算出密码，可以使用截取/重放方式，需要的是重新编写客户端软件以使用加密口令实现系统登录，如图 8.12 所示。

认证信息

复制认证信息
然后重放

图 8.12　截取/重放

（3）字典攻击。根据调查结果可知，大部分的人为了方便记忆选用的密码都与自己身边的事物有关，如身份证号、生日、车牌号码、在办公桌上可以马上看到的标记或事物、其他有意义的单词或数字，某些攻击者会使用字典中的单词来尝试用户的密码。所以，大多数系统都建议用户在口令中加入特殊字符，以增加口令的安全性。

（4）穷举攻击（Brute Force），也称蛮力破解。这是一种特殊的字典攻击，它使用字符串的全集作为字典。如果用户的密码较短，很容易被穷举出来，因而很多系统都建议用户使用长口令。

（5）窥探。攻击者利用与被攻击系统接近的机会，安装监视器或亲自窥探合法用户输入口令的过程，以得到口令。

（6）社交工程。社交工程就是指采用非隐蔽方法盗用口令等，例如冒充是处长或局长骗取管理员信任得到口令等。冒充合法用户发送邮件或打电话给管理人员，以骗取用户口令等。

（7）垃圾搜索。攻击者通过搜索被攻击者的废弃物，得到与攻击系统有关的信息，如果用户将口令写在纸上又随便丢弃，则很容易成为垃圾搜索的攻击对象。

为防止攻击猜中口令，安全口令应具有以下特点。

（1）位数大于 6 位。

（2）大小写字母混合。如果用一个大写字母，既不要放在开头，也不要放在结尾。

（3）可以把数字无序地加在字母中。

（4）系统用户一定用 8 位口令，而且包括特殊符号。

不安全的口令则有如下几种情况。

（1）使用用户名（账号）作为口令。这种方法便于记忆，可是在安全上几乎是不堪一击。几乎所有以破解口令为手段的黑客软件，都首先会将用户名作为口令的突破口。

（2）使用用户名（账号）的变换形式作为口令。将用户名颠倒或者加前后缀作为口令，例如著名的黑客软件 John，如果用户名是 fool，那么它在尝试使用 fool 作为口令之后，还会试着使用诸如 fool123、fool1、loof、loof123、lofo 等作为口令。

（3）使用自己或者亲友的生日作为口令。这种口令有着很大的欺骗性，因为这样往往可以得到一个 6 位或者 8 位的口令。

（4）使用常用的英文单词作为口令。这种方法比前几种方法要安全一些。如果选用的单词是十分偏僻的，那么黑客软件就可能无能为力了。

8.4.3 数据加密

1. 背景简介

在历史上，密码学几乎专指加密算法：将普通信息（明文）转换成难以理解的资料（密文）的过程。解密算法则是其相反的过程：由密文转换回明文；密码机（Cipher）包含了这两种算法，一般加密即同时指加密与解密的技术。密码机的具体运作由两部分决定：一个是算法，另一个是钥匙。钥匙是一个用于密码机算法的秘密参数，通常只有通信者拥有。

在汉语口语中，计算机系统或网络使用的个人账户口令（password）也常被以密码代称，虽然口令也属密码学研究的范围，但学术上口令与密码学中所称的钥匙并不相同，即使两者间常有密切的关联。

2. 密钥的定义

密钥是一种参数，它是在明文转换为密文或将密文转换为明文的算法中输入的数据。

3. 密钥密码体系的分类

密钥技术提供的加密服务可以保证在开放式环境中网络传输的安全。通常大量使用的两种密钥加密技术是私用密钥（对称加密）和公共密钥（非对称加密）。

在私用密钥机制中，信息采用发送方和接收方保存的私有的密钥进行加密。这种系统假定双方已经通过一些人工方法交换了密钥，并且采用的密钥交换方式并不危及安全性。

公共密钥机制为每个用户产生两个相关的密钥。一个由用户私下保存，另一个放于公共区。如果某人准备给你发送消息，他（她）用你的公开密钥对信息加密。当收到信息后，可以用私存的密钥对信息解密。

4. 私钥加密

私钥加密又称为秘密密钥（Secret Key）技术，是指发送方和接收方依靠事先约定的密钥对明文进行加密和解密的算法，它的加密密钥和解密密钥相同，只有发送方和接收方才知道这一密钥。它的最大优势是加密和解密速度快，适合于对大数据量进行加密，但密钥管理困难。

在通用密码体制中，目前得到广泛应用的典型算法是 DES 算法。DES 是由"转置"方式和"换字"方式合成的通用密钥算法，先将明文（或密文）按 64 位分组，再逐组将 64 位的明文（或密文），用 56 位的密钥（另有 8 位奇偶校验位，共 64 位），经过各种复杂的计算和变换，生成 64 位的密文（或明文），该算法属于分组密码算法。该算法是对二进制数字化信息加密及解密的算法，是通常数据通信中用计算机对通信数据加密保护时使用的算法。

DES 算法可以由一块集成电路实现加密和解密功能，可以简单地生成 DES 密码。通常使用以下的数据加密模型描述数据加密的过程，如图 8.13 所示。

5. 公钥加密

公开密钥密码体制出现于 1976 年。它最主要的特点就是加密和解密使用不同的密钥，每个用户保存着一对密钥：公开密钥 PK 和私有密钥 SK。因此，这种体制又称为双钥或非对称密钥码体制，如图 8.14 所示。

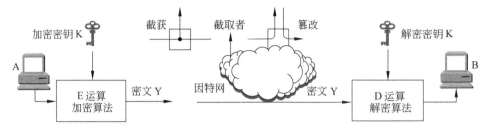

图 8.13　私钥加密

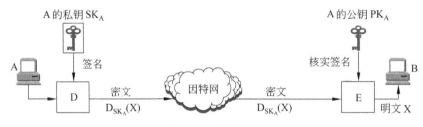

图 8.14　公钥加密

这种数字签名方法必须同时使用收、发双方的解密密钥和公开密钥才能获得原文，也能够完成发送方的身份认证和接收方无法伪造报文的功能。公钥机制灵活，但加密和解密速度却比对称密钥加密慢得多。

8.4.4　数字证书和电子签证机关

1. 数字证书

数字证书（Digital ID）又称为数字凭证。数字证书是用电子手段来证实一个用户的身份和对网络资源的访问权限。

互联网络的用户群绝不是几个人互相信任的小集体，在这个用户群中，从法律角度讲用户彼此之间都不能轻易信任。所以，公钥加密体系采取了另一个办法，将公钥和公钥的主人名字联系在一起，再请一个大家都信得过有信誉的公正、权威机构确认，并加上这个权威机构的签名，这就形成了证书。

数字证书就是一个数字文件，通常由 4 部分组成：第一是证书持有人的姓名、地址等关键信息；第二是证书持有人的公开密钥；第三是证书序号、证书的有效期限；第四是发证单位的数字签名。

由于证书上有权威机构的签字，所以大家都认为证书上的内容是可信任的；又由于证书上有主人的名字等身份信息，别人就很容易地知道公钥的主人是谁。

1978 年人们提出了公共密钥密码的具体实施方案，即 RSA 方案。1991 年人们提出的 DSA 算法也是一种公共密钥算法，在数字签名方面有较大的应用优势。

在公钥体制中，加密密钥不同于解密密钥。人们将加密密钥公之于众，谁都可以使用；而解密密钥只有解密人自己知道。迄今为止的所有公钥密码体系中，RSA 系统是最著名、使用最广泛的一种。

2. 电子签证机关

所谓 CA(Certificate Authority，证书发行机构)是采用 PKI(Public Key Infrastructure，公开密钥体系)公开密钥技术，专门提供网络身份认证服务，负责签发和管理数字证书，且具有权威性和公正性的第三方信任机构，它的作用就像颁发证件的部门，如护照办理机构。

电子签证机关(CA)也拥有一个证书(内含公钥)，当然它也有自己的私钥，所以它有签字的能力。网上的公众用户通过验证 CA 的签字从而信任 CA，任何人都应该可以得到 CA 的证书(含公钥)，用以验证它所签发的证书。

如果用户想得到一份属于自己的证书，他应先向 CA 提出申请。在 CA 验证申请者的身份后，便为他分配一个公钥，并且 CA 将该公钥与申请者的身份信息绑在一起，并为之签字后，便形成证书发给那个用户(申请者)。

如果一个用户想鉴别另一个证书的真伪，他就用 CA 的公钥对那个证书上的签字进行验证(如前所述，CA 签字实际上是经过 CA 私钥加密的信息，签字验证的过程还伴随使用 CA 公钥解密的过程)，一旦验证通过，该证书就被认为是有效的。

电子签证机关(CA)除了签发证书之外，它的另一个重要作用是证书和密钥的管理。

由此可见，证书就是用户在网上的电子个人身份证，同日常生活中使用的个人身份证作用一样。CA 相当于网上公安局，专门发放、验证身份证。

3. 公开密钥算法 RSA

公开密钥密码体制思想不同于传统的对称密钥密码体制，它要求密钥成对出现，一个为加密密钥(E)，另一个为解密密钥(D)，且不可能从其中一个推导出另一个。多数密码算法的安全基础是基于一些数学难题，这些难题专家们认为在短期内不可能得到解决。因为一些问题(如因子分解问题)至今已有数千年的历史了。

公钥加密算法也称为非对称密钥算法，用两对密钥：一个公共密钥和一个专用密钥。用户要保障专用密钥的安全；公共密钥则可以发布出去。公共密钥与专用密钥是有紧密关系的，用公共密钥加密的信息只能用专用密钥解密，反之亦然。由于公钥算法不需要联机密钥服务器，密钥分配协议简单，所以极大简化了密钥管理。除加密功能外，公钥系统还可以提供数字签名。

公钥加密算法中使用最广的 RSA 是 1977 年由 MIT 教授 Ronald L. Rivest、Adi Shamir 和 Leonard M. Adleman 共同开发的，分别取自 3 名数学家的名字的第一个字母来构成。

RSA 使用两个密钥：一个公共密钥，一个专用密钥。如用其中一个加密，则可用另一个解密，密钥长度从 40～2048b 可变，加密时把明文分成块，块的大小可变，但不能超过密钥的长度，RSA 算法把每一块明文转化为与密钥长度相同的密文块。密钥越长，加密效果越好，但加密解密的开销也大，所以要在安全与性能之间折中考虑，一般 64 位是较合适的。RSA 的一个比较知名的应用是 SSL，在美国和加拿大，SSL 用 128 位 RSA 算法，由于出口限制，在其他地区(包括中国)通用的则是 40 位版本。

公共密钥的优点就在于，也许你并不认识某一实体，但只要你的服务器认为该实体的 CA 是可靠的，就可以进行安全通信，而这正是 Web 商务这样的业务所要求的。例如，信用卡购物，服务方对自己的资源可根据客户 CA 的发行机构的可靠程度来授权。目前国内外尚没有可以被广泛信赖的 CA。美国 Natescape 公司的产品支持公用密钥,但把 Natescape 公司作为 CA。

8.4.5 数字签名

数字签名(又称公钥数字签名、电子签章)是一种类似写在纸上的普通的物理签名,但是使用了公钥加密领域的技术实现,用于鉴别数字信息的方法。一套数字签名通常定义两种互补的运算:一个用于签名,另一个用于验证。数字签名不是指将你的签名扫描成数字图像,或者用触摸板获取的签名,更不是你的落款。

1. 数字签名的概念

数字签名是指通过一个单向函数对传送的报文进行处理得到的,是一个用于认证报文来源并核实报文是否发生变化的字符串。数字签名的作用就是为了鉴别文件或书信真伪,签名起到认证、生效的作用。数字签名用来保证信息传输过程中信息的完整和提供发送者身份的凭证。

使用数字签名的文件的完整性是很容易验证的(不需要骑缝章、骑缝签名,也不需要笔迹专家),而且数字签名具有不可抵赖性(不需要笔迹专家来验证)。

简单地说,所谓数字签名就是附加在数据单元上的一些数据,或是对数据单元所做的密码变换。这种数据或变换允许数据单元的接收者用以确认数据单元的来源和数据单元的完整性并保护数据,防止被人(如接收者)伪造。

它是对电子形式的消息进行签名的一种方法,一个签名消息能在一个通信网络中传输。基于公钥密码体制和私钥密码体制都可以获得数字签名,目前主要是基于公钥密码体制的数字签名,包括普通数字签名和特殊数字签名。普通数字签名算法有 RSA、椭圆曲线数字签名算法和有限自动机数字签名算法等。

数字签名主要的功能:保证信息传输的完整性,发送者的身份认证,防止交易中的抵赖发生。

2. 数字签名技术

数字签名(Digital Signature)技术是不对称加密算法的典型应用。数字签名的应用过程是,数据源发送方使用自己的私钥对数据校验和或其他与数据内容有关的变量进行加密处理,完成对数据的合法"签名",数据接收方则利用对方的公钥来解读收到的"数字签名",并将解读结果用于对数据完整性的检验,以确认签名的合法性。数字签名技术是在网络系统虚拟环境中确认身份的重要技术,完全可以代替现实过程中的"亲笔签字",在技术和法律上有保证。在公钥与私钥管理方面,数字签名应用与加密邮件 PGP 技术正好相反。在数字签名应用中,发送者的公钥可以很方便地得到,但他的私钥则需要严格保密。

数字签名技术是将摘要信息用发送者的私钥加密,与原文一起传送给接收者。接收者只有用发送的公钥才能解密被加密的摘要信息,然后用 Hash 函数对收到的原文产生一个摘要信息,与解密的摘要信息对比。如果相同,则说明收到的信息是完整的,在传输过程中没有被修改,否则说明信息被修改过,因此数字签名能够验证信息的完整性。

数字签名是个加密的过程,数字签名验证是个解密的过程,如图 8.15 所示。

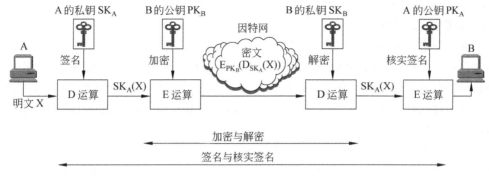

图 8.15 具有保密性的数字签名

3. 数字签名的使用

使用数字签名一般基于以下原因。

1）鉴权

公钥加密系统允许任何人在发送信息时使用公钥进行加密,数字签名能够让信息接收者确认发送者的身份。鉴权的重要性在财务数据上表现得尤为突出。

2）完整性

传输数据的双方都希望确认消息未在传输的过程中被修改。加密使得第三方想要读取数据十分困难,然而第三方仍然能采取可行的方法在传输的过程中修改数据。

3）不可抵赖

在密文背景下,"抵赖"这个词指的是不承认与消息有关的举动(即声称消息来自第三方)。消息的接收方可以通过数字签名来防止所有后续的抵赖行为,因为接收方可以出示签名给别人来证明信息的来源。

4）实现

数字签名算法依靠公钥加密技术来实现。在公钥加密技术里,每一个使用者有一对密钥:一把公钥和一把私钥。公钥可以自由发布,但私钥则秘密保存;还有一个要求就是要让通过公钥推算出私钥的做法不可能实现。

8.5 病毒检测和防范

8.5.1 计算机病毒的定义

计算机病毒(Computer Virus)指利用计算机软件与硬件的缺陷,编制或在计算机程序中插入的破坏计算机功能或数据,影响计算机使用并且能够自我复制的一组计算机指令或者程序代码,如图 8.16 所示。

从 1987 年发现第 1 例计算机病毒以来,计算机病毒的发展经历了以下几个主要阶段。

DOS 引导阶段、DOS 可执行文件阶段、混合型阶段、伴随及批次性阶段、多形性阶段、生成器及变体机阶段、网络及蠕虫阶段、视

图 8.16 计算机病毒

窗阶段、宏病毒阶段和互联网阶段。

1. 计算机病毒的产生

病毒不是来源于突发或偶然的原因。一次突发的停电和偶然的错误,会在计算机的磁盘和内存中产生一些乱码和随机指令,但这些代码是无序和混乱的,病毒则是一种比较完美的、精巧严谨的代码,按照严格的秩序组织起来,与所在的系统网络环境相适应和配合起来,病毒不会通过偶然形成,并且需要有一定的长度,这个基本的长度从概率上来讲是不可能通过随机代码产生的。

现在流行的病毒是由人为故意编写的,多数病毒可以找到作者和产地信息,从大量的统计分析来看,病毒作者的主要情况和目的:一些天才的程序员为了表现自己和证明自己的能力,出于对上司的不满,为了好奇,为了报复,为了得到控制口令,为了软件拿不到报酬预留的陷阱等。当然也有因政治、军事、宗教、民族、专利等方面的需求而专门编写的,其中也包括一些病毒研究机构和黑客的测试病毒。

2. 计算机病毒的特点

计算机病毒具有以下几个特点。

(1)寄生性。计算机病毒寄生在其他程序之中,当执行这个程序时,病毒就起破坏作用,而在未启动这个程序之前,它是不易被人发觉的。

(2)传染性。计算机病毒不但本身具有破坏性,更有害的是具有传染性,一旦病毒被复制或产生变种,其速度之快令人难以预防。传染性是病毒的基本特征。在生物界,病毒通过传染从一个生物体扩散到另一个生物体。在适当的条件下,它可得到大量繁殖,并使被感染的生物体表现出病症甚至死亡。同样,计算机病毒也会通过各种渠道从已被感染的计算机扩散到未被感染的计算机,在某些情况下造成被感染的计算机工作失常甚至瘫痪。与生物病毒不同的是,计算机病毒是一段人为编制的计算机程序代码,这段程序代码一旦进入计算机并得以执行,它就会搜寻其他符合其传染条件的程序或存储介质,确定目标后再将自身代码插入其中,达到自我繁殖的目的。

(3)潜伏性。有些病毒像定时炸弹一样,让它什么时间发作是预先设计好的。例如黑色星期五病毒,不到预定时间一点都觉察不出来,等到条件具备的时候一下子就爆炸开来,对系统进行破坏。一个编制精巧的计算机病毒程序,进入系统之后一般不会马上发作,可以在几周或者几个月内甚至几年内隐藏在合法文件中,对其他系统进行传染,而不被人发现。触发条件一旦得到满足,有的在屏幕上显示信息、图形或特殊标识,有的则执行破坏系统的操作,如格式化磁盘、删除磁盘文件、对数据文件做加密、封锁键盘以及使系统死锁等。

(4)隐蔽性。计算机病毒具有很强的隐蔽性,有的可以通过病毒软件检查出来,有的根本就查不出来,有的时隐时现、变化无常,这类病毒处理起来通常很困难。

(5)破坏性。计算机中毒后,可能会导致正常的程序无法运行,把计算机内的文件删除或受到不同程度的损坏。通常表现为增、删、改、移。

(6)计算机病毒的可触发性。病毒因某个事件或数值的出现,诱使病毒实施感染或进行攻击的特性称为可触发性。为了隐蔽自己,病毒必须潜伏,少做动作。如果完全不动,一直潜伏的话,病毒既不能感染也不能进行破坏,便失去了杀伤力。病毒既要隐蔽又要维持杀伤力,它必须具有可触发性。病毒的触发机制就是用来控制感染和破坏动作频率的。病毒具有预定的触发条件,这些条件可能是时间、日期、文件类型或某些特定数据等。病毒运行时,触发机制检查预定条件是否满足,如果满足,启动感染或破坏动作,使病毒进行感染或攻击;如果不满足,使病毒继续潜伏。

8.5.2　计算机病毒的分类与特征

根据多年对计算机病毒的研究,按照科学的、系统的、严密的方法,计算机病毒可分类如下。

(1) 根据病毒存在的媒体,病毒可以划分为网络病毒、文件病毒、引导型病毒。网络病毒通过计算机网络传播感染网络中的可执行文件,文件病毒感染计算机中的文件(如COM、EXE、DOC 等),引导型病毒感染启动扇区(Boot)和硬盘的系统引导扇区(MBR)。还有这 3 种情况的混合型,如多型病毒(文件和引导型)感染文件和引导扇区,这样的病毒通常都具有复杂的算法,它们使用非常规的办法侵入系统,同时使用了加密和变形算法。

(2) 根据病毒传染的方法可分为驻留型病毒和非驻留型病毒。驻留型病毒感染计算机后,把自身的内存驻留部分放在内存(RAM)中,这一部分程序挂接系统调用并合并到操作系统中去,它处于激活状态,一直到关机或重新启动。非驻留型病毒在得到机会激活时并不感染计算机内存,一些病毒在内存中留有小部分,但是并不通过这一部分进行传染,这类病毒也被划分为非驻留型病毒。

(3) 根据病毒破坏的能力可划分为以下几种。

① 无害型:除了传染时减少磁盘的可用空间外,对系统没有其他影响。

② 无危险型:这类病毒仅仅是减少内存、显示图像、发出声音及同类音响。

③ 危险型:这类病毒在计算机系统操作中造成严重的错误。

④ 非常危险型:这类病毒删除程序、破坏数据、清除系统内存区和操作系统中重要的信息。这些病毒对系统造成的危害,并不是本身的算法中存在危险的调用,而是当它们传染时会引起无法预料的和灾难性的破坏。由病毒引起其他的程序产生的错误也会破坏文件和扇区,这些病毒也按照它们引起的破坏能力划分。一些现在的无害型病毒也可能会对新版的 DOS、Windows 和其他操作系统造成破坏。例如,在早期的病毒中,有一个叫作 Denzuk 的病毒,在 360KB 磁盘上可以很好地工作,不会造成任何破坏,但是在后来的高密度软盘上却能引起大量的数据丢失。

(4) 根据病毒特有的算法,病毒可以划分为以下几种。

① 伴随型病毒。这一类病毒并不改变文件本身,它们根据算法产生 EXE 文件的伴随体,具有同样的名字和不同的扩展名(COM)。例如,XCOPY.EXE 的伴随体是 XCOPY.COM。病毒把自身写入 COM 文件而并不改变 EXE 文件,当 DOS 加载文件时,伴随体优先被执行到,再由伴随体加载执行原来的 EXE 文件。

② "蠕虫"型病毒。通过计算机网络传播,不改变文件和资料信息,利用网络从一台机器的内存传播到其他机器的内存,计算网络地址,将自身的病毒通过网络发送。有时它们在系统中存在,一般除了内存不占用其他资源。

③ 寄生型病毒。除了伴随型和"蠕虫"型病毒外,其他病毒均可称为寄生型病毒,它们依附在系统的引导扇区或文件中,通过系统的功能进行传播。

④ 诡秘型病毒。它们一般不直接修改 DOS 中断和扇区数据,而是通过设备技术和文件缓冲区等 DOS 内部修改,不易看到资源,使用比较高级的技术。利用 DOS 空闲的数据区进行工作。

⑤ 变形病毒(又称为幽灵病毒)。这一类病毒使用一个复杂的算法,使自己每传播一份都具有不同的内容和长度。它们一般的做法是由一段混有无关指令的解码算法和被变化过的病毒体组成。

8.5.3 计算机病毒的危害性

1988 年 11 月 2 日下午 5 时 1 分 59 秒,美国康奈尔大学的计算机科学系研究生,23 岁的莫里斯(Morris)将其编写的"蠕虫"程序输入计算机网络,致使这个拥有数万台计算机的网络被堵塞。这件事就像是计算机界的一次大地震,引起了巨大反响,震惊全世界,引起了人们对计算机病毒的恐慌,也使更多的计算机专家开始重视和致力于计算机病毒研究。

1988 年下半年,我国在统计局系统首次发现了"小球"病毒,它对统计系统影响极大,此后由计算机病毒发作而引起的"病毒事件"接连不断,之前发现的 CIH 等病毒更是给社会造成了很大损失。

1. 病毒的破坏行为

计算机病毒的破坏行为体现了病毒的杀伤能力。病毒破坏行为的激烈程度取决于病毒作者的主观愿望和他所具有的技术能量。数以万计不断发展扩张的病毒,其破坏行为千奇百怪,不可能穷举其破坏行为,而且难以做全面的描述,根据现有的病毒资料可以把病毒的破坏目标和攻击部位归纳如下:攻击系统数据区中的硬盘主引寻扇区、Boot 扇区、FAT 表、文件目录等。

(1) 攻击系统数据区。

攻击系统数据区的病毒是恶性病毒,受损的数据不易恢复。攻击文件,病毒对文件的攻击方式很多,如删除、改名、替换内容、丢失部分程序代码、内容颠倒、写入时间空白、变碎片、假冒文件、丢失文件簇、丢失数据文件等。攻击内存,内存是计算机的重要资源,也是病毒攻击的主要目标之一,病毒额外地占用和消耗系统的内存资源,可以导致一些较大的程序难以运行。

(2) 攻击内存。

病毒攻击内存的方式:占用大量内存,改变内存总量,禁止分配内存,蚕食内存等。

(3) 干扰系统运行。

此类型病毒会干扰系统的正常运行,以此作为自己的破坏行为,此类行为也是花样繁多,如不执行命令、干扰内部命令的执行、虚假报警、使文件打不开、使内部栈溢出、占用特殊数据区、时钟倒转、重启动、死机、强制游戏、扰乱串/并行口等。

(4) 攻击磁盘。

攻击磁盘数据、不写盘、写操作改变为读操作、写盘时丢字节等。

(5) 扰乱屏幕显示。

病毒扰乱屏幕显示的方式很多,如字符跌落、环绕、倒置、显示前一屏、光标下跌、滚屏、抖动、乱写、吃字符等。

（6）键盘病毒。

干扰键盘操作,已发现有下述方式：响铃、封锁键盘、换字、抹掉缓存区字符、重复、输入紊乱等。

（7）喇叭病毒。

许多病毒运行时,会使计算机的喇叭发出响声。有的病毒作者通过喇叭发出种种声音,有的病毒作者让病毒演奏旋律优美的世界名曲,已发现的喇叭发声有演奏曲子、警笛声、炸弹噪声、鸣叫等方式。

（8）攻击 CMOS。

在机器的 CMOS 区中,保存着系统的重要数据,如系统时钟、磁盘类型、内存容量等,并具有校验和。有的病毒激活时,能够对 CMOS 区进行写入动作,破坏系统 CMOS 中的数据。

（9）干扰打印机,典型现象：假报警、间断性打印、更换字符等。

2. 用户计算机中毒的症状

- 计算机系统运行速度减慢。
- 计算机系统经常无故发生死机。
- 计算机系统中的文件长度发生变化。
- 计算机存储的容量异常减少。
- 系统引导速度减慢。
- 丢失文件或文件损坏。
- 计算机屏幕上出现异常显示。
- 计算机系统的蜂鸣器出现异常声响。
- 磁盘卷标发生变化。
- 系统不识别硬盘。
- 对存储系统异常访问。
- 键盘输入异常。
- 文件的日期、时间、属性等发生变化。
- 文件无法正确读取、复制或打开。
- 命令执行出现错误。
- 虚假报警。
- 换当前盘。有些病毒会将当前盘切换到 C 盘。
- 时钟倒转。有些病毒会命令系统时间倒转,逆向计时。
- Windows 操作系统无故频繁出现错误。
- 系统异常重新启动。
- 一些外部设备工作异常。
- 异常要求用户输入密码。
- Word 或 Excel 提示执行"宏"。
- 不应驻留内存的程序驻留内存。

3. 计算机病毒的传染途径

计算机病毒之所以称为病毒是因为其具有传染性的本质。传统渠道通常有以下几种。

（1）通过硬盘。通过硬盘传染也是重要的渠道，由于带有病毒的机器移到其他地方使用、维修等，将干净的硬盘传染并再扩散。

（2）通过光盘。因为光盘容量大，存储了海量的可执行文件，大量的病毒就有可能藏身于光盘，对只读式光盘，不能进行写操作，因此光盘上的病毒不能清除。以谋利为目的的非法盗版软件的制作过程中，不可能为病毒防护担负专门责任，也绝不会有真正可靠可行的技术保障避免病毒的传入、传染、流行和扩散。当前，盗版光盘的泛滥给病毒的传播带来了很大的便利。

（3）通过网络。这种传染扩散极快，能在很短时间内传遍网络上的机器。

随着 Internet 的风靡，给病毒的传播又增加了新的途径，它的发展使病毒可能成为灾难，病毒的传播更迅速，反病毒的任务更加艰巨。Internet 带来两种不同的安全威胁：一种威胁来自文件下载，这些被浏览的或是被下载的文件可能存在病毒；另一种威胁来自电子邮件。大多数 Internet 邮件系统提供了在网络间传送附带格式化文档邮件的功能，因此遭受病毒的文档或文件就可能通过网关和邮件服务器涌入企业网络。网络使用的简易性和开放性使得这种威胁越来越严重。

8.5.4 病毒检测和防护

1. 工作原理

目前，计算机病毒防范技术的工作原理主要有签名扫描和启发式扫描两种。

1）签名扫描

通过搜索目标（宿主计算机、磁盘驱动器或文件）来查找表示恶意软件的模式。这些模式通常存储在被称为"签名文件"的文件中，签名文件由软件供应商定期更新，以确保防病毒扫描器能够尽可能多地识别已知的恶意软件攻击。此技术的主要问题是，防病毒软件必须已更新为应对恶意软件，之后扫描器才可识别它。

2）启发式扫描

通过查找通用的恶意软件特征，来尝试检测新形式和已知形式的恶意软件。此技术的主要优点是，它并不依赖于签名文件来识别和应对恶意软件。但是，启发式扫描具有许多特定问题，包括以下内容。

① 错误警报。此技术使用通用的特征，因此如果合法软件和恶意软件的特征类似，则容易将合法软件报告为恶意软件。

② 慢速扫描。查找特征的过程对于软件而言要比查找已知的恶意软件模式更难。因此，启发式扫描所用的时间要比签名扫描的时间长。

③ 新特征可能被遗漏。如果新的恶意软件攻击所显示的特征以前尚未被识别出，则启发式扫描器可能会遗漏它，直至扫描器被更新。

④ 行为阻止。此技术着重于恶意软件攻击的行为，而不是代码本身。例如，如果应用程序尝试打开一个网络端口，则行为阻止防病毒程序会将其检测为典型的恶意软件行为，然后将此行为标记为可能的恶意软件攻击。

2. 检测和防范

用防病毒软件来防范病毒需要定期自动更新或者下载最新的病毒定义、病毒特征。但是防病毒软件的问题在于它只能为防止已知的病毒提供保护。因此，防病毒软件只是在检测已知的特定模式的病毒和"蠕虫"方面发挥作用。

人们对恶意代码的查找和分类的根据:对恶意代码的理解和对恶意代码"签名"的定位来识别恶意代码。然后将这个签名加入到识别恶意代码的签名列表中,这就是防病毒软件的工作原理。防病毒软件成功的关键是它能否定位"签名"。如 Datom. A 蠕虫,这个蠕虫虽然可以通过"签名"机制来检测从而保护计算机免于某些恶意代码的攻击,但是"签名"机制却越来越无效。

恶意代码基本上可以分为两类:脚本代码和自执行代码。实现对脚本蠕虫的防护很简单。例如,VBScript 蠕虫的传播是有规律的,因此常常可以通过运行一个应用程序的脚本来控制这块代码或者让这个代码失效。

下面为典型组织中最容易受到恶意软件攻击的区域。

(1)外部网络。没有在组织直接控制之下的任何网络都应该认为是恶意软件的潜在源。但是,Internet 是最大的恶意软件威胁。Internet 提供的匿名和连接允许心怀恶意的个人获得对许多目标的快速而有效访问,以使用恶意代码发动攻击。

(2)来宾客户端。随着便携式计算机和移动设备在企业中的使用越来越广泛,设备经常移入和移出其他组织的基础结构。如果来宾客户端未采取有效的病毒防护措施,则它们就是组织的恶意软件威胁。

(3)可执行文件。具有执行能力的任何代码都可以用作恶意软件。这不仅包括程序,而且还包括脚本、批处理文件和活动对象(如 Microsoft ActiveX 控件)。

(4)文档。随着文字处理器和电子表格应用程序的日益强大,它们已成为恶意软件编写者的目标。许多应用程序内支持的宏语言使得它们成为潜在的恶意软件目标。

(5)电子邮件。恶意软件编写者可以同时利用电子邮件附件和电子邮件内活动的超文本标记语言代码作为攻击方法。

(6)可移动媒体。通过某种形式的可移动媒体进行的文件传输是组织需要作为其病毒防护的一部分解决的一个问题。其中,一些更常用的可移动媒体包括以下内容。

① CD-ROM 或 DVD-ROM 光盘。廉价的 CD 和 DVD 刻录设备的出现使得所有计算机用户(包括编写恶意软件的用户)都可以容易地访问这些媒体。

② 软盘驱动器和 Zip 驱动器。这些媒体不再像以前那样流行了,原因是其容量和速度有限,如果恶意软件可以物理访问它们,则它们仍然会带来风险。

③ USB 驱动器。这些设备具有多种形式,从经典的钥匙圈大小的设备到手表。如果可以将所有这些设备插入主机的通用串行总线(USB)端口,则这些设备都可以用于引入恶意软件。

④ 内存卡。数字照相机和移动设备(如 PDA 和移动电话)已经有数字内存卡。卡阅读器正日益成为计算机上的标准设备,使用户可以更轻松地传输内存卡上的数据。由于这些数据是基于文件的,因此这些卡也可以将恶意软件传输到主机系统上。

3. 深层防护安全模型

在针对恶意软件尝试组织有效的防护之前,需要了解组织基础结构中存在风险的各个部分以及每个部分的风险程度。

在发现并记录了组织所面临的风险后,下一步就是检查和组织将用来提供防病毒解决方案的防护措施。深层防护安全模型是此过程的极好起点。此模型识别出 7 级安全防护,它们旨在确保损害组织安全的尝试将遇到一组强大的防护措施。每组防护措施都能够阻挡多种不同级别的攻击。图8.17说明了深层防护安全模型定义的各个层次。图中的各层提供了在为网络设计安全防护时,环境中应该考虑的每个区域的视图。

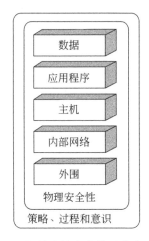

图 8.17　深层防护安全模型的各个层次

8.6　虚拟专用网

虚拟专用网(Virtual Private Network,VPN)指依靠ISP和其他NSP(网络服务提供者)在公用网络(如Internet、Frame Relay、ATM)建立专用的数据通信网络的技术。在虚拟网中,任意两个节点之间的连接并没有传统专网所需的端到端的物理链路。

VPN适用于大中型企业的总公司和各地分公司或分支机构的网络互连和企业同商业合作伙伴之间的网络互连。目前,VPN能实现的功能:企业员工及授权商业伙伴共享企业的商业信息;在网上进行信息及文件安全快速的交换;通过网络安全地发送电子邮件;通过网络实现无纸办公和无纸贸易。

VPN的访问方式多种多样,包括拨号模拟方式、ISDN、DSL、专线、IP路由器或线缆调制解调器。现在一般所说的VPN更多指的是构建在公用IP网络上的专用网,也可称之为IP VPN(以IP为主要通信协议)。

8.6.1　虚拟专用网技术基础

1. VPN 功能

VPN可以通过特殊加密的通信协议,在连接在Internet上的位于不同地方的两个或多个企业内部网之间建立一条专有的通信线路,就好比是架设了一条专线一样,但是它并不需要真正地去铺设光缆之类的物理线路。这就好比去电信局申请专线,但是不用给铺设线路的费用,也不用购买路由器等硬件设备。VPN技术原是路由器具有的重要技术之一,在交换机、防火墙设备或Windows等软件里也都支持VPN功能。总之,VPN的核心就是利用公共网络建立虚拟私有网。

虚拟专用网被定义为通过一个公用网络(通常是因特网)建立一个临时的、安全的连接,是一条穿过混乱的公用网络的安全、稳定的隧道。虚拟专用网是对企业内部网的扩展。虚拟专用网可以帮助远程用户、公司分支机构、商业伙伴及供应商同公司的内部网建立可信的安全连接，并保证数据的安全传输。虚拟专用网可用于不断增长的移动用户的全球因特网接入，以实现安全连接；可用于实现企业网站之间安全通信的虚拟专用线路，用于经济有效地连接到商业伙伴和用户的安全外联网虚拟专用网，如图 8.18 所示。

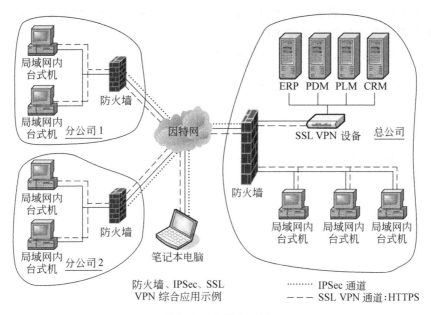

图 8.18　虚拟专用网

2. 网络协议

常用的虚拟私人网络协议 IPSec(IP Security)是保护 IP 安全通信的标准，它主要对 IP 分组进行加密和认证。

3. VPN 安全技术

由于传输的是私有信息，VPN 用户对数据的安全性都比较关心。目前，VPN 主要采用 4 项技术来保证安全，这 4 项技术分别是隧道技术、加解密技术、密钥管理技术、使用者与设备身份认证技术。

1) 隧道技术(Tunnelling)

隧道技术是 VPN 的基本技术，类似于点对点连接技术。它在公用网建立一条数据通道(隧道)，让数据包通过这条隧道传输。隧道是由隧道协议形成的，分为第二、三层隧道协议。第二层隧道协议是先把各种网络协议封装到 PPP 中，再把整个数据包装入隧道协议中。这种双层封装方法形成的数据包靠第二层协议进行传输。第二层隧道协议有 L2F、PPTP、L2TP 等。L2TP 是目前 IETF 的标准，由 IETF 融合 PPTP 与 L2F 而形成。

第三层隧道协议是把各种网络协议直接装入隧道协议中，形成的数据包依靠第三层协议进行传输。第三层隧道协议有 VTP、IPSec 等。IPSec 是由一组 RFC 文档组成的，定义了一个系统来提供安全协议选择、安全算法，确定服务所使用密钥等服务，从而在 IP 层提供安全保障。

2）加解密技术（Encryption & Decryption）

加解密技术是数据通信中一项较成熟的技术，VPN可直接利用现有技术。

3）密钥管理技术（Key Management）

密钥管理技术的主要任务是如何在公用数据网上安全地传递密钥而不被窃取。现行密钥管理技术分为SKIP与ISAKMP/OAKLEY两种。SKIP主要是利用Diffie-Hellman的演算法则，在网络上传输密钥；在ISAKMP中，双方都有两把密钥，分别用于公用和私用。

4）使用者与设备身份认证技术（Authentication）

使用者与设备身份认证技术最常用的是使用者名称与密码或卡片式认证等方式。

8.6.2　虚拟专网需求及解决方案

虚拟专用网可以帮助远程用户、公司分支机构、商业伙伴及供应商同公司的内部网建立可信的安全连接，并保证数据的安全传输。通过将数据流转移到低成本的IP网络上，一个企业的虚拟专用网解决方案将大幅度地减少用户花费在城域网和远程网络连接上的费用。同时，这将简化网络的设计和管理，加速连接新的用户和网站。

另外，虚拟专用网还可以保护现有的网络投资。随着用户的商业服务不断发展，企业的虚拟专用网解决方案可以使用户将精力集中到自己的生意上，而不是网络上。虚拟专用网可用于不断增长的移动用户的全球因特网接入，以实现安全连接；可用于实现企业网站之间安全通信的虚拟专用线路，用于经济有效地连接到商业伙伴和用户的安全外联网虚拟专用网。

1. 需求及解决方案

目前，很多单位都面临这样的挑战：分公司、经销商、合作伙伴、客户和外地出差人员要求随时经过公用网访问公司的资源，这些资源包括公司的内部资料、办公（OA）系统、ERP系统、CRM系统、项目管理系统等。现在很多公司通过使用IPSec VPN来保证公司总部和分支机构以及移动工作人员之间的安全连接。

针对不同的用户要求，VPN有3种解决方案：远程访问虚拟网（Access VPN）、企业内部虚拟网（Intranet VPN）和企业扩展虚拟网（Extranet VPN），这3种类型的VPN分别与传统的远程访问网络、企业内部的Intranet以及企业网和相关合作伙伴的企业网所构成的Extranet（外部扩展）相对应。

1）远程访问虚拟网

如果企业的内部人员有移动或有远程办公需要，或者商家要提供B2C的安全访问服务，就可以考虑使用Access VPN。它通过一个拥有与专用网络相同策略的共享基础设施，提供对企业内部网或外部网的远程访问。Access VPN能使用户随时随地以其所需的方式访问企业资源。Access VPN包括模拟、拨号、ISDN、数字用户线路（xDSL）、移动IP和电缆技术，能够安全地连接移动用户、远程工作者或分支机构。

Access VPN最适用于公司内部经常有流动人员远程办公的情况。出差员工利用当地ISP提供的VPN服务，就可以和公司的VPN网关建立私有的隧道连接。RADIUS服务器可对员工进行验证和授权，保证连接的安全，同时负担的电话费用大大降低。

2）企业内部虚拟网

如果要进行企业内部各分支机构的互连，使用Intranet VPN是很好的方式。

越来越多的企业需要在全国乃至世界范围内建立各种办事机构、分公司、研究所等,各个分公司之间传统的网络连接方式一般是租用专线。显然,在分公司增多、业务开展越来越广泛时,网络结构趋于复杂,费用昂贵。利用 VPN 的特性可以在 Internet 上组建世界范围内的 Intranet VPN。利用 Internet 的线路保证网络的互连性,而利用隧道、加密等 VPN 特性可以保证信息在整个 Intranet VPN 上安全传输。Intranet VPN 通过一个使用专用连接的共享基础设施,连接企业总部、远程办事处和分支机构。企业拥有与专用网络的相同政策,包括安全、服务质量、可管理性和可靠性。

3)企业扩展虚拟网

如果是提供 B2B 之间的安全访问服务,则可以考虑 Extranet VPN。

随着信息时代的到来,各个企业越来越重视各种信息的处理。希望可以提供给客户最快捷方便的信息服务,通过各种方式了解客户的需要,同时各个企业之间的合作关系也越来越多,信息交换日益频繁。Internet 为这样的一种发展趋势提供了良好的基础,而如何利用 Internet 进行有效的信息管理,是企业发展中不可避免的一个关键问题。利用 VPN 技术可以组建安全的 Extranet,既可以向客户、合作伙伴提供有效的信息服务,又可以保证自身内部网络的安全。

Extranet VPN 通过使用专用连接的共享基础设施,将客户、供应商、合作伙伴或兴趣群体连接到企业内部网。

2. 实际 VPN 案例

常州康辉医疗器械有限公司是常州市最大的医疗器械的制造企业之一,由于业务上的扩大,公司内部以及各分支机构网络有多种企业应用,如内部文档公用服务、ERP 系统以及 PDM 数据库服务器。由于信息化系统对于经营竞争力有显著的提升,估计公司未来可能开发更多的内部应用,如 C/S 模式的应用软件(TCP、UDP 或 TCP/UDP 的应用),因此不同的用户对于应用系统的存取,尤其必要。

现在总公司通过防火墙接入互联网,常州总部至少有 200 台计算机连入互联网,还要考虑公司以后的发展接入信息点的增加,同时实现各分公司通过相关设备连接到总部网络,同时还内建 SQL Server 数据库服务器,提供相关数据服务,建立 ERP 服务器,提供公司人事管理查询、添加和修改相关信息等要求。

常州分厂保证至少 20 台计算机连入互联网,实现了办公网络自动化。上海分公司至少 10 台计算机连入互联网,还要考虑公司以后的发展接入信息点的增加,同时与总部实现互连。访问公司总部 SQL Server 服务器、PDM 服务器;提交、查询和修改数据库相关信息。连接公司金蝶 K3 ERP 系统提交、查询与修改相关信息等要求。在各分支机构和总公司之间创造一个集成化的办公环境,为工作人员提供多功能的桌面办公环境,解决办公人员处理不同事务需要使用不同工作环境的问题。

在了解了医疗器械有限公司整个网络状况和企业领导要求后,考虑到下一代网络业务(VoIP、网络视频会议)对带宽的要求,决定采用侠诺 Qno FVR9208 VPN 防火墙作为集团总部的 VPN 网关,接入电信的 100Mbps 光纤一条;鉴于分公司的规模,上海分公司和常州分厂均采用 Qno QVM100 作为接入端的 VPN 网关,接入电信的 ADSL 宽带一条;Qno FVR9208 和 QVM100 都具有双 WAN 口,为以后公司的 VPN 链路备援提供了升级条件,保障了客户的投资,如图 8.19 所示。

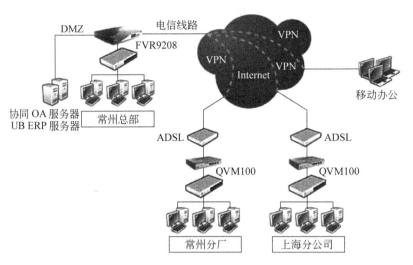

图 8.19　VPN 案例

上海分公司：10 个信息点接入，选用 QVM100。常州分厂：20 个信息点接入，选用 QVM100。

方案达到了设定目标。

（1）常州总部与上海分公司、常州分厂通过 VPN 联机并采用 IPSec 协议，确保传输数据的安全。

（2）多 WAN 口的设计，可满足不同带宽的需求，也可同时满足 VPN 备援的功能，提供多一层的安全保障。公司领导对于 VPN 联机要求高度稳定，即使断线也要立即接回或可经由备援接回，不影响正常运作。

（3）管制内网用户上网行为，内网用户使用 BT、点点通影响其他人上网或限定时间管制上 MSN、QQ 或上网。

（4）解决了病毒问题，通过路由器的设置解决了网速因被黑客攻击而受影响或内网用户常被病毒的侵扰。

8.7　黑　　客

黑客最早源自英文 Hacker，早期在美国的计算机界是带有褒义的。黑客一词，原指热心于计算机技术，水平高超的计算机专家，尤其是程序设计人员。但到了今天，黑客一词已被用于泛指那些专门利用计算机网络搞破坏或恶作剧的人。对这些人的正确英文叫法是 Cracker，有人翻译成骇客。

黑客分为 Hacker 和 Cracker：Hacker 专注于研究技术，一般不去做破坏性的事，而 Cracker 则是人们常说的骇客，指专门以破坏计算机为目的的人。

黑客大体上应该分为"正""邪"两类，正派黑客依靠自己掌握的知识帮助系统管理员找出系统中的漏洞并加以完善，而邪派黑客则是通过各种黑客技能对系统进行攻击、入侵或者做其他一些有害于网络的事情。

8.7.1 网络黑客的攻击方法

黑客通常使用如下技术手段寻找计算机中的安全漏洞。只有了解了他们的攻击手段，才能采取准确的对策对付这些黑客。

1. 获取口令

获取口令有 3 种方法。

一是通过网络监听非法得到用户口令，这类方法有一定的局限性，但危害性极大，监听者往往能够获得其所在网段的所有用户账号和口令，对局域网安全威胁巨大。

二是在知道用户的账号后（如电子邮件@前面的部分）利用一些专门软件强行破解用户口令，这种方法不受网段限制，但黑客要有足够的耐心和时间。

三是在获得一个服务器上的用户口令文件（此文件称为 Shadow 文件）后，用暴力破解程序破解用户口令，该方法的使用前提是黑客获得口令的 Shadow 文件。此方法在所有方法中危害最大，因为它不需要像第二种方法那样一遍又一遍地尝试登录服务器，而是在本地将加密后的口令与 Shadow 文件中的口令相比较就能非常容易地破获用户密码，尤其对某些用户（指口令安全系数极低的用户，如某用户账号为 zys，其口令就是 zys666、666666 或干脆就是 zys 等）更是在短短的一两分钟内，甚至几十秒内就可以破解。

2. 放置特洛伊木马程序

特洛伊木马程序可以直接侵入用户的计算机并进行破坏，它常被伪装成工具程序或者游戏等诱使用户打开带有特洛伊木马程序的邮件附件或从网上直接下载，一旦用户打开了这些邮件的附件或者执行了这些程序，它们就会像古特洛伊人在敌人城外留下的藏满士兵的木马一样留在自己的计算机中，并在自己的计算机系统中隐藏一个可以在 Windows 启动时悄悄执行的程序。当连接到因特网上时，这个程序就会通知黑客，报告 IP 地址以及预先设定的端口。黑客在收到这些信息后，再利用这个潜伏在其中的程序，就可以任意地修改计算机的参数设定、复制文件、窥视整个硬盘中的内容等，从而达到控制计算机的目的。

3. WWW 的欺骗技术

在网上用户可以利用 IE 等浏览器进行各种各样的 Web 站点的访问，如阅读新闻组、咨询产品价格、订阅报纸、电子商务等。然而一般的用户恐怕不会想到有这些问题存在：正在访问的网页已经被黑客篡改过，网页上的信息是虚假的。例如，黑客将用户要浏览的网页的 URL 改写为指向黑客自己的服务器，当用户浏览目标网页的时候，实际上是向黑客服务器发出请求，那么黑客就可以达到欺骗的目的了。

4. 电子邮件攻击

电子邮件攻击主要表现为两种方式：一是电子邮件轰炸和电子邮件"滚雪球"，也就是通常所说的邮件炸弹，指的是用伪造的 IP 地址和电子邮件地址向同一信箱发送数以千计、万计甚至无穷多次的内容相同的垃圾邮件，致使受害人邮箱被"炸"，严重者可能会给电子邮件服务器操作系统带来危险，甚至瘫痪；二是电子邮件欺骗，攻击者佯称自己为系统管理员（邮件地址和系统管理员完全相同），给用户发送邮件要求用户修改口令（口令可能为指定字符串）或在貌似正常的附件中加载病毒或其他木马程序（据笔者所知，某些单位的网络管理员有定期给用户免费发送防火墙升级程序的义务，这为黑客成功地利用该方法提供了可乘之机),这类欺骗只要用户提高警惕,一般危害性不是太大。

5. 通过一个节点来攻击其他节点

黑客在突破一台主机后,往往以此主机作为根据地,攻击其他主机(以隐蔽其入侵路径,避免留下蛛丝马迹)。他们可以使用网络监听方法,尝试攻破同一网络内的其他主机;也可以通过 IP 欺骗和主机信任关系,攻击其他主机。这类攻击很狡猾,但由于某些技术很难掌握,如 IP 欺骗,因此较少被黑客使用。

6. 网络监听

网络监听是主机的一种工作模式,在这种模式下,主机可以接收到本网段在同一条物理通道上传输的所有信息,而不管这些信息的发送方和接收方是谁。此时,如果两台主机进行通信的信息没有加密,只要使用某些网络监听工具,例如 Sniffit for Linux、Solaries 等就可以轻而易举地截取包括口令和账号在内的信息资料。虽然网络监听获得的用户账号和口令具有一定的局限性,但监听者往往能够获得其所在网段的所有用户账号及口令。

7. 寻找系统漏洞

许多系统都有这样那样的安全漏洞,其中某些是操作系统或应用软件本身具有的,这些漏洞在补丁未被开发出来之前一般很难防御黑客的破坏,除非将网线拔掉。还有一些漏洞是由于系统管理员配置错误引起的,如在网络文件系统中,将目录和文件以可写的方式调出,将未加 Shadow 的用户密码文件以明码方式存放在某一目录下,这都会给黑客带来可乘之机,应及时加以修正。

8. 利用账号进行攻击

有的黑客会利用操作系统提供的默认账户和密码进行攻击,例如许多 UNIX 主机都有 FTP 和 Guest 等默认账户(其密码和账户名同名),有的甚至没有口令。黑客用 UNIX 操作系统提供的命令如 Finger 和 Ruser 等收集信息,不断提高自己的攻击能力。这类攻击只要系统管理员提高警惕,将系统提供的默认账户关掉或提醒无口令用户增加口令一般都能克服。

9. 偷取特权

利用各种特洛伊木马程序、后门程序和黑客自己编写的导致缓冲区溢出的程序进行攻击,前者可使黑客非法获得对用户机器的完全控制权,后者可使黑客获得超级用户的权限,从而拥有对整个网络的绝对控制权。这种攻击手段,一旦奏效,危害性极大。

8.7.2　黑客常用的信息收集工具

信息收集是突破网络系统的第一步。黑客常使用下面几种工具来收集所需信息。

1. SNMP

使用 SNMP 查阅非安全路由器的路由表,从而了解目标机构网络拓扑的内部细节。

2. Trace Route 程序

通过 Trace Route 程序,可得出到达目标主机所经过的网络数和路由器数。Trace Route 程序是能深入探索 TCP/IP 的方便可用的工具。它能让人们看到数据包从一台主机传到另一台主机所经过的路由。Trace Route 程序还可让人们使用 IP 源路由选项,让源主机指定发送路由。

3. Whois 协议

Whois 协议是一种信息服务,能够提供有关所有 DNS 域和负责各个域的系统管理员数据。使用 Whois 协议先向服务器的 TCP 端口 43 建立一个连接,发送查询关键字并加上回车换行,然后接收服务器的查询结果。

4. DNS 服务器

DNS 域名系统为 Internet 上的主机分配域名地址和 IP 地址。用户使用域名地址,该系统就会自动把域名地址转为 IP 地址。域名服务是运行域名系统的 Internet 工具。执行域名服务的服务器称为 DNS 服务器,通过 DNS 服务器来应答域名服务的查询。

5. Finger 协议

Finger 协议能够提供特定主机上用户们的详细信息(注册名、电话号码、最后一次注册的时间等)。

6. Ping 实用程序

Ping 实用程序本来是用来检查网络是否通畅或者网络连接速度的命令。但同时可以用来确定一个指定的主机的位置并确定其是否可达。把这个简单的工具用在扫描程序中,可以 Ping 网络上每个可能的主机地址,从而可以构造出实际驻留在网络上的主机清单。它所利用的原理是这样的:网络上的机器都有唯一确定的 IP 地址,给目标 IP 地址发送一个数据包,对方就要返回一个同样大小的数据包,根据返回的数据包可以确定目标主机的存在,并可以初步判断目标主机的操作系统等,当然它也可用来测定连接速度和丢包率。

8.7.3 黑客防范措施

为防止黑客攻击,通常可以使用以下防范措施。

(1) 为经常使用 Telnet、FTP 等传送重要机密信息应用的主机单独设立一个网段,以避免某一台个人计算机被攻破,被攻击者装上嗅探器(Sniffer),造成整个网段通信全部暴露。有条件的情况下,重要主机装在交换机上,这样可以避免 Sniffer 偷听密码。

(2) 专用主机只开专用功能,如运行网络管理、数据库重要进程的主机上不应该运行如 Sendmail 这种 bug 比较多的程序。网络管理网段路由器中的访问控制应该限制在最小限度,研究清楚各进程必需的进程端口号,关闭不必要的端口。

(3) 对用户开放的各个主机的日志文件全部定向到一个 Syslog Server 上并集中管理。该服务器可以由一台拥有大容量存储设备的 UNIX 或 NT 主机承当。定期检查备份日志主机上的数据。

(4) 网络管理人员不得在运行网管、数据库重要进程的主机上访问 Internet,并建议设立专门机器使用 FTP 或 WWW 下载工具和资料。

(5) 提供电子邮件、WWW、DNS 的主机不安装任何开发工具,避免攻击者编译攻击程序。

(6) 网络配置原则是用户权限最小化。例如,关闭不必要或者不了解的网络服务,不用电子邮件发送密码。

(7) 下载安装最新的操作系统及其他应用软件的安全和升级补丁,安装几种必要的安全加强工具,限制对主机的访问,加强日志记录,对系统进行完整性检查,定期检查用户的脆弱口令,并通知用户尽快修改。重要用户的口令应该定期修改(不长于 3 个月),不同主机使用不同的口令。

（8）定期检查系统日志文件，在备份设备上及时备份。制订完整的系统备份计划，并严格实施。

（9）定期检查关键配置文件（最长不超过一个月）。

（10）制定详尽的入侵应急措施和汇报制度。发现入侵迹象，立即打开进程记录功能，同时保存内存中的进程列表以及网络连接状态，保护当前的重要日志文件，如有条件，立即打开网段上另外一台主机监听网络流量，尽力定位入侵者的位置。如有必要，断开网络连接。在服务主机不能继续服务的情况下，应该有能力从备份磁带中恢复服务到备份主机上。

8.8 网络安全系统应用案例

1. 防火墙安全系统技术方案

某市政府局域网是应用的中心，存在大量敏感数据和应用，因此必须设计一个高安全性、高可靠性及高性能的防火墙安全保护系统，确保数据和应用万无一失。

将所有的局域网计算机工作站包括终端、广域网路由器、服务器群都直接汇接到主干交换机上。由于工作站分布较广且全部连接，对中心服务器及应用构成了极大的威胁，尤其是可能通过广域网上的工作站直接攻击服务器；因此，必须将中心与广域网进行隔离防护。考虑到效率，数据主要在主干交换机上流通，通过防火墙流入流出的流量不会超过百兆，因此使用百兆防火墙就完全可以满足要求。

在中心机房的 DMZ 服务区上安装两台互为冗余备份的海信 FW3010PF-4000 百兆防火墙，DMZ 口通过交换机与 WWW/FTP、DNS/MAIL 服务器连接。同时，安装一台 FW3010PF-5000 千兆防火墙，将安全与备份中心与其他区域逻辑隔离开来。

2. 入侵检测系统技术方案

在局域网中心交换机安装一台海信眼镜蛇入侵检测系统千兆探测器，DMZ 区交换机上安装一台海信眼镜蛇入侵检测系统百兆探测器，用于实时检测局域网用户和外网用户对主机的访问，在安全监控与备份中心安装一台海信眼镜蛇入侵检测系统百兆探测器和海信眼镜蛇入侵检测系统控制台，由系统控制台进行统一管理（统一事件库升级、统一安全防护策略、统一上报日志生成报表）。

其中，海信眼镜蛇网络入侵检测系统还可以与海信 FW3010PF 防火墙进行联动，一旦发现由外部发起的攻击行为，将向防火墙发送通知报文，由防火墙来阻断连接，实现动态的安全防护体系。海信眼镜蛇入侵检测系统可以联动的防火墙有海信 FW3010PF 防火墙、支持 OPSEC 协议的防火墙。

表 8.1 为安全产品部署表。

表 8.1 安全产品部署表

区 域	部署安全产品
内网	连接到 Internet 的出口处安装两台互为双机热备的海信 FW3010PF-4000 百兆防火墙，在主干交换机上安装海信千兆眼镜蛇入侵检测系统探测器，在主干交换机上安装 NetHawk 网络安全监控与审计系统，在内部工作站上安装趋势防毒墙网络版防病毒软件，在各服务器上安装趋势防毒墙服务器版防病毒软件

区　域	部署安全产品
DMZ 区	在服务器上安装趋势防毒墙服务器版防病毒软件,安装一台 InterScan VirusWall 防病毒网关,安装百兆眼镜蛇入侵检测系统探测器和 NetHawk 网络安全监控与审计系统
安全监控与备份中心	安装 FW3010PF-5000 千兆防火墙,安装 RJ-iTOP 网络安全漏洞扫描器,安装眼镜蛇入侵检测系统控制台和百兆探测器;安装趋势防毒墙服务器版管理服务器、趋势防毒墙网络版管理服务器,对各防病毒软件进行集中管理

习　题　8

1. 计算机网络可能受到哪几方面的网络安全威胁?
2. 什么是防火墙? 简述防火墙的结构。
3. 什么是入侵检测系统?
4. 简述私钥加密算法和公钥加密算法。
5. 什么是数字签名?
6. 什么是计算机病毒? 简述用户计算机中毒的症状。
7. 简述病毒检测的工作原理。
8. VPN 主要采用哪几项技术来保证安全?
9. 简述网络黑客的攻击方法。

设计练习:网络系统整体安全设计。

第9章　网络故障分析与处理

当网络遭遇到故障时,最困难的不是修复网络故障本身,而是迅速地查出故障所在,并确定发生的原因。网络故障极为普遍,故障种类也十分繁杂。要在网络出现故障时及时对出现故障的网络进行维护,以最快的速度恢复网络的正常运行,需要掌握一套行之有效的网络维护理论、方法和技术。

9.1　网络故障分类

对各式各样的网络故障进行系统的分类,基本可以归类为物理类故障和逻辑类故障两大类。

（1）物理类故障。一般是指线路或设备出现物理类问题或说成硬件类问题,具体又分为线路故障、端口故障、交换机或路由器故障、主机物理故障等。

（2）逻辑类故障。逻辑类故障中的最常见情况是配置错误,也就是指因为网络设备的配置错误而导致的网络异常或故障。常见的有路由器逻辑故障、一些重要进程或端口关闭、主机逻辑故障、主机网络协议或服务安装不当、主机安全性故障等。

9.1.1　物理类故障

1. 接触故障

1）RJ-45 接头的问题

RJ-45 接头容易出故障,例如双绞线的头没顶到 RJ-45 接头顶端,双绞线未按照标准脚位压入接头,甚至接头规格不符或者是内部的双绞线断了。

镀金层厚度对接头品质的影响也是相当大的,例如镀得太薄,那么网线经过三五次插拔之后,也许就把它磨掉了,接着被氧化,当然也容易发生断线。

2）接线故障或接触不良

一般可观察下列几个地方。

双绞线颜色和 RJ-45 接头的脚位是否相符。

线头是否顶到 RJ-45 接头顶端,若没有,该线的接触会较差。需再重新压按一次。

观察 RJ-45 侧面,金属片是否已刺入双绞线中,若没有,极可能造成线路不通;观察双绞线外皮去掉的地方,是否使用剥线工具时切断了双绞线(双绞线内的铜导线已断,但皮未断)。

如果还不能发现问题,那么我们可用替换法排除网线和交换机故障,即用通信正常的计算机的网线来连接故障机,如能正常通信,显然是网线或交换机的故障,再转换交换机端口来区分到底是网线还是交换机的故障,许多时候交换机的指示灯也能提示是否交换机故障,正常对应端口的灯应亮着。

2. 线路故障

在日常网络维护中,线路故障的发生率是相当高的,约占发生故障的 70%。线路故障通常包括线路损坏及线路受到严重电磁干扰。

排查方法：如果是短距离的范围内,判断网线好坏的简单方法是将该网线一端插入一台确定能够正常连入局域网的主机的 RJ-45 插座内,另一端插入确定正常的 Hub 端口,然后从主机的一端 ping 线路另一端的主机或路由器,根据通断来判断即可。如果线路稍长,或者网线不方便调动,就用网线测试器测量网线的好坏;如果线路很长,比如由邮电部门等供应商提供的,就需通知线路提供商检查线路,查看是否线路中间被切断。

对于是否存在严重电磁干扰的排查,可以用屏蔽较强的屏蔽线在该段网路上进行通信测试,如果通信正常,则表明存在电磁干扰,注意远离如高压电线等电磁场较强的物件;如果通信不正常,则应排除线路故障而考虑其他原因。

3. 端口故障

端口故障通常包括插头松动和端口本身的物理故障。

排查方法：此类故障通常会影响与其直接相连的其他设备的信号灯。因为信号灯比较直观,所以可以通过信号灯的状态大致判断出故障的发生范围和可能原因。也可以尝试使用其他端口看能否连接正常。

4. 交换机或路由器故障

交换机或路由器故障在此是指物理损坏、无法工作、导致网络不通。

排查方法：通常最简易的方法是替换排除法,用通信正常的网线和交换路由设备来连接交换机(或路由器),如能正常通信,交换机或路由器正常,否则再转换交换机端口排查是端口故障还是交换机(或路由器)的故障。很多时候,交换机(或路由器)的指示灯也能提示其是否有故障,正常情况下对应端口的灯应为绿灯。如果始终不能正常通信,则可认定是交换机或路由器故障。

5. 网卡物理故障

网卡多装在主机内,靠主机完成配置和通信,可以看作网络终端,此类故障通常包括网卡松动、网卡物理故障、主机的网卡插槽故障和主机本身故障。

排查方法：主要介绍主机与网卡无法匹配工作的情况。对于网卡松动、主机的网卡插槽故障最好的解决办法是更换网卡插槽。对于网卡物理故障的情况,如果上述更换插槽始终不能解决问题,就拿到其他正常工作的主机上测试网卡,若仍无法工作,可以认定是网卡物理损坏,更换网卡即可。

9.1.2 逻辑类故障

逻辑类故障中最常见的是配置错误,也就是指因为网络设备的配置错误而导致的网络异常或故障。

1. 路由器逻辑故障

路由器逻辑故障通常包括路由器端口参数设定有误、路由器路由配置错误、路由器 CPU 利用率过高和路由器内存余量太小等。

排查方法：路由器端口参数设定有误,会导致找不到远端地址。用 ping 命令或用 Traceroute 命令(路由跟踪程序：在 UNIX 系统中,我们称之为 Traceroute;MS Windows 中为 Tracert),查看在远端地址上哪个节点出现问题,对该节点参数进行检查和修复。

路由器路由配置错误,会使路由循环或找不到远端地址。例如,两个路由器直接连接,这时应该让一台路由器的出口连接到另一台路由器的入口，而这台路由器的入口连接另一台路由器的出口才行，这时制作的网线就应该满足这一特性，否则也会导致网络错误。

该故障可以用 Traceroute 工具，可以发现在 Traceroute 的结果中某一段之后，两个 IP 地址循环出现。这时，一般就是线路远端把端口路由又指向了线路的近端，导致 IP 包在该线路上来回反复传递。解决路由循环的方法就是重新配置路由器端口的静态路由或动态路由，把路由设置为正确配置，就能恢复线路了。

路由器 CPU 利用率过高和路由器内存余量太小，导致网络服务的质量变差。例如，路由器内存余量越小丢包率就会越高等。检测这种故障，利用 MIB 变量浏览器较直观，它收集路由器的路由表、端口流量数据、计费数据、路由器 CPU 的温度、负载以及路由器的内存余量等数据，通常情况下网络管理系统有专门的管理进程，不断地检测路由器的关键数据，并及时给出报警。解决这种故障，只有对路由器进行升级、扩大内存等，或者重新规划网络拓扑结构。

2．一些重要进程或端口关闭

一些有关网络连接数据参数的重要进程或端口受系统或病毒影响而导致意外关闭。例如，路由器的 SNMP 进程意外关闭，这时网络管理系统将不能从路由器中采集到任何数据，因此网络管理系统失去了对该路由器的控制。或者线路中断，没有流量。

排查方法：用 ping 线路近端的端口看是否能 ping 通，ping 不通时检查该端口是否处于 down 状态，若是说明该端口已经给关闭了，因而导致故障。这时只需重新启动该端口，就可以恢复线路的连通。

3．主机逻辑故障

主机逻辑故障所造成的网络故障率是较高的，通常包括网卡的驱动程序安装不当、网卡设备有冲突、主机的网络地址参数设置不当、主机网络协议或服务安装不当和主机安全性故障等。

4．网卡的驱动程序安装不当

网卡的驱动程序安装不当，包括网卡驱动未安装或安装了错误的驱动出现不兼容，都会导致网卡无法正常工作。

排查方法：在设备管理器窗口中，检查网卡选项，看是否驱动安装正常，若网卡型号前标示出现"！"或"×"，表明此时网卡无法正常工作。解决方法很简单，只要找到正确的驱动程序重新安装即可。

5．网卡设备有冲突

网卡设备与主机其他设备有冲突，会导致网卡无法工作。

排查方法：磁盘大多附有测试和设置网卡参数的程序，分别查验网卡设置的接头类型、IRQ、I/O 端口地址等参数。若有冲突，只要重新设置（有些必须调整跳线），或者更换网卡插槽，让主机认为是新设备重新分配系统资源参数，一般都能使网络恢复正常。

6．主机的网络地址参数设置不当

主机的网络地址参数设置不当是常见的主机逻辑故障。例如，主机配置的 IP 地址与其他主机冲突，或 IP 地址根本就不在此网范围内，这将导致该主机不能连通。

排查方法：查看网络邻居属性中的连接属性窗口，查看 TCP/IP 选项参数是否符合要求，包括 IP 地址、子网掩码、网关和 DNS 参数，进行修复。

7. 主机网络协议或服务安装不当

主机网络协议或服务安装不当也会出现网络无法连通。主机安装的协议必须与网络上的其他主机相一致,否则就会出现协议不匹配,无法正常通信,还有一些服务如"文件和打印机共享服务",不安装会使自身无法共享资源给其他用户;"网络客户端服务",不安装会使自身无法访问网络其他用户提供的共享资源。再如,E-mail 服务器设置不当导致不能收发 E-mail,或者域名服务器设置不当将导致不能解析域名等。

排查方法:在网上邻居属性或在本地连接属性窗口查看所安装的协议是否与其他主机相一致,如 TCP/IP、NetBEUI 协议和 IPX/SPX 兼容协议等。其次,查看主机所提供的服务的相应服务程序是否已安装,如果未安装或未选中,请注意安装和选中。注意有时需要重新启动计算机,服务方可正常工作。

8. 主机安全性故障

主机故障的另一种可能是主机安全性故障。通常包括主机资源被盗、主机被黑客控制、主机系统不稳定等。

排查方法:主机资源被盗,主机没有控制其上的 finger、RPC、rlogin 等服务。攻击者可以通过这些进程的正常服务或漏洞攻击该主机,甚至得到管理员权限,进而对磁盘所有内容有任意复制和修改的权限。还需注意的是,不要轻易地共享本机硬盘,因为这将导致恶意攻击者非法利用该主机的资源。

主机被黑客控制,会导致主机不受操纵者控制。通常是由于主机被安置了后门程序所致。发现此类故障一般比较困难,一般可以通过监视主机的流量、扫描主机端口和服务、安装防火墙和加补系统补丁来防止可能的漏洞。

主机系统不稳定,往往也是由于黑客的恶意攻击,或者主机感染病毒造成。通过杀毒软件进行查杀病毒,排除病毒的可能。或重新安装操作系统,并安装最新的操作系统的补丁程序和防火墙、防黑客软件和服务来防止可能的漏洞产生所造成的恶性攻击。

9.1.3 网络通信类故障

1. 网络堵塞

网络堵塞是指网络的一部分或整个网络性能下降,主要体现在网络的传输速度降低。

在局域网共享上网的环境中,时常会遇到网络传输速度缓慢、网页无法打开,甚至整个网络发生瘫痪的现象,造成这种现象的原因多数是网络通道发生了严重的堵塞。那是什么因素导致网络通道被严重堵塞呢?是网络传输内容太大,是局域网中的广播风暴,还是网络中的病毒或木马?

1)引起网络堵塞的原因

引起网络堵塞的原因很多,确定引起网络堵塞原因的最好方法是利用协议分析器或网络监视器,对网络使用的带宽、高峰使用次数和正在传输的数据帧进行监视。对于网络堵塞故障的排除,可以从以下几方面着手。

① 如果网络堵塞从网络建成就一直存在,则可能是因为网络规划不合理。

② 用户数的大量增加会引起网络堵塞。

③ 网络中大量发送数据帧的计算机工作不正常,原因可能是因为不正常的网卡发送了大量不必要的数据包导致网络堵塞,或计算机正在运行某个产生大量数据包的应用程序。

④ 检查网络上的传输协议,如果协议过多,会导致网络速度减慢。

2) 常见网络堵塞现象与解决办法

常见网络堵塞现象与解决办法一般还可能有如下几种。

① 网络自身问题。你想要连接的目标网站所在的服务器带宽不足或负载过大。处理办法很简单,换个时间段再上网或者换个目标网站。

② 网线问题。由于网线问题,从而使网速变慢。双绞线是由四对线按严格的规定紧密地绞合在一起的,用来减少串扰和背景噪声的影响。同时,在 T568A 标准和 T568B 标准中仅使用了双绞线的 1、2 和 3、6 四条线,其中 1、2 用于发送,3、6 用于接收,而且 1、2 必须来自一个绕对,3、6 必须来自一个绕对。只有这样,才能最大限度地避免串扰,保证数据传输。在实践中发现,不按正确标准(T586A、T586B)制作的网线,存在很大的隐患。

③ 运营商线路问题。网速变慢有时并不是网络本身的问题,而是运营商的线路问题。网络内部找不到问题时,建议询问宽带运营商。

④ 网线接触不良或者交换机硬件原因。网线接触不良或者交换机的硬件原因通常也可能使网速变慢。这个问题可以通过 ping 网关来判断,如果 ping 网关的延时较高,那基本可以肯定是硬件原因或者接触不良。

⑤ P2P 类软件占用过多带宽。迅雷、BT 等 P2P 软件以及在线视频都会占用大量的带宽。因此,在检测网速变慢的原因时要确定局域网内是否有人使用 P2P 软件下载,是否有人在线视频。判断此类问题最好用流量监测工具,如 wireshark、wfilter(超级嗅探狗)。

⑥ ARP 病毒以及蠕虫病毒。采用 ARP 欺骗的木马病毒发作的时候会发出大量的数据包导致局域网通信拥塞,用户会感觉上网速度越来越慢,使局域网近于瘫痪。因此,必须及时升级所用杀毒软件;计算机也要及时升级、安装系统漏洞补丁程序,同时卸载不必要的服务、关闭不必要的端口;安装 ARP 防火墙,以提高系统的安全性和可靠性。同时,有些蠕虫病毒也会导致网络速度变慢。

2. 网络风暴

网络风暴又称为广播风暴。一个数据帧或包被传输到本地网段(由广播域定义)上的每个节点就是广播;由于网络拓扑的设计和连接问题,或其他原因导致广播在网段内大量复制,传播数据帧,导致网络性能下降,甚至网络瘫痪。造成网络风暴的原因一般有如下几种。

1) 网络设备原因

经常会有这样一个误解:交换机是点对点转发,不会产生广播风暴。其实,在购买网络设备时,购买的交换机通常是智能型的集线器(Hub),却被作为交换机来使用。这样,在网络稍微繁忙的时候,肯定会产生广播风暴了。

2) 网卡损坏

如果网络机器的网卡损坏,也同样会产生广播风暴。损坏的网卡不停地向交换机发送大量的数据包,就会产生大量无用的数据包,最终导致广播风暴。由于网卡物理损坏引起的广播风暴比较难排除,并且损坏的网卡一般还能上网,一般借用 Sniffer 局域网管理软件,查看网络数据流量,来判断故障点的位置。

3) 网络环路

在一次网络故障排除中,曾经有个很可笑的错误:一条双绞线的两端插在同一个交换机的不同端口上,导致了网络性能骤然下降,打开网页都非常困难。这种故障,就是典型的网络环路。网络环路的产生,一般是由一条物理网络线路的两端同时接在了一台网络设备中所致。不过,如今的交换机(不是 Hub)一般都带有环路检测功能。

4) 网络病毒

一些比较流行的网络病毒,如 Funlove、震荡波、RPC 等,一旦有机器中毒,它们便会立即通过网络进行传播。网络病毒的传播,就会占据大量的网络带宽,引起网络堵塞,进而引起广播风暴。

5) 黑客软件的使用

一些上网者经常利用网络执法官、网络剪刀手等黑客软件,对网吧的内部网络进行攻击,这些软件的使用,也可能产生广播风暴。

9.2 网络故障诊断

网络故障诊断以网络原理、网络配置和网络运行的知识为基础。从故障现象出发,以网络诊断工具为手段获取诊断信息,确定网络故障点,查找问题的根源,排除故障,恢复网络正常运行。

9.2.1 网络故障诊断的理论分析

1. 网络故障诊断的目的

网络故障诊断应该实现 3 个方面的目的。

(1) 确定网络的故障点,恢复网络的正常运行。

(2) 发现网络规划和配置中的欠佳之处,改善和优化网络的性能。

(3) 观察网络的运行状况,及时预测网络通信质量。

2. 网络故障分层诊断技术

网络故障通常有以下几种可能。

(1) 物理层中物理设备相互连接失败或者硬件及线路本身的问题。

(2) 数据链路层的网络设备的接口配置问题。

(3) 网络层网络协议配置或操作错误。

(4) 传输层的设备性能或通信拥塞问题。

(5) 上三层 CISCO IOS 或网络应用程序错误。

诊断网络故障的过程应该沿着 OSI 七层模型从物理层开始向上进行。首先检查物理层,然后检查数据链路层,以此类推,设法确定通信失败的故障点,直到系统通信正常为止。

1) 物理层及其诊断

物理层是 OSI 分层结构体系中最基础的一层,它建立在通信媒体的基础上,实现系统和通信媒体的物理接口,为数据链路实体之间进行透明传输,为建立、保持和拆除计算机和网络之间的物理连接提供服务。

物理层的故障主要表现在设备的物理连接方式是否恰当;连接电缆是否正确;Modem、CSU/DSU 等设备的配置及操作是否正确。

确定路由器端口物理连接是否完好的最佳方法是使用 show interface 命令,检查每个端口的状态,解释屏幕输出信息,查看端口状态、协议建立状态和 EIA 状态。

2）数据链路层及其诊断

数据链路层的主要任务是使网络层无须了解物理层的特征而获得可靠的传输。数据链路层为通过链路层的数据进行打包和解包、差错检测和一定的校正能力，并协调共享介质。在数据链路层交换数据之前，协议关注的是形成帧和同步设备。

查找和排除数据链路层的故障，需要查看路由器的配置，检查连接端口的共享同一数据链路层的封装情况。每对接口要和与其通信的其他设备有相同的封装。通过查看路由器的配置检查其封装，或者使用 show 命令查看相应接口的封装情况。

9.2.2　硬件诊断

1. 串口故障排除

串口出现连通性问题时，为了排除串口故障，一般是从 show interface serial 命令开始，分析它的屏幕输出报告内容，找出问题之所在。串口报告的开始提供了该接口状态和线路协议状态。接口和线路协议的可能组合有以下几种。

（1）串口运行、线路协议运行，这是完全的工作条件。该串口和线路协议已经初始化，并正在交换协议的存活信息。

（2）串口运行、线路协议关闭，这个显示说明路由器与提供载波检测信号的设备连接，表明载波信号出现在本地和远程的调制解调器之间，但没有正确交换连接两端的协议存活信息。可能的故障发生在路由器配置问题、调制解调器操作问题、租用线路干扰或远程路由器故障，数字式调制解调器的时钟问题，通过链路连接的两个串口不在同一子网上，都会出现这个报告。

（3）串口和线路协议都关闭，可能是电信部门的线路故障、电缆故障或者是调制解调器故障。

（4）串口管理性关闭和线路协议关闭，这种情况是在接口配置中输入了 shutdown 命令。通过输入 no shutdown 命令，打开管理性关闭。

接口和线路协议都运行的状况下，虽然串口链路的基本通信建立起来了，但仍然可能由于信息包丢失和信息包传输错误时会出现许多潜在的故障问题。正常通信时接口输入或输出信息包不应该丢失，或者丢失的量非常小，而且不会增加。如果信息包丢失有规律性增加，表明通过该接口传输的通信量超过接口所能处理的通信量。解决的办法是增加线路容量。查找其他原因发生的信息包丢失，查看 show interface serial 命令的输出报告中的输入输出保持队列的状态。当发现保持队列中信息包数量达到了信息的最大允许值，可以增加保持队列设置的大小。

2. 以太接口故障排除

以太接口的典型故障问题：带宽的过分利用，碰撞冲突次数频繁，使用不兼容的帧类型。使用 show interface ethernet 命令可以查看该接口的吞吐量、碰撞冲突、信息包丢失和帧类型的有关内容等。

（1）通过查看接口的吞吐量可以检测网络的利用。如果网络广播信息包的百分比很高，网络性能开始下降。光纤网转换到以太网段的信息包可能会淹没以太接口。互联网发生这种情况可以采用优化接口的措施，即在以太接口使用 no ip route-cache 命令，禁用快速转换，并且调整缓冲区和保持队列。

（2）两个接口试图同时传输信息包到以太电缆上时，将发生碰撞。以太网要求冲突次数很少，不同的网络要求是不同的，一般情况发现冲突每秒有三五次就应该查找冲突的原因了。碰撞冲突产生拥塞，碰撞冲突的原因通常是由于敷设的电缆过长、过分利用或者"聋"节点。以太网在物理设计和敷设电缆系统管理方面应有所考虑，超规范敷设电缆可能引起更多的冲突发生。

国内外正在研发故障智能诊断和报警系统的结构：采用人工智能技术，引入故障知识库和推理机制，使得对故障的诊断能够智能化，而且很好地支持系统的增量式开发。采用短信报警的方式，加入消息过滤，避免垃圾信息或者冗余信息的发送。期望在此基础上，实现一种可行的网络故障诊断和报警系统的智能排除网络故障。未来我们可能实现故障的自动定位与修补，通过有关技术实现对计算机的有效监控，保证及时预测、检测和修复网络故障，为网络提供安全可靠的运行环境。

9.3　网络诊断常用工具

网络诊断可以使用包括局域网和广域网分析仪在内的多种工具。

9.3.1　路由器诊断命令

查看路由表，是解决网络故障开始的好的起点。ping 命令、trace 命令和 Cisco 的 show 命令、debug 命令是获取故障诊断有用信息的网络工具。

我们通常使用一个或多个命令收集相应的信息，在给定情况下，确定使用什么命令获取所需要的信息。例如，通过 IP 来测定设备是否可达的常用方法是使用 ping 命令。ping 从源点向目标发出 ICMP 信息包，如果成功，返回的 ping 信息包就证实从源点到目标之间所有物理层、数据链路层和网络层的功能都运行正常。如何在互联网运行后了解它的信息，了解网络是否正常运行，监视和了解网络在正常条件下运行的细节，了解出现故障的情况。

监视哪些内容呢？利用 show interface 命令可以非常容易地获得待检查的每个接口的信息。另外 show buffer 命令可定期显示缓冲区大小、用途及使用状况等。show proc 命令和 show proc mem 命令可用于跟踪处理器和内存的使用情况，可以定期收集这些数据，在故障出现时，用于诊断参考。

9.3.2　网络管理工具和故障诊断工具

网络故障是以某种症状表现出来，故障症状包括一般性的（如用户不能接入某个服务器）和较特殊的（如路由器不在路由表中）。对每一个症状使用特定的故障诊断工具和方法都能查找出一个或多个故障原因。目前，市场上已提供的工具足以胜任排除绝大多数网络故障。用于网络诊断的各种工具主要有以下几种。

1. 软件工具 ping

ping 无疑是网络中使用最频繁的小工具，它主要用于确定网络的连通性问题。ping 程序使用 ICMP（国际消息控制协议）来简单地发送一个网络数据包并请求应答，接收到请求的目的主机再次使用 ICMP 发回相同的数据，于是 ping 便可对每个包的发送和接收时间进行报告，并报告无影响包的百分比，这在确定网络是否正确连接，以及网络连接的状况（包丢失率)时十分有用。ping 是 Windows 操作系统集成的 TCP/IP 应用程序之一,可以在"开始"→"运行"中直接执行(见图 9.1)。

图 9.1　ping 操作

1) 命令格式

ping 主机名 或者 ping 主机名 -t。

ping IP 地址 或者 ping IP 地址 -t。

2) ping 命令的应用

ping 本地计算机名(即执行操作的计算机)。

ping liu 或 ping 本地 IP 地址。

如 ping 127.0.0.1(任何一台计算机都会将 127.0.0.1 视为自己的 IP 地址),可以检查该计算机是否安装了网卡;是否正确安装了 TCP/IP;是否正确配置了 IP 地址和子网掩码或主机名。

3) 使用 ping 命令后出现的常见错误

ping 命令中常见的出错信息通常分为 4 种情况。

(1) unknown host(不知名主机),这种出错信息的意思:该远程主机的名字不能被命名服务器转换成 IP 地址。故障原因可能是命名服务器有故障,或者其名称不正确,或者网络管理员的系统与远程主机之间的通信线路有故障。

(2) Network unreachable(网络不能到达),这种出错信息表明本地系统没有到达远程系统的路由,可用 netstat -rn 检查路由表来确定路由配置情况。

(3) No answer(无响应),远程系统没有响应。这种故障说明本地系统有一条到达远程主机的路由,但却接收不到它发给该远程主机的任何分组报文。故障原因可能是远程主机没有工作,或者本地或远程主机网络配置不正确,或者本地或远程的路由器没有工作,或者通信线路有故障,或者远程主机存在路由选择问题。

(4) Timed out(超时),与远程主机的连接超时,数据包全部丢失。故障原因可能是到路由器的连接有问题、路由器不能通过,也可能是远程主机已经关机。

(5) 案例。

例如,用 ping 命令来检验一下网卡能否正常工作。

① ping 127.0.0.1。127.0.0.1 是本地循环地址。如果该地址无法 ping 通,则表明本机 TCP/IP 不能正常工作;如果 ping 通了该地址,证明 TCP/IP 正常,则进入下一个步骤继续诊断。

② ping 本机的 IP 地址。使用 ipconfig 命令可以查看本机的 IP 地址,ping 该 IP 地址时,如果 ping 通,表明网络适配器(网卡或者 Modem)工作正常,则需要进入下一个步骤继续检查;反之则是网络适配器出现故障。

③ ping 本地网关。本地网关的 IP 地址是已知的 IP 地址。ping 本地网关的 IP 地址,

ping 不通则表明网络线路出现故障。如果网络中还包含路由器,还可以 ping 路由器在本网段端口的 IP 地址,不通则此段线路有问题,通则再 ping 路由器在目标计算机所在同段的端口 IP 地址。不通则是路由出现故障,如果通,则最后再 ping 目的主机的 IP 地址。

④ ping 网址。如果要检测的是一个带 DNS 服务的网络(比如 Internet),上一步 ping 通了目标计算机的 IP 地址后,仍然无法连接到该机,则可以 ping 该机的网络名。例如,ping www. sohu. com. cn,正常情况下会出现该网址所指向的 IP 地址,这表明本机的 DNS 设置正确而且 DNS 服务器工作正常,反之就可能是其中之一出现了故障。

这几步执行完毕,网络中的故障所在点就已明确,就可以正确地解决问题了。

2. 诊断的硬件工具

可以用测试仪测试网线的通断。使用起来很简单,把网线的两端分别插到测试仪上,打开测试仪的电源,其中有 8 个灯,如果都亮则表明该网线是通的。

9.4　常见网络实际问题解决思路

下面就几个实际问题来说一说网络中一般问题的解决思路。

9.4.1　常见的局域网共享故障类型

1. 网上邻居中看不见其他所有主机

如果打开计算机的"网上邻居"文件夹之后只能看见本机自身但上网没有问题,那就意味着本机的计算机浏览器服务没有正常运行。按照微软官方的说法,计算机浏览器服务的作用就是随时探测和维护局域网内的计算机列表。为了开启这个服务,需要打开控制面板,双击"管理工具"图标,再双击启动"服务"控制台并启动里面的 Computer Browser 服务。如果启动失败,建议重装系统。

2. 网上邻居中看不见某台特定主机

"网上邻居"中谁都能看见偏偏看不见自己要连接的那台计算机,直接输入 IP 地址连接又显示"无法找到网络路径"。这种症状通常是由对方计算机上的防火墙或子网掩码设置出错导致的。Windows 防火墙和某些防火墙软件都很可能将所有共享都过滤掉,如果是因为它们直接暂时关掉或者重新配下就可以了。

子网掩码错误则比较隐蔽。举一个例子,假设局域网包括 192.168.0. * 和 192.168.1. * 两段地址,那么子网掩码就应该设置为 255.255.254.0。倘若将 IP 为 192.168.0.2 的子网掩码设置成了 255.255.255.0,那么这台计算机就只能被 192.168.0. * 段 IP 的计算机在网上邻居中找到了。不过这个问题很容易排除,只需要按照网管的要求检查一下子网掩码就可以解决。

3. 网上邻居能看见但显示"无法找到网络名"

现在系统优化软件比较多,大家在优化系统时往往也就顺便把默认共享给关掉了。这就会导致其他机器在网上邻居中能找到本机但连接时显示"无法找到网络名"的错误。

解决这个问题需要进行两步操作。首先,重装"Microsoft 网络的文件和打印机共享":右击"网上邻居"图标选择"属性"项,就能打开"网络连接"文件夹;然后双击"本地连接",在弹出的选项卡中单击"属性"按钮;随后在打开的选项卡里选择"Microsoft 网络的文件和打印机共享",并单击"卸载";最后再单击"安装",选择"服务",重新安装"Microsoft 网络的文件和打印机共享"。

处理完毕还需要在"开始"菜单中单击"运行"按钮,在弹出的小窗口里输入"net share IPC＄",然后按回车键。现在本机的默认共享应该已经成功恢复了。

4. 网上邻居能看见但显示"未授权用户请求登录类型"

根据 Windows XP 系统的规定,系统中提供给"网上邻居"服务使用的 Guest 用户默认密码为空。出现"未授权用户请求登录类型"的提示有 3 种可能原因:系统管理员禁用了 Guest 用户、Guest 的远程登录权限被禁用、空密码用户的登录权限被禁用。

要启用 Guest 用户,需要在"控制面板"中单击"用户账户"图标,然后选择其中 Guest 用户的图标,随后选择"启用来宾账户"即可。

下面启用 Guest 用户的远程权限:单击"开始"菜单中的"运行"按钮,在"运行"对话框中输入 GPEDIT. MSC,可以打开组策略编辑器;接下来依次选择"计算机配置"→"Windows 设置"→"安全设置"→"本地策略"→"用户权利指派",双击"拒绝从网络访问这台计算机"策略,删除里面的 GUEST 账号。

最后,在组策略编辑器中依次选择"计算机配置"→"Windows 设置"→"安全设置"→"本地策略"→"安全选项",可以看见有个策略是"使用空白密码的本地账户只允许进行控制台登录"。现在将它设置成停用,就可以解决问题了。

以上介绍了几种常见的局域网共享故障类型,其实它们解决起来还是相当简单的。具体情况不同,故障产生的原因和症状也是千差万别。相信只要仔细认真一步步检查到位,大多数问题都可以迎刃而解。

9.4.2 常见无线网络故障排除思路

通过无线路由器进行无线上网,已经变得逐步普及起来。不过,在无线上网的过程中,常常会遭遇到各式各样的网络故障,这些网络故障严重影响了正常的上网效率。

1. 排查连接线路,解决只发不收的故障

查看无线网络连接状态信息时,有时会看到无线网络可以对外发送信息,但无法从外部接收信息,这种单向通信的方式显然会影响正常的无线访问操作。当不幸遭遇到无线网络单向通信的麻烦时,可以按照如下思路进行逐一排查。

首先,要保证无线网络连接线路处于通畅状态。在查看线路是否处于连通状态时,我们可以先打开 IE 浏览器,并在弹出的浏览窗口地址栏中输入路由器默认使用的 IP 地址(该地址一般能够从路由器的操作说明书中查找到),之后正确输入路由器登录账号,打开路由器的后台管理界面;接着在该管理界面中执行 ping 命令,来 ping 一下本地 Internet 服务商提供的 DNS 服务器地址,要是目标地址能够被 ping 通,那就表明路由器设备到 Internet 服务商之间的线路连接处于畅通状态,要是目标地址无法被 ping 通,那说明路由器内部的部分参数可能没有设置正确,这时就必须对路由器内部的配置参数进行逐一检查。

在确认路由器内部配置参数都正确的前提下,可以在局域网中找一台网络配置正确、上网正常的工作站,并在该工作站中执行 ping 命令,来 ping 一下路由器使用的 IP 地址,如果该地址可以被正常 ping 通,那就意味着局域网内部的线路连接也处于畅通状态;如果 ping 不通路由器使用的 IP 地址,那就有必要检查本地工作站使用的网络参数与路由器使用的网络参数是否相符合,也就是说它们的地址参数是否处于同一网段内。

如果上面的各个地址都能被顺利 ping 通,但无线网络连接仍然处于只发不收的状态,那不妨重点检查一下本地工作站的 DNS 参数以及网关参数设置是否正确,在确认这些参数正确后,还需要再次进入路由器后台管理界面,从中找到 NAT 方面的参数设置选项,并检查该选项配置是否正确。在进行这项参数检查操作时,重点要检查一下其中的 NAT 地址转换表中是否有内部网络地址的转译条目,如果没有,那无线网络连接只发不收故障多半是由于 NAT 配置不当引起的,这时只要将内部网络地址的转译条目正确添加到 NAT 地址转换表中就可以了。

2. 排查连接方式,解决间歇断网故障

在本地局域网通过无线路由器接入到 Internet 网络中的情形下,局域网中的工作站经常出现一会儿能正常上网、一会儿又不能正常上网的故障现象时,首先需要确保工作站与无线路由器之间的上网参数一定要正确,在该基础下就应该重点检查无线路由器的连接方式是否设置得当。通常情况下,无线路由器设备一般能支持 3 种或更多种连接方式,不过默认状态下多数无线路由器设备会使用"按需连接,在有访问数据时自动进行连接"这种连接方式,换句话说就是每隔一定的时间无线路由器设备会自动检测此时是否有线路空载,要是成功连接后该设备并没有侦察到线路中有数据交互动作,它将会把处于连通状态的无线连接线路自动断开。

为此,当我们在实际上网的过程中,经常遇到间歇断网故障现象时,可以尝试进入无线路由器后台管理设置界面,找到连接方式设置选项,并查看该选项的参数是否已经被设置为"自动连接,在开机和断线后进行自动连接"。如果不正确,必须及时将连接方式修改过来,在后台管理界面中执行保存操作,将前面的参数修改操作保存成功。最后重新启动无线路由器设备,相信这样多半能解决无线网络间歇断网故障。

当然,通过上面的设置仍然不能解决间歇断网故障现象时,需要检查本地无线局域网中是否存在网络病毒攻击,因为一旦 ARP 网络受到病毒非法攻击,也有可能出现间歇断网故障。此时不妨在本地工作站系统中,打开本地连接属性设置窗口,然后进入网卡设备的属性设置界面,在该界面尝试修改网卡使用的 IP 地址,看看在新的 IP 地址条件下,间歇断网故障是否还会出现。如果该故障继续出现,就要借助专业抗病毒攻击的工具软件来保护无线局域网了。

3. 排查连接位置,解决上网迟钝故障

在尝试无线访问操作时,如果发现访问速度非常缓慢,应该进行两方面的排查操作。首先需要排查确认的是当前访问的 Web 服务器是否正处于繁忙工作状态,一旦目标服务器正处于繁忙工作状态,我们唯一能做的就是尽量避开上网高峰期。如果在任何时段访问 Web 服务器时,访问速度一直很缓慢,那多半是无线传输信号比较微弱引起的。

导致无线传输信号比较微弱的最主要原因,往往就是无线路由器设备的连接位置摆放不当。为了尽可能提高无线信号的强度,一定要将无线路由器设备摆放在一个位置相对较高的地方,而且要确保该设备与工作站之间不能有较多的水泥墙壁,否则无线信号的传输很容易受到外界干扰,导致信号衰减幅度巨大,从而影响无线上网的访问速度。此外,需要注意的是,如果无线路由器设备是用于局域网中,那么一定要确保该设备位于所有工作站的中心位置,确保每一台工作站都能快速传输数据。

第10章 网络设备设置

教学要求：

通过本章的学习，学生应该掌握计算机网络设备的互连和设置的基本概念和知识。基本掌握交换机和路由器的设置方法和操作步骤。

10.1 网络交换机配置

交换机的详细配置过程比较复杂，而且具体的配置方法会因不同品牌、不同系列的交换机而有所不同，以下叙述的只是通用配置方法，有了这些通用配置方法，就能举一反三，融会贯通。

10.1.1 交换机的管理方法简述

交换机的管理方式基本分为两种：带内管理和带外管理。带外管理是通过交换机的 Console 口管理交换机，不占用交换机的网络接口，特点是需要使用配置线缆，近距离配置。第一次配置交换机时必须利用 Console 端口进行配置。带内管理是占用交换机的一个通信接口，通过 Telnet 方式管理交换机，可以远距离配置。

交换机管理主要通过命令行完成。交换机的命令行操作模式，主要包括用户模式、特权模式、全局配置模式、端口模式等几种。各种模式提供一组命令，实现特定的一组功能。

第一级，用户模式：进入交换机后得到的第一个操作模式，该模式下可以简单查看交换机的软硬件版本信息，并进行简单的测试。

第二级，特权模式：由用户模式进入的下一级模式，该模式下可以对交换机的配置文件进行管理，查看交换机的配置信息，进行网络的测试和调试等。

第三级，全局配置模式：由特权模式进入的下一级模式，该模式下可以配置交换机的全局性参数（如设备名、登录时的描述信息等）。

第四级，全局配置模式下有多个并列的子模式，分别对交换机具体的功能进行配置。如端口模式：对交换机的端口进行参数配置。

通常网管型交换机可以通过两种方法进行配置：一种就是本地配置；另一种就是远程网络配置，但是要注意后一种配置方法只有在前一种配置成功后才可进行，下面分别讲述。

10.1.2 本地配置方式

本地配置首先要遇到的是它的物理连接方式，然后还需要面对软件配置，在软件配置方面主要以最常见的思科的交换机为例来讲述。因为要进行交换机的本地配置就要涉及软硬件的连接，所以下面分这两步来说明配置的基本连接过程。

1. 配置交换机的物理连接

因为笔记本计算机的便携性能，所以配置交换机通常是采用笔记本计算机进行，在实在无笔记本计算机的情况下,当然也可以采用台式机,但移动起来麻烦些。交换机的本地配置方式通过计算机与交换机的 Console 端口直接连接的方式进行通信,它的连接如图 10.1所示。

交换机的
Console 端口

图 10.1　计算机与交换机的 Console 端口直接连接

可进行网络管理的交换机上一般都有一个 Console 端口(这个在前面介绍集线器时已作介绍,交换机也一样),它是专门用于对交换机进行配置和管理的。通过 Console 端口连接并配置交换机,是配置和管理交换机必须经过的步骤。虽然除此之外还有其他若干种配置和管理交换机的方式(如 Web 方式、Telnet 方式等),但是,这些方式必须依靠通过 Console 端口进行基本配置后才能进行。因为其他方式往往需要借助于 IP 地址、域名或设备名称才可以实现,而新购买的交换机显然不可能内置这些参数,所以通过 Console 端口连接并配置交换机是最常用、最基本也是网络管理员必须掌握的管理和配置方式。

不同类型的交换机 Console 端口所处的位置并不相同,有的位于前面板(如 Catalyst 3200 和 Catalyst 4006),而有的则位于后面板(如 Catalyst 1900 和 Catalyst 2900XL)。通常是模块化交换机大多位于前面板,而固定配置交换机则大多位于后面板。不过,倒不用担心无法找到 Console 端口,在该端口的上方或侧方都会有类似 CONSOLE 字样的标识,如图 10.2 所示。

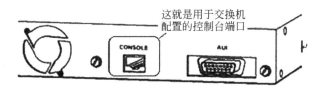

这就是用于交换机
配置的控制台端口

图 10.2　交换机 Console 端口

除位置不同之外,Console 端口的类型也有所不同,绝大多数都采用 RJ-45 端口(见图 10.2),但也有少数采用 DB-9 串口端口或 DB-25 串口端口。

无论交换机采用 DB-9 或 DB-25 串行接口,还是采用 RJ-45 接口,都需要通过专门的 Console 线连接至配置用计算机(通常称作终端)的串行口。与交换机不同的 Console 端口相对应,Console 线也分为两种:一种是串行线,即两端均为串行接口(两端均为母头),两端可以分别插入至计算机的串口和交换机的 Console 端口。

另一种是两端均为 RJ-45 接头(RJ-45 到 RJ-45)的扁平线。由于扁平线两端均为 RJ-45 接口,无法直接与计算机串口进行连接,因此,还必须同时使用一个图 10.3 所示的 RJ-45 到 DB-9(或 RJ-45 到 DB-25)的适配器。通常情况下,在交换机的包装箱中都会随机赠送这么一条 Console 线和相应的 DB-9 或 DB-25 适配器。

图 10.3　RJ-45 到 DB-9
的适配器

2. 软件配置

物理连接好后,就要打开计算机和交换机电源进行软件配置了,下面以思科的一款网管型交换机来讲述这一配置过程。在正式进入配置之前还需要进入系统,步骤如下。

第 1 步:打开与交换机相连的计算机电源,运行计算机的 Windows 操作系统。

第 2 步:检查是否安装有"超级终端"(HyperTerminal)组件。如果在"附件"中没有发现该组件,可通过"添加/删除程序"(Add/Remove Program)的方式添加该 Windows 组件。

"超级终端"安装好后就可以与交换机进行通信了,下面的步骤就是正式进行配置了。在使用超级终端建立与交换机的通信之前,必须先对超级终端进行必要的设置。

一般交换机在配置前的所有默认配置为:所有端口无端口名;所有端口的优先级为 Normal 方式;所有 10/100Mbps 以太网端口设为 Auto 方式;所有 10/100Mbps 以太网端口设为半双工方式,未配置虚拟子网。正式配置步骤如下。

第 1 步:单击"开始"按钮,在"程序"菜单的"附件"选项中单击"超级终端",弹出图 10.4 所示界面。

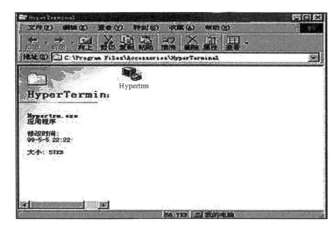

图 10.4　单击"超级终端"弹出界面

第 2 步:双击"Hypertrm"图标,弹出图 10.5 所示对话框。这个对话框是用来对应一个新的超级终端连接项的。

图 10.5　双击"Hypertrm"图标,弹出对话框

第 3 步：在图 10.5 "名称"文本框中输入需新建的超级终端连接项名称,这主要是为了便于识别,没有什么特殊要求,这里输入 cisco。如果想为这个连接项选择一个自己喜欢的图标,也可以在下图的图标栏中选择一个。然后单击"确定"按钮,弹出图 10.6 所示的对话框。

第 4 步：在"连接时使用"下拉列表框中选择与交换机相连的计算机的串口。单击"确定"按钮,弹出图 10.7 所示的对话框。

图 10.6 单击"确定"按钮后,弹出对话框

图 10.7 选择与交换机相连的计算机的串口波特率对话框

第 5 步：在"波特率"下拉列表框中选择 9600,因为这是串口的最高通信速率,其他各选项统统采用默认值。单击"确定"按钮,如果通信正常就会出现类似于图 10.8 所示的主配置界面,并会在这个窗口中显示交换机的初始配置情况。

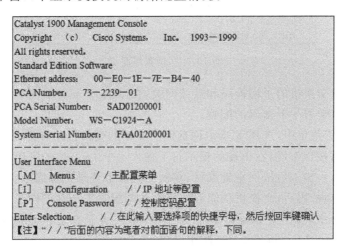

图 10.8 窗口中显示交换机的初始配置情况

至此就正式进入交换机配置界面了,下面就可以正式配置交换机了。

3. 交换机的基本配置

进入配置界面后,如果是第一次配置,则首先要进行的就是 IP 地址配置,这主要是为后面进行远程配置而准备。IP 地址配置方法如下。

在前面出现的配置界面"Enter Selection:"后输入 I 字母,然后按回车键,则出现图 10.9 所示的配置信息。

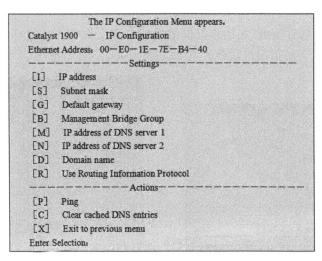

图 10.9　IP 地址配置菜单

在配置界面最后的"Enter Selection:"后再次输入 I 字母,选择配置菜单中的 IP address 选项,配置交换机的 IP 地址,按回车键即出现图 10.10 所示配置界面。

图 10.10　配置界面

如果还想配置交换机的子网掩码和默认网关,在以上 IP 配置界面里面分别选择 S 和 G 项即可。现在再来学习一下密码的配置。

在以上 IP 配置菜单中,选择 X 项退回前面所介绍的交换机配置界面。

输入 P 字母后按回车键,在出现的提示符下输入一个 4~8 位的密码(为安全起见,在屏幕上都是以 * 显示),输入后按回车键确认,重新回到以上登录主界面。

在配置好 IP 和密码后,交换机就能够按照默认的配置来正常工作了。如果想更改交换机配置以及监视网络状况,可以通过控制命令菜单,或者是在任何地方通过基于 Web 的 Catalyst 1900 Switch Manager 来进行操作。

如果交换机运行的是 Cisco 企业版软件。可以通过命令行界面(Command-Line Interface,CLI)来改变配置。当进入配置主界面后,在显示菜单中多了项 Command Line,如图 10.11 所示,而少了项 Console Password,它在下级菜单中进行。

这一版本的配置方法与前面所介绍的配置方法基本一样,不同的只是在这一版本中可以通过命令方式(选择 [K]Command Line 项即可)进行一些较高级配置,下面仅做简单介

```
1 user（s）    now active on Management Console。
User Interface Menu
  ［M］    Menus
  ［K］    Command Line
  ［I］    IP Configuration
Enter Selection：
```

图 10.11　下级菜单

绍。下面将介绍一个常见的高级配置,即 VLAN 的配置。

4. 交换机高级配置的常见命令

在交换机的高级配置中,通常是利用以上配置菜单中的"［K］　Command Line"项进行的。

Cisco 交换机所使用的软件系统为 Catalyst IOS。CLI 的全称为 Command-Line Interface,中文名称为"命令行界面",它是一个基于 DOS 命令行的软件系统模式,对大小写不敏感。

这种模式不仅交换机有,路由器、防火墙也有,其实就是一系列相关命令,但它与 DOS 命令不同,CLI 可以缩写命令与参数,只要它包含的字符足以与其他当前可用的命令和参数区别开来即可。对交换机的配置和管理也可以通过多种方式实现,既可以使用纯字符形式的命令行和菜单(Menu),也可以使用图形界面的 Web 浏览器或专门的网管软件。

相比较而言,命令行方式的功能更强大,但掌握起来难度也更大些。交换机的一些常用的配置命令如下。

Cisco IOS 共包括 6 种不同的命令模式: User Exec 模式、Privileged Exec 模式、VLAN Database 模式、Global Configuration 模式、Interface Configuration 模式和 Line Configuration 模式。

在不同的模式下,CLI 界面中会出现不同的提示符。为了方便查找和使用,表 10.1 列出了 6 种 CLI 命令模式的访问方法、提示符、退出方法、用途。

表 10.1　CLI 命令模式特征表

模　式	访问方法	提示符	退出方法	用　途
User Exec	开始一个进程	switch>	输入 logout 或 quit	改变终端,设置执行基本测试,显示系统信息
Privileged Exec	在 User Exec 模式中输入 enable 命令	switch#	输入 disable 退出	校验输入的命令。该模式由密码保护
VLAN Database	在 Privileged Exec 模式中输入 vlan database 命令	switch(vlan)#	输入 exit,返回 Privileged Exec 模式	配置 VLAN 参数
Global Configuration	在 Privileged Exec 模式中输入 configure 命令	switch(config)#	输入 exit 或 end 或按下 Ctrl＋Z 组合键,返回 Privileged Exec 状态	将配置的参数应用于整个交换机

模　　式	访问方法	提示符	退出方法	用　　途
Interface Configuration	在 Global Configuration 模式中,输入 interface 命令	switch(config-if)♯	输入 exit 返回 Global Configuration 模式,按下 Ctrl＋Z 组合键或输入 end,返回 Privileged Exec 模式	为 Ethernet interfaces 配置参数
Line Configuration	在 Global Configuration 模式中,为 line console 命令指定一行	switch(config-line)♯	输入 exit 返回 Global Configuration 模式,按下 Ctrl＋Z 组合键或输入 end,返回 Privileged Exec 模式	为 terminal line 配置参数

　　Cisco IOS 命令需要在各自的命令模式下才能执行,因此,如果想执行某个命令,必须先进入相应的配置模式。例如 interface type_number 命令只能在 Global Configuration 模式下执行,而 duplex full-flow-control 命令却只能在 Interface Configuration 模式下执行。

　　在交换机 CLI 命令中,有一个最基本的命令,那就是帮助命令"?",在任何命令模式下,只需输入"?",即显示该命令模式下所有可用到的命令及其用途,这就是交换机的帮助命令。另外,还可以在一个命令和参数后面加"?",以寻求相关的帮助。

　　例如,想看一下在 Privileged Exec 模式下有哪些命令可用,那么,可以在 ♯ 提示符下输入"?",并按回车键。再如,如果想继续查看 show 命令的用法,那么,只需输入"show ?"并按回车键即可。

　　另外,"?"还具有局部关键字查找功能。也就是说,如果只记得某个命令的前几个字符,那么,可以使用"?"让系统列出所有以该字符或字符串开头的命令。但是,在最后一个字符和"?"之间不得有空格。例如,在 Privileged Exec 模式下输入"c?",系统将显示以 c 开头的所有命令。

　　还要说明的一点:Cisco IOS 命令均支持缩写命令,也就是说,除非有打字的癖好,否则根本没有必要输入完整的命令和关键字,只要输入的命令所包含的字符长到足以与其他命令区别就足够了。例如,可将 show configure 命令缩写为 sh conf,然后按回车键执行即可。

　　以上介绍了命令方式下的常见配置命令,由于配置过程比较复杂,在此不做详细介绍,仅举一例说明如下。

　　例:3 台计算机和 1 台交换机构成局域网的连接过程。

　　1) 进入特权模式

```
Switch>en
Switch#
```

　　2) 显示交换机上的 VLAN 配置

```
Switch#show vlan              !显示交换机已有的 VLAN 配置,这些 VLAN 含有哪些端口
```

3）进入全局配置模式

```
Switch#configure terminal
Switch(config)#
```

4）配置交换机的名称为 S2

```
Switch (config)#hostname S2            !交换机名称的有效字符是 22 个
```

5）交换机以太网端口的设置

```
S2(config)#interface fastethernet 0/1   !进入交换机 F0/1 的端口模式
S2(config-if)#speed 10                  !配置端口速率为 10Mbps
S2(config-if)#duplex half               !配置端口的双工模式为半双工
S2(config-if)#no shutdown               !开启该端口,端口可以转发数据了
S2(config-if)#exit                      !退回到上一级操作模式
或 S2(config-if)#end                     !直接退回到特权模式
```

10.1.3 远程配置方式

前面章节已经介绍过交换机,交换机除了可以通过 Console 端口与计算机直接连接外,还可以通过交换机的普通端口进行连接。如果是堆栈型的,也可以把几台交换机堆在一起进行配置,因为这时实际上它们是一个整体,一般只有一台具有网管能力。

这时通过普通端口对交换机进行管理时,就不再使用超级终端了,而是以 Telnet 或 Web 浏览器的方式实现与被管理交换机的通信。因为在前面的本地配置方式中已为交换机配置好了 IP 地址,可通过 IP 地址与交换机进行通信,不过要注意,同样只有是网管型的交换机才具有这种管理功能。因为这种远程配置方式中又可以通过两种不同的方式来进行,所以分别介绍。

1. Telnet 方式

Telnet 协议是一种远程访问协议,可以用它登录到远程计算机、网络设备或专用 TCP/IP 网络。Windows 95/98 及其以后的 Windows 系统、UNIX/Linux 等系统中都内置有 Telnet 客户端程序,可以用它来实现与远程交换机的通信。

在使用 Telnet 连接至交换机前,应当确认已经做好以下准备工作。

① 在用于管理的计算机中安装 TCP/IP,并配置好 IP 地址信息。

② 在被管理的交换机上已经配置好 IP 地址信息。如果尚未配置 IP 地址信息,则必须通过 Console 端口进行设置。

③ 在被管理的交换机上建立了具有管理权限的用户账户。如果没有建立新的账户,则 Cisco 交换机默认的管理员账户为 Admin。

在计算机上运行 Telnet 客户端程序(这个程序在 Windows 系统中与 UNIX、Linux 系统中都有,而且用法基本是兼容的),并登录至远程交换机。如果前面已经设置交换机的 IP 地址为 61.159.62.182,下面只介绍进入配置界面的方法,至于如何配置,要视具体情况而定,不做具体介绍。进入配置界面步骤很简单,只需要两步。

第 1 步:单击"开始"按钮选择"运行"菜单项,然后在对话框中按"telnet 61.159.62.182"格式输入登录(当然也可先不输入 IP 地址,在进入 telnet 主界面后再进行连接,但是这样会

多了一步,直接在后面输入要连接的 IP 地址更好些),如图 10.12 所示。如果为交换机配置了名称,也可以直接在 Telnet 命令后面空一个空格后输入交换机的名称。

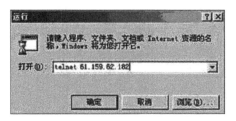

图 10.12　输入交换机的 IP 地址

Telnet 命令的一般格式为:telnet [Hostname/port],这里要注意的是,Hostname 包括交换机的名称,但我们在前面为交换机配置了 IP 地址,所以在这里更多的是指交换机的 IP 地址。格式后面的 port 一般是不需要输入的,它是用来设定 Telnet 通信所用的端口,一般来说是 Telnet 通信端口,在 TCP/IP 中有规定,为 23 号端口,最好不用改它。

第 2 步:输入后,单击"确定"按钮,或按回车键,建立与远程交换机的连接。如图 10.13 所示为计算机通过 Tetnet 与 Catalyst 1900 交换机建立连接时显示的界面。

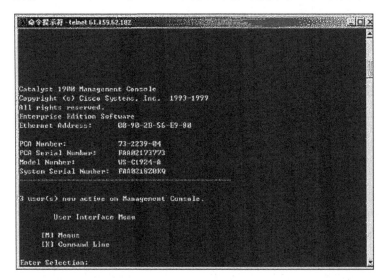

图 10.13　计算机通过 Tetnet 与交换机建立连接时显示的界面

在图 10.13 中显示了包括两个菜单项的配置菜单:Menus、Command Line。然后,就可以根据实际需要对该交换机进行相应的配置和管理。

2. Web 浏览器的方式

当利用 Console 端口为交换机设置好 IP 地址信息并启用 HTTP 服务后,即可通过支持 Java 的 Web 浏览器访问交换机,并可通过 Web 使用浏览器修改交换机的各种参数并对交换机进行管理。事实上,通过 Web 界面,可以对交换机的许多重要参数进行修改和设置,并可实时查看交换机的运行状态。不过在利用 Web 浏览器访问交换机之前,应当确认已经做好以下准备工作。

① 在用于管理的计算机中安装 TCP/IP,且在计算机和被管理的交换机上都已经配置好 IP 地址信息。

② 用于管理的计算机中安装有支持 Java 的 Web 浏览器,如 Internet Explorer 4.0 及以上版本、Netscape 4.0 及以上版本,以及 Oprea with Java。

③ 在被管理的交换机上建立了拥有管理权限的用户账户和密码。

④ 被管理交换机的 Cisco IOS 支持 HTTP 服务,并且已经启用了该服务。否则,应通过 Console 端口升级 Cisco IOS 或启用 HTTP 服务。

通过 Web 浏览器的方式进行配置的方法如下。

第 1 步:把计算机连接在交换机的一个普通端口上,在计算机上运行 Web 浏览器。在浏览器的"地址"栏中输入被管理交换机的 IP 地址(如 61.159.62.182)或为其指定的名称。按回车键,弹出如图 10.14 所示对话框。

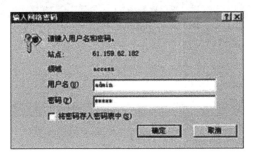

图 10.14　"输入网络密码"对话框

第 2 步:分别在"用户名"和"密码"框中,输入拥有管理权限的用户名和密码。用户名和密码对应事先通过 Console 端口进行的设置。

第 3 步:单击"确定"按钮,即可建立与被管理交换机的连接,在 Web 浏览器中显示交换机的管理界面。如图 10.15 所示页面为与 Cisco Catalyst 1900 建立连接后,显示在 Web 浏览器中的配置界面。首先看到的是要求输入用户账号和密码,这时输入在上面已设置好的交换机配置超级用户账号和密码,然后进入系统。

接下来,就可以通过 Web 界面中的提示,一步步查看交换机的各种参数和运行状态,并可根据需要对交换机的某些参数做必要的修改。

10.1.4　VLAN 配置方式

VLAN(Virtual Local Area Network,虚拟局域网)是指在一个物理网段内进行逻辑的划分,划分成若干个 VLAN,每个 VLAN 具备一个物理网段所具备的特性,即相同 VLAN 内的用户机可以互相直接访问,不同 VLAN 间的用户机之间互相访问必须经由路由设备进行转发,广播数据包只可以在本 VLAN 内进行传播(如 ARP 请求包),不能传输到其他 VLAN 中。

VLAN 的设置不受物理位置的限制,可以进行灵活的划分。一台交换机划分为多个 VLAN,逻辑上是多个交换机。

Port VLAN 是实现 VLAN 的方式之一,Port VLAN 是按照交换机的端口进行划分的 VLAN,一个端口只能属于一个 VLAN。

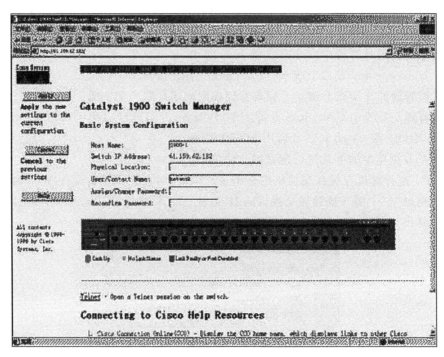

图 10.15　输入用户账号和密码界面

1. 单交换机的 VLAN 端口配置

以下以单交换机的 VLAN 配置为例说明。

1）网络设备

在 Cisco Packet Tracer 中，各使用交换机 1 台、计算机 3 台、直连线 3 条。

2）网络拓扑

假设计算机 H1、H2 和 H3 连接在一台交换机的不同端口上，允许 H1 和 H2 通信，并与 H3 隔离。此时就需要给交换机划分两个不同的 VLAN，H1 和 H2 在同一个 VLAN，如图 10.16 所示。

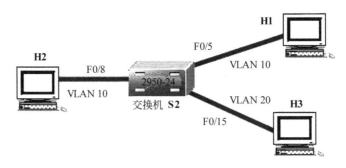

图 10.16　实验网络拓扑（没有包含网管机）

3）设置步骤

① 完成实验网络的物理连接、网管机的配置和进入网管窗口，过程同上。

② 用户机的设置，根据实验规划设置 IP 地址。

③ 网管机创建 VLAN,并显示交换机上的 VLAN 配置(VLAN 的编号与名字可自己选定)。

```
S2#configure terminal              !进入全局配置模式
S2(config)#vlan 10                 !创建 VLAN,编号为 10,并进入 VLAN 子模式
S2(config-vlan)#name test10        !配置编号为 10 的 VLAN 名字为 test10
S2(config-vlan)#exit

S2 (config)#vlan 20                !创建 VLAN,编号为 20
S2(config-vlan)#name test20        !配置编号为 20 的 VLAN 名字为 test20
S2 (config-vlan)#end

S2#show vlan                       !查看交换机上的 VLAN 配置
```

2. 三层网络交换机多 VLAN 配置

以下主要讲解三层交换的配置方法。

1) 确定用户需求

例如某公司现有 3 个部门,销售部有 42 名员工,研发部有 18 名员工,财务部有 18 名员工,5 台内网服务器,一条外网线路。几个部门之间可以分别灵活地设置相应的网络权限。

2) 制定网络规划

根据用户需求,销售部员工较多,使用一台 48 口二层网管交换机作为接入交换机,研发部和财务部,各分别用一台 24 口二层网管交换机作为接入交换机,各个部分分网段进行管理,核心交换机使用带有静态路由功能的三层交换机,服务器和外网线路直接接在核心交换机上。

三层交换机端口(也称为接口)划分如下。

销售部:1~3 号端口(1 号端口接 48 口交换机,其他两个端口备用)。

研发部:4~6 号端口(4 号端口接 24 口交换机,其他两个端口备用)。

财务部:7~9 号端口(7 号端口接 24 口交换机,其他两个端口备用)。

服务器群:10~19 号端口(10~14 号端口接服务器,其他 5 个端口备用)。

外网线路:20~24 号端口(20 号端口接外网,其他 4 个端口备用)。

IP 地址分配如下。

销售部:172.16.1.0/24。

研发部:172.16.0.0/24。

财务部:172.16.2.0/24。

服务器群:172.16.3.0/24。

路由器:192.168.1.0/24。

某公司网络拓扑图如图 10.17 所示。

3) 配置交换机

① 划分 VLAN。网线接三层交换机 24 口,设置计算机静态 IP 192.168.0.*(*为 2~254):进入管理页面 192.168.0.1→VLAN→802.1Q VLAN。

根据上文规划划分 VLAN,如图 10.18 所示。

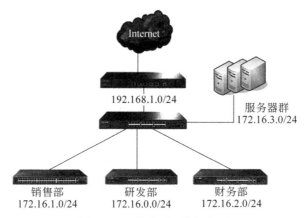

图 10.17 某公司网络拓扑图

VLAN 1 为默认 VLAN。

VLAN 2：1～3 号端口(销售部)。

VLAN 3：4～6 号端口(研发部)。

VLAN 4：7～9 号端口(财务部)。

VLAN 5：10～19 号端口(服务器群)。

VLAN 6：20～23 号端口(外网线路)。

注意：计算机接在 24 号端口进行管理,暂时不对 24 号端口划分 VLAN,后面再单独对这个端口进行划分,否则会造成计算机管理不了交换机。

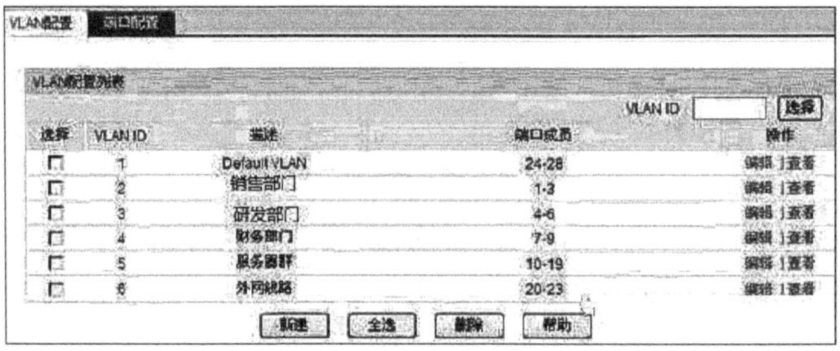

图 10.18 划分 VLAN

② 配置 VLAN 接口 IP。进入管理界面→路由功能→静态路由→接口管理。

根据上文规划设置 VLAN 接口 IP,如图 10.19 所示。

VLAN 1 为默认 VLAN 。

VLAN 2：172.16.1.1,掩码为 255.255.255.0(销售部)。

VLAN 3：172.16.0.1,掩码为 255.255.255.0(研发部)。

VLAN 4：172.16.2.1,掩码为 255.255.255.0(财务部)。

VLAN 5：172.16.3.1,掩码为 255.255.255.0(服务器群)。

VLAN 6：192.168.1.2,掩码为 255.255.255.0(外网线路)。

③ 配置 24 号端口。将管理 PC 的 IP 设置为 172.16.0.20,接在 VLAN 3 中,使用 172.16.0.1 管理交换机。

将 24 号端口划分到 VLAN 6 中。

图 10.19　配置 VLAN 接口 IP

④ 配置外网线路的静态路由。将路由器的 LAN 接口 IP 设置为 192.168.1.1,在交换机上需要设置一条静态路由,表示所有外网 IP 都向路由器进行转发。

进入管理界面→路由功能→静态路由→静态路由条目。

添加条目。

目的地址为 0.0.0.0,子网掩码为 0.0.0.0,下一跳为 192.168.1.1。

注意:在前端路由器上需要添加数据返回的路由条目。

目的地址为 172.16.0.0,子网掩码为 255.255.255.0,下一跳为 192.168.1.2。

⑤ 增加 ACL 规则。研发部能够访问服务器,但是不能访问销售部、财务部和外网。

需要 3 条 ACL 规则。

a. 研发部允许访问自身。

b. 研发部允许访问服务器。

c. 研发部禁止访问其他。

销售部能够访问服务器和外网,但是不能访问研发部和财务部。

需要两条 ACL 规则。

a. 销售部禁止访问研发部。

b. 销售部禁止访问财务部。

财务部能够访问服务器和外网,但是不能访问研发部和销售部。

a. 财务部禁止访问研发部。

b. 财务部禁止访问销售部。

c:开启 DHCP 服务。

交换机管理页面→路由功能→DHCP 服务器→地址池设置。

设置 3 个地址池。

研发部网络号为 172.16.0.0,掩码为 255.255.255.0,租期为 120,默认网关为 172.16.0.1。

销售部网络号为 172.16.1.0,掩码为 255.255.255.0,租期为 120,默认网关为 172.16.1.1。

财务部网络号为172.16.2.0,掩码为255.255.255.0,租期为120默认网关为172.16.2.1。
⑥ 启动DHCP服务器,如图10.20所示。

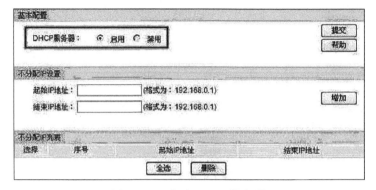

图 10.20　启动 DHCP 服务器

10.2　路由器设置

10.2.1　家用无线路由器设置

市面上路由器的品牌有好多种,其中人们接触比较多的有 TP-LINK、腾达、华为、磊科、水星等老品牌,还有近些年火起来的一些智能路由器,如小米、360、极路由等,以及价格不菲的企业级路由器,今天,我们就以日常生活常见的 TP-LINK 路由器为例讲解家用路由器的设置。

无线路由器设置首先做的是线路的连接,如图10.21所示。

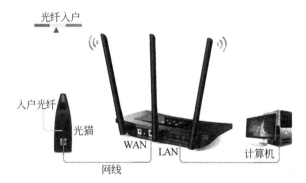

图 10.21　家用无线路由器连接

不管你的外网是以何种方式接入的,只需要把可以让你连接网络的那根线插在路由器的 WAN 接口,然后再用另外一根网线把计算机和路由器的 LAN 接口的任意一口连接起来(路由器有明显的字母标识和颜色区分)。之后给路由器通电,这时需要再检查一下本地网卡的 IP 地址是否处于自动获取状态,如图10.22所示。

然后打开计算机上的浏览器,输入路由器的 IP 地址,不同品牌的路由器 IP 地址会有所差别,可以在路由器的底部查看,如图10.23所示。

然后按回车键进入路由器设置的登录界面,一般这里会让你输入登录用户名和密码,如

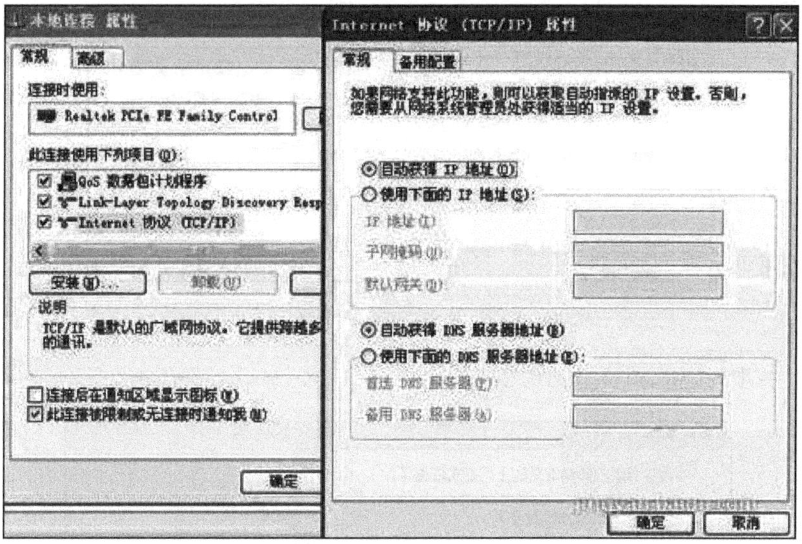

图 10.22　路由器本地连接属性界面

图 10.23　路由器的 IP 地址

图 10.24 所示。同样根据背部提示输入，某些品牌路由器在第一登录界面就会让你输入宽带账号、密码和 WiFi 设置，你可以直接设置或者找一下"高级设置"之类的进行下一步，这里先略过。

图 10.24　路由器设置的登录界面

根据提示输入登录后，就会进入设置主界面，新路由器一般会直接进入"设置向导"，如

图 10.25 所示。

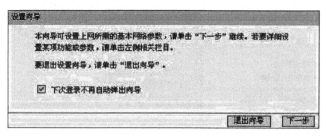

图 10.25　设置向导

单击"下一步"按钮,进入图 10.26。

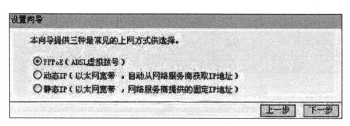

图 10.26　上网方式选择

到这一步,需要给大家详细地讲解一下。

1. PPPoE

PPPoE 全称为 Point to Point Protocol over Ethernet,意思是基于以太网的点对点协议。实质是以太网和拨号网络之间的一个中继协议,所以在网络中,它的物理结构与原来的 LAN 接入方式没有任何变化,只是用户需要在保持原接入方式的基础上,安装一个 PPPoE 客户端(这个是通用的)。

之所以采用该方式给小区计时/计流量用户,是方便计算时长和流量。此类用户在使用上比包月用户增加了 PPPoE 虚拟拨号的过程。电信的 ADSL 接入也是需要安装使用 PPPoE。通俗来讲,就是办理宽带开户时,服务商有没有给你用户名和密码,还有我们所称的"猫",如果有这两个,那么就选择此项,这也是适用范围较广的一种方式。

2. 动态 IP

举例:当你从邻居家路由器那里连一条线过来,然后自己又想再用一个路由器分几台计算机,上面的路由器用的是 DHCP 分配的 IP 地址,那下面的路由器就要用动态 IP,让路由器自动获取 IP 地址。

不用输入任何东西,设置动态 IP 连接有一点要特别注意的地方,就是要更改 LAN 接口的 IP 地址。更改成除 192.168.1.1 所在的网段之外的其他网段,如 192.168.2.1 或者 172.16.0.1 都行。

因为现在大部分路由器厂商设置的 LAN 接口的 IP 地址都是 192.168.1.1,下面路由器 WAN 接口从上面路由器那里获取的 IP 地址一般都是 192.168.1.1 所在的网段,这会和下面 LAN 接口的网段冲突,获取不到 IP 地址,也就上不了网。说简单点就是一个路由器的 WAN 外网接口和 LAN 内网接口不能是同一个网段。

3. 静态 IP

静态 IP 地址一般都用在专线网络上,例如网吧所用的网线。电信公司通常会给网吧分配固定的 IP 地址,永远都不会变化,像这种网络就要在路由器上输入 IP 地址来连接。如果你的网线也是从网吧接出来的,那么一般也需要用此种方式。

以上 3 种方式,根据自己的实际情况选择,这里以最为常见的 PPPoE 讲解,如图 10.27 所示。

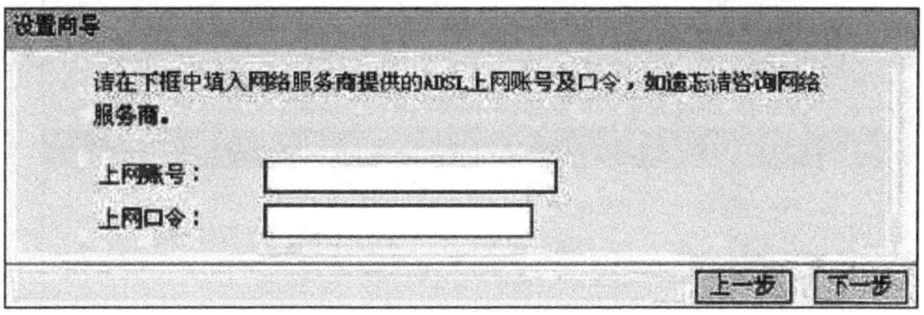

图 10.27　PPPoE 设置

这里就是需要输入宽带的用户名和密码,可以在你办理宽带时给的业务回执单上查找,如果忘记可以打宽带业务服务商的电话,然后人工提供户主身份证信息后查询用户名或修改密码。确认输入正确无误后继续下一步,如图 10.28 所示。

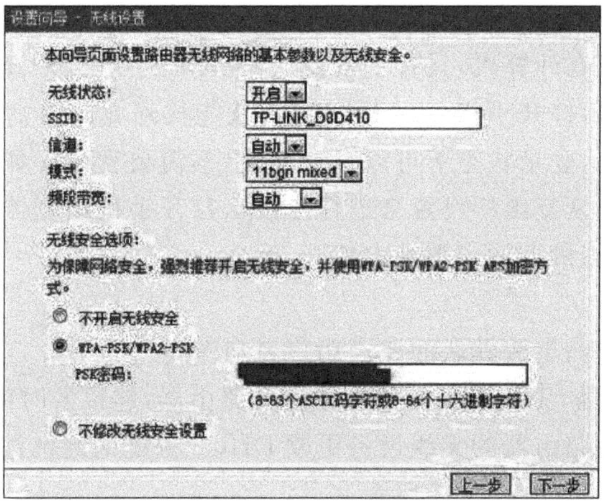

图 10.28　无线设置

接下来进入 WiFi 的设置,也就是手机(无线设备)连接无线时需要的密码,SSID 是路由器对无线设备显示的名称,可做简单修改以便区分,密码一般也是用 WPA-PSK/WPA2-PSK 这一项,这里的密码可稍微复杂一点,例如数字加字母,大小写结合,当然,自己也要记清楚。不建议使用 12345678 之类的,很容易破解。

图 10.29　设置成功

如图 10.29 所示,单击"完成"按钮后设置成功,有的路由器会提示重启。重启后到运行状态查看,如图 10.30 所示。

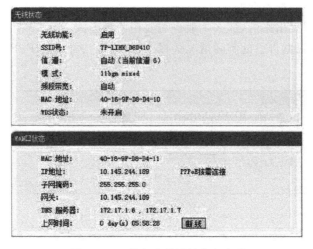

图 10.30　重启后到运行状态查看

这时 WAN 口状态已正常连接,大家再随便打开个网页,只要能显示页面内容即表示设置成功。

还有一种情况是没有计算机,只有手机,那么也可以用手机来设置,把外网线和路由器连接好,给路由器通电后打开手机的 WiFi 列表,就能找到此路由器设备,直接连接路由器(必须是在路由器的默认登录状态下可以自动连接,不需要密码。如果设置过连接密码,请输入密码或者把路由器恢复出厂设置来进行连接),打开手机浏览器,同样输入路由器地址登录,下面的步骤和计算机上的步骤基本相同。

补充的几点如下。

建议到系统设置里面更改默认的登录用户名和密码。

可以关闭 SSID 广播,无线设备无法搜索到此路由器,连接的时候必须手动添加。

可根据平时使用此路由器的无线设备更改 DHCP 分配的地址池数量,这样可以防止更多的无线设备占用网络,如图 10.31 所示。

10.2.2　手机设置路由器

手机无线连接路由器的设置方法与无线路由器设置相似,区别仅是使用手机作为设置终端设备。

步骤一:连接线路。

将前端上网的宽带线连接到路由器的 WAN 口,如果有上网计算机将其连接到路由器的 LAN 口上,请确认入户宽带的线路类型,根据入户宽带线路的不同,分为光纤、网线、电话线 3 种接入方式,连接方法可参考图 10.32。

线路连好后,如果 WAN 口对应的指示灯不亮,则表明线路连接有问题,检查确认网线连接牢固或尝试换一根网线。解决方法请参考:连接网线后对应端口指示灯不亮怎么办?

注意事项:宽带线一定要连接到路由器的 WAN 口上。WAN 口与另外 4 个 LAN 口

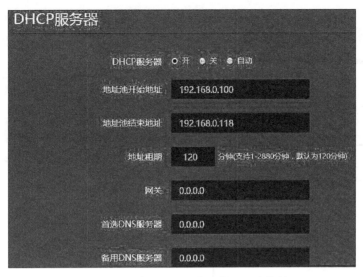

图 10.31 更改 DHCP 分配的地址池数量

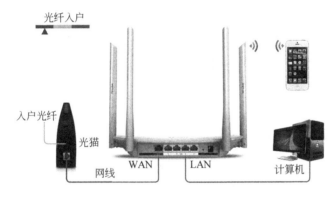

图 10.32 连接线路

一般颜色有所不同,且端口下方有 WAN 标识,请仔细确认。计算机连接到路由器 1/2/3/4 任意一个 LAN 口。

步骤二:设置路由器上网。

① 在路由器的底部标签上查看路由器出厂的无线信号名称,如图 10.33 所示。

图 10.33 底部标签查看无线信号名称

② 打开手机的无线设置,连接路由器出厂的无线信号,如图 10.34 所示。

③ 连接 WiFi 后,手机会自动弹出路由器的设置页面。

若未自动弹出请打开浏览器,在地址栏输入 tplogin. cn(部分早期的路由器管理地址是

192.168.1.1）。如图 10.35 所示，在弹出的窗口中设置路由器的登录密码（密码长度为6～32位），该密码用于以后管理路由器（登录界面），请妥善保管，如图 10.36 所示。

图 10.34　连接路由器出厂的无线信号

图 10.35　路由器的设置页面

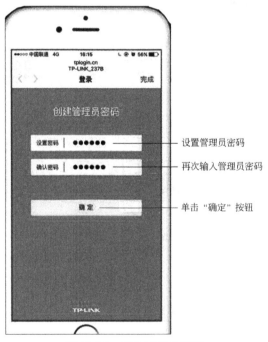

图 10.36　创建管理员密码

注意事项:如果弹出的登录界面和图中显示不一样,说明路由器是其他页面风格,可参考相应的设置方法。

④ 登录成功后,路由器会自动检测上网方式,根据检测到的上网方式,填写该上网方式的对应参数,如图 10.37 和图 10.38 所示。

图 10.37 路由器会自动检测上网方式

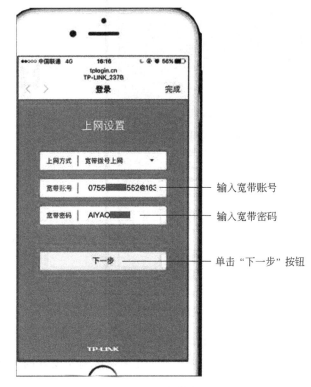

图 10.38 设置宽带账号和密码

宽带有宽带拨号、自动获取 IP 地址、固定 IP 地址 3 种上网方式。上网方式是由宽带运营商决定的,如果无法确认上网方式,请联系宽带运营商确认。

注意事项:76%的用户上不了网是因为输入了错误的用户名和密码,请仔细检查输入的宽带用户名和密码是否正确,注意区分中英文、字母的大小写、后缀是否完整等。如果不确认,请咨询宽带运营商。

⑤ 设置路由器的无线名称和无线密码,设置完成后,单击"完成"按钮保存配置。如图 10.39 和图 10.40 所示。请一定记住路由器的无线名称和无线密码,在后续连接路由器无线时需要用到。

注意事项:无线名称建议设置为字母或数字,尽量不要使用中文、特殊字符,避免部分无线客户端不支持中文或特殊字符而导致搜索不到或无法连接。

TP-LINK 路由器默认的无线信号名称为 TP-LINK_XXXX,且没有密码。为确保您的网络安全,建议一定要设置无线密码,防止他人非法蹭网。

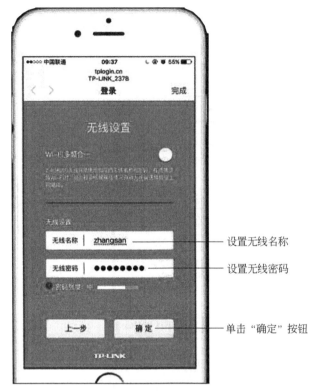
　　　　　　　　　　　　　　　　　　　　　　　　　　—— 设置无线名称

　　　　　　　　　　　　　　　　　　　　　　　　　　—— 设置无线密码

　　　　　　　　　　　　　　　　　　　　　　　　　　—— 单击"确定"按钮

图 10.39　设置路由器的无线名称和无线密码

图 10.40　设置完成

步骤三：尝试上网。

路由器设置完成后,无线终端连接刚才设置的无线名称,输入设置的无线密码,可以打开网页尝试上网了。

各类终端连接 WiFi 信号(无线信号)的方法有所差异,使用搜索引擎参考查询以下资料。

Android 终端连接无线网络设置步骤。

苹果系统 iOS 终端连接无线网络设置步骤和方法。

Windows 7 系统无线网卡连接无线网络设置步骤。

Windows 8 系统无线网卡连接无线网络设置步骤。

注意事项：

(1) 如果不确定以上无线参数,可通过已连接上路由器的终端登录到路由器的管理界面 tplogin. cn,在网络状态中查看无线名称和密码。

如果您还有其他台式机、网络电视等有线设备想上网,将设备用网线连接到路由器 1/2/3/4 任意一个空闲的 LAN 口,直接就可以上网,不需要再配置路由器。

(2) 路由器设置完成参数后,计算机就可以直接打开网页上网,不用再使用"宽带连接"来进行拨号。

10.2.3　局域网路由器设置

经过几十年的发展,计算机网络从最初的只有 4 个节点的 ARPANET 发展到现今无处不在的 Internet,计算机网络已经深入到人们生活当中。随着计算机网络规模的爆炸性增长,作为连接设备的路由器也变得更加重要。

在构建网络时,如何对路由器进行合理的配置管理成为网络管理者的重要任务之一。本节从最简单的配置开始为大家介绍如何配置路由器。

很多读者都对路由器的概念非常模糊,其实在很多文献中都提到,路由器就是一种具有多个网络接口的计算机。这种特殊的计算机内部也有 CPU、内存、系统总线、输入输出接口等和 PC 相似的硬件,只不过它所提供的功能与普通计算机不同而已。

与普通计算机一样,路由器也需要一个软件操作系统,在路由器中,这个操作系统叫作互联网络操作系统,这就是我们最常听到的 IOS 软件了。下面一步步地学习最基本的路由器配置方法。

所有路由器的 IOS 都是一个嵌入式软件体系结构,IOS 软件提供以下网络服务。

① 基本的路由和交换功能。

② 可靠和安全地访问网络资源。

③ 可扩展的网络结构。

路由器必须经过配置才可以使用,可以通过多种方法对路由器进行配置,如利用控制台接口在本地配置路由器,利用 AUX 接口通过调制解调器从远程对路由器进行配置或者利用 Telnet 远程登录到路由器进行配置。一般来说,可以用 5 种基本设置方式来设置路由器,如图 10.41 所示。

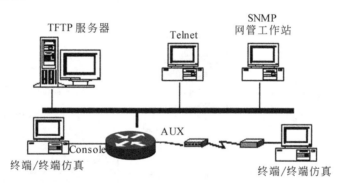

图 10.41　路由器的 5 种基本设置方式

这 5 种基本设置方式分别用于下述不同的场合。

① Console 端口接终端或运行终端仿真软件的微机。

② AUX 端口接 Modem,通过电话线与远方终端或运行终端仿真软件的微机相连。

③ 通过 Ethernet 上的 TFTP 服务器。

④ 通过 Ethernet 上的 Telnet 程序。

⑤ 通过 Ethernet 上的 SNMP 网管工作站。

路由器的管理方式基本分为两种:带内管理和带外管理。通过路由器的 Console 口管理路由器属于带外管理,不占用路由器的网络接口,其特点是需要使用配置线缆,近距离配置。第一次配置时必须利用 Console 端口进行配置。

在第一次配置路由器的时候,需要从 Console 端口来进行配置。以下就为大家介绍如何连接到控制端口及设置虚拟终端程序。

1. 路由器端口和计算机的连接

控制端口(Console port)和辅助端口(AUX port)是路由器的两个管理端口,这两个端口都可以在第一次配置路由器时使用,但是一般都推荐使用控制端口,因为并不是所有的路由器都会有 AUX 端口。

当路由器第一次启动时,在默认的情况下是没有网络参数的,路由器不能与任何网络进行通信。所以需要一个 RS-232 ASCII 终端或者计算机仿真 ASCII 终端与控制端口进行连接。

连接到 Console 端口的方法如下。

① 连接线缆。连接到 Console 端口需要一根控制台线缆和 RJ-45 到 DB-9 的适配器。一般在路由器的产品附件中可以见到。

将控制台线缆的一端连接到路由器的控制端口,将控制台线缆的一端连接到 RJ-45 到 DB-9 的转换适配器,将 DB-9 适配器的另一端连接到 PC,如图 10.42 所示。

② 终端仿真软件。PC 或者终端必须支持 VT100 仿真终端,通常在 Windows 操作系统环境下使用的是 HyperTerminal 软件。

将 PC 连接到路由器上的配置终端仿真软件参数,如图 10.43 所示。

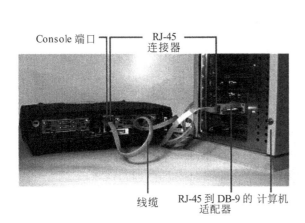

图 10.42　路由器设置线缆连接

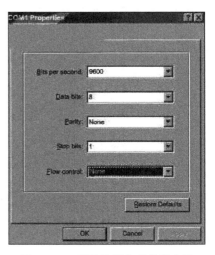

图 10.43　配置终端仿真软件参数

2. 启动路由器

(1) 从 ROM 中加载 BootStrap 引导程序,它类似于计算机中的 BIOS,会把 IOS 装入 RAM 中。

(2) 查找并加载 IOS 映像。IOS 可以存放在许多地方(Flash、TFTP 服务器或 ROM 中),路由器寻找 IOS 映像的顺序取决于配置寄存器(Configuration Register)的启动域的设置。

在加载 IOS 到 RAM 时,如果 IOS 是压缩过的,需要先进行解压缩。

(3) IOS 运行后,将查找硬件和软件部件,并通过控制台终端显示查找的结果。

(4) 路由器在 NVRAM 中查找启动配置文件(startup-config),并将所有的配置参数加载到 RAM 后,进入用户模式,从而完成启动过程,如图 10.44 所示。

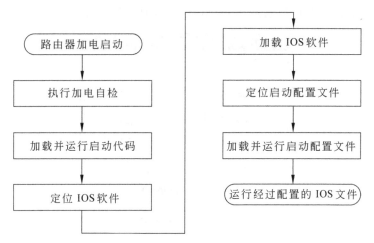

图 10.44　路由器启动过程

在 PC 工作站端启动超级终端应用程序,如图 10.45 所示,并为此连接输入一个名称。

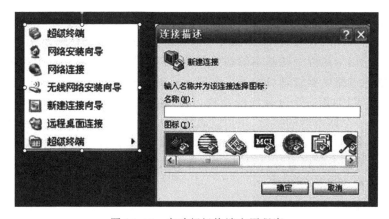

图 10.45　启动超级终端应用程序

然后,选择连接所使用的端口,如图 10.46 所示。

图 10.46　选择连接所使用的端口

最后,必须将终端设备配置成工作于 9600 波特率、8 个数据位、没有奇偶校验、一个停止位的状态。数据流控制可以选择 Xon/Xoff,如图 10.47 所示。

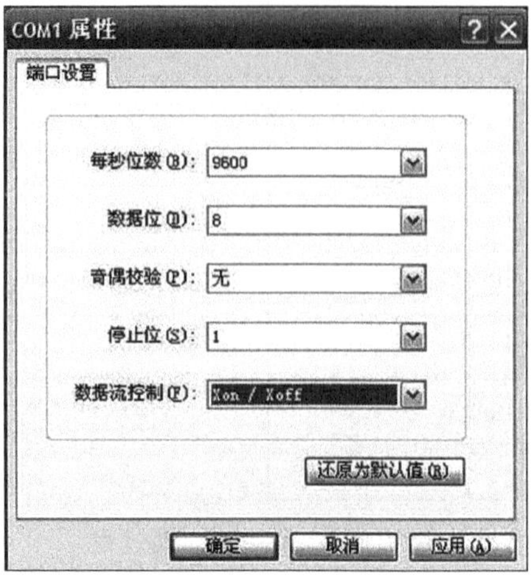

图 10.47　终端设备配置

3. 通过命令行界面(CLI)方式配置思科路由器

使用路由器"系统配置对话"可以很方便、快捷地对路由器进行初始配置。但是,"系统配置对话"被设计用来执行一些基本的初始配置,并不具有灵活性。对于更为详细的参数、选项设置,只能通过路由器管理员的手工配置来完成。

命令行界面(CLI)用一个分等级的结构,这个结构需要在不同的模式下来完成特定的任务。例如配置一个路由器的接口,用户就必须进入路由器的接口配置模式下,所有的配置都只会应用到这个接口上。每一个不同的配置模式都会有特定的命令提示符。EXEC 为 IOS 软件提供一个命令解释服务,当每一个命令输入后 EXEC 便会执行该命令。

路由器 CLI 的各种模式如下。

(1)"命令模式"。

用户 EXEC 模式,简称"用户模式"。

特权 EXEC 模式,简称"特权模式",也称为"enable 模式"。

(2)"配置模式"。

全局配置模式,简称"全局模式"。

(3) 特殊配置模式,如"接口配置模式(interface)""路由配置模式(router)""线路模式(line)"等。

模式的转换关系及模式的提示符如图 10.48 所示。

4. 路由器配置的基本命令

配置路由器的基本命令较多,且分布在不同的模式下,在使用命令时要注意配合相应的模式,才能正确执行命令。CLI 命令主要分为以下三类。

① 第一类是立即执行类命令,一般会放在命令模式,根据权限的不同可在用户模式和特权模式下使用。

② 第二类是生成配置类命令,一般会放在配置模式。大部分配置类命令,都可以在命令前方加上 no 命令,以取消配置。

③ 第三类是模式切换类命令,用于在不同模式之间切换。

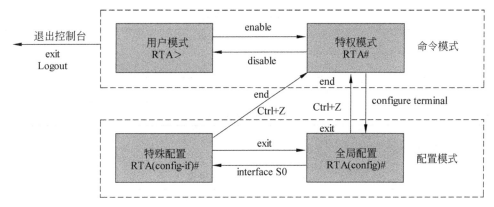

图 10.48 模式的转换关系及模式的提示符

1）常用命令

① 帮助。在 IOS 操作中,无论任何状态和位置,都可以输入"?"得到系统的帮助。

② 改变命令状态(见表 10.2)。

表 10.2 改变命令状态

任 务	命 令
查看版本及引导信息	show version
查看运行设置	show running-config
查看开机设置	show startup-config
显示端口信息	show interface *type slot/number*

③ 显示命令(见表 10.3)。

表 10.3 显示命令

任 务	命 令
进入特权命令状态	enable
退出特权命令状态	disable
进入设置对话状态	setup
进入全局设置状态	config terminal
退出全局设置状态	end
进入端口设置状态	interface *type slot/number*
进入子端口设置状态	interface *type number. subinterface* [point-to-point	multipoint]
进入线路设置状态	line *type slot/number*
进入路由设置状态	router *protocol*
退出局部设置状态	exit

④ 复制命令。用于 IOS 及 CONFIG 的备份和升级。

⑤ 网络命令(见表 10.4)。

表 10.4　网络命令

任　　务	命　　令
登录远程主机	telnet *hostname*|*IP address*
网络侦测	ping *hostname*|*IP address*
路由跟踪	trace *hostname*|*IP address*

⑥ 基本设置命令(见表 10.5)。

表 10.5　基本设置命令

任　　务	命　　令
全局设置	config terminal
设置访问用户及密码	username *username* password *password*
设置特权密码	enable secret *password*
设置路由器名	hostname *name*
设置静态路由	ip route *destination subnet-mask next-hop*
启动 IP 路由	ip routing
启动 IPX 路由	ipx routing
端口设置	interface *type slot*/*number*
设置 IP 地址	ip address *address subnet-mask*
设置 IPX 网络	ipx network *network*
激活端口	no shutdown
物理线路设置	line *type number*
启动登录进程	login [local|tacacs server]
设置登录密码	password *password*

2) 路由器 show 命令

以下为读者介绍一些路由器 show 命令的例子,在网络中,网络管理员应该随时了解路由器的各种状态,以便及时地排除故障。show 命令可以同时在用户模式和特权模式下运行,"show?"命令提供一个可利用的 show 命令列表。

```
show interfaces:          显示所有路由器端口状态
show controllers serial:  显示特定接口的硬件信息
show clock:               显示路由器的时间设置
show hosts:               显示主机名和地址信息
show users:               显示所有连接到路由器的用户
show history:             显示输入过的命令历史列表
show flash:               显示 Flash 存储器信息及存储器中的 IOS 映像文件
show version:             显示路由器信息和 IOS 信息
show arp:                 显示路由器的地址解析协议列表
```

show protocol:	显示全局和接口的第三层协议的特定状态
show startup-configuration:	显示存储在非易失性存储器(NVRAM)的配置文件
show running-configuration:	显示存储在内存中的当前正确配置文件
show ip router	显示路由信息

例如,如果想要显示特定端口的状态,可以输入 show interfaces 后面跟上特定的网络接口和端口号即可,如 router♯show interfaces serial 0/1。

5. 设置路由器主机名

在网络上,路由器必须有一个唯一的主机名,所以在配置路由器时的第一个任务就是为路由器配置主机名。

配置方法如图 10.49 所示。

这里以主机名为 riga 为例,在全局模式下输入 hostname riga,然后按回车键执行命令,这时,主机提示符前的主机名变为 riga,说明设置主机名成功。

```
Router>
Router>
Router>enable
Router#configure terminal
Router(config)#hostname riga
Riga(config)#
```

图 10.49　为路由器配置主机名

6. 进入路由器配置模式

路由器命令行端口使用一个分等级的结构,这个结构需要登录到不同的模式下来完成详细的配置任务。从安全的角度考虑,IOS 软件将 EXEC 会话分为用户(USER)模式和特权(privileged)模式。

① USER 模式的特性。用户模式仅允许基本的监测命令,在这种模式下不能改变路由器的配置,router>的命令提示符表示用户正处在 USER 模式下。

② privileged 模式的特性。特权模式可以使用所有的配置命令,在用户模式下访问特权模式一般都需要一个密码,router♯的命令提示符表示用户正处在特权模式下。

③ 路由器配置模式。用户模式一般只能允许用户显示路由器的信息而不能改变任何路由器的设置,要想使用所有的命令,就必须进入特权模式,在特权模式下,还可以进入全局模式和其他特殊的配置模式,这些特殊模式都是全局模式的一个子集。

④ 进入特权模式。第一次启动成功后,Cisco 路由器出现用户模式提示符 router>。如果想进入特权模式,输入 enable 命令(第一次启动路由器时不需要密码)。这时,路由器的命令提示符变为 router♯。

⑤ 进入全局模式。在进入特权模式后,可以在特权命令提示符下输入 configure terminal 命令进行全局配置模式。

⑥ 进入端口配置模式。在全局命令提示符下输入 interface e 0 进入第一个以太网端口,而输入 interface serial 0 可以进入第一个串行线路端口。

以上简单介绍了如何进入路由器的各种配置模式,当然,其他特殊的配置模式都可以在全局模式下进入。在配置过程中,可以通过使用" ?"来获得命令帮助。

7. 设置路由器密码

在路由器产品中,在最初进行配置的时候通常需要使用限制一般用户的访问。这对于路由器是非常重要的,在默认的情况下,路由器是一个开放的系统,访问控制选项都是关闭的,任一用户都可以登录到设备从而进行攻击,所以需要网络管理员去配置密码来限制非授权用户通过直接的连接、Console 终端和从拨号 Modem 线路访问设备。下面详细介绍如何在 Cisco 路由器产品上配置路由器的密码。

① 配置进入特权模式的密码和密匙。这两个密码是用来限制非授权用户进入特权模式。因为特权密码是未加密的,所以一般都推荐用户使用特权密匙,且特权密码仅在特权密匙未使用的情况下才会有效。配置进入特权模式的密码和密匙如图 10.50 所示:

```
Riga(config)#enable password cisco
Riga(config)#enable secret class
Riga(config)#exit
Riga#
```

图 10.50　配置进入特权模式的密码和密匙

router(config)#enable password cisco　　命令解释:开启特权密码保护
router(config)#enable secret cisco　　命令解释:开启特权密匙保护

② 配置控制端口的用户密码。

router(config)#line console 0　　命令解释:进入控制线路配置模式
router(config-line)#login　　命令解释:开启登录密码保护
router(config-line)#password cisco　　命令解释:设置密码为 cisco,这里的密码区分大小写

③ 配置辅助端口(AUX)的用户密码。

router(config)#line aux 0　　命令解释:进入辅助端口配置模式
router(config-line)#login　　命令解释:开启登录密码保护
router(config-line)#password cisco　　命令解释:设置密码为 cisco,这里的密码区分大小写

④ 配置 VTY(telnet)登录访问密码。

router(config)#line vty 0 4　　命令解释:进入 VTY 配置模式
router(config-line)#login　　命令解释:开启登录密码保护
router(config-line)#password cisco　　命令解释:设置密码为 cisco,这里的密码区分大小写

8. 配置一个以太网接口

在配置以太网接口时,需要为以太网接口配置 IP 地址及子网掩码来进行 IP 数据包的处理。在默认情况下,以太网接口是管理性关闭的,所以在配置完成 IP 地址后,还需要激活接口。

配置实例如下。

在这个实例中,需要为以太网接口配置 192.168.0.1 的 IP 地址并且激活接口。

① 在特权模式下进入全局配置模式。

router#configure terminal

② 进入第一个以太网接口。

router(config)#interface e 0

③ 这时,命令提示符变为 router(config-if)#,在提示符后输入以下命令为接口配置私有 IP 地址 192.168.0.1,使用默认子网掩码 255.255.255.0。

router(config-if)#ip address 192.168.0.1 255.255.255.0

④ 在默认情况下,路由器的接口处于关闭状态下,需要输入 no shutdown 命令来激活接口。

```
router(config-if)#no shutdown
```

9. 为路由器分配多个地址

可以通过在一个接口上配置多个 IP 地址来解决地址分配不足和连接更多子网的问题,例如,在用户的网络中需要 280 个 IP 地址,就可以为路由器的一个接口分配多个 IP 地址来增加可供分配的地址范围。

在以太网接口配置模式下输入 ip address 192.168.1.1 255.255.255.0 命令就可以增加 IP 地址范围。这样就可以解决 IP 地址分配不足的问题了。

```
router(config-if)#ip address 192.168.1.1 255.255.255.0
```

10. 配置路由器的串行接口

可以通过虚拟终端来配置一个串行接口,配置串行接口需要以下步骤。

① 在全局模式下输入命令 interface serial 0 进入串行接口配置模式。

② 每一个连接的串行接口都必须有一个 IP 地址和子网掩码来转发 IP 数据包,可以在接口配置模式下输入 ip address <IP address> <netmask>命令来配置串行接口的 IP 地址。

③ 如果串行接口连接的是一个 DCE 设备,还需要为串行接口配置一个时钟频率,如果是 DTE 设备则不需要。在默认情况下,路由器是一个 DTE 设备,但是可以通过使用命令来将其配置成 DCE 设备。

可以在串行接口配置模式下输入 clockrate 命令来配置时钟频率,可利用的时钟频率有 1200、2400、9600、19 200、38 400、56 000、64 000、72 000、125 000、148 000、500 000、800 000、1 000 000、1 300 000、2 000 000 或者 4 000 000。

④ 在默认情况下,路由器的接口处在关闭状态,需要输入 no shutdown 命令激活接口,如果因为管理的要求,需要关闭一个接口,可以在相应的接口模式下输入 shutdown 就可以关闭这个接口了。

连接实例如图 10.51 所示。

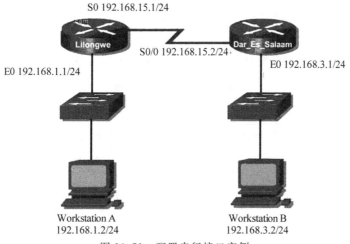

图 10.51　配置串行接口实例

11. 将 IP 地址映射到路由器主机名

通过在路由器上配置主机表，管理者可以在使用 Telnet 或 ping 命令的时候直接输入预先建立好的主机名，而不需要再去记忆每个路由器的 IP 地址。

下面介绍如何配置主机表。

① 进入路由器的全局模式。

```
router#configure terminal
```

② 将主机名为 cisco 的路由器映射到 192.168.0.12 的地址上。

```
router(config)#ip host cisco 192.168.0.12
```

③ 保存配置到 NVRAM 中。

```
router(config)#copy running-config startup-config
```

这样，当输入 Telnet cisco 命令时，路由器会自动将这个主机名映射到 192.168.0.12 的 IP 地址。

12. 设置登录欢迎语言

当用户登录到路由器时，可以设置一个登录欢迎标语（Login banners）来为路由器的管理员提供一个有用的信息或者警告未授权用户的访问。

配置方法如下。

① 进入路由器的全局配置模式下。

```
router#configure terminal
```

② 为路由器设置一个 welcome access this router 的欢迎标语。

```
router(config)#banner motd #welcome access this router#
```

③ 保存配置文件到 NVRAM 中。

```
router(config)#copy running-config startup-config
```

13. 配置 IP 寻址

① IP 地址分类。IP 地址分为网络地址和主机地址两部分：A 类地址前 8 位为网络地址，后 24 位为主机地址；B 类地址前 16 位为网络地址，后 16 位为主机地址；C 类地址前 24 位为网络地址，后 8 位为主机地址。网络地址范围如表 10.6 所示。

表 10.6　网络地址范围

种类	网络地址范围
A	1.0.0.0 到 126.0.0.0 有效，0.0.0.0 和 127.0.0.0 保留
B	128.1.0.0 到 191.254.0.0 有效，128.0.0.0 和 191.255.0.0 保留
C	192.0.1.0 到 223.255.254.0 有效，192.0.0.0 和 223.255.255.0 保留
D	224.0.0.0 到 239.255.255.255，用于多点广播
E	240.0.0.0 到 255.255.255.254 保留，255.255.255.255 用于广播

② 分配接口 IP 地址(见表 10.7)

表 10.7 分配接口 IP 地址

任　　务	命　　令
接口设置	interface type slot/number
为接口设置 IP 地址	ip address ip-address　　mask

掩码(mask)用于识别 IP 地址中的网络地址位数,IP 地址(ip-address)和掩码(mask)相与即得到网络地址。

③ 使用可变长的子网掩码。通过使用可变长的子网掩码可以让位于不同接口的同一网络编号的网络使用不同的掩码,这样可以节省 IP 地址,充分利用有效的 IP 地址空间。如图 10.52 所示。

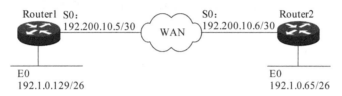

图 10.52 使用可变长的子网掩码

Router1 和 Router2 的 E0 端口均使用了 C 类地址 192.1.0.0 作为网络地址,Router1 的 E0 的网络地址为 192.1.0.128,掩码为 255.255.255.192,Router2 的 E0 的网络地址为 192.1.0.64,掩码为 255.255.255.192,这样就将一个 C 类网络地址分配给了两个网,既划分了两个子网,也起到了节约地址的作用。

④ 使用网络地址翻译。NAT(Network Address Translation)起到将内部私有地址翻译成外部合法的全局地址的功能,它使得不具有合法 IP 地址的用户可以通过 NAT 访问到外部 Internet。

当建立内部网的时候,建议以下地址组用于主机,这些地址是由 Network Working Group(RFC 1918)保留用于私有网络地址分配的。

14. 配置静态路由

通过配置静态路由,用户可以人为地指定对某一网络访问时所要经过的路径,在网络结构比较简单,且一般到达某一网络所经过的路径唯一的情况下采用静态路由。

建立静态路由的命令如下:

```
ip route prefix mask {address | interface} [distance] [tag tag] [permanent]
```

prefix:所要到达的目的网络。

mask:子网掩码。

address:下一跳的 IP 地址,即相邻路由器的端口地址。

interface:本地网络接口。

distance:管理距离(可选)。

tag tag:tag 值(可选)。

permanent:指定此路由,即使该端口关掉也不被移掉。

配置静态路由如图 10.53 所示。

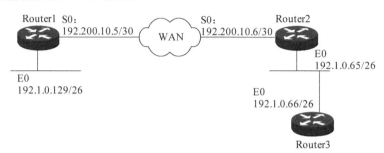

图 10.53　配置静态路由

以下在 Router1 上设置了访问 192.1.0.64/26 这个网的下一跳地址 192.200.10.6,即当有目的地址属于 192.1.0.64/26 的网络范围的数据包时,应将其路由到地址为 192.200.10.6 的相邻路由器。

在 Router3 上设置了访问 192.1.0.128/26 及 192.200.10.4/30 这两个网的下一跳地址 192.1.0.65。由于在 Router1 上端口 Serial 0 的地址为 192.200.10.5,192.200.10.4/30 这个网属于直连的网,已经存在访问 192.200.10.4/30 的路径,所以不需要在 Router1 上添加静态路由。

```
Router1:
ip route 192.1.0.64 255.255.255.192 192.200.10.6
Router3:
ip route 192.1.0.128 255.255.255.192 192.1.0.65
ip route 192.200.10.4 255.255.255.252 192.1.0.65
```

同时由于路由器 Router3 除了与路由器 Router2 相连外,不再与其他路由器相连,所以也可以为它赋予一条默认路由以代替以上两条静态路由。

```
ip route 0.0.0.0 0.0.0.0 192.1.0.65
```

即只要没有在路由表里找到去特定目的地址的路径,则数据均被路由到地址为 192.1.0.65 的相邻路由器。

15. 通过 Telnet 进行配置

当为路由器的某个接口设置了 IP 地址后,可以通过虚拟终端从任何地点的 Telnet 到路由器上对其进行配置,如图 10.54 所示。

图 10.54　通过 Telnet 进行配置

参 考 文 献

[1] 杨云江. 计算机网络基础[M]. 2版. 北京：清华大学出版社，2007.

[2] 谢希仁. 计算机网络[M]. 5版. 北京：电子工业出版社，2008.

[3] 吴功宜. 计算机网络应用技术教程[M]. 北京：清华大学出版社，2009.

[4] 冯博琴. 计算机网络[M]. 北京：高等教育出版社，2008.

[5] 陈向阳. 网络工程规划与设计[M]. 北京：清华大学出版社，2007.

[6] 雷建军. 计算机网络实用技术[M]. 北京：中国水利水电出版社，2005.

[7] 王利. 计算机网络实用教程[M]. 北京：清华大学出版社，2007.

[8] 王冀鲁. 计算机网络应用技术[M]. 北京：清华大学出版社，2006.

[9] 陈向阳. 计算机网络与通信[M]. 北京：清华大学出版社，2005.

[10] 吴怡. 计算机网络配置、管理与应用[M]. 北京：高等教育出版社，2009.

[11] 胡道元. 计算机网络[M]. 2版. 北京：清华大学出版社，2009.

[12] 沈鑫剡. 计算机网络安全[M]. 北京：清华大学出版社，2009.

[13] 吴功宜. 计算机网络高级教程[M]. 北京：清华大学出版社，2007.

[14] 刘国林. 综合布线系统工程设计[M]. 北京：电子工业出版社，1998.

[15] 杨选辉. 网页设计与制作教程[M]. 2版. 北京：清华大学出版社，2008.

[16] 刘运臣. 网站设计与建设[M]. 北京：清华大学出版社，2008.

[17] 陶智华. 计算机网络习题与习题解析[M]. 北京：清华大学出版社，2006.

[18] 张曾科. 计算机网络习题解答与实验指导[M]. 北京：清华大学出版社，2006.

图 书 资 源 支 持

感谢您一直以来对清华版图书的支持和爱护。为了配合本书的使用,本书提供配套的资源,有需求的读者请扫描下方的"书圈"微信公众号二维码,在图书专区下载,也可以拨打电话或发送电子邮件咨询。

如果您在使用本书的过程中遇到了什么问题,或者有相关图书出版计划,也请您发邮件告诉我们,以便我们更好地为您服务。

我们的联系方式:

地   址:北京市海淀区双清路学研大厦 A 座 701

邮   编:100084

电   话:010-83470236   010-83470237

资源下载:http://www.tup.com.cn

客服邮箱:2301891038@qq.com

QQ:2301891038(请写明您的单位和姓名)

资源下载、样书申请

书 圈

扫一扫,获取最新目录

课 程 直 播

用微信扫一扫右边的二维码,即可关注清华大学出版社公众号"书圈"。